装备维修管理

郑东良　王坚浩　编著

北京航空航天大学出版社

内容简介

本书从装备维修管理基础、装备维修管理过程和装备维修管理技术三个维度，对装备维修管理进行了较为系统而深入的阐述，主要内容包括装备维修管理概述，装备维修理论，装备维修决策、计划、组织、控制与评估等职能及其过程活动，装备维修资源配置与优化，装备战场抢修组织与管理，目标管理、概率预测技术、约束理论、装备健康状态评估等装备维修管理方法；将管理前沿理论融入装备维修管理内容体系中，分析了当前装备维修管理的新发展新趋势，以及新思想新模式对推进装备维修创新发展所具有的重要指导意义。

本书适用于管理工程、安全工程等专业本科教学使用及装备维修保障人员培训时学习、参考，也可作为大专院校设备管理、维修工程等专业的教材，并可供从事装备维修管理的人员参考。

图书在版编目(CIP)数据

装备维修管理 / 郑东良，王坚浩编著. -- 北京 ：北京航空航天大学出版社，2021.1

ISBN 978-7-5124-2869-0

Ⅰ. ①装… Ⅱ. ①郑… ②王… Ⅲ. ①武器装备—维修 Ⅳ. ①E92

中国版本图书馆 CIP 数据核字(2018)第 256100 号

装备维修管理

郑东良　王坚浩　编著

策划编辑　冯　颖　　责任编辑　杨　昕

*

北京航空航天大学出版社出版发行

北京市海淀区学院路 37 号(邮编 100191)　http://www.buaapress.com.cn

发行部电话：(010)82317024　传真：(010)82328026

读者信箱：goodtextbook@126.com　邮购电话：(010)82316936

涿州市新华印刷有限公司印装　各地书店经销

*

开本：710×1 000　1/16　印张：21　字数：448 千字

2021 年 1 月第 1 版　2021 年 1 月第 1 次印刷　印数：2 000 册

ISBN 978-7-5124-2869-0　定价：59.00 元

前　言

管理出效益，管理出战斗力。随着军事转型、科技创新和装备发展，装备在信息化条件下的现代战争中的地位和作用更加突出，而装备维修则是装备作战使用的重要支撑。装备作战能力的生成、保持和发挥离不开科学的维修，离不开科学的管理；装备维修是装备作战能力的“倍增器”，装备维修管理是装备维修的“使能器”。先进的装备需要高效能的装备维修管理，装备的快速发展，科技创新的加快，使装备维修管理的地位越来越重要，对提高装备维修质量的作用越来越突出，对高素质新型装备维修管理人才的需求也更加迫切，对装备维修管理理论的研究与创新实践的要求也更高。作者基于以上的认识，结合课程建设任务，在原《航空维修管理》教材的基础上，结合装备维修的新要求、新特点，编写了《装备维修管理》一书。

本书分为上、中、下三篇13章，从装备维修管理基础、装备维修管理过程和装备维修管理技术三个维度进行体系架构，主要内容包括装备维修管理概述，装备维修理论，装备维修决策、计划、组织、控制、评价职能及其过程活动，装备维修资源的配置与优化，装备战场抢修的组织与管理，目标管理、概率预测技术、约束理论、装备健康状态评估等装备维修管理方法及其应用，以及空军装备维修管理创新等。为了培养高素质、专业化新型装备管理人才，拓宽知识面，培育专业能力，塑造专业能力，本书将管理、装备维修等方面的前沿理论融入了装备维修管理内容体系中；限于篇幅，并未将维修信息管理、维修安全管理等内容纳入其中，但这部分内容对于装备维修管理也是非常重要的。本书将管理与技术相结合，理论与实践相结合，既强调维修管理基础理论知识的完整性，又紧密结合装备维修管理实际；既注重借鉴吸收维修管理和现代管理理论的精华，又注重总结归纳我军装备维修管理经验，突出装备维修管理应用实践要求，突出装备维修管理发展的需求，力求达到简明、科学、适用。

本书是在系统总结、吸收近年来我军各院校有关研究成果和装备维修管理课程教学实践经验的基础上编写的。本书大纲的编写和统稿由郑东良教授负责，王坚浩、张亮、史超、车飞、张皓光、黎东、李洋、梁世聪、甘甜、乐洪博等参加了编写工作。此外，作者在编写本书过程中还借鉴和吸收了军内外其他院校的教材、专著和有关文献的成果，在此向这些文献的作者以及参与本书编写和出版的人员表示感谢。

由于编者水平有限，书中难免存在疏漏和不足，敬请广大师生和读者批评指正！

作 者

2019 年 9 月

目　录

上篇　装备维修管理基础

中篇　装备维修管理过程

上篇

装备维修管理基础

第1章 绪 论

军事装备(简称装备),是用于军事目的的各种制式装备的统称,具体是指实施和保障军事行动的制式武器、武器系统、武器装备和配套的军事物件等的统称。装备维修是为保持、恢复和改善装备的技术状态、战斗准备状态而采取的工程技术和管理活动,涉及装备使用效能和作战能力的各个方面,是影响装备作战能力的重要因素,是装备战斗力的“倍增器”。随着军事形态演变、科技进步和装备发展,装备作战使用需求的变化,装备维修保障资源有限,装备维修需求复杂性、不确定性的显著增强,装备维修对科学管理的要求越来越强烈,装备维修管理的地位作用越来越突出。

1.1 维修与装备维修

1.1.1 装备维修的概念内涵

1. 维修的含义

GJB_Z 20365《军事装备维修基本术语》已对装备维修的基本内涵进行了比较科学的界定,即认为维修是使装备保持、恢复或改善规定技术状态所进行的全部活动。随着装备维修理论和维修工程技术的发展,为深化对维修内涵和外延的认识,有必要进一步对维修的含义加以明确。

维修就是维护和修理的简称。维护的意思就是保持某一事物或状态不消失、不衰竭,相对稳定;修理的意思就是使损坏了的东西恢复到能重新使用,即恢复其原有的功能。目前,维修这个术语已在多个标准中给出了定义。

(1) GJB 451《可靠性维修性术语》认为:维修是为使产品保持或恢复规定状态所进行的全部活动。

(2) GB 3187《可靠性基本名词术语及定义》认为:维修是为保持恢复产品能完成规定的能力而采取的技术和管理措施。

(3) 美军用标准 MIL-STD-721C《可靠性和维修性术语的定义》认为:维修是使产品保持恢复到规定状态所采取的全部措施。

上述标准对装备维修的定义略有区别,但是,从这些定义可以看出,装备维修有其共同因素:

(1) 从维修目标来讲,装备维修包括两种目标,即基本目标和根本目标。装备维修的基本目标是保持、恢复装备的规定状态,规定状态可理解为良好的可运行状态或设计最佳状态,或完成规定功能所必需的状态;装备维修的根本目标是确保装备随时可用,即最大限度地保持装备完好可用,满足装备战训任务需要。

(2) 从维修需求来讲,装备维修主要有两类需求即预防和修复。对于没有损坏的装备,主要采取预防性措施,保持它的规定状态,防止出现故障;对于已经发生故障或损坏的装备,则是采取措施,尽快恢复它的规定状态,重新投入使用。

(3) 从维修活动来讲,装备维修主要包括两类活动,即维护和修理。管理活动融入其中,起着保证支撑的作用。保持装备处于规定状态的活动,通常称为维护(Servicing),有时也称为保养,如润滑检查、添加油料、清洁等。使处于故障、损坏或失调状态的武器装备恢复到规定状态所采取的措施称为修理或修复(Repair),如调整、更换、元件修复等。维护和修理不能决然分开,维护过程往往伴随着必要的修理,修理过程有时也伴随着维护,所以统称为维修。

(4) 从维修过程来讲,装备维修主要包括两类过程,即技术过程,和指挥管理过程。技术过程是指对装备维修业务活动采取技术性措施的过程,通过检查、润滑、诊断、拆卸、分解、装配、安装、调试、质量检验等维修作业,保持和恢复装备的完好可用。指挥管理过程是指装备维修管理职能部门和管理机构,为实现装备维修目标而实施的装备维修指挥与管理活动的过程,通过计划、组织、指挥、协调、控制和评估等过程与活动,对装备维修的计划、技术、质量、安全、经费和信息等进行有效的决策分析和规划计划,建立健全合理高效的制度机制,确保装备维修过程中的各项活动和各个环节的有序高效,以满意的装备维修保障效益达成装备维修目标。技术过程与指挥管理过程的协同作用,是装备维修的一个显著特点。

(5) 从维修要素来讲,装备维修涉及维修中的“物”“事”“人”等各个层面的多类要素,需要对这些要素进行科学配置和有效利用。

2. 维修的分类

从不同的角度出发,维修可有不同的分类方法,最常用的是按照维修的目的与时机,将其分为预防性维修、修复性维修、改进性维修和战场抢修四种基本类型。

(1) 预防性维修(PM,Preventive Maintenance),是指通过对设备的检查、检测,发现故障征兆以防止故障发生,使其保持在规定状态所进行的各种维修活动,包括擦拭、润滑、调整、检查、更换和定时拆修等。这些活动是在装备故障发生前预先实施进行的,目的是消除故障隐患,防患于未然,主要用于故障后果会危及安全和影响任务完成,或导致较大经济损失的情况。由于预防性维修的内容和时机是事先加以规定并按照预定的计划进行的,因而预防性维修也可称为计划维修。

(2) 修复性维修(CM,Corrective Maintenance),是指装备(或其机件)发生故障后,使其恢复到规定状态所进行的维修活动,也称为排除故障维修或修理。修复性维修包括故障定位、故障隔离、分解、更换、再装、调校、检验,以及修复损坏件等。修复性维修因其内容和时机带有随机性,不能在事前做出确切安排,因而修复性维修也称为非计划维修。

(3) 改进性维修(IM,Improvement Maintenance),是指利用完成装备维修任务的时机，对装备进行经过批准的改进和改装，以提高装备的战术性能、可靠性或维修性，或使其适合某一特殊的用途。它是维修工作的扩展，实质是修改装备的设计。结合问题进行改进，一般属于基地级（制造厂或修理厂）的职责范围。

（4）战场抢修（BR，Battlefield Repair），又称战场损伤评估与修复（BDAR，Battlefield Damage Assessment and Repair），是指战斗中装备遭受损伤或发生故障后，在评估损伤的基础上，采用快速诊断与应急修复技术，对装备进行战场修理，使之全部或部分恢复必要功能或自救能力。战场抢修虽然属于修复性的，但维修的环境、条件、时机、要求和所采取的技术措施与一般修复性维修不同，是一种独立的维修类型，直接关系到装备的使用完好和持续作战能力，必须给予充分的注意和研究。

3. 维修方式

维修方式是对装备及其机件维修工作的内容和时机的控制形式，是装备维修的基本形式和方法。一般而言，维修工作内容需要着重掌握的是拆卸维修和深度广度比较大的修理，因为它所需要的人力、物力和时间比较多，对装备的使用影响比较大。因此，在实际使用中，维修方式是指控制拆卸、更换和大型修理（翻修）时机的形式。在控制拆卸或更换时机的做法上，概括起来有三种：第一种是规定一个时间，只要用到这个时间就拆下来维修或更换；第二种是不管使用时间多少，用到某种程度就拆下来维修或更换；第三种就是什么时候出了故障，不能继续使用了，就拆下来维修或更换。这三种做法都是从长期的实践中概括出来的，到20世纪60年代，美国民航界将其分别称为定时方式、视情方式和状态监控（事后）方式。定时方式和视情方式属于预防性维修范畴，而状态监控方式则属于修复性维修范畴。

（1）定时方式（HT，Hard Time Process），是按规定的时间不论技术状况如何而进行拆卸工作的方式。“规定的时间”可以是规定的间隔期、累计工作时间、日历时间、里程和使用次数等；拆卸工作的范围涵盖从装备分解后清洗直到装备全面翻修，对于不同的装备，拆卸工作的技术难度、资源要求和工作量的差别都较大。拆卸工作的好处是可以预防那些不拆开就难以发现和预防的故障所造成的故障后果，工作的结果可以是所维修装备或机件的继续使用或重新加工后使用，也可以是报废或更换。定时方式以时间为标准，维修时机的掌握比较明确，便于安排计划，但针对性差，维修工作量大，经济性差。

（2）视情方式（OC，On Condition Process），是当装备或其机件有功能故障征兆时即进行拆卸维修的方式。同样，工作的结果可以是装备或机件的继续使用或重新加工后使用，也可以是报废或更换。视情维修是基于这样一种事实进行的，即大量的故障不是瞬时发生的，从开始出现问题到故障真正发生，总有一段出现异常现象的时间，且有征兆可寻。因此，如果采用性能监控或无损检测等技术能找到跟踪故障迹象过程的办法，就可以采取措施预防故障发生或避免故障后果，所以也称为预知维修方式（Predictive Maintenance Process）。在视情方式的基础上，20世纪90年代出现了主动维修和预测维修方式。

(3) 状态监控方式(CM,Condition Monitoring Process),是在装备或其机件发生故障或出现功能失常现象以后进行拆卸维修的方式,亦称为事后维修方式。对不影响安全或完成任务的故障,不一定非做预防性维修工作不可,机件可以使用到发生故障之后再予以修复,但并不是放任不管,而是需要在故障发生之后,通过所积累的故障信息,进行故障原因和故障趋势分析,从总体上对装备可靠性水平进行连续监控和改进。工作的结果除更换机件或重新修复外,还可采用转换维修方式和更改设计的决策。状态监控方式不规定装备的使用时间,因此能最充分地利用装备寿命,使维修工作量降到最低,是一种最经济的维修方式,目前应用较为广泛。

4. 维修工作类型

维修工作类型是按所进行的预防性维修工作的内容及其时机控制原则划分的。预防性维修工作划分为保养、操作人员监控、使用检查、功能检测、定时拆修、定时报废和综合工作七种。

(1) 保养(Servicing),是指为保持装备固有设计性能而进行的表面清洗、擦拭、通风、添加油液或润滑剂、充气等工作。它是对技术、资源要求最低的维修工作类型。

(2) 操作人员监控(Operator Monitoring),是操作人员在正常使用装备时对其状态进行监控的工作,其目的是发现潜在故障。这类监控包括对装备所做的使用前检查,对装备仪表的监控,通过气味、噪声、振动、温度、视觉、操作力的改变等感觉辨认潜在故障。但它对隐蔽功能不适用。

(3) 使用检查(Operational Check),是按计划进行的定性检查工作,如采用观察、演示、操作手感等方法检查,以确定装备或机件能否执行其规定的功能。例如对火灾告警装置、应急设备、备用设备的定期检查等,其目的是发现隐蔽功能故障,减少发生多重故障的可能性。

(4) 功能检测(Functional Inspection),是按计划进行的定量检查工作,以确定装备或机件的功能参数是否在规定的限度之内,其目的是发现潜在故障,通常需要使用仪表、测试设备等。

(5) 定时拆修(Reword at Some Interval),是指装备使用到规定的时间予以拆修,使其恢复到规定状态的工作。

(6) 定时报废(Discard at Some Interval),是指装备使用到规定的时间予以废弃的工作。

(7) 综合工作(Combination of Tasks),是指上述两种或多种类型的预防性维修工作。

5. 维修级别

维修级别(Level of Maintenance),是按装备维修的范围和深度及其维修时所处场所划分的维修等级,一般分为基层级维修、中继级维修和后方基地级维修三级。

基层级维修(Organizational Maintenance),是由直接使用装备的单位对装备所进行的维修,主要完成日常维护保养、检查和排除故障、调整和校正、机件更换及定期检修等周期性工作。

中继级维修(Intermediate Maintenance),一般是指基层级的上级维修单位及其派出的维修分队,它相比基层级有较高的维修能力,能承担基层级所不能完成的维修工作,主要完成装备及其机件的修理、战伤修理、一般改装、简单零件制作等。

基地级维修(Depot Maintenance),拥有最强的维修能力,能够执行修理故障装备所必需的任何工作,是由总部、战区、军(兵)种修理机构或装备制造厂对装备所进行的维修,主要完成装备的翻修、事故修理、现代化改装、零备件的制作等。

维修级别的划分是根据维修工作的实际需要而形成的。现代装备的维修项目很多,而每一个项目的维修范围、深度、技术复杂程度和维修资源各不相同,因而需要不同的人力、物力、技术、时间和不同的维修手段。事实上,不可能把装备的所有维修工作需要的人力、物力都配备在一个级别上,合理的办法就是根据维修的不同深度、广度、技术复杂程度和维修资源进行不同级别的划分。这种级别的划分不仅要考虑维修本身的需要,还要考虑作战使用需求和作战保障的要求,并且要与作战指挥体系相结合,以便在不同的建制级别上组建不同的维修机构。因此,在不同国家或一个国家的不同军兵种之间,维修级别的划分不尽相同,而且还不断发生变化。

为适应现代战争快速机动作战的需要,以及装备战术技术性能和综合保障能力提高的实际需要,装备维修级别不断精简,美军早在20世纪80年代末就开展了军用飞机二级维修的试验工作,目前F-22、F-35等新装备业已实施二级维修。取消中继级维修,实行二级维修,不仅意味着减少了装备对战场上地面保障的依赖,提高了装备的机动性、生存性,而且意味着减少了战场上的维修保障设施和维修保障人员,从而避免了不必要的伤亡和损失。但是,即使取消了中继级维修,装备维修工作深度的差异性依然客观存在,仍然存在着一个最佳的维修级别。

6. 故障及其分类

装备维修本质上是与故障做斗争,因而必须科学认识故障及其特征。

(1) 故障的含义。根据GJB 451《可靠性维修性术语》,故障是指产品不能执行规定功能的状态;对某些不可修复产品如电子元器件、弹药等称为失效。有时产品不能完成“规定功能”是明确的,如发动机转速不正常、照明灯丝突然烧坏不能照明,这是明显出了故障;有时产品不能完成“规定功能”并不很明确,如轴承的磨损、发动机耗油增大等,这些问题的存在并不影响产品的正常使用,处于是否故障之间。因此,故障的确定需要判据。同一产品在不同使用部门所确定的故障判据可能不一致,但在同一使用部门,则应有统一的要求。判据不同,故障统计数据也不同,其直接影响到故障统计分析。

(2) 故障分类。故障可以从多种角度来认识和分类,如隐蔽故障、潜在故障、独立故障、从属故障、自然耗损故障与人为差错故障等。这里仅从维修研究与实践的需要来进行故障分类及其界定。

按故障的发展过程,可分为功能故障与潜在故障。功能故障是指产品不能完成规定功能的事件或状态，是指产品已经丧失其功能的状态；潜在故障是一种指示产品将不能完成规定功能的可鉴别状态，如飞机轮胎在磨损过程中，先磨去胎面胶，其次露出胎身帘线层，最后才发生故障。

按故障的可见性，可分为明显功能故障与隐蔽功能故障。明显功能故障是指正常使用装备的人员能够发现的功能故障，这类功能故障一般由操作人员凭感觉器官或是在用到某一功能时发现的。隐蔽功能故障是指正常使用装备的人员不能发现的功能故障，它必须在装备停机后做检查或测试时才能发现，如一些动力装置的火警探测系统一旦故障就属于隐蔽功能故障。

按故障的相互关系，可分为单个故障和多重故障。单个故障有两种情况：一是独立故障而不是由另一产品故障引起的原发性故障；二是从属故障，是由另一产品故障引起的继发性故障。多重故障，是指由连续发生的两个或多个独立故障所组成的故障事件，其后果可能比其中任何单个故障所造成的后果更严重。多重故障与隐蔽功能故障有着密切的关系。如果隐蔽功能故障没有及时被发现和排除，它与另一个独立故障结合，就会造成多重故障，可能产生严重后果。

1.1.2　装备维修的主要内容

从装备战斗力形成过程来看，装备维修主要包括维修设计、维修作业、维修管理、维修训练和维修科研等若干方面。

（1）装备维修设计，包括维修品质设计和维修保障设计。维修品质设计主要有：可靠性设计、维修性设计、保障性设计、测试性设计、安全性设计和人素工程设计等。维修保障设计主要有：提出维修方案（确定维修等级、修理方针、维修指标、重要维修保障要求），制定维修保障计划（详细的维修计划或维修大纲和维修管理计划），维修工具设备设计，维修设施设计，维修人员技术培训设计，维修零备件保障设计，维修技术文件资料设计，装备封装及运输设计等。装备维修设计的基本任务就是从设计制造上保证装备具有良好的维修品质，并提供一个经济而有效的维修保障系统。

（2）装备维修作业，是指在装备作战使用过程中直接对其进行的维修操作活动和采取的各种技术性措施，主要包括装备的维护与修理。装备维修作业是维修生产力的具体体现，也是整个装备维修系统赖以存在和发展的基础。如航空维修，维护包括飞行机务准备、定期检修和日常保养；修理包括小修、中修和大修（翻修），以及战场抢修、加改装等。

（3）装备维修管理，包括装备维修保障系统的构建及其管理，即确定管理体制、作业体制和系统的构成与布局；装备维修保障系统的运行管理，即制定维修方针政策、维修规划、维修法规，实施信息管理、质量控制、安全管理、效能分析和战时维修的组织指挥等；装备维修保障系统要素的统筹管理，即对维修人员、维修手段、维修备件、维修设施、维修经费以及其他维修资源的管理。

（4）装备维修训练，主要是组织实施维修人员的指挥管理训练和专业技术培训，使之具有与本职工作相适应的理论知识、技术水平和指挥管理能力。维修训练分为生长教育训练和继续教育训练(如上岗训练、日常训练、换装训练、晋职训练、函授和自学考试等)。

(5) 装备维修科研,主要是研究维修理论、政策,参与新装备的研制论证及其技术预研,研究装备的合理使用和现有装备的改进改装;研究制定维修技术法规;分析研究事故、故障,提出预防措施;改革维修手段,开发应用新的维修工艺技术等。

1.1.3 装备维修的特点

装备维修的特点是装备维修本质属性的具体表现,区别于其他事物的特殊矛盾,只有按照装备维修的特点来实施维修,才能收到良好的维修效果。

(1) 高可靠性。装备高技术密集,装备作战使用对可靠性、安全性有着特殊的要求,装备维修不仅要保证作战使用中的安全可靠,而且要保证装备整个寿命周期中质量性能的持续稳定;不仅要动态管控装备技术装备,而且要系统分析和科学把握装备状态性能变化趋势和发展规律,以便及时采取有效的维修措施,防止因装备性能状态的突变而带来的严重后果。因此,装备维修必须以作战使用需求为牵引,以可靠性为中心,将保持和恢复装备的可靠性作为出发点和落脚点,一切维修活动都要为保持和恢复装备的可靠性服务。

(2) 综合保障。信息化条件下的现代战争是体系的对抗,装备作战是系统诸要素共同作用的结果,离开有效的维修,装备难以形成有效的作战能力。装备维修的基本任务就是要始终保持装备良好的技术状态和可用状态,保障装备安全可靠使用,保障装备作战训练等各项任务的顺利完成。因此,装备维修是一种保障性活动,要服从和满足装备作战使用要求。同时,这种保障性活动又是一种综合性活动,需要作战、后勤和工业等多部门的密切配合,需要对人力、物力、财力、信息等多种要素进行科学配置与合理调配,是一个多层次、多专业组成的有机整体;而且这种活动是在一种动态变化的环境中进行的,受到战场环境、装备状态、维修资源、人员技术水平等许多不确定性因素的影响。从装备维修的多因素、多变动、多目标的活动特点及其复杂的互相制约的构成状况来看,装备维修是一种综合性的保障活动。

(3) 技术密集。装备体系结构的复杂性,高新技术的综合应用,使装备维修成为多专业的综合保障体系,成为一种技术密集、综合性很强的工程活动。纵观装备维修的发展历程,装备维修已不是传统意义上的以手工作业为主的技术活动,而是一门高新技术创新应用的综合性工程技术活动,已从传统的经验维修发展到在科学的维修理论指导下,按照维修的客观规律实施的科学维修。科学维修要求有科学的专业分工、先进的维修技术、高效的维修手段,以及掌握科学理论知识和具有优良技术素养的专业人员。随着装备发展,装备的复杂性、技术的先进性不断增强,高技术装备需要高技术保障,装备维修技术密集性特征将更加突出。

(4) 快速反应。信息化条件下的现代战争具有突发性、多变性、快速性和致命性，战争胜负往往取决于分秒之间，而装备是遂行作战任务的主要载体，这就要求装备维修要用最短的反应时间保障装备的完好可用，在最短的时间内机动到目标地域，在复杂环境条件下保障装备战术技术性能最大限度地发挥，在战场环境下快速抢救抢修战伤装备。需求是牵引，装备维修的一切活动应以作战需求为牵引，快速机动和较强的应变能力，已成为信息化军事形态下装备维修的基本特点。

(5) 环境恶劣。战时的装备维修是在复杂、恶劣的环境条件下实施的，平时的维修也大都是在野外实施的，无论是日晒雨淋、风吹霜打，还是白天黑夜、寒冬酷暑，都要实施维修活动，以保障作战训练任务的顺利完成。维修环境的复杂性还表现在环境的多变性，由于装备作战环境多维，作战空间广，不同地域的地形、气候等自然条件对维修人员、装备有不同的影响，对维修活动也带来影响，要求维修人员掌握各种环境条件下的维修特点，熟悉不同环境条件下装备技术性能的变化，从实际情况出发实施有效的维修。战时的装备维修是在一种更为恶劣的环境下实施的，维修条件简陋，维修工具设备不齐全，备件短缺，维修设施不完善，维修时间紧，需要在核、化学、生物武器袭击和复杂电磁环境下，进行防护和实施高强度的维修保障，因此，装备维修工作必须着眼现代战争的特殊环境，根据作战使用需求，开展针对性训练，保障装备维修能在各种环境条件下有效实施。

(6) 高消耗性。装备系统结构复杂，作战使用要求高，维修工作任务重，维修保障资源消耗大，特别是随着装备更新换代，装备使用和维修保障费用急剧增长，已成为制约装备建设发展的一个“瓶颈”因素，形成了所谓的“冰山效应”。据统计，装备的使用和维修保障费用占寿命周期费用的比例超过60%，有的甚至高达80%以上，已成为装备寿命周期费用的主要组成部分。因此，需要加强装备维修的系统规划和科学管理，提高装备维修综合效益，抑制装备使用和维修保障费用需求增长，保障装备维修健康持续发展。

1.2 管理与装备维修管理

管理是一种特殊的人类社会实践活动，是任何组织生存与发展所必需的。管理因对象的不同而具有特殊性，但其概念、原理、职能、要素和过程等具有显著的普遍性。纵观人类社会的历史不难发现，管理是小到家庭，大至国家的各种组织由强变弱或由弱变强的根本。大量实践说明，一个组织、一家企业，在其他条件不变的情况下，不同的领导班子和不同的管理方式可以完全改变其原有状态，既可能使之起死回生，也可能令其一败涂地。因此，在讨论人类社会赖以发展的资源及人类活动的组织时不可能离开管理，装备维修作为社会大系统的一个子系统，也离不开科学的管理。尽管有效的管理无法直接创造资源，但却可以有效地利用资源，用经济的资源做更多的事情。

1.2.1 管理的含义

在管理理论的发展过程中，不同的学派和不同的学者对管理有着不同的认识。科学管理之父泰罗认为，管理就是“确切地知道你要别人去干什么，并使他用最好的方法去干”；诺贝尔经济学奖获得者赫尔伯特·西蒙认为，管理就是决策，决策贯穿管理的全过程；组织管理之父法约尔认为，管理是所有的人类组织（不论家庭、企业或政府）都有的一种活动，这种活动由五项要素组成：计划、组织、指挥、协调和控制等。

首先，管理作为一种活动，一定是在一个特定组织、特定时空环境下发生发展直至结束，从时间的角度来看，管理是一个动态过程，因为时空环境并不是静止的。其次，管理这种活动的发生是有目的的，那么该目的是什么呢？显然这与管理者欲达成的目标相关，这一目标可以是组织的目标。再次，达成组织目标是需要资源的，但世界上资源有限，供给有价格，这就使得达成组织目标有一个成本与收益的比较，有一个投入与产出的衡量。根据上述讨论，可以给管理下一个统一的符合其实质的定义：管理是对组织的资源进行有效整合以达成组织既定目标与责任的动态创造性活动。计划、组织、指挥、协调和控制等行为活动是有效整合资源所必需的活动，因此它们可以归入管理范畴之内，但它们又仅仅是帮助有效整合资源的部分手段或方式，因而它们本身并不等于管理，管理的核心在于对现实资源的有效整合。

在管理工作中，我们经常把管理与领导混为一谈，但领导和管理是有区别的。领导者不一定是管理者，管理者也不一定是领导者。领导者从本质上讲是一种影响力，是一种追随关系，是对人们施加影响的艺术或过程，从而使人们情愿地、热心地为实现组织或群体目标而努力。管理者是组织中有一定职位并负有责任的人，存在于正式组织中。有的管理者可以运用职权迫使人们去从事某一件工作，但不能影响他人去做工作，他并不是领导者；有的人并没有正式职权，却能以个人影响力与魅力去影响他人，他是一位领导者。为了使组织更有效，应该选取领导者来从事管理工作，也应该把每个管理者都培养成好的领导者。

1.2.2 装备维修管理的含义

装备维修管理就是以装备维修系统为对象，研究如何运用现代管理理论和技术方法，有效整合装备维修系统资源以获得最佳的维修效果和经济效益，是为组织实施装备使用保障和维护修理而进行的管理活动。

从系统特征上讲，装备维修系统是一个开放系统，即系统为了实现装备维修的组织目标必须不断地与外部环境进行物质的、能量的和信息的交换，而且还必须在时间上、空间上和功能上与外部环境相适应，以使装备维修系统状态从不平衡趋于平衡，系统结构从无序变为有序，推动装备维修系统不断发展。对于装备维修系统这种具有耗散结构特性的系统，在开展管理研究时应重视研究运用现代科学理论和技术来分析研究装备维修活动的特点和规律，着力解决装备维修系统的结构有序性、内外协同性、过程稳定性等一些系统管理上的本质问题。

根据装备维修和管理的特点要求，以及装备维修与一般生产活动相区别的特殊性，正确理解装备维修管理应着重把握以下几点：

一是装备维修管理的主体是人，包括装备维修系统各级部门和各类人员。各级装备维修管理部门和维修机构及其管理者，是装备管理维修的主要实体和主要实施者，既是管理者又是被管理者，既有主观能动性又有受制约性，装备维修管理者的群体结构和个体能力素质，对装备维修管理质量效益，具有决定性的影响。

二是装备维修管理对象具有多元化特征。军事活动具有复杂性、综合性特征，装备维修是军事活动的重要组成部分，其管理对象涉及装备、维修人员、保障装备、保障设施、维修信息、维修经费、维修资料等多类要素，装备维修管理对象的多元性，决定了装备维修管理的复杂性，只有对这些要素资源进行科学规划计划和合理调配，才能有效保障装备维修管理既定目标的达成。

三是装备维修管理的核心是决策。著名的管理学家西蒙有句名言，“管理就是决策”。决策决定了管理活动的方向目标和工作重点，是管理工作的前提保障。随着装备发展，装备维修保障的复杂性、系统性、综合性不断提高，装备维修的任务更为艰巨，要求更高，标准更严，维修管理决策，不仅决定了维修工作的内容时机和方式方法，而且对装备维修的质量效益具有决定性的影响，特别是对于航空装备、地空导弹、雷达、潜艇等高技术装备，由于维修管理在质量、安全等方面的特殊作用，使得决策的地位作用更加突出。

四是装备维修管理成效有赖于管理职能的有效发挥。管理是一种整合资源的过程，在这一过程中，面临着管理客体、管理运行时空、管理方法手段、管理实施结果等诸多的不确定性，需要充分发挥计划、组织、指挥、协调、控制等管理职能作用，对装备维修资源进行有效整合，降低不确定性和风险水平，以有效达成装备维修管理预期目标。

1.2.3 装备维修管理的任务

根据装备维修管理的基本内涵，装备维修管理的根本目标是科学利用各种维修资源，以最经济的资源消耗，及时、经济、高效地保持、恢复和改善装备战备状态完好，保证装备作战训练等各项任务的完成。

装备维修的主要任务，是要解决好维修能力水平与装备作战使用要求之间的矛盾，以及维修行为与维修客观规律相适应的问题，其根本目的是要以可承受的资源消耗最大限度地满足装备的作战使用需求。从装备维修实践看，装备维修管理必须解决以下基本问题：运用现代管理理论、方法和手段，依托先进的科学技术，为树立科学的维修指导思想、制定科学的维修目标、确定科学的维修内容和时机、选择科学的维修方式和策略、实施科学的维修行动、进行科学的维修资源调配等过程提供支持和保障。具体而言，装备维修管理的任务主要包括以下几个方面。

1. 预计维修任务

对装备维修任务进行预测规划，是装备维修管理的重要任务和前提。装备维修任务，既是科学制定装备维修计划的重要前提，也是合理使用装备维修资源力量的基本依据。以战时装备维修任务为例，通常应当按以下步骤进行预计：首先，预计装备的损坏率。应当综合分析作战任务、作战样式、作战规模、作战可能持续的时间，参战装备的数量、战术技术性能、使用强度，敌方打击破坏手段及程度、我方的防护能力，作战地区自然地理条件等多种因素，并参照以往类似作战的装备战损数据，预计出各类装备的损坏率。其次，预计各类装备的损坏程度。分析各类战损装备中，轻度损坏、中度损坏、重度损坏及报废装备分别所占的比例。再次，计算装备维修任务量，应分别量化各类装备各级维修任务量，或者区分出基层级维修、中继级维修、基地级维修的任务量，并根据各级维修机构担负的维修任务或实际维修能力，进行维修任务区分。无论是平时还是战时，装备维修任务预计，应综合运用经验推算、模拟计算、实验验证等方法，以便扬长避短，相互验证，努力使维修任务预计准确。

2. 制定维修计划

装备维修计划，是实施装备维修的直接依据，是对装备维修各项工作内容、步骤和实施程序所做出的科学安排和规定。在预计维修任务、明确维修目标的基础上，应当根据各级维修任务、维修目标和维修能力等实际情况，分别制定出装备维修计划。从基层单位的维修实际看，维修计划的主要内容通常包括：送修装备名称、规格型号，送修、承修单位，修理等级、价格，需修、送修数量，送修时间安排等修理部分的计划，以及日常维护工作计划。战时维修计划还要考虑：维修力量编成、部署，维修任务区分，各作战阶段主要维修工作及采取的主要措施，维修器材的筹措、储备与补充，各维修机构、部门之间的协同事项，以及维修防卫防护等内容。

制定维修计划时，应了解上级装备（保障）部门、本级首长指示精神，明确拟订计划的目的、目标和主要内容；广泛收集、研究有关信息资料，掌握装备、任务和现实维修能力等状况，预测维修需求，分析影响装备维修的各种因素；在分析判断的基础上，按照统筹兼顾、突出重点、量入为出、合理安排的原则，将有关内容按照轻重缓急、统筹安排列项，草拟各项维修指标要求，拟制多种可供选择的方案；要尽可能地运用最优化理论、方法和手段，对各备选方案进行优化与评估，选择并确定优选计划方案；在计划执行过程中，要不断检查和监督，发现偏差，及时采取措施调整和改进。

3. 调配维修资源

装备维修管理的重要任务，就是要按照系统优化的原理，统筹规划，科学配置维修资源，保证维修力量建设的正常开展，促进装备维修能力的持续改进。

装备维修力量，是装备维修计划的直接执行者，筹组装备维修力量是调配装备维修资源的首要任务。在平时训练时，装备维修力量主要是按现行建制形式开展维修活动，筹组维修力量的主要任务就是要把现有的维修人员按照一定的保障方式调整好、安排好、使用好，实现人员与任务的最佳匹配，以最大限度地提高维修人员的使用效率。在战时维修保障中，筹组维修力量尤为重要，各级装备(保障)指挥员及指挥机构，一定要根据各自的维修任务，迅速筹集和组织维修力量，形成战役、战术层次维修力量紧密衔接、有机结合的维修力量体系。

其他维修资源的调配任务十分繁重，主要包括保障装备、维修器材、维修技术、维修信息和维修时空等要素的统一调整、配置和管理。要按照科学维修的实际需要，抓紧保障装备尤其是信息化保障装备的发展建设，尽快为维修一线配齐各类保障装备；要建立保障装备申请、补充、供应、换装、退役、报废和储备等机制，确保保障装备的调配有序进行。要根据部队训练与作战任务、装备质量状况、器材消耗规律、经费条件和市场供求变化等情况，运用管理科学理论、方法和手段，对器材的筹措、储备、供应、运输等环节进行计划、组织、协调和控制，确保维修器材保障最大限度地满足维修需求。要综合运用维修技术、维修信息和维修时空等因素，确保维修活动得到最佳的技术支持、最充分的信息保障和最适宜的时空环境。

4. 组织维修实施

组织维修实施，是装备维修管理的重要内容。随着装备科技含量的显著提高，战训任务难度、强度越来越大，组织维修工作也越来越复杂。因此，组织维修活动应着重把握以下几点：一是及时提供组织保证，既要有健全的维修管理指挥机构，又要有与维修任务相适应的维修力量配置，从而为维修活动筹组出强有力的管理指挥队伍和维修作业队伍；在维修实施过程中，要积极主动地同有关单位、部门搞好协调工作，为维修活动提供良好的组织环境。既要加强同装备(保障)机关的相关部门的联系，也要注重搞好同其他部门的协调，战时还要密切与协同作战部队之间的维修保障关系。二是要十分重视战时维修活动的组织实施，平时的维修活动，主要依托建制单位按正常维修计划展开维修工作，现场组织任务相对简单容易。战时维修任务十分复杂，一定要按照作战不同阶段的维修需要，抓好维修组织实施的想定训练。在临战准备阶段，主要应做好力量调整、装备检查保养、必要的加改装，以及保障装备、维修器材的补充等工作；在作战实施阶段，主要应及时掌握战损情况、组织战场抢修，及时掌握器材消耗情况、组织请领补充，及时掌握战场任务变化动态、组织调整力量等工作；在作战结束时，主要应抓紧修理机动装备，以保证部队迅速撤离，抓紧修理战伤装备、调整维修力量，做好再战准备。三是要准确把握维修重点。无论在战时还是在平时作战训练中，装备维修任务重、时间紧、要求高与维修能力有限的矛盾始终存在，必须区分主次急缓，坚持优先保障重点的原则。在维修对象上，优先保障主要作战部队，抢修主要作战装备和保障装备；在维修力量运用上，集中力量，保障重要作战阶段和关键作战行动的装备维修需要；在维修保障空间上，以战场抢修为重点，使受损的装备尽快在战场得以再生；在维修技术标准上，在力求按全面技术标准进行维修的同时，突出以快速恢复装备的主要必要战斗性能为重点。

5. 监控维修质量

通过各种技术措施和管理途径对装备维修质量实施监控，是装备维修管理的重要任务之一。在装备维修管理实践中，要综合运用质量监督、维修技术标准、维修计量和维修信息等技术手段，完善装备维修质量信息管理系统，建立质量管理体系，落实质量管理责任制，严格执行装备维修技术标准，对装备维修工作和维修质量实行全系统、全员参与、全过程管理，不断提高装备维修质量科学管理的能力水平。

6. 优化维修体制

装备维修体制，只有随着装备发展和军队建设发展而不断进行优化，才能保持其活力，发挥其应有的作用。装备维修体制如果不及时进行优化，就会对维修实践活动产生阻滞作用。因此，优化装备维修体制，就成了装备维修管理的一项重要任务。在装备科学维修实践中，应随着维修环境、维修对象、维修技术等的发展变化，及时调整改革装备维修体制，从组织上有力保证科学维修的深入发展。

1.2.4 装备维修管理的职能

管理职能也称管理功能，是对管理工作应承担任务的浓缩和概括。装备维修管理是对装备维修活动的一种高级管理活动，主要职能包括决策、计划、组织、控制和评价等。

1. 决策职能

管理的决策观认为，决策是管理活动中最基本、最重要的内容，贯穿于管理的全过程和各个方面，事关管理工作的成败，决策失误是最大的失误。决策是管理者的意志活动，是为了达到管理目标而从各种可能的行动方案中进行选择的过程和活动，对管理职能的发挥具有决定性影响，关键环节的决策将会影响到管理活动的全局。

决策是装备维修管理的首要职能活动，在装备维修管理中具有核心地位和作用。任何一项装备维修活动，总是要先作决策，再制定计划，并依据决策意见和计划方案组织实施，在实施过程中发生的领导、协调和控制等行为中也都存在着形式不同、内容各异的决策活动。因而决策是装备维修管理活动的首要环节，贯穿于装备维修活动全过程，渗透在装备维修管理活动的各个方面。为确保装备维修管理成效，要求装备维修决策者掌握科学决策的思想理论和方法技术，运用现代科学成果，遵循科学的决策程序，努力做到装备维修管理决策的民主化、科学化、最优化。

2. 计划职能

计划职能，在装备维修管理中处于重要地位，装备维修计划是装备维修工作组织实施的前提。就装备维修过程而言，无论是装备维修政策法规和策略的制定，还是维护、排故、修理活动的实施，乃至装备的退役、报废等，都需要制定计划来组织实施；计划不科学，计划不周密，将导致维修工作的不高效，计划的失误是最大浪费。

管理中的计划有两种解释，一种从狭义的角度来解释计划，认为计划是管理人员筹划未来行动的活动，即针对某一既定的决策目标，研究和选择实现目标的方式、途径和方法。另一种从广义的角度来解释计划，认为预测、研究和决策，以及选择实现目标的方式、途径、方法等都是计划职能的内容。显然，广义的解释把决策纳入计划之中，认为决策是计划的一个环节。从理论上讲，上述两种解释都是可行的，但从实践来看，狭义的管理计划含义更有利于突出决策在管理中的核心地位。所以，一般应选取管理计划的狭义含义，即围绕某一既定的组织目标，研究和选择实现目标的方式、途径和方法，对实现组织目标的活动过程进行详细规划。

3. 组织职能

组织是装备维修管理中继决策职能、计划职能之后又一项重要职能。在决策工作确定了目标、计划工作制定了行动方案之后，接下来就要依靠一系列的组织活动来贯彻落实。组织是管理的载体和支撑，只有做好装备维修管理的组织工作，才能使决策方案得以顺利实施，才能保证装备维修目标得以实现。

4. 控制职能

控制是装备维修管理的一项关键职能。任何管理决策、计划的组织实施，都需要及时的管理控制，装备维修管理的控制主要是对装备维修质量的控制。

管理职能理论认为，控制是管理的重要职能，是以决策目标和计划指标为依据，对计划的完成情况和目标的实现程度进行检查与评估，并适时纠正偏差，以确保决策目标按计划步骤实现的一系列管理行为。显然，管理控制首先具有目的性，即管理控制始终要围绕组织的目标而进行；其次，管理控制具有整体性，这既是因为全体成员都是管理控制的主体，更是因为控制的对象包括组织活动的各个方面、各个层次、各个部门、各个阶段；最后，管理控制具有动态性，即组织活动的动态性决定了管理控制方法的多样性。

5. 评价职能

评价往往并不放在管理职能中来阐述，而是作为一种管理方法。从组织的发展过程来看，一个有效的评价反馈系统对组织的发展乃至生存是十分重要的；从装备维修管理工作实际来看，缺乏有效的评价工作，难以形成客观最优的控制决策的过程，难以发现系统运行过程中的实质性问题。因此，评价应是装备维修管理的一项重要职能工作，而且必须大力加强。通过对管理行动是否落实、开展，以及管理效果达到的具体程度的科学评价，从而为装备维修决策、计划、组织、控制等职能提供有力支撑。科学有效的评价建立在科学的指标体系和方法上，因而必须深入开展装备维修管理评价方法的研究与应用实践。

当然，装备维修管理还有其他一些重要职能，如指挥、协调、领导等，这些管理职能的发挥，对做好装备维修工作具有重要的作用。如领导职能，对于组织目标的确定、组织目标的实现和在满足组织需要的同时尽可能满足组织成员的需要具有重要的作用。

1.2.5 装备维修管理的特点

装备维修管理的特点是装备使用和维修保障在管理上的集中体现,同时也是装备维修管理不同于其他管理的一些特殊要求。这些特殊要求归纳起来,主要有以下几点:

1. 全系统全寿命管理

按照全寿命管理的要求,装备维修管理必须对装备从设计制造到部署使用直至退出现役全过程实施监督、控制和管理,以保证装备维修系统获得最好的维修效果,因此装备维修管理的范畴,不只限于使用阶段,而应前伸后延,实行全系统全寿命管理。由于装备是一个复杂系统,装备维修保障效率效益,是装备维修系统各要素相互作用、相互影响的结果。因此,装备维修管理不能仅局限于维修作业的管理,而必须从装备作战使用要求出发,制定合理的装备使用和维修保障计划,统筹管理,协调运作,科学规划装备维修工作任务,合理配置装备维修资源,高效实施装备维修活动,保持装备维修工作活动有序有效。

2. 不确定性强

装备维修是服务与保障作战用的,信息化条件下现代战争爆发的突然性和战斗任务的不确定性,以及装备的复杂性和技术状态变化的随机性,使装备维修任务变动大,进行总体规划和计划管理等难度也大,既要规划预防性维修工作,又必须适时安排偶然性的修理任务;既要做好平时的修理工作,又必须随时做好战时维修保障准备;既要组织正规的维修生产,还必须适应各种环境条件下的维修要求,如主动保障、快速反应等。因此装备维修管理的一个主要特点是要对这种维修需求的不确定性进行科学管理,以提高装备维修的时效性、有效性。

3. 过程控制严

装备使用过程的有效性,包括安全性、可靠性、可用性、经济性等要求,在很大程度上取决于装备维修系统的有效性,提高装备维修系统的有效性,关键在于适时做好装备维修过程的控制。由于装备维修管理影响因素多,涉及面广,特别是在系统内外各种因素的影响下,使得装备维修决策计划和技术管理都十分复杂,在这种情况下维修过程的控制就显得十分重要,它不仅工作量大而且要求高。为满足战斗训练的需要,最大限度地提高装备可用性,首先要严格控制维修进度,这就要求缩短维修时间,提高维修效率,减少维修频度,加速维修系统的运转,以保持最大数量的装备处于良好可用的状态;其次要严格控制维修质量,这就要求提高维修人员的技术业务素质,研究改进维修手段,加强装备全寿命过程和使用维修过程各个环节的质量监控和检验,以保持、恢复和改善提高装备的可靠性水平,保证装备使用的安全可靠。从各个系统来讲,就是要从时间和空间上加强控制,做好系统的平衡协调,以保证系统能有序、稳定地运行,努力实现维修任务与维修能力、外部环境和内部要素之间的动态平衡，适时协调系统内部各个部门、各个环节和各项要求之间的关系，以提高系统整体的功效，求得最佳的维修效益。

4. 管理方法多样

由于装备结构复杂，维修专业分工细，装备技术状况变化多种多样，因此带来不同的维修深度和难度，相应地还要配备不同的维修人员、设备、设施和物质器材，再加上维修技术培训、维修科学研究、维修物质保障以及各种管理部门的设置，使维修系统成为一个多专业、多等级、多层次、多部门的结构复杂的大系统。由于系统中各个组成部分、各个子系统的性质、任务分工和工作条件的不同，必然需要有多种多样的管理形式。这不仅表现在系统内维修机构与科研单位、技术院校、维修保障部门等在管理内容上有着明显的差别，而且在各级维修机构中，比如基层级维修、中继级维修和基地级维修等在管理方法上也不尽相同。因此，为保证完成装备作战使用任务的总目标，装备维修管理必须重视加强系统的综合管理，在宏观上全面规划系统的发展方向和目标，确立维修方针政策，搞好系统内部与外部的协调和平衡；同时，在宏观指导下，按照各个部门和机构的不同任务、性质，采取不同的方式做好微观管理工作。这种管理方式方法上的多样性，是装备维修管理的一个突出特点。

5. 管理信息化程度高

随着信息技术、智能技术的广泛运用，加之实战化训练任务繁重，装备使用强度不断加大，时效性、安全性以及质量要求不断增强，装备维修管理机构积极变革，注重采用信息化管理手段，加强对装备维修信息的管理运用，实现维修管理向精确化方向发展。比如，现在部队广泛应用先进的通信技术和数据技术来提高装备请领、交接、储存、调拨过程的时效性和准确性。又比如，在装备维修管理中，对装备的相关状态信息，包括各零部件的修理、更换情况，应用维修管理系统，不断增强装备维修管理的时效性。当前，计算机、手持式远距离监视器、激光卡读写器、条形码扫描器、智能保障终端等在装备维修领域得到了推广运用，不断改进维修管理手段。

装备维修管理具有重要性、复杂性和科学性。装备维修管理能力水平的高低，关系到装备的安全可靠，影响到部队作战能力的生成和发挥。因此，装备维修管理在装备维修系统建设中，处于十分重要的位置。装备维修管理的复杂性，来自装备维修任务的不确定性和系统构成的复杂性；装备维修管理的科学性，则是与装备维修活动的特殊规律性联系在一起的。根据装备使用和维修工作的特点和规律，学习应用现代管理科学技术，提高装备维修管理科学性，是推动装备维修创新发展的一个亟待加强建设的领域。

1.2.6 装备维修管理的原则

根据装备维修思想、维修管理的基本任务以及装备维修管理的基本特点，装备维修管理应遵循以下原则：

1. 统一领导，层级管理

我军装备维修管理工作在上级领导下，由有关业务部门负责，实行统一领导，分级分部门负责。实行统一领导，有利于宏观上加强装备的维修管理工作，使各种维修资源充分发挥作用；实行分级分部门负责，有利于加强装备维修管理工作的规划、指导、检查、落实，做到责任明确，有利于针对装备的特点，充分发挥各级的主观能动性和积极创造性，采取切实可行的维修管理措施，提高装备维修管理的质量效益。

2. 平战结合，军民融合

信息化条件下的现代战争，是体系的对抗，综合国力的较量，前后方、军民界线模糊；装备是国家工业系统大协作的结晶，无论是平时还是战时，装备维修都需要工业部门的技术支援。因此，平战结合、军民融合是装备维修管理的一个重要原则。

平战结合，是指装备维修的规划、计划和各项工作，都要着眼战时需要，特别要考虑信息化条件下现代战争的装备维修需求，要充分考虑应对突发事件引起的各种例外维修需求。平时和战时在装备维修管理上既有许多相同之处，又有许多不同的特点和要求，装备维修管理要结合装备战术技术性能，从维修管理体制、规章制度、维修资源准备、人员培训、维修科研等各方面，深入贯彻平战结合原则，大力开展实战化训练，将装备维修的难点问题和突出矛盾，充分暴露在平时的维修活动和维修训练中，切实做到预有准备，只有这样，才能在战时充分运用平时维修管理的经验和资源，充分发挥装备在信息化条件下现代战争中的效用。

军民融合，是指军队在建立隶属于各级维修管理部门的维修机构，在保证装备得到良好维护和适时修理的同时，充分利用地方工业企业的优势进行维修保障，将地方工业部门的优势保障资源融入到装备建制保障力量体系中，使之成为装备保障力量体系的重要补充和应急维修的有力技术支援。装备维修管理，在进行装备维修规划、计划和组织实施维修活动时，应按照军民融合的原则要求，对国防工业部门、社会等装备维修力量资源进行合理规划和有效利用，实现军民维修力量的有机融合。军事斗争、装备作战是最具风险和不确定性的，即使军队有能力修理的装备，在战时和紧急情况下，也将会面临诸多的突发事件和例外维修需求，军民融合也是需要地方支援的。

3. 行政、技术和经济管理相结合

行政、技术和经济管理相结合，是指行政领导的重大维修决策，应当经过充分的技术、经济论证；而装备维修任务的规划、计划，既要有正确的技术措施，又要利用经济手段。实行行政、技术和经济管理相结合的原则，应以取得装备高战备完好性、优质维修管理质量，以及降低全寿命维修管理费用为目标，多法并举，协同运用，通过运用高效的维修管理方法手段，提高装备维修管理的质量效益。

1.3　装备维修管理的发展

随着装备快速发展，装备的智能化、信息化、体系化水平不断提高，先进的装备与不充分不平衡的装备维修能力之间的矛盾日益突出，装备维修经济可承受性压力不断加大。管理出战斗力，管理出效益。装备维修，如航空装备维修、装甲装备维修、雷达装备维修等，是由许多维修保障人员，运用维修工具对装备进行维护保养、性能检测、故障排除等工作，从而使装备完好可用，这就涉及维修任务的计划，维修人力、物力、财力的调配，维修作业活动的分工协作，因而装备维修不仅是技术活动，而且是一类管理活动，如同飞机一样，技术与管理是装备维修工作的两翼，缺一不可。特别是随着装备快速发展，装备高新技术密集，系统结构更复杂，占用资源更多，质量安全要求更高，因而装备维修管理的地位和作用将更突出、更重要。一代装备，一代维修，装备维修管理发展至今，业已形成了完备的体系模式。在装备维修管理的发展过程中，受到维修对象、维修技术、维修手段等多种因素的影响作用，与时俱进，大致可以将装备维修管理划分为四个阶段。

1.3.1　事后维修的装备维修管理

在装备发展早期(—1930)，由于当时的工业背景是机械化程度不高，装备故障影响不大，人们对预防故障并不重视。同时，由于大部分装备、设备比较简单、比较可靠且易于修复，因而形成了随坏随修的维修思想。这个阶段由两个“时代”组成，即兼修时代和专修时代。在兼修时代，由于装备一般比较简单，装备的操作人员也就是维修人员；随着设备技术复杂程度不断提高，开始有了专业分工，进入了专修时代。这时，操作人员专门负责操作，维修人员专门负责维修。这个阶段的共同特点是，设备坏了才修，不坏不修。这个阶段的装备维修是建立在朴素的唯物主义思想之上的，其维修的特点是随机性大，缺少必要的计划安排，也可以说当时尚未开展真正意义上的维修管理。

1.3.2　预防为主的装备维修管理

随着装备的发展(—1960)，装备的机械化程度明显提高，设备的种类、数量大幅增加，结构日益复杂，故障成为十分突出的问题，人们逐渐深化了对机械设备故障的认识，将其总结归纳为“浴盆曲线”，并认为这一规律适用于所有设备，形成了预防为主的维修思想，定时维修成为主要的维修方式。在这一阶段，国际上有两大体系共存：一个是以苏联为首的计划维修体制，另一个是以美国为首的预防维修体制。这两大体制本质相同，都是以摩擦学为理论基础，但在形式和做法上有所不同，效果上也有所差异。

(1) 计划维修体制。计划维修体制是预防性维修的一种，旨在通过计划对装备进行周期性的维修，其中包括按照不同装备和不同使用周期安排的大修、中修和小修。一般情况下装备一出厂，其维修周期就基本上确定下来，这种模式的优点是可以减少非计划（故障）停机，将潜在故障消灭在萌芽状态；缺点是维修的经济性和设备基础保养考虑不够。由于计划固定，较少考虑装备使用的实际和环境状况，容易产生维修过剩或维修不足。中国在20世纪五六十年代的工业受苏联影响较多，基本上采用这种维修体制。

（2）预防维修体制。预防维修体制是一种通过周期性的检查、分析来制定维修计划的管理方法，多数西方国家采用这种维修体系。其优点是可以减少非计划的故障停机，检查后的计划维修可以部分减少维修的盲目性；其缺点是由于当时检查手段、仪器尚比较落后，受检查手段和检查人员经验的制约，可能使检查失误，从而使维修计划不准确，造成维修冗余或不足。

这一阶段的装备维修管理的特点是注重维修计划管理，特别重视装备故障规律、维修间隔时间等方面的研究，并认为间隔时间越短，维修深度越深，维修的有效性就越强，装备质量安全越有保证。

1.3.3 以可靠性为中心的装备维修管理

发展到20世纪50年代末，随着科技进步，航空装备的机械化、自动化、电子化和信息化程度明显提高，装备故障呈现出多样性的特点，在实践中人们逐渐认识到维修工作的出发点、落脚点不应是故障，而应是装备的固有可靠性，进而形成了以可靠性为中心的维修思想，因而也形成了基于可靠性的维修管理，围绕保持和恢复装备固有可靠性来开展组织管理工作，维修管理从专业技术管理逐步向职能管理转变，出现了专门的职能管理部门——质量控制部门。通过发挥维修管理的职能作用，提高了装备维修的针对性、有效性，显著改善了装备维修的质量效益。

1.3.4 装备维修管理丛林

进入20世纪90年代，装备的智能化、信息化、体系化程度显著提高，装备维修的整体性、系统性显著增强，人们在注重装备可靠性管理的同时，逐步认识到装备维修是一种复杂的系统工程，先天不足，后患无穷，从系统的角度来加强装备维修工作，以系统管理为特征的装备维修管理不断涌现，呈现出所谓的装备维修管理丛林。

1. 综合工程学

综合工程学，是20世纪70年代由英国丹尼斯·巴克思在一次国际会议上提出的。其定义为："为使装备寿命周期费用最经济，把相关的工程技术、管理、财务及业务加以综合的学科。"其目标是追求经济的寿命周期，涉及系统的技术要求和可靠性设计、维修性设计，以及它们的部署、使用、维修、改造和更换，对系统性能和费用信息的反馈等。英国政府积极支持丹尼斯的理论，综合工程学这一思想对其他国家也有影响。

2. 全面计划质量维修

全面计划质量维修(TPQM,Total Planning Quality Maintenance),是一种以设备整个寿命周期内的可靠性、设备有效利用率以及经济性为总目标的维修技术和资源管理体系,其内涵是:维修范围的全面性,对维修职能作全面的要求;维修过程的系统性,提出一套发挥维修职能的质量标准;维修技术的基础性,根据维修和后勤工程的原则,以维修技术为工作的基础。TPQM于1989年由美国提出,是一种维修管理的新概念,它与TPM虽然有着相似的总目标,但侧重点各有不同。TPQM强调质量过程、质量规定和维修职能的发挥,其重点在于选择最佳维修策略,然后有效地应用这些策略达到高标准的质量、安全、设备可靠性、有效利用率和经济的资源管理。

3. 全员生产维修

日本在美国生产维修的基础上,吸收了英国综合工程学和我国鞍钢宪法中的群众路线的思想,提出了"全员生产维修"(TPM,Total Production Maintenance)的概念。在日本管理协会(JMA)的支持下,全员生产维修创始于20世纪70年代。TPM的基础:一是定义和运用"设备综合效率"的概念;二是按时间折算设备的总费用和对寿命周期费用的影响程度,并扩展到所有相关活动中,其目标是追求费用的降低,并调动组织成员参与管理的积极性。

4. 精益维修

精益维修来源于精益理论。精益理论(Lean Theory)是从精益生产(Lean Production)中提炼出的系统的理论。精益生产起源于日本丰田生产方式(TPS,Toyota Production System)。20世纪50年代,日本丰田公司为摆脱破产危机,在吸收美国福特大规模低品种生产方式的基础上,以准时生产(JIT,Just In Time)思想为核心建立了一种多品种、小批量、高质量和低消耗的生产方式,概括为"只在需要的时候按需要的量生产需要的产品"。这一生产方式经过20多年的改革、创新和发展,并有机结合了美国的工业工程(IE,Industrial Engineering)和现代管理理念,使其日趋成熟,后经美国麻省理工学院的沃麦克(Womack)等专家的研究和推动,把丰田生产方式定名为精益生产。1996年,沃麦克、琼斯等人合著了《精益思想》,从理论的高度进一步升华了精益生产中所包含的管理新思维,即在整个业务流程中聚焦价值增值活动,以需求拉动的方式提高效率,并将精益生产方式扩大到制造业以外的领域,促使管理人员对组织业务流程进行再思考,以消灭浪费,创造价值。精益理论为装备开展科学维修提供了理论支撑,目前已在装备维修领域得到了广泛应用。

5. 精细化管理

精细化管理最早出现于20世纪50年代日本和欧美的一些大型制造企业。目前,精细化管理已发展到很高的水平,出现了很多代表当今世界先进管理的方法,如六西格玛管理、6S管理等。精细化管理作为一种管理体系,摒弃粗放式管理方式,以科学管理理论和方法为基础,以规范化为前提、系统化为保证、数据化为标准、信息化为手段，从宏观层面到微观层面，纵横交错地实施精细化的管理，以获得更高效率、更多效益和更强竞争力。

精细化管理虽然源于企业，但其基本理念、原则和方法是科学的、通用的，也是装备维修管理所需要的。对精细化管理的理论方法，可以学其核心和精华，将其“零缺陷”管理“民为军用”，在思想上树立“零缺陷”意识，在管理上“去粗取精”“由粗及细”，用精心的态度、精细的方法，精细化的管理手段，实现操作上的“零缺陷”，达到“零差错”“零事故”的目标。因此，将精细化管理的思想内核吸纳、移植过来，用于改进装备维修管理，可进一步优化维修内容、整合维修专业、创新保障模式、强化质量安全管理、合理配置维修资源，用精细化的管理推动装备维修科学发展。

纵观装备维修管理的发展历程，装备维修管理是一个从简单到复杂、分散到集成、效率到效益、经验到科学的发展过程，而且是一个不断创新的动态发展过程。著名的管理大师彼得德鲁克认为，管理的本质在于创新。当前，在军事转型、科技进步和装备发展的牵引和推动下，装备维修管理的新理念、新模式、新方法不断涌现，精益维修、精细管理、精准作业、精品文化、流程管理、六西格玛管理、6S管理、零缺陷管理等已在装备维修管理领域得到应用，装备维修管理的效率效益不断提高，将为装备维修创新发展提供有力可靠的管理保障。

复习思考题

1. 试分析装备维修管理的作用和意义。
2. 阐述维修与装备维修的基本含义，其目的与任务是什么？
3. 什么是装备维修管理？装备维修管理有哪些原则？
4. 什么是“预防为主”的维修指导思想？其基本观点是什么？
5. 什么是“以可靠性为中心”的维修指导思想？其要点是什么？
6. 阐述装备维修全系统全寿命管理的基本内涵。
7. 剖析装备维修管理的主要特点。
8. 阐述装备维修系统管理的基本特征。
9. 归纳总结装备维修管理的发展历程。

第2章 装备维修管理体制

装备维修是一项复杂的系统工程，涉及人力、物力、财力等诸多方面，需要与作战、后勤等诸多部门进行协调沟通，需要完成计划、组织、控制、评估等多方面的工作；而且，随着装备发展，装备管理的要求越来越高，地位和作用越来越突出，如何使装备维修管理职能作用得以充分发挥，有赖于建立科学高效的装备维修管理体制。开展装备维修管理研究，必须对装备维修管理体制的地位和作用、结构形态等有所了解。

2.1 装备维修管理体制的概念内涵

理解认识装备维修管理体制，首先必须明晰体制、装备维修体制等相关概念。

2.1.1 体制与装备维修体制

1. 体 制

体制是指为实施某项工作而建立的组织体系及其相关制度的统称，主要包括组织机构设置、隶属关系、职责权限划分，以及相应的法规制度等。体制的核心是组织，组织是体制的主要表现形式，是实现组织功用的方式，是组织体系和制度的统称。体制往往是一个组织总体结构的制式化表现，通常是以政策性或法规性文件予以确定或体现的。

体制属于上层建筑的范畴。体制的形成是以一定物质实力为基础，根据一定的需求，在总结经验的基础上，通过调查研究和论证确定的，是对总体结构进行优化的一种制度，往往也是对一个系统管理的根本保证和落脚点。

2. 装备维修体制

根据体制的概念内涵，装备维修体制是指为实施装备维修而建立的组织体系及其相关制度。装备维修体系，一般具有两种含义：一是指组织实施装备维修，在机构设置和建制领导、职责权限、任务划分等方面的制度，从这个意义上讲，装备维修体制又可分为维修管理体制和维修作业体制；二是指实施装备维修的总体格局，主要包括装备维修等级的确定和维修任务的划分等。

由装备维修体制的含义来看，装备维修体制与装备维修等级的划分和维修专业的设置密切相关，是建立装备维修体制需要考虑的两个重要因素。

装备维修体制，关系到装备维修系统建设发展和运行的全局，是实现装备维修系统职能的组织保证，是装备维修系统建设发展的内在动力，对维修保障能力的生成、发挥和提高具有促进和制约作用。

2.1.2 装备维修管理体制

装备维修管理体制,是为进行装备维修管理工作而建立的组织体系和制度,是由管理机构、隶属关系、管理权限、管理制度等方面构成的一个有机整体。

装备维修管理体制,是以装备维修组织体系为基础的。由于装备维修管理的任务分工不同,当今世界上的装备维修管理体制主要有两种模式:一种是职能化管理体制模式,按管理职能设置管理机构和编配人员,构成以职能管理为主的维修管理体制,美军的装备维修管理体制是这一体制模式的典型代表;另一种是专业化管理体制模式,是按维修专业设置组织机构和编配人员,构成以技术管理为主的装备维修管理体制,俄罗斯空军的航空工程勤务保障管理体制是这一体制模式的典型代表。

2.2 装备维修管理体制的影响因素

装备维修管理体制,是为装备维修管理活动有序高效开展而提供的有效保障,是军事体制的重要组成部分,装备管理体制的维修管理体制的建立必须以军事需求为牵引,以军事战略、军事体制和装备技术性能水平为基本依据,对影响装备维修管理体制的影响因素进行系统分析、综合论证,确保装备维修管理体制的科学性、有效性。

2.2.1 军事战略

广义上的战略泛指对全局性、高层次的重大问题的筹划和指导,如国家战略、国防战略、经济发展战略、社会发展战略等。军事战略,主要指筹划和指导战争全局方略。军事战略,从宏观上规定了军队建设发展的方向目标、重点工作和作战需求。装备维修系统,是军事装备系统的有机组成部分,因而必须服从军事战略全局,服务于部队作战需求,满足部队作战对装备维修的需求。当军事战略和作战需求发生变化时,装备维修管理体制必须随之做相应的调整或变革。如空军军事战略由国土防空转变为攻防兼备,作战需求、装备体系结构发生了重大变化,装备维修管理的对象、环境条件、标准要求等必将发生变化,因此,装备维修管理体制应因时而变,做出适应性调整或根本性变革,为装备维修管理职能的发挥提供保证。

2.2.2 体制编制

体制编制所规范的军队的规模结构、指挥领导关系以及确立的各种法规制度,反映了一个时期战争的基本特征,对装备维修管理体制具有规范和约束作用。装备维修管理体制的建立,必须以相应的体制编制为依据,与军事体制编制相适应。一般情况下,有什么样的军队体制编制,就有什么样与之相适应的装备维修管理体制,这样,作战需求才能建立在稳定可靠的维修保障能力基础之上,但两者之间并不存在一一对应的关系。

体制编制方面,装备体制、装备管理体制、装备保障体制对装备维修管理体制也具有规范和约束作用。装备体制是装备体系结构制式化的规定,对装备的种类、型号、编配比例和配套关系等,明确了装备维修管理的对象和要求,是装备维修管理体制的基本约束。装备管理体制是为对装备实施领导和管理工作而建立的组织体系和制度,是对装备维修管理体制的重要约束。装备维修管理体制是装备管理体制的重要构成部分,它应以装备管理体制为依据,在装备管理体制的规定框架下规范维修管理体制的模式、内容。装备保障体制,是组织、实施装备保障的结构形式,是一定时期内装备保障的制式化规定,装备维修是装备保障的核心组成部分,是装备维修管理体制的直接约束。

2.2.3　装备发展水平

装备发展水平,是国家经济实力和科技水平的综合反映,是装备维修管理体制的"经济基础"。装备发展水平对装备维修管理体制具有重要的影响。装备发展水平、装备的数量和质量,对装备维修管理机构、管理层级等的设置,以及各项制度的制定等,对装备维修的方式方法、维修等级、维修专业、维修资源、维修人员等方面都具有重要的影响;而且由于装备研制生产、部署使用的特殊性,装备的更新换代往往是梯次进行,持续时间长,存在着多代同堂、新旧并存等情况。装备维修管理体制的建立需要统筹兼顾,处理好重点与一般、继承与创新等多种关系,确保装备维修管理体制的有效性。

2.3　装备维修管理体制的改革创新

装备维修是一项复杂的系统工程活动,装备维修管理体制效能的高低,直接影响装备维修工作的效率效益,因而必须对装备维修管理体制进行改革创新,确保装备维修管理体制的有效性。

2.3.1　装备维修管理体制建设现状

装备维修管理体制,是为装备维修活动的开展提供体系制度保障的,开展装备维修管理体制分析与设计工作,首先必须要了解装备维修管理存在的突出问题,以提高装备维修管理体制的针对性、有效性。

经过多年的建设发展,我军装备维修工作取得了长足发展,装备维修管理体制也与时俱进,不断完善和发展,为装备作战使用和维修保障提供了良好的管理支撑,但与"能打仗、打胜仗"的目标要求,与装备快速发展的时代要求和装备维修管理体制效能要求还存在一定差距和一些亟待解决的问题。

1. 装备维修管理体系不尽完善

现行的装备维修管理体系建立在机械化时代,是根据二、三代装备战术技术性能和装备技术保障理论建立的，以专业技术管理为主，管理层面人员比例偏少、结构不合理，计划决策、技术管理、质量监管、保障训练等职能较弱或缺乏，存在该管的没管，该管好的没管好，难以有效实施装备维修职能管理，装备维修管理工作预见性、针对性不强等问题，直接影响到装备维修保障的综合效益。

2. 装备维修管理组织结构不尽合理

组织是管理的载体，装备维修管理组织结构是否科学，直接影响装备维修保障能力的生成、发挥和长远建设。随着军事形态的演变，军事战略转型和装备更新换代，联合作战和装备体系的运用，要求建立高度集中统一的装备维修管理体制，这就更加需要发挥决策、计划、组织、控制等装备维修管理职能的作用，但目前我军装备维修管理机构的设置主要是按专业分散编配，是一种以技术管理为特征的专业化维修管理组织结构模式，纵向业务管理，横向并行配置，这种组织结构模式，虽然平时有利于专业维修力量实施对口管理，有利于维修保障业务能力的持续提高，但存在着条块分割、壁垒分明、沟通协调困难等问题，不利于装备维修保障资源力量的综合利用。

3. 装备维修质量安全保证体系不完善

质量安全是装备维修的底线，是装备维修管理的重要目标，从民航、外军的装备维修管理实践来看，他们都建立起了相对完善的维修质量管理体系，如民航的适航管理体系模式，美军的质量保证体系。从我军现状来看，装备维修系统虽然大力开展质量管理体系建设，努力学习借鉴外军、民航的有益经验，但由于装备维修的特殊性，目前尚未建立起真正意义上的要素齐全的装备维修质量保证体系，质量立法、质量审核“缺项”，质量检验、质量控制职能薄弱，很多做法还是基于传统的经验做法，与信息化时代的装备维修质量安全保证体系建设需求还存在较大差距。

4. 装备维修管理职能作用发挥不充分

随着装备快速发展，装备维修管理的地位和作用更加突出，任务日益繁重，需要承担使用控制、状态监控、信息管理、故障分析、质量监控、文件资料管理等大量而复杂的工作。而目前装备维修管理机构的设置、管理人员配置与装备维修管理的实际存在较大差距，使装备维修管理存在着维修决策分析不充分，维修管理人员主观经验成分多，维修保障信息采集质量不高，维修保障信息流失严重，维修保障信息不能共享，信息保障资源综合运用不足，维修质量控制重统计轻分析、预测功能不强等问题，装备维修管理的作用未能得到充分发挥，装备维修管理成效不显著。

2.3.2 装备维修管理体制发展需求

需求是牵引，军事转型、装备发展，对装备维修管理体制提出了要求，装备维修管理体制必须主动适应需求变化，必须进行改革创新。

从作战需求来看，随着军事形态由机械化向信息化的发展演变，装备作战需求呈现出动态变化、高不确定性的特点，这必然要求装备维修具备很强的机动保障、高强度保障、联合保障、持续保障、快速供应保障、全环境保障、战伤抢修、技术支援、指挥协调等维修保障能力，因而装备维修保障需求发生了重大变化，指挥控制、科学管理等需求进一步突出，装备维修管理体制改革创新必须适应这种变化发展趋势。

从维修对象来看，随着装备更新换代，装备战术技术特性跨越式发展，综合集成度高，机电综合化，火控一体化，使维修专业既综合又分化，维修作业整体性空前增强，维修保障环节增多，装备维修管理的作用进一步突出，这必然要求优化装备维修管理体制，以适应装备信息化程度显著提高而带来的维修管理需求的新变化、新要求。

从装备维修发展来看，在作战需求牵引和装备发展的驱动下，装备维修已从一种技艺性活动发展成为一种技术与指挥、管理相复合的综合性活动，并呈现快速发展的趋势。从维修思想方面来看，已从传统的预防性维修思想发展到以可靠性为中心的维修思想(RCM)和全系统全寿命的维修思想，并呈现快速发展的趋势。近年来，美军等在视情维修(CBM)、RCM 等现代维修思想基础上，提出了主动维修(PM，Proactive Maintenance)、精益维修(LM，Lean Maintenance)、敏捷维修(AM，Agile Maintenance)等维修新思想。从维修方式变化方面来看，维修方式已从传统的以定时维修为主向视情维修、预计维修、智能维修等转变，视情维修、状态监控、自主保障已成为装备维修的发展趋势。从维修技术方面来看，装备维修已从一种专门的业务技术发展为一门综合性的工程技术学科，综合检测、人工智能、无损检测、故障诊断、故障预测与健康管理(PHM)、交互式电子手册(IETM)、便携式维修助理(PMA)、集成维修信息系统(IMIS)、数据融合、数据挖掘等以信息化为核心的高新技术在装备维修领域得到了广泛运用。维修思想的变革，维修技术的发展，维修方式的变化，使装备维修进入了以信息为主导的发展新阶段，必然要求装备维修管理体制发生重大变化。

2.3.3　装备维修管理体制改革创新的策略途径

随着装备维修对象、维修环境、维修技术等的深刻变化，必然要求装备维修管理体制进行及时的调整改革，但装备维修体制的改革创新，一方面直接关系到部队作战能力的建设；另一方面影响因素多，影响深远，牵一发而动全身，因此，装备维修管理体制的调整改革必须建立在系统分析的基础之上，运用科学的理论方法进行分析设计。

1. 装备维修管理体制改革创新的原则

一是适应变化，加强管理。适应军事转型和装备发展需求，适应装备维修系统性、综合性增强的发展趋势，推动装备维修从侧重专业技术管理向技术与管理相复合的方向转变，加强对装备维修工作的统筹和维修资源的调控，更高效地保障装备作战使用。

二是科学继承，自主创新。遵循装备使用特性和维修规律，针对技术监控力量运用不充分、质量控制力度不强、维修训练质量难以保证等问题，按照结构与任务相适应这一原则，建立健全新体制、新机制。同时，也要吸取并继承我军装备维修管理的优良传统和好的经验做法，根据需要与可能，兼顾现实与发展、当前与长远，积极稳妥地做好装备维修管理的改革创新工作。

三是理顺关系，提高效能。系统分析装备维修管理的各项工作、业务流程的纵横关系及其相互影响，理顺关系、调整职能、优化结构、盘活资源、释放力量，使维修资源得到充分利用，提高装备维修综合效能。

四是健全体系，保障发展。通过充分利用以信息技术为核心的高新技术手段和加强法规制度的建设，建立健全以管理决策、技术管理、质量控制、信息保障、维修训练为核心的装备维修管理体系，为装备维修管理体制的改革创新提供科学合理的维修管理模式，推动装备维修由粗放管理向精细管理转变。

2. 装备维修管理体制改革创新的途径

装备维修管理体制的改革创新，是一项复杂的系统工程活动，必须瞄准目标，找准切入点，选择合理的途径，采用有效的策略。

目前，装备维修已发展到信息主导的智能维修阶段，从信息管理的角度看，装备维修管理体制创新的途径一般有三条：一是着眼于信息处理技术的技术途径；二是着眼于信息处理过程的组织途径；三是着眼于信息内涵的综合途径。

(1) 技术途径。通过采用先进的信息处理技术手段，建立快速可靠的信息传输网络，形成良好的信息处理技术环境，以技术的进步、手段的改进、平台的建设来提升装备维修体制效能。如建设信息化保障平台，实现装备维修信息集成管理；大力加强维修新技术应用研究，保障装备研发和维修管理新方法研究，以技术创新应用来进一步提高装备维修管理体制的运行效能。

(2) 组织途径。组织是体制的基础，通过组织创新、流程重组和建立健全有效的管理体系和运行机制，使装备维修管理工作过程与信息处理过程有机结合，消除或有效控制装备维修管理信息的不对称，显著提高装备维修管理的效益。

(3) 综合途径。技术途径主要关注的是客观存在的信息与信息技术，强调信息的及时性；组织途径主要关注的是由主观意识决定的组织体系、制度机制，强调信息的完整性、准确性；而综合途径注重解决的应是信息与管理的适应性，保证装备维修管理过程中的信息质量和信息效能的发挥，即通过组织结构的调整，建立适合信息处理要求的制度机制，保证维修管理信息处理的完备与合理；信息要求的落实，通过对管理机制、运作管理、法规制度和队伍建设等信息要求的规范，保证管理信息处理的准确性和有效性；技术手段的建设，通过规定信息格式、信息网络平台建设、信息资源开发，增强信息处理能力，保证装备维修管理拥有先进可靠的维修保障手段。

3. 装备维修管理体制改革创新的策略

装备维修管理体制的改革创新，必须立足实际，着眼发展，瞄准提升保障力这个根本点。因此，装备维修管理体制改革创新一般可采取以下策略：

一是引导策略。信息化为装备维修管理体制的改革创新指明了方向目标，装备维修管理体制变革不能背离信息化军事形态这个大的时代背景，应主动适应战略转型，瞄准新需求、新趋势，密切结合装备使用和维修保障需求，树立信息化思维，创新装备维修管理体制建设理论，按照信息化思路，在信息化框架内开展装备维修管理体制的改革创新实践。

二是促进策略。利用系统理论、组织理论和管理集成理论等提高装备维修系统的集成化程度，完善和发展信息化装备维修管理体制；充分利用信息技术的渗透性、创新性和增效性，改革创新装备维修管理体制，拓展装备维修管理体制建设空间，理顺系统内外要素结构关系，提高装备维修管理体制效能。

三是改造策略。利用信息技术和业务流程再造理论，对现行装备维修管理体制进行局部的适应性调整，加强装备维修系统部门之间的信息交流和沟通，充分发挥出现行维修管理的功能；对现行装备维修管理体制进行完善，进一步优化装备维修管理体制，加强维修组织管理的系统建设，如加强维修信息管理、维修管理计划决策、控制等部门的建设，形成较为完善的维修管理体制，使之适应信息化条件下装备维修系统建设发展要求。

四是提升策略。通过组织创新，创造良好的装备维修管理体制变革环境，形成管理创新、组织创新、制度创新、法治创新的环境氛围，持续推动装备维修管理体制改革创新，始终保持装备维修管理体制活力，不断提高装备维修保障核心竞争力。

2.4　装备维修管理体制改革创新的方法

装备维修管理体制涉及面广，受制约因素多，必须以科学的方法做指导，以合理的过程展开。

2.4.1　基于流程

随着军事转型、科技进步和装备发展，建立在专业化分工基础之上的装备维修体系模式，其关注和解决问题的焦点是具体工作或任务，结果导致了局部最佳、整体一般的弊端，与装备维修系统性、整体性显著提高的客观需求不相适应。装备维修应从关注局部向关注整体、关注具体工作任务向关注整个流程绩效转变，把提高部队装备维修保障能力作为一切装备维修工作的出发点和落脚点，对装备维修保障流程进行再思考和重构，实现装备维修保障综合效益的根本性改善。

1. 基本思路

流程再造（BPR，Business Process Reengineering），起源于对传统分工条件下造成的生产经营与管理流程片段化、追求局部效率优化而整个流程效率低下的再认识。BPR 由曾任美国麻省理工学院计算机教授的 Michael Hammer 博士在 1990 年发表于《哈佛商业评论》的“再造不是自动化，而是重新开始”一文中首次提出，之后他又于 1993 年与咨询专家詹姆斯（James Champy）合著并出版了《企业再造——经营管理革命的宣言书》,从而掀起了世界性的 BPR 研究浪潮。流程再造的理念,就是对于整个工作流程的彻底反思,根本性的反思,对它进行彻底的改造,对整个流程彻底、全新的设计,最后达到组织绩效的根本性变化。BPR 的再造对象就是流程,而流程是为完成某一任务而进行的一系列逻辑活动的有序集合,由作业(活动)、作业间的逻辑关系、作业的实现方式及作业的执行者这四个要素构成。流程再造就是重新组合这些要素,使作业更简洁,作业间的关系更符合工作的内在逻辑性,作业的转换更流畅,从而达到更有效率的工作流程。流程再造的核心就是作业流程,即它并非强调“作业是什么”,而是强调“作业是如何进行的”。传统的以专业化为核心的装备维修体系模式,装备维修保障流程被人为分割,维修资源力量集中在具体工作任务效率的提高上,而忽视了装备维修系统的整体目标,降低了装备维修的灵活性,削弱了装备维修保障对作战需求的快速响应能力。

基于流程的这种思维方式,强调装备维修要面向整个业务流程,而不是具体的工作任务。因此,装备维修管理体制的改革创新,应以作战使用需求为中心,以装备技术性能为基础,以流程为主导,通过对装备维修保障流程的系统分析,瞄准关键流程,找准流程突破的途径,整合优化维修保障流程,将被割裂的维修保障流程和分离的维修管理要素进行优化组合,构成一个连续的完整的保障流程和协同作用的整体,使维修保障各环节、流程、活动、要素之间有效协调、协同共进,追求整体全局最优,最终实现装备维修保障效益的显著提高。

2. 方法途径

装备维修保障流程是装备维修管理体制改革创新的前提和基础。基于流程的装备维修管理体制的构建,一般可分为宏观层面和微观层面。宏观层面主要涉及装备维修组织体系的再造优化,微观层面主要涉及装备维修具体的业务工作任务的整合优化。基于流程的装备维修管理体制的构建一般可分为三步:

第一步,了解、分析现有的装备维修保障流程,利用各种工具绘制流程图或进行建模分析,发现改进的机会。

第二步,对装备维修保障流程进行优化分析,重新设计,绘制改进的装备维修保障流程图。

第三步,按照流程优化的方法,制定装备维修流程再造实施方案。

其中,重点是第二步,以选择“关键流程”为突破口,进行装备维修保障流程的优化分析和再设计。根据流程再造理论,装备维修保障流程优化实现的途径一般可概括为以下四种方式:

第一种是维修保障业务活动本身的突破。业务活动本身的突破有三种形式:业务活动的整合、业务活动的分散和业务活动的废除。

第二种是维修保障业务活动间关系的突破。业务活动间关系的突破有两种可能:一种可能是业务间的先后顺序发生突破性变化;另一种可能是业务活动间的逻辑关系发生突破性变化。

第三种是维修保障业务活动执行者的突破。业务活动执行者的突破有两种形式：一是从职能型组织转变为流程型组织；二是通过授权，去除对业务流程活动的管理，使每人都对整个维修保障流程负责。

第四种是维修业务活动实现方式的突破。业务活动实现方式的突破主要依靠IT等技术、方法，以加快维修保障系统部门间信息交流的速度，加快协作的速度。

2.4.2 基于结构

按照系统论的思想，结构决定功能。一定的物质技术基础，不同的结构方式将产生不同的系统功能。曾有专家指出"军事革命最明显的表现是军事力量结构的变化"。装备维修保障能力并不完全取决于物质技术基础，而是取决于人力、物力和结构力三种因素的耦合作用，重要的是把结构问题研究透彻，把结构力纳入维修保障能力要素之中，以功能需求调整结构，以优化结构来增强功能，提高装备维修管理效能。

1. 基本思路

根据现代组织理论，任何一个组织，无论其具体的分工机构形成如何，都应有四类基本的职能机构（决策、执行、监督和反馈），否则这个组织的机构是不健全的或不完整的，难以有效地完成组织使命。装备维修管理应具有这四类职能机构：决策机构（维修计划、维修决策）、执行机构（各职能组织和具体的执行单位如机务中队等）、监督机构（如质量控制等）、评估反馈机构（如信息处理、综合分析等）。

当组织的指挥决策机构发出装备维修指令时，必须由执行机构来准确无误地执行这个指令；为了保证优良的维修保障效果，还必须建立监督机构和评估反馈机构。没有监督，执行机构就失去了制约力；反之，没有评估反馈机构，组织的输入和输出就会中断，指挥管理决策者就难以准确掌控组织的运转结果和指挥管理决策指令的偏差，因而使整个指挥管理活动陷入情况不明的状态之中。

2. 方法途径

根据现代组织管理理论和装备维修管理体系结构现状，适应装备维修管理发展需求，按照理顺关系、调整职能、优化结构、提高效益的目标要求，对装备维修保障的规模、层次、分工、维修管理等问题进行系统分析，重点从以下几个方面加以改革优化。

一是突出信息化特征。围绕打赢信息化战争、建设信息化军队这一根本点，将装备维修的着眼点向打赢信息化战争、保障信息化装备作战使用转移，从更新观念上找思路，从理顺关系上找突破，从优化手段上找对策，构筑信息化维修保障平台，以信息为主导，以状态监控为支撑，开展差异化控制，实施精细化管理，高效可靠地满足信息化条件下装备快速机动、高强度、高消耗的维修保障需求。

二是突出重点。针对维修强度大、保障效率低、质量安全压力大等现实突出问题，瞄准作战需求增长与保障能力建设发展不均衡这一主要矛盾，按照科学发展观全面、协调、可持续发展的要求，强化科学管理，系统规划，聚合力量，优化机制，推动粗放型管理向精细化管理转变，不断提高装备维修保障效能，推动装备维修创新发展。

三是健全职能。从侧重技术管理向技术管理与职能管理并重转变，通过理顺关系、调整职能、优化结构、创新机制等途径，合理重构维修保障组织结构和资源力量配置方式，建立健全以管理决策、技术分析、质量控制、安全监察、维修训练为核心内容的装备维修组织管理体系。

综合来看，装备维修管理体制的改革创新，应在使命任务与能力要求框架下，对装备维修的指挥管理、专业技术、质量安全、维修训练等多种活动和各个环节进行系统分析，瞄准体系完善、专业整合、分工调整、职能优化、组织创新等结构调整的着力点，运用信息和信息技术的创新调适保障诸要素，以追求最佳结构力来合理编成维修保障系统要素，建立高度柔性的"积木式"装备维修管理体系模式，实现人与装备的最佳结合，以装备维修管理体制的改革创新激发装备维修活力。

2.5 外国空军的装备维修管理体制

2.5.1 美国空军的装备维修管理体制

1. 组织领导体制

美国空军实行的是军政军令相分离的体制：空军部行使军政职能，空军参谋部和空军一级司令部行使军令职能。部队、保障单位、院校等实体在空军部、参谋部与一级司令部领导与指挥下，具体组织实施部队建设与作战使用。其组织结构如图 2-1 所示。

空军部是美国国防部的一个军种部，空军部长在国防部长的授权、指导和控制下工作。空军各单位隶属空军部，由文职的空军部长进行管理，军职的空军参谋长负责监督。空军部长办公厅和空军参谋部分别帮助空军部长和空军参谋长指导空军的各项任务。美国空军装备维修保障的组织管理涉及空军参谋部、空军装备司令部等职能机构，其高层的管理机构主要由空军部、大司令部和空军装备司令部构成。

在空军参谋部，由负责后勤、设施与保障的副参谋长主管空军装备的维修保障工作，下设维修局、供应局、运输局、土木工程局、计划与综合局等机构。其主要职责包括：指导空军装备的使用保障管理；确定空军的维修保障要求，指导编制和提交预算；制定空军装备维修保障的计划、政策和程序；指导战时维修保障的规划、计划和实施；对装备采办过程进行监督。其中，维修局主要负责制定维修政策、法规，确定装备维修的预算，以及维修人员的组织、训练和配备等，维修局下设维修管理处、弹药与导弹处、武器系统处和后勤改革处。

在各大司令部中，除了空军装备司令部外，其他都是装备的使用部门，通常将它

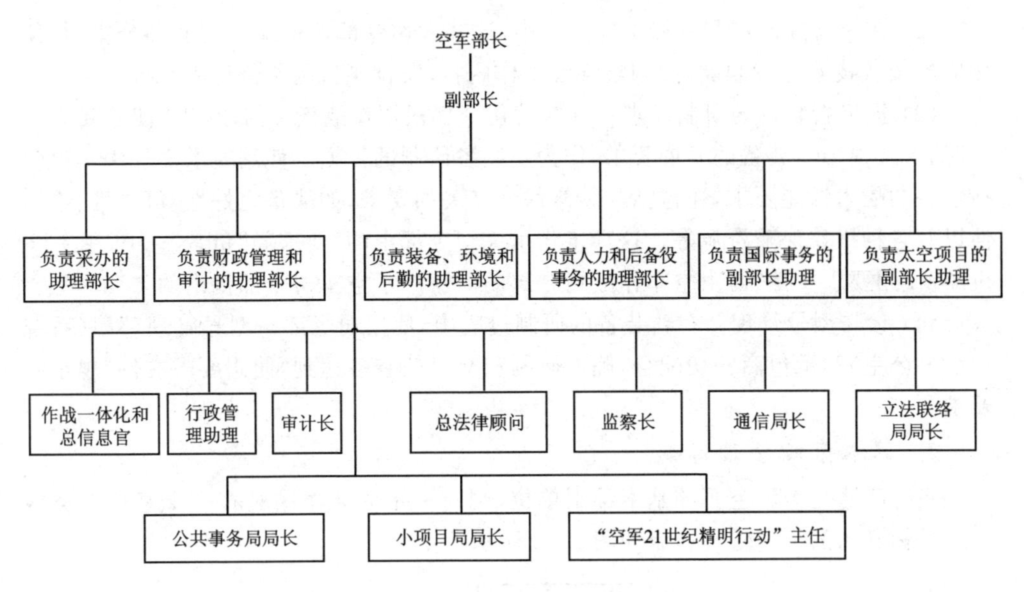

图 2-1　美国空军组织结构示意图

们称为使用司令部或用户。美国空军大司令部在装备维修保障方面的职责主要包括以下几方面：

(1) 负责领导各自部队的装备使用和维修保障，并负责保障人员的在职训练。在这些大司令部，由后勤局负责装备的保障工作。以空军作战司令部为例，其后勤局的组织结构如图 2-2 所示。

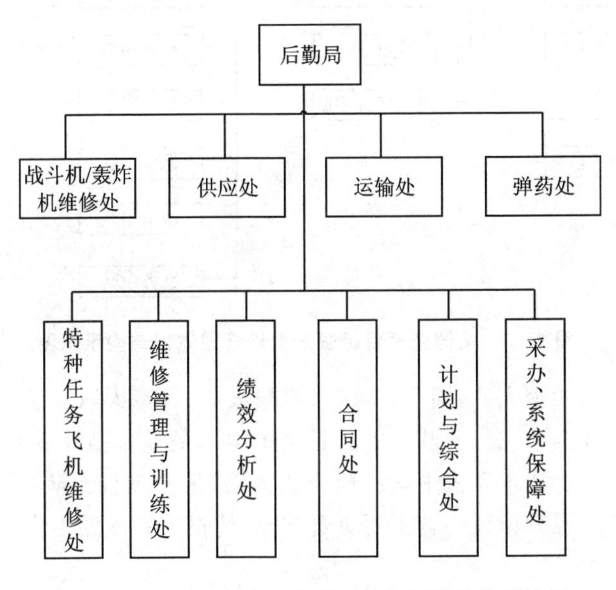

图 2-2　美国空军大司令部后勤局组织结构示意图

(2) 在装备的使用和维修保障过程中,这些大司令部负责配合型号办公室,行使相应的装备技术管理职能,如调整维修工作内容,安排飞机的翻修等。

(3) 提出新装备的研制要求。这些大司令部根据作战任务需求,以“使用要求文件”的形式提出新装备的发展要求,作为新装备研制的依据。使用要求文件中不仅包括装备的战术性能要求,还包括与维修保障有关的要求,如战备完好性、可靠性、维修性以及各种维修保障资源等。这项工作由大司令部中的“要求局”负责。如 F-22 飞机的“使用要求文件”是由空军作战司令部的前身战术空军司令部提出的。

(4) 参与型号管理。在新装备的研制过程中,使用司令部与型号管理部门(系统型号办公室)和承包商密切配合,确保研制和交付的装备达到“使用要求文件”规定的要求。

2. 部队维修管理体制

飞行联队是美国空军的基本编制单位,平时一个联队集中驻在一个基地。美国空军目标联队的维修管理体制如图 2-3 所示。

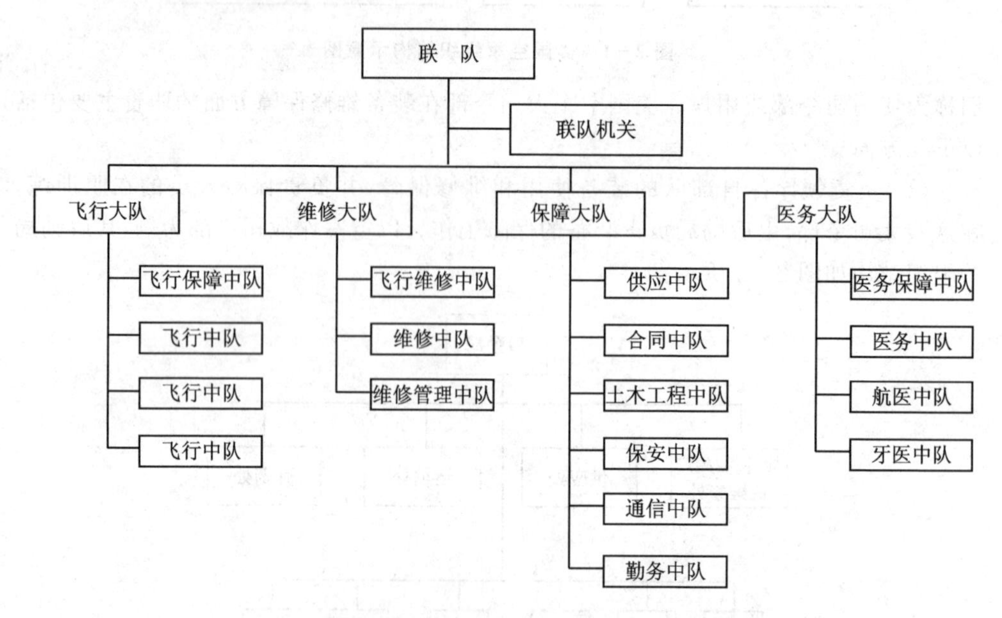

图 2-3 美国空军目标联队维修管理体制结构示意图

飞行联队下辖四个大队,即飞行大队、维修大队、保障大队和医务大队。其中,飞行大队下辖三个或四个飞行中队。中队是美国空军的基本战术单位,每个中队的飞机数量视机种而定。战术飞机中队编制一般为 18 架。飞行大队负责执行各种飞行训练和作战任务。飞行保障中队主要负责气象、情报等方面的工作,不负责飞机的维修保障工作。

飞行联队的维修管理自成体系,由维修副联队长及其维修职能管理部门对维修保障实行统一的领导和管理。其维修管理范畴较宽,除维修本身外,还担负与维修有关的航材、弹药、车辆、伞勤等保障工作。美空军把维修保障称为维修生产,基本上采用企业化的方式进行组织和管理,各级机构和维修军官都是根据管理职能来设置和命名的,飞行联队的维修管理设有计划、维修控制、质量管理和训练管理等职能管理机构,技术问题主要靠中队维修工程师来解决。

维修大队负责整个联队的飞机维修保障工作。所有的维修力量都集中在维修大队,维修大队由飞行维修中队、维修中队和维修管理中队组成。

(1) 飞行维修中队。主要负责飞机的一线维修保障工作,下设若干飞机维修队。飞机维修队负责飞行中队的飞行保障,下设飞机分队、专业人员分队、武器分队、计划组、讲评组和保障组等。

(2) 维修中队。由各个专业分队组成,主要负责完成飞机和设备的离位维修,包括飞机的定期检修,另外还向一线提供专业人员、保障设备等技术支援,并设有专门机构,负责过往飞机的保障。若维修中队的人数超过700人,则可以分成设备维修中队和部件修理中队。

(3) 维修管理中队。下设维修管理分队、维修训练分队和资源与规划分队。通过这些分队履行维修大队的计划、控制、调度和实施等职责,确保各种资源得到有效利用。维修质量保证部门挂靠在维修管理中队,但在业务上直接向维修大队长负责。

3. 美国空军装备维修管理体制的特点

美国空军的装备维修管理体制,是美国国情军情及其维修保障实践的产物,有其鲜明的特点。一是建立相对完整的管理体系机构,技术与管理分流,实行职能管理,有利于维修保障工作的统筹规划和系统管理;二是维修管理体制灵活多样,根据作战任务变化和维修保障战术技术特性,采取不同的维修管理体制,增强了维修管理体制的适应性;三是建立一套系统的规章制度,美国空军的装备维修管理是以一整套系列化规章制度为依据的,不是按职能部门自成系统,而是强调全空军范围内的统一,实现了维修管理规范性与灵活性的有机统一;四是注重发挥维修管理的控制职能,质量控制始终保持独立,质量保障体系不断完善,强调对维修能力的控制和持续提高维修保障效益;五是注重维修保障信息化建设,依托完善的维修保障信息化基础设施和集成化维修管理信息系统,实施高效的维修信息管理。美军这种以职能为主导的装备维修管理体制,借鉴和创新运用企业管理的思想理论和有益经验,通过对维修保障工作的系统化、规范化、信息化管理,提高了维修保障效率和效益,较好地满足了航空装备的作战使用需求。当然,美军装备维修管理体制也存在着一些不足,主要是管理环节过多,维修管理机构庞大,组织协调难度大。

2.5.2 俄罗斯空军的航空工程勤务管理体制

1. 组织领导体制

航空维修,俄罗斯空军称为航空工程勤务,其主要任务是组织和实施航空兵作战和战斗准备的航空工程保障,中心工作内容是航空装备的使用与维修。俄罗斯空军的航空工程勤务管理体制，基本与其作战指挥体系相对应，划分为三级，如图 2 - 4 所示。

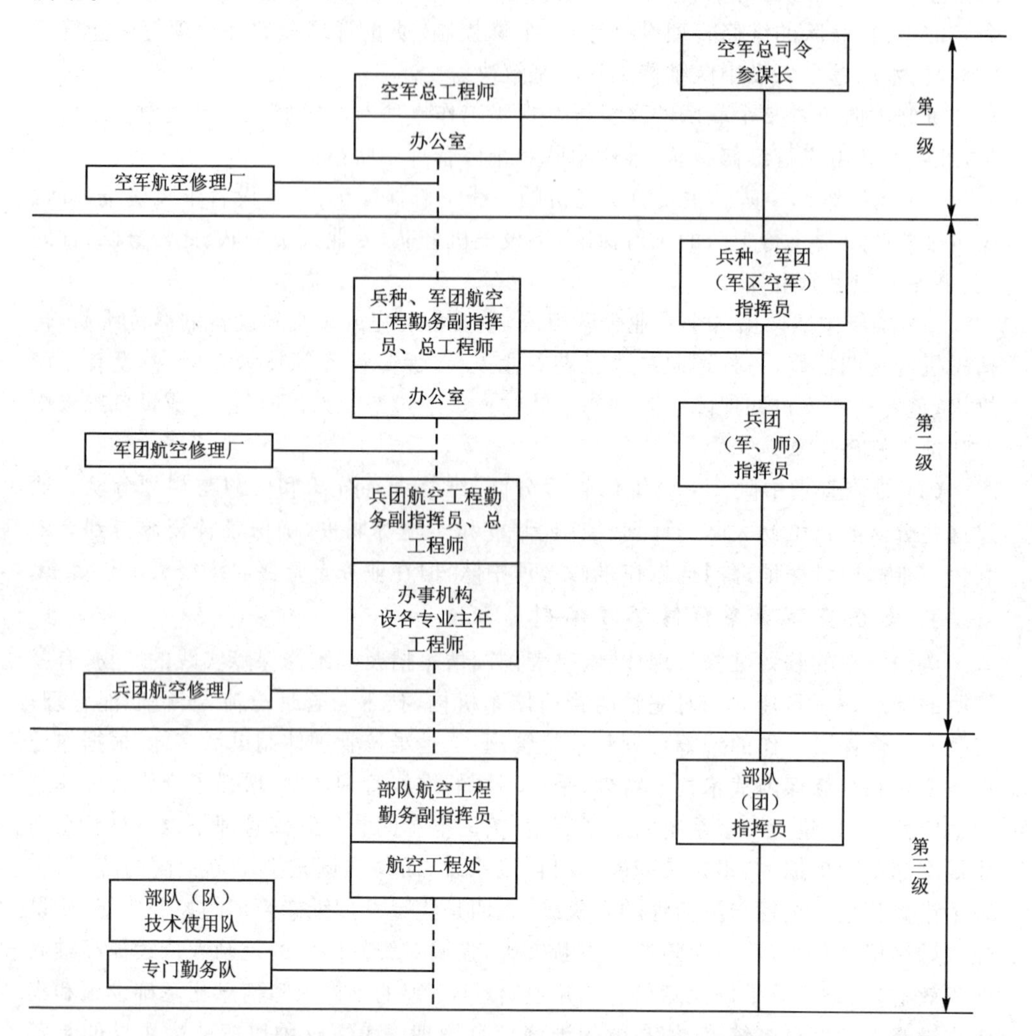

图 2 - 4　俄罗斯空军航空工程勤务管理体制示意图

空军级，在空军(总)司令和参谋长领导下，设有一名空军总工程师，空军总工程师办公室相当于航空工程勤务部门的最高领导机关，其主要工作就是制定和批准各项有关航空工程勤务和空军工程技术工作的规章，从事具体技术业务工作的组织领导。在兵团(军、师)和部队(团)的航空工程勤务部门中，都按专业设主任工程师和工程师，隶属于本级航空工程勤务副指挥员，负责组织使用和维修本级的航空装备，对维修作业进行技术指导，并组织专业人员进行技术训练。

2. 部队维修管理体制

飞行团是俄罗斯空军航空兵战役战术活动的基本单位。设有航空工程勤务副团长,并有其办事机构。这一级的主要任务是具体组织实施航空工程勤务保障。

各级均设航空工程勤务副指挥员,在指挥员的领导下,主管航空工程保障的各项工作;各级航空工程勤务部门是航空工程勤务副指挥员的办事机构,通过指挥体系指导下级的业务工作。在管理机制上,仍是一个部队的各级维修机构分别隶属于各级指挥员,并由航空工程勤务副指挥员直接领导和具体组织实施所分工的装备维修工作。通常各级都设有各技术专业的(主任)工程师,作为航空工程勤务指挥员的助手,对有关专业的技术业务工作进行指导和管理。某些专业性很强和技术复杂的维修工作,由专业工程师直接领导。各级维修机构之间主要是分工协作关系,而不是上下级关系。

各级航空工程勤务部门是航空工程勤务副指挥员的办事机构而不是领导机关。业务上的领导关系,主要是上级副指挥员对下级副指挥员的领导关系。航空工程勤务副指挥员可以下达业务上的指示,重要的指示则以指挥员的命令下达。

3. 俄罗斯空军航空工程勤务管理的特点

俄罗斯空军航空工程保障活动的组织和实施是分散的,技术管理的特点比较明显,管理机构基本上是根据维修专业来划分的,机组与专业人员、飞机的关系是固定的,责任制较严格,但没有专门的质量管理机构,航空工程保障模式相对稳定。其主要特点有:一是严格按照指挥体系设置航空工程保障部门和维修机构,实行一长制,各级配有主管机务的副职,维修保障指挥畅通,快速反应和机动作战的能力较强;二是实施以专业化管理为主导的航空工程勤务保障管理,维修保障技术力量较强;三是注重军事效益,突出战时保障,适应装备发展,持续改进航空工程保障的组织结构、专业构成和技术训练。这种以专业技术管理为主导的维修管理体制,其主要不足是职能管理力量不强,维修保障综合效益不高。

2.6　装备维修管理的运行机制

装备维修管理,是一项复杂的创新性活动,既要注重先进的维修管理思想理念和技术方法的学习运用,又要注重管理机制的建立与完善,用高效的机制来保障装备维修管理的效用。

2.6.1　决策保障机制

决策的失误是最大的失误,决策是维修管理的首要内容,特别是对于军事装备这种高新技术密集、体系结构复杂的装备而言,装备维修管理决策就显得尤为重要和突出,需要建立科学高效的决策保障机制,强化决策管理职能,充实管理力量,依托装备维修辅助决策系统,对装备维修保障需求进行系统分析和科学决策,有效监控装备技术状态变化,量身定做维修计划,持续完善优化维修时机内容,及时提供维修保障技术支持,合理调配保障资源,确保由合适的人在合适的时机、运用合适的方式开展合适的工作。

2.6.2 调节控制机制

装备维修系统在运行过程中,由于内部和外部因素的变化和综合影响,经常会产生各种偏差和问题,调控机制就是针对运行中出现的这种情况,适时地对运行过程进行调节和控制的功能活动,以保证系统按照既定目标稳定有序地运行。

信息是进行调控的依据和前提。构建装备维修系统的管理信息系统,是系统运用调控机制的基础。装备维修管理信息系统,要应用先进的信息技术,为系统运行过程的调控及时提供准确、完整、规范、实用的信息,并按照调控的要求进行信息处理、传输和反馈。

调节机制就是在装备维修系统运行过程中,对系统内部和外部的各组成部分、要素和环节之间出现的不协调现象和问题进行调整和化解。要灵活运用计划调节、随机调节、领导调节和协商调节等形式,及时排除干扰,化解矛盾,使装备维修系统保持正常有序运行。

控制机制就是在装备维修系统运行过程中,通过装备维修管理控制系统及时掌握反馈信息,与系统运行目标进行比较,确定出现的偏差,分析产生偏差的原因,当偏差超过允许范围时,灵活运用预先控制、监督控制和反馈控制等控制机制,及时纠正偏差,保证系统趋向目标正确运行。

2.6.3 激励约束机制

装备维修是一类以人为主体的创造性活动,需要建立有效的激励和约束机制,激发维修人员的能动性、创造性,不断提高装备维修保障效能。

激励机制,是激发装备维修人员的自觉性、积极性和创造性的有效手段。运用激励机制,通过对装备维修各级组织机构和个人的利益需求的正确引导,可以对系统运行产生强大的驱动力。激励机制包括精神激励和物质激励两种方式,在实践中应当把两者有机结合起来。

约束机制是通过适当的行政和技术管理手段,限制或制止影响系统有序运行的负面因素和消极行为。无论是技术过程还是指挥管理过程,装备维修人员受各种负面因素的影响,会出现行为差错,导致严重后果。因此,必须将装备维修人员的行为限制在系统运行许可的范围之内。运用约束机制,一是要加强教育,培养装备维修人员具有高尚的思想品德和优良的维护作风,提高自我约束能力;二是运用条令条例和规章制度进行强制性约束;三是通过专业训练和实践锻炼,养成正确的技术操作行为和良好的工作习惯。

2.6.4 评价监督机制

评价监督,是对装备维修系统运行过程和效果进行全面的估计、检查、测试、分析和评审的方法和制度。评价监督机制的核心是建立运行目标的评价指标体系和运行过程的检查监督制度。

装备维修系统运行目标的评价指标体系一般包括保障能力、安全形势、维修质量、工时利用、器材消耗、教育训练和技术革新等项指标。例如，由飞机完好率、飞机可用率、飞机维修停飞率、飞行任务成功率和飞机误飞千次率等指标构成的航空机务保障能力的评价指标体系；由严重飞行事故率、一般飞行事故率和机械原因飞行事故征候与地面事故率等指标构成的安全形势评价指标体系等。装备维修系统的运行目标的评价指标体系，应当既有方向性，又有标准性，以保证整体运行目标的可达性。

装备维修系统的运行具有军事和经济双重效益目标，必须对系统运行进行严格的检查监督。决策的失误、运行过程的失调和运行环节的疏漏，都会对装备作战使用任务的遂行、装备使用的安全可靠和装备维修保障资源的消耗产生负面影响和不良后果。因此，要强化系统运行的监督职能，健全监督制度，特别是对运行过程的质量安全监督，应当作为检查监督的重点。

复习思考题

1. 阐述体制的内涵及其特性。
2. 阐述装备维修管理体制的概念内涵。
3. 剖析影响装备维修管理体制的因素及其变化。
4. 阐述外军装备维修管理体制的特点。
5. 比较分析我军与外军装备维修管理体制的差异。
6. 分析装备维修管理改革创新的方法途径。
7. 分析装备维修管理运行机制的作用。

第3章　装备维修理论

装备的作战使用离不开维修，装备维修需要科学的维修理论作指导。国内外装备维修实践表明，在科学维修理论指导下的装备维修，既能有效保障装备作战使用的安全可靠，又能显著提高装备维修的综合效益。

3.1　装备维修理论的概念内涵

3.1.1　装备维修理论的含义

理论是指人们关于事物知识的理解和论述，是人们在长期实践中所形成的具有一定专业知识的知识成果，是对事物特点规律系统化认识的总结和概括。维修理论是人们由维修实践概括提炼的关于维修特点规律的系统化认识和推论性总结，是根据装备及其机件可靠性状况合理确定具体的维修策略的理论，包括维修设计理论、维修技术理论和维修管理理论，如图3-1所示。

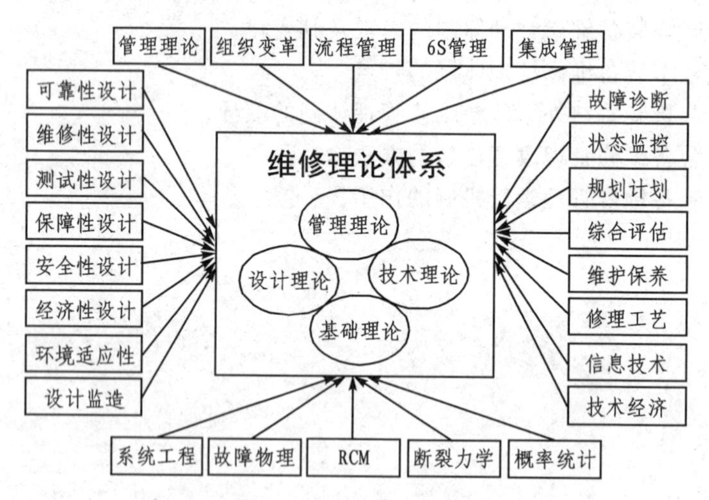

图3-1　装备维修理论体系

装备维修理论是建立在概率统计、可靠性工程、维修性工程、综合保障工程、系统工程、技术经济、断裂力学、故障物理、故障诊断、维修工艺和管理理论等现代科学基础上的一门综合性工程技术应用理论，用于指导装备寿命周期的维修优化，以获得最佳维修保障效益，保证装备使用中的可用性、可靠性和安全性。

3.1.2 装备维修理论的内容

(1) 基础理论,是关于维修理论知识来源(RMS理论、系统工程),以及从总体上阐述维修的基本概念、基本规律、指导思想、方针政策、发展史等的理论。

(2) 技术理论,是指导维修作业和维修实践技术活动的理论,其核心内容是通过系统地研究航空装备的故障规律,针对故障的时间特性和故障模式,研究相应的维修规律和技术对策。

(3) 管理理论,是研究维修管理的本质和规律的理论。该理论是以装备维修系统为研究对象,通过对维修系统组织资源的有效整合,实现以最经济的资源消耗获得最大的维修效益。具体研究内容包含:维修规划计划、维修决策、维修组织、维修控制、维修信息管理、维修质量管理、维修资源管理、维修效能分析、维修经济性分析等。

(4) 设计理论,是关于装备维修品质及其保障性设计、采购和供应的理论。其具体研究内容包含可靠性、维修性、保障性、安全性、测试性等的设计,以及装备设计监造等。

3.1.3 装备维修理论的作用

理论是实践的先导、行动的指南,没有科学的维修理论做指导,就没有科学的维修实践。从理论和实践的角度来看,装备维修理论的价值作用主要体现在以下三个方面:

一是探索维修客观规律,深化故障本质认识,科学确定维修内容、时机和方式方法,组织实施合理、适度、有效的维修,解决“维修不足”或“维修过度”的问题。

二是依托科技进步,不断改造、更新维修手段,提高航空维修保障效能。

三是以作战使用需求为牵引,创新维修管理,改革维修作业体制,优化维修保障模式,推动装备维修创新发展,不断提高保障能力。

自民航推广应用以可靠性为中心的维修理论以来,不仅显著提高了飞行安全水平,而且维修工作量减少到原来的1/10以下,飞机维修间隔期增长10倍以上。

3.2 系统工程原理及其应用

系统工程是20世纪开始兴起的一门涉及许多专业学科内容的边缘学科,它把自然科学、社会科学中的一些思想、理论、方法等根据系统总体协调的需要有机地结合起来,以追求最优化的系统或系统目标。系统工程理论和技术方法,应用于维修领域的时间并不长。自20世纪70年代以来,科技进步的推动和使用需求的牵引,推动了航空装备的快速发展,有力地促进了航空维修的发展,使航空维修从一种复杂的技艺性活动发展为一种技术与管理相融合的综合性工程技术和管理活动,使航空维修保障的系统性、整体性显著增强,迫切需要从系统的角度来深化认识航空维修工作,运用系统工程理论来提高维修保障综合效益。

3.2.1 系统工程的内涵

系统理论的创立使人们的思维方式从单义性走向多义性,从时空分离走向时空统一,从局部走向整体,使人们对客观过程的认识更加深刻,为解决人类社会各种复杂问题提供了有效的方法工具和手段。

1. 系 统

一般系统论是以美籍奥地利学者贝塔朗菲为代表的科学家于20世纪40年代创立的。系统概念渗透于不同的学科,有多种定义,一般将其理解为系统是由相互间具有有机联系的若干要素所构成的、具有特定功能的有机整体。系统概念蕴涵着构成系统的基本条件,即要素、结构、功能,同时蕴涵着系统的基本关系,即系统与要素、要素与要素、结构与功能、行为与目的、系统与环境的关系。理解系统概念内涵,必须理解其构成的基本条件和蕴涵的基本关系。如系统整体和要素的关系,主要表现为以下几个方面:第一,要素是系统的基础,没有要素就没有系统,系统的性质与要素的性质密切相关;第二,系统和要素是相对的,如发动机是由诸如燃油、控制等要素子系统构成的,而发动机本身又是飞机这个大系统的一个构成要素;第三,要素行为协同于系统整体行为之中,要素只有在整体之中才具有系统要素的意义,才能发挥要素的作用;第四,要素与要素的关系,系统不同要素之间的关系,是系统行为的内在动力,是系统功能的内在依据,系统要素之间以什么方式结合,决定了系统整体的功能。

系统具有集合性、相关性、目的性、层次性、整体性、有序性、环境适应性、创新性等显著特征,更重要的是,系统理论为我们提供了区别于传统的系统思维和系统方法。所谓系统思维,就是把研究对象作为一个系统整体进行思考、研究,是一种整体的、多维的、辩证的思维方式。所谓系统方法,就是运用系统观点、系统理论,在研究与实践中所形成的科学方法。系统方法主要有结构方法、功能方法、模型化方法等。

2. 系统工程

系统工程是一门新兴的边缘交叉学科,是系统科学的应用,已被广泛应用于人类社会各领域,并取得了显著效果。到目前为止,系统工程尚无统一的界定,国内外不同的学者对系统工程从不同的侧面作了一定的阐述。美国学者从系统功能最优化特征的角度来描述系统工程,认为系统工程是为了研究多数子系统构成的整体系统所具有的多种不同目标的相互协调,以期望系统功能的最优化,最大限度地发挥系统组成部分的能力而发展起来的一门新学科。日本学者从方法论的角度描述系统工程,认为系统工程是为了合理开发、设计和运用系统而采用的思想、程序、组织和方法的总称。

系统工程既是一个技术过程,又是一个管理过程,是系统形成的有序过程。为了成功地实现系统的最优化目标,需要从系统整体出发,综合自然科学、社会科学等领域中某些思想、理论、方法和技术等,在系统寿命周期内,应用定量与定性分析相结合的方法，对系统的构成要素、组织结构、信息沟通和反馈控制等进行设计分析。因此，系统工程是为实现系统优化目标而采取的各种组织管理技术的总称，是一种方法论。正如我国著名科学家钱学森所指出的那样："系统工程是组织管理系统的规划、研究、设计、制造、试验和使用的科学方法""系统工程是一门组织管理的技术"。

3.2.2　系统工程的观点

系统工程是一门综合性的理论技术，兼有系统理论与工程技术的优点。通过对系统工程概念内涵的辨析，不难看出系统工程的基本思想：第一，系统工程是一种方法或技术；第二，系统工程作为方法或技术的作用在于组织、协调系统内部各组成部分的关系，充分发挥系统各组成部分的作用；第三，系统工程最终要达到的目的是使系统达到整体的优化；第四，系统工程适于一切组织。可见，与一般工程相比较，系统工程有其区别于一般工程的特点，有着丰富的思想内涵。系统工程的基本观点主要包括以下几个方面：第一，全局性观点（系统性、整体性），从全局出发，统筹规划与合理安排设计、研制、生产与使用全过程，忌讳"只见树木不见森林"；第二，总体最优观点（满意性），通过最优计划、最优设计、最优控制、最优管理、最优使用、多目标最优性分析等，注重综合权衡，实现系统要素的优化配置，达到整体最优，而不是部分最优；第三，实践性观点，重视应用、实践检验；第四，综合性观点，系统工程从系统整体出发，通过技术、经济、人员、自然、社会、法律、组织等多方面资源与能力的融合，信息流、资金流、知识流、人流、物流、机构、法则等的有机融合，实现整体功能的涌现；第五，定性与定量分析相结合的观点，实现系统优化，不确定性降低。

3.2.3　系统工程的应用

航空维修的基本目标是以最经济的资源消耗，保持、恢复和改善航空装备的可靠性和安全性，最大限度地保障航空装备作战使用等各项任务的遂行，即航空维修的价值形成于维修及其相关活动过程中，最终体现在航空装备作战使用任务的完成上。航空装备的保障特性和维修最终目标的唯一性，要求人们从系统的角度来观察航空维修，运用系统工程的技术方法来研究解决航空维修保障建设发展中面临的问题与挑战。

从保障对象来看，航空装备是一种高新技术密集、系统结构复杂的大系统，航空装备的有效运行建立在系统整体性能稳定、可靠的基础上，必须从系统整体的角度来认识航空装备，综合考虑源头与末端、效率与效益、技术与管理、使用与保障等多种需求。

从保障环境来看，航空维修是在一种复杂、多变和严酷的环境中开展的，这些环境因素直接影响到维修保障工作的效率和维修质量，要求人们综合考虑这些环境因素对维修的影响，以降低不确定性因素，提高维修效率和效益。

从保障活动来看，涉及到不同层次、不同种类的维修保障活动，如平时与战时不同需求的维修保障、内外场不同专业的维修、不同层次级别的修理、器材备件的供应保障、保障人员的培训、维修保障活动的组织管理等，只有将这些活动构成一个相互影响、相互作用的有机整体，才能高效地达成航空维修保障的目标。

综合来看，随着航空装备复杂化、智能化、体系化程度的提高，必须抛弃过去那种从孤立的、局部的角度来认识和理解航空维修的思想观念，而树立有机联系、系统整体的观点来认识和观察航空维修的思想观念，树立和深化航空维修系统的观念，建立具有使用和维修特色的航空维修系统工程。

3.3 以可靠性为中心的维修理论

维修理论的核心内容是以可靠性为中心的维修理论（RCM，Reliability-Centered Maintenance）。RCM 认为，装备的可靠性既是确定维修需求的依据，又是维修工作的归宿，维修工作必须围绕可靠性的需求来做工作，一切维修活动，归根到底都是为了保持、恢复装备的可靠性。

3.3.1 以可靠性为中心的维修理论的形成与发展

1. 传统的维修观念

18 世纪末，蒸汽机、车床等的大量使用，需要有维修人员在工作现场随时应付可能发生的故障和由此引起的生产事故，机器设备实行“不坏不修，坏了才修”的事后维修。20 世纪初，流水生产线出现，某一工序发生故障，造成停机，会迫使全线停工。为了使生产不致中断，1925 年美国首先实行预防性的定时维修，事先采取适当的维修活动，主动防患于未然，以预防故障和事故的发生。这种定时维修，在减少事故和停机损失上明显优于“不坏不修，坏了才修”的事后维修，迅速传遍世界各地，在设备维修中占据了统治地位。飞机和火车是最早实行定时维修的装备，以保障其能安全运行。

定时维修观念认为：机件工作会磨损——磨损出故障——故障危及安全，达到使用寿命必须翻修，翻修得越彻底装备就越安全，维修工作做得越多装备就越可靠。

我国空军在建军初期，也实行定时维修，采取“多做工作勤检查”“宁可多辛苦，求得更保险”的办法。出一次严重事故，就发一次技术通报，增加补充检查项目，使得维修工作量越来越大，检查周期越来越短。这种过剩的维修，不仅影响出勤，加大资源消耗，而且故障也未见减少，危及飞行安全。

2. 以可靠性为中心维修理论的形成

1959 年，美国联合航空公司针对过剩维修提出了“维修效果到底如何”的问题；1960 年美国联邦航空局与联合航空公司组成维修指导小组（MSG，Maintenance Steering Group）开始研究这个问题；两年后，1961 年 11 月 7 日又颁布了《联邦航空局/航空工业可靠性大纲》(FAA/Industry Reliability Program)。该大纲指出：“过去人们过分强调控制拆修间隔期以达到满意的可靠性水平，然而经过深入研究后发现，可靠性和拆修间隔期的控制并无必然的直接联系。因此，这两个问题需要分别考虑”。联合航空公司的赫西和托马斯在研究报告中陈述：“根据联合航空公司对多种机件使用经验的分析，其结果差不多总是和浴盆曲线的简单图形相矛盾。耗损特性往往不存在”。“在一开始为新型飞机的机件预定的翻修时限来表示的有用寿命，往往和以后的实际使用经验有很大差别”。他们对发动机附件、电子、液压、空气调节等机件的四个系统进行研究，结果指出：“这些机件显示了早期故障后，接着出现均衡的故障率，但并未出现耗损”。大多数设备定时翻修对控制可靠性是毫无作用的，即不存在一个“正确”的翻修时限，其结论是：“固执地遵守翻修时限概念将引起早期故障增加，在一个机件翻修之后的一个短时间内不能防止故障的发生；使本来有较高翻修时限的某些设备不能充分发挥其使用潜力；并妨碍对机件在较长的总使用时间情况下进行可靠性的探索。如果一个机件无耗损，就应该留在飞机上直到发生故障才更换”。这是对传统定时维修观念的挑战！

随后，1961年11月美国联合航空公司开始对航空发动机进行改革试验，1963年2月又在DC-8飞机和B-720飞机上进行试验，发现尽管翻修时限不断延长，但可靠性却未见下降。1964年12月联邦航空局发出AC120-17通报，“允许使用单位在制定自己的维修控制上有最大的灵活性”。1965年1月联合航空公司按AC120-17通报要求进行“涡轮喷气发动机可靠性大纲”试验，效果明显。1965年首次出现了“逻辑决断图”。

1968年出现“MSG-1手册：维修的鉴定与大纲的制定”，首次提出定时、视情和状态监控的三种维修方式，用于制定B-747飞机预防性大纲，这是以可靠性为中心的维修实际应用的第一次尝试，并获得了成功。例如对该型飞机每飞行2万小时所做的结构大检查只需6.6万工时，而按照传统方法，对于一架小得多的不太复杂的DC-8飞机，进行相同的结构检查需要400万工时，相差60倍。

1970年形成的“航空公司/制造公司的维修大纲制定书——MSG-2”，用于制定洛克希德L-1011和道格拉斯DC-10飞机的初始维修大纲，结果很成功。经济上得益于这种方法的例子是，按传统的维修大纲，需要对DC-8飞机的339个机件进行定时拆修，而基于MSG-2的DC-10飞机维修大纲中只有7个这样的机件，甚至涡轮喷气发动机也不属于定时拆修的机件。这样不仅大大节省了劳动力和降低了器材备件的费用，而且使送厂拆修所需的备份发动机库存量减少了50%以上。这种费用的降低是在不降低可靠性的前提下达到的。1972年欧洲编写了一个类似的文件(EMSG-2，European MSG-2)作为空中客车A-300及协和式飞机的初始维修大纲的依据。1974年美陆海空三军推广MSG-2。1974年苏联民航飞机采用三种维修方式。

3. 以可靠性为中心维修理论的发展

1978年，美国联合航空公司诺兰等受国防部的委托发表了《以可靠性为中心的维修》,该专著对故障的形成、故障的后果和预防性维修工作的作用进行了开拓性的分析,首次采用自上(系统)而下(部件)的方法分析故障的影响,严格区别安全性与经济性的界限,提出了多重故障的概念,用四种工作类型(定时拆修、定时报废、视情维修、隐患检测)替代三种维修方式(定时、视情、状态监控),重新建立逻辑决断图,使以可靠性为中心的维修理论又向前迈进了一大步,从此人们把制定预防性维修大纲的逻辑决断分析方法统称为 RCM。1980 年西方民航界吸收了 RCM 法的优点,将"MSG-2"修改为"MSG-3",用于 B757、B767 飞机。

从 20 世纪 70 年代末开始,我空军倡导维修理论的研究,指导维修改革,由单一的定时改为定时与视情相结合的维修方式,延长歼六等 6 种飞机翻修时限,取消 50 小时定检制度,效果显著,随后总部推广至全军。1983 年我空军首次确立以可靠性为中心的维修思想。

1984 年美国国防部发布指令 DoDD4151.16《国防设备维修大纲》,规定三军贯彻 RCM。1985 年美国空军颁布 MIL-STD-1843(USAF)《飞机发动机及设备以可靠性为中心的维修》。1986 年美国海军颁布 MIL-STD-2173(AS)《海军飞机、武器系统和保障设备以可靠性为中心的维修要求》。

1988 年发布"MSG-3 修改 1"。1993 年发布"MSG-3 修改 2"。1990 年 9 月在诺兰的指导下,英国阿兰德维修咨询有限公司莫布雷在 RCM 和"MSG-3 修改 1"的基础上,结合民用设备的实际情况,提出了"RCM2",十余年来为 40 多个国家的 1 200 多家大中型企业成功地进行了以可靠性为中心维修的咨询、培训和推广应用工作,已在许多国家的钢铁、电力、铁路、汽车、海洋石油、核工业、建筑、供水、食品、造纸、卷烟及药品等行业广泛应用。

1989 年我国发布了航空工业标准 HB 6211—89《飞机发动机及设备以可靠性为中心维修大纲的制定》,并运用于轰炸机和教练机维修大纲的制定。1992 年中国人民解放军总后勤部、国防科工委发布了国家军用标准 GJB 1378《装备预防性维修大纲的制定要求与方法》,并于 1994 年 3 月颁布了该标准的《实施指南》,指导各类武器装备维修大纲的制定。

1999 年国际电工委员会首次发布以可靠性为中心的国际标准:IEC 60300-3-11《应用指南——以可靠性为中心的维修》,它是基于 MSG-3 而制定的。1999 年汽车工程师学会也发布了以可靠性为中心维修的民用标准 SAE JA 1011《以可靠性为中心维修程序评价准则》。

2001 年我海军装备部完成《维修理论及其应用研究》项目,深入贯彻 RCM。2002 年我空军装备部制定《推进空军装备科学维修三年规划》。2003 年中国人民解放军总装备部通保部对陆军地面雷达等十余种装备推广应用 RCM。

自从 20 世纪 60 年代美国民航界首先创立以可靠性为中心的维修理论以来,经历了怀疑、试验、肯定、推广的过程,60 年来在指导维修实践的过程中,该理论不断地得到完善和发展,目前,这一理论在指导机械、机电、电器和电子等各类装备维修上效果显著。

3.3.2　以可靠性为中心的维修理论的主要内容

1. 辩证地对待定时维修

传统的定时维修观念认为，装备老，故障就多，故障主要是耗损造成的，故障的发生与使用时间有关，达到一定使用寿命后故障率迅速上升，必须进行定时维修，以预防故障的发生。而以可靠性为中心的维修理论认为，对于某些简单装备（只有一种或很少几种故障模式能引起故障的装备），例如具有金属疲劳或机械耗损的机件等，“装备老，故障就多”是对的，应按照某一使用时间或应力循环数来规定使用寿命，定时维修对预防故障是有用的，这与传统的认识是一致的。但对于大多数的复杂装备（具有多种故障模式能引起故障的装备），例如飞机及其各分系统、设备等，装备老，故障不见得就多；装备新，故障不见得就少，故障不全是耗损造成的，许多故障的发生具有偶然性，故障的发生与使用时间的长短关系不大，不必规定使用寿命，定时维修对预防故障的作用甚微，相反，还会带来早期故障和人为差错故障，一些故障恰恰是因为预防故障所进行的维修工作引起的，结果增大了总的故障率。可是，传统维修观念仍然坚信有一个可以找到的并且不得超越的使用寿命，以为这样做能有效地控制故障，但事实并非如此，现举例说明如下。

【例 3-1】 B737 飞机的 JT8D-7 航空发动机经过 58 432 h 的使用统计，得到如表 3-1 所列的数据。试分析在 100 万飞行小时的使用期间内所规定的定时拆修寿命对拆修台数和损失剩余寿命的影响。

表 3-1　JT8D-7 航空发动机使用统计数据

序　号	规定拆修寿命/h	$\lambda(t)/\text{h}^{-1}$	$R(t)$
1	1 000	3.681×10^{-4}	0.692
2	2 000	4.163×10^{-4}	0.420
3	3 000	4.871×10^{-4}	0.170
4	不规定	5.522×10^{-4}	0.000

解： 由表 3-1 所列的数据得图 3-2 所示的 $R(t)$ 曲线。

规定拆修寿命为 1 000 h 的发动机平均使用寿命为

$$\bar{t}_1=\int_0^{1\,000} R(t)\,\mathrm{d}t \approx 838\ \text{h}$$

不规定拆修寿命的发动机平均使用寿命为

$$\bar{t}_2=\int_0^{\infty} R(t)\,\mathrm{d}t \approx 1\,811\ \text{h}$$

损失的剩余寿命为

$$1\,811\ \text{h}-838\ \text{h}=973\ \text{h}$$

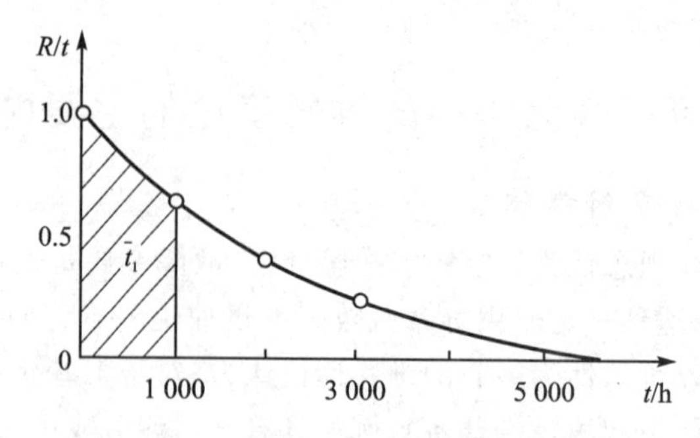

图 3-2 JT8D-7 航空发动机 $R(t)$ 曲线

规定拆修寿命为 1 000 h 的发动机每百万飞行小时的拆修总台数为 100×10 000÷838=1 193.3(台),其中故障拆修台数 $=3.681\times10^{-4}\times10^{6}=367.1$(台),无故障台数=1 193.3−368.1=825.2(台)。

同理,可求得规定拆修寿命为 2 000 h、3 000 h 及不规定拆修寿命时的各有关数据,如表 3-2 所列。

表 3-2 规定拆修寿命利弊分析

序 号	规定拆修寿命/h	发动机平均使用寿命/h	损失剩余寿命/h	发动机每百万使用小时		
				拆修总台数/台	故障拆修数/台	无故障拆修数/台
1	1 000	838	973	1 193.3	368.1	825.2
2	2 000	1 393	418	717.9	416.3	301.6
3	3 000	1 685	126	593.5	487.1	106.4
4	不规定	1 811	0	552.2	552.2	0

由表 3-2 可以看出,规定 1 000 h 拆修寿命与不规定拆修寿命相比较,故障台数由 368.1 台上升至 552.2 台,增加了 184.1 台。但规定 1 000 h 拆修寿命并未防止故障的出现,仍然有 368.1 台故障,对保证飞行安全来说,同样是不可接受的。由于规定拆修寿命,增加了 825.2 台的拆修工作量,损失剩余寿命为 973×852.5=802 979.6(h)。所以,定时拆修有如下缺点:

(1) 在到达拆修寿命之前总有一定数量的装备出现故障,需要提前送厂修理,提前修理的数量一般为 30%~40%,实际上,规定拆修寿命并不能防止故障的出现。

(2) 在达到拆修寿命之后仍有相当数量的装备未出现故障,其寿命潜力未能充分发挥,便送厂修理,造成浪费。

(3) 经过拆修的装备不可避免地增加了早期故障和人为差错故障。

(4) 由于大部分装备在未进入耗损期之前便拆下送厂修理,得不到耗损期的使用统计数据,不利于进一步改进和延长装备寿命。

对一些磨损、疲劳的机件,为控制其严重故障后果,规定一个安全寿命或经济寿命仍是必须的。早期飞机结构比较简单，装有活塞式发动机，飞机上的系统、机件大多是机械的、液压的或气动的，故障模式多为机械磨损和材料疲劳，因而故障的发生往往同使用时间有关，表现出集中于某个使用时间的趋势。又由于没有采用冗余技术，飞机的安全性与其各系统、机件的可靠性紧密相关，而可靠性与飞机的使用时间存在着因果关系。因此，必须通过按使用时间进行的预防性维修工作，即通过经常检查、定时维修和定时翻修来控制飞机的可靠性，预防性维修工作做得越多，飞机也就越可靠。翻修间隔期的长短是控制飞机可靠性的重要因素。这种传统的定时维修观念同早期飞机的发展水平和当时的维修条件是相适应的，对保证飞行安全和完成飞行任务曾经起到了积极的作用。今天，其合理的部分作为三种维修方式之一的定时方式保存下来了，以可靠性为中心的维修理论是传统维修观念的继承和发展。

2. 提出潜在故障概念，开展视情维修

潜在故障是即将发生功能故障的可鉴别的状态，功能故障（简称故障）是指机件丧失了规定的功能，如图3-3所示。

以可靠性为中心维修理论提出潜在故障概念，首先，使机件或装备在潜在故障阶段就得到更换或修理，意味着能有效地防止功能故障的出现，达到使用安全性的目的；其次，使机件或装备一直使用到临近功能故障的潜在故障状态才更换或修理，意味着几乎利用其全部有用寿命，达到使用经济性的目的。潜在故障概念的创立，正是现代维修理论的一个重要贡献。

视情维修是当装备或其机件有功能故障征兆时即进行拆卸维修的方式。潜在故障的确定，为采用视情维修奠定基础。采用视情维修的依据是多数机件的故障模式有一个发展过程，在机件尚未丧失其功能之前有征兆可寻，可根据某些物理状态或工作参数的变化来判断其功能故障即将发生。由于检测和诊断手段的不同，同一故障模式在功能故障之前可能有几个潜在故障点，应尽早检测出相应的潜在故障点，以达到避免出现功能故障的目的。

3. 提出隐蔽功能故障与多重故障概念，控制故障风险概率

隐蔽功能故障是正常使用设备的人员不能发现的功能故障。多重故障是指由连续发生的两个或两个以上独立故障所组成的故障事件，它可能造成其中任一故障不能单独引起的后果。多重故障与隐蔽功能故障有着密切的关系。如果隐蔽功能故障没有及时被发现和排除，就会造成多重故障的可能性，产生严重的后果。现以由在用泵A和备用泵B组成的供油系统（如图3-4所示）为例来解释隐蔽功能故障和多重故障的含义。

如果备用泵B发生了故障，在正常情况下，在用泵A会继续工作，所以不会意识到泵B已发生了故障。泵B显示出的隐蔽功能有两个特征：一是该泵的故障本身在正常情况下对正常使用泵的人员是不明显的；二是直到泵A发生了故障，或者有人定期检查泵B是否处于工作状态时，才会发现有故障，即只有泵A发生了故障，泵B的故障才会产生后果。当泵B处于故障状态时，泵A的故障就称为多重故障。

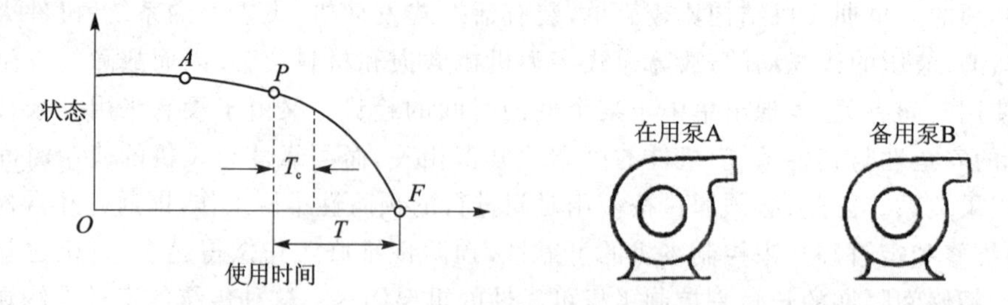

图 3-3　潜在故障示意图　　　图 3-4　用以解释隐蔽功能故障与多重故障的示意图

由此说明这样一个事实，一个隐蔽功能故障本身没有直接的后果，但具有能增大多重故障风险的间接后果，即隐蔽功能故障的唯一后果是增大了多重故障的概率。

随着装备现代化、自动化程度的提高及使用环境的变化，对装备安全性、环境性和可靠性的要求也更严格，为此常采用一些保护装置来保障装备的正常运转，如各种备用系统、冗余构件、急救装置、消防装置、救生阀、应急备用发电装置等，并且采用这类保护装置的趋势还在继续增长。这类保护装置（泵 B）的功能是保证被保护装备（泵 A）的故障后果比未采用保护措施情况下的故障后果要轻。当被保护装备工作正常时，保护装置的隐蔽功能故障并没有直接的后果。因此，隐蔽功能故障常常容易被忽视，不注意检查，不能及时发现已存在的问题。但是，一旦被保护装备也有故障时，就会出现多重故障，甚至可能造成严重的后果。

【例 3-2】某动力装置（被保护装备）及其灭火系统（保护装置）正常工作的概率均为 0.99，试问其多重故障的概率是多少？若灭火系统有隐蔽功能故障且未排除，其多重故障的概率又是多少？

解：假设 $A(\bar{A})$ 为被保护装备的正常工作（故障）事件，$B(\bar{B})$ 为保护装置的正常工作（故障）事件，$P(\bar{A})$ 为被保护装备的故障事件的概率，$B(\bar{B})$ 为保护装置的故障事件的概率，$P(\bar{A}\bar{B})$ 为多重故障事件的概率。

当 A，B 两个事件相互独立时，$P(\bar{A}\bar{B})=P(\bar{A})P(\bar{B})$，则 $P(\bar{A})=P(\bar{B})=1-0.99=0.01$。故多重故障概率为 $P(\bar{A}\bar{B})=P(\bar{A})P(\bar{B})=0.01\times0.01=0.000\,1$。当灭火系统有隐蔽功能故障而未被排除时，$P(\bar{B})=1$，故多重故障概率 $P(\bar{A}\bar{B})=P(\bar{A})P(\bar{B})=0.01\times1=0.01$，即多重故障的概率由原来的万分之一上升到了百分之一。由此可见，及时检查并排除保护装置的隐蔽功能故障是预防多重故障严重后果的必要措施。如果能保证保护装置的隐蔽功能不处于故障状态，那么即使被保护装备功能发生故障，多重故障也不会发生。例如，图 3-4 中的泵 A 发生故障时，如果泵 B 随时处于备用状态，有 100%的可用度，即泵 B 总是可以替代泵 A 的工作，那么从理论上讲，多重故障就不会发生。所以，加大对隐蔽功能故障的检测频率，一旦发现有隐蔽功能故障就及时排除，保证泵 B 有较高的可用度，从而防止多重故障的发生,至少可以将多重故障概率降低到一个可以接受的水平。

有时维修工作难以保证所要求的可用度,为了把多重故障的概率降低到一个可以接受的水平,只有从设计上采取必要的措施。例如更改设计,用明显功能代替隐蔽功能,或者并联一个甚至几个隐蔽功能,虽然仍是隐蔽功能,但可以降低多重故障的概率。

4. 根据故障后果采取不同的维修对策

故障一旦发生,有的会造成装备毁坏,人员伤亡,或环境严重污染;有的只是更换故障件所花费的费用,影响不大,人们关心故障的实质是它所产生的后果。所以,预防故障的根本目的不仅限于预防故障本身,而在于避免或降低故障的后果。要不要进行预防性维修工作,不是受某一种故障出现的频率所支配的,而是由其故障后果的严重程度所支配的。

1978年诺兰发表的RCM逻辑决断法将故障后果分为安全性(环境性)、隐蔽性、使用性和非使用性四种。

(1) 安全性和环境性后果。安全性后果是指故障影响人员伤亡、装备严重损坏的后果;环境性后果是指故障导致违反国家环境保护要求的后果。

(2) 隐蔽性后果。隐蔽性后果是指隐蔽功能故障所引起的多重故障所造成的后果。

(3) 使用性后果(经济性的)。使用性后果是指故障影响装备的使用能力或生产能力的后果。这种后果最终体现在经济上,如延误航班所造成的经济损失加上修理费用。

(4) 非使用性后果(经济性的)。非使用性后果是指故障不影响装备的安全、环境保护要求以及使用,只涉及修复性维修费用的后果。这种后果也体现在经济性上。

1992年的国家军用标准《装备预防性维修大纲的制定要求与方法》(GJB 1378)从明显功能故障和隐蔽功能故障两方面,将严重故障后果分为安全性后果、任务性后果、经济性后果、隐蔽安全性后果、隐蔽任务性后果和隐蔽经济性后果六种。

针对不同的故障后果,采取不同的对策。如果故障后果严重,则需竭尽全力防止其发生,至少将故障风险降低到可以接受的水平,否则更改设计;如果故障影响甚微,除了日常清洁、润滑之外,不必采取任何措施,直到故障出现以后再来排除即可。

以可靠性为中心的维修总是在最保守的水平上评估安全性后果的。事实上,一些对安全和环境有威胁的故障,不一定每次都有这样的后果。但是,问题不在于是否必然有这样的后果,而在于是否可能有这样的后果。如果没有确凿的证据证明故障对安全和环境没有影响,那么,就先暂定它对安全和环境有影响。

5. 科学评价预防性维修的作用

传统维修观念认为,如果装备的固有可靠性水平有某些不足之处,只要认真做好预防性维修工作,总是可以得到弥补的。而以可靠性为中心的维修理论认为,装备的固有可靠性是设计和制造时赋予装备本身的一种内在的固有属性,是在装备设计和制造时就确定了的一种属性。固有可靠性包括:装备的故障模式和故障后果的状况,平均故障间隔时间或故障率的大小,故障察觉的明显性和隐蔽性,抗故障能力及下降速率,安全寿命的长短,预防性维修费用和修复性维修费用的高低等固有属性。装备本身作为维修对象,其固有可靠性是维修的客观基础,对维修工作的效率和效益具有决定性意义。固有可靠性水平是有效地预防性维修工作所能期望达到的最高水平。有效的预防性维修工作能够以最少的资源消耗达到装备的固有可靠性水平,或者防止固有可靠性水平的降低。维修不可能把可靠性提高到固有可靠性水平之上,不能弥补装备固有可靠性的不足,最高只能接近或达到装备的固有可靠性水平。没有一种维修能使可靠性超出设计时所赋予的固有水平,要想超过这个水平,只有重新设计,或者实施改进性维修。

各种故障的后果是装备固有可靠性的属性,预防性维修虽然能够预防故障出现的次数,从而降低故障发生的频率或概率,但不能改变故障的后果。故障后果的改变,不取决于维修而取决于设计。只有通过设计,才能改变故障的后果。例如采用冗余技术或损伤容限设计,使其不再具有安全性的后果;也可通过设计,增加安全装置,把故障发生的概率降低到一个可以接受的水平。对具有隐蔽性后果的故障,通过设计,例如用明显功能代替隐蔽功能,使其不再具有隐蔽性的后果;也可通过设计,并联一个甚至几个隐蔽功能,虽然仍是隐蔽性的,但可以把多重故障概率降低到一个可以接受的水平。对具有使用性后果的故障,通过设计,也可将其改变为可以接受的经济性的后果。

6. 确定预防性维修工作的基本思路

以可靠性为中心的维修理论确定预防性维修工作的基本思路是按故障的不同后果,并按做维修工作既要技术可行又要值得做的办法来确定预防性维修工作的,如表 3-3 所列。

表 3-3　确定预防性维修工作与更改设计的基本思路

故障后果 技术可行又值得做	安全性、 环境性后果	隐蔽性后果	使用性后果	非使用性后果
是	预防性维修	预防性维修	预防性维修	预防性维修
否	必须更改设计	更改设计	也许需要 更改设计	也许宜于 更改设计

“技术可行”“值得做”具有特定含义。所谓“技术可行”是指该类维修工作与装备或机件的固有可靠性特性是适应的;所谓“值得做”是指该类维修工作能够产生相应的效果。

“技术可行”分定时维修、视情维修和隐患检测三种情况:

(1) 定时维修的技术可行。①装备或机件必须有可确定的耗损期;②装备或机件的大部分能工作到该耗损期;③通过定时维修能够将装备或机件修复到规定的状态。

(2) 视情维修的技术可行。①装备或机件功能的退化必须是可探测的;②装备或机件必须存在一个可定义的潜在故障状态;③装备或机件在从潜在故障发展到功能故障之间必须经历一段较长的时间。

(3) 隐患检测的技术可行。隐患检测的技术可行是指能否确定隐蔽功能故障的发生。

“值得做”也分三种情况:

(1) 对安全性后果、环境性后果和隐蔽性后果,要求能将发生故障或多重故障的概率降低到规定的、可接受的水平。

(2) 对使用性后果,要求预防性维修费用低于使用性后果的损失费用加修理费用。

(3) 对非使用性后果,要求预防性维修费用低于修理费用。

故障后果是确定预防性维修工作的一个重要依据。对于具有安全性和环境性后果或隐蔽性后果的故障,只有当预防性维修工作技术可行并且又能把这种故障发生的概率降低到一个可以接受的水平时,才需要做预防性维修工作;否则,就必须更改设计。对于具有使用性后果的故障,只有当预防性维修费用低于使用性后果所造成的损失费用加上排除故障费用时,才需要做预防性维修工作;否则,就不必做预防性维修工作,也许需要更改设计。对于具有非使用性后果的故障,只有当预防性维修费用低于修理费用时,才需要做预防性维修工作;否则,就不必做预防性维修工作,也许宜于更改设计。而对于一些后果甚微或后果可以容忍的故障,除了日常清洁、润滑之外,不必采取任何预防措施,让这些机件一直工作到发生故障之后才做修复性维修(事后维修)工作。这时唯一的代价只是排除故障所需的费用,而机件的使用寿命可以得到充分的利用。也就是说,不是根据故障而是根据故障的后果来确定预防性维修工作的,这比预防故障本身更为重要。这就使得不做预防性维修工作的机件数目远远大于需要做预防性维修工作的机件数目。例如现代飞机的几万件机件中往往只有几百件需要做预防性维修工作,使日常维修工作量大幅减少,从而提高了预防性维修工作的针对性、经济性和安全性。

7. 预防性维修大纲的制定与完善

预防性维修大纲是预防性维修要求的汇总文件,一般包括进行预防性维修工作的产品(项目)、维修方式(维修工作类型)、间隔期及维修级别等。飞机还包括结构项目的检查等级、间隔期及维修级别等,作为编制其他维修技术文件(如维修技术规程或维修规程、修理工艺规程、维修工作卡)和准备维修资源(如器材备件、测试设备、人员数量和技术等级等)的依据。

初始的预防性维修大纲由承制方制定,在论证阶段订购方应提出减少或便于维修的设计要求,提出预定的维修间隔期等;在方案阶段开始进行系统级的以可靠性为中心的维修分析;在工程研制阶段,全面展开以可靠性为中心的维修分析,形成初始的维修大纲,并经过鉴定和审批。在生产和使用阶段,订购方与承制方共同协作,根据统计资料不断修订与完善大纲。

目前结构的故障仍属隐蔽功能故障,对操作人员是不明显的,必须进行预防性维修。适用于结构项目预防性维修的工作类型只有两种:视情检查和对安全寿命结构项目的定时报废。视情检查按一定间隔期进行,它分为一般目视检查、详细目视检查和无损检测三级。

3.4 装备全系统全寿命维修管理

全系统全寿命维修管理,从多维度、多视角为装备维修提供了技术和管理支持。

3.4.1 装备全系统全寿命维修管理的基本内涵

装备全系统全寿命维修管理,改变了传统的小系统的装备维修管理观念,通过对装备维修系统化、综合化的管理,为高效实现装备维修目标提供了理论支持,其内涵主要体现为"三全"。

1. 全系统管理

传统的观念认为,装备维修只是维修组织对装备进行维护和修理的一种技术性作业活动,随着装备维修实践的深入和装备的发展,人们已逐步认识到,维修已成为包括装备自身在内的由相互作用、相互依赖的各个要素(包括人、财、物、信息等)和各个部分(包括各级维修、训练、科研以及物资器材供应保障等)所组成的具有共同目标和特定功能的有机整体,即装备维修是一种复杂的军事经济系统,装备维修已从一种技术性作业活动逐步转变为一种技术与管理相融合的综合性活动,更好地满足了日益增长的装备维修需求。

从系统的角度来看,一个完整的装备维修系统应包括在规定的工作环境下,使系统正常运行需要的各种要素,需要各部门的通力协作。按照综合保障工程理论,一个完整的系统应包括使系统的工作和保障可以达到自给所需的一切设备,以及有关的设施、器材、服务和人员,装备维修的有效运转必须依赖于以下几种要素,即维修规划,人员数量与技术等级,供应保障,保障装备,技术资料,训练和训练保障,计算机资源保障,保障设施,包装、装卸、储存、运输和设计接口。从系统要素构成来看,并不是具备了这几种要素,就是一个完整的维修系统,这只是给出了装备维修系统的一个方面,更重要的是,如何使这些要素相互匹配,使这些要素在维修过程中发挥作用,这就需要采办机构、后勤保障机构、训练机构和科研机构等部门的协作支持,需要各级装备维修机构、不同维修专业的共同努力。而且,在维修过程中,装备维修还受到战争条件、装备状态、人员、物资、环境等许多不确定性因素的影响,需要对这些不确定性因素进行有效的控制和管理。因此,装备维修的多因素、多变动的活动特点及其复杂的相互制约的系统组成，要求从系统的角度来认识和管理装备维修，实施全系统的装备维修管理，即运用系统分析工具对装备维修系统及其相关过程活动、要素进行统一规划、全面协调和系统管理，以使系统规模适度、布局合理、结构优化、体系配套。

2. 全寿命管理

装备作为一种人造的实物系统，也有其产生、发展和衰亡的过程，这个过程由立项论证、设计、生产制造、使用维修到退役、报废等一系列过程活动所组成，也称为寿命周期过程。传统的维修观念把维修定位在使用阶段的技术性作业活动，而现代的维修观念认识到，装备维修是装备寿命周期过程活动的有机组成部分，维修特性是由论证设计所赋予的，生产制造所形成的，使用所体现的。传统的维修由于缺乏对维修过程的认识，使维修处于一种被动的角色，对维修规律缺乏科学的认识，导致维修过剩或维修不足。因此，装备维修必须从设计上保证装备具有良好的维修品质，从管理上有效整合和优化配置维修保障资源，面向装备寿命周期过程，在装备部署使用的同时建立一个经济而有效的维修保障系统，建立在这种从过程角度的基础之上，逐步形成了全寿命维修管理。

全寿命维修管理，是指对装备从需求论证直到退役、报废处理的整个发展过程，以使用需求为牵引，对装备维修系统进行统筹规划和科学管理，通过有效整合维修资源以实现维修目标与责任的动态创造性活动过程，即对装备维修实施从“摇篮到坟墓”的有效连续管理过程。在论证和设计阶段，综合权衡和统筹考虑装备的性能、可靠性、维修性、保障性，系统规划维修保障计划和维修保障方案；在生产制造阶段，实施科学、严格的质量控制，生产制造出高质量的装备以及计划的、与装备匹配的各种维修保障资源（包括维修人员的培训等）；在使用和维修保障阶段，在部署和使用装备的同时，充分发挥装备维修系统的作用，通过分析装备可靠性、维修性以及维修保障工作的数据资料，把握装备故障的规律特征，并持续改进维修保障系统，不断提高维修系统的效能；在退役（报废）阶段，通过对维修保障资源的综合评估，保留有效的维修保障资源，提出有关维修保障资源报废的技术性建议等。

对装备维修实施全寿命管理，改变了传统的“铁路警察各管一段”的分散式维修管理模式，实现了装备维修的“前伸”和“后延”，保证了对装备质量和维修活动的连续的系统管理，使维修从被动转为主动，从后台走向前台，使维修生产力得到了根本的保障。

3. 全费用管理

由于传统的“重设计轻使用”“重性能轻效能”的观念，过去装备设计的重点是性能，结果导致了装备复杂性的增加而降低了其可靠性和维修性，造成了装备可靠性差，维修频繁，维修周期时间长，维修所需的人力、物力、财力不断增加；同时，由于装备管理部门缺乏系统管理意识，重效率而轻效益，只注重一次性的装备采购费用，缺乏对使用和维修保障费用这种继生费用的系统分析和科学管理，结果导致了使用和维修保障费用急剧增加，成为不堪重负的国防负担，已在一定程度上制约了装备的可持续发展。据美军统计，不同的武器装备在使用阶段历年所支出的维修费用之和，为其采购费用的3～20倍，美军国防研制、采购、使用维修费之比在1964年为1∶2.1∶1.6，1972年为1∶2.4∶2.8，1980年达到1∶2.6∶3.5。据国外的有关资料，各类武器装备的使用和维修保障费用，占其全寿命费用的比例为：战斗机50%～70%，坦克80%，驱逐舰60%～75%。随着装备的更新换代，使用和维修保障费用更有逐年增加的趋势，因此对装备使用和维修保障费用必须实施科学管理，推行全费用管理。

全费用管理，又称为寿命周期费用管理。按照美国行政管理与预算局A-109号通告规定，全费用是指重要武器系统在其预计的有效寿命期内，在设计、研制、生产、使用、维护和后勤保障方面已经或将要承担的、直接和间接的、经常性和一次性的费用以及其他有关的费用之总和。全费用管理，是从全系统、全寿命来实施装备管理的一种系统管理方法，是从系统的角度，对装备寿命周期过程中不同阶段、不同类别的费用进行识别、量化和评价，以建立费用间的相互关系和确定各类别费用对总费用的影响，从而为装备的费用设计和经济性决策提供依据，指导和改进装备维修管理，在装备寿命周期过程以最经济的资源消耗达成装备维修使命。

全费用管理，反映了装备使用和维修保障费用管理的客观需求。第一，全费用管理改变了传统的维修是一种消耗性活动的偏见，维修也是一种高回报的投资；第二，全费用管理指出了寿命周期费用的先天性，即寿命全费用管理必须从设计入手；第三，全费用管理树立了费用管理的系统观，只有从全系统全寿命的角度对装备的使用和维修保障费用进行系统规划和科学管理，在装备决策论证和研制阶段就综合考虑维修问题，降低装备在使用阶段的维修保障费用，使所研制的装备不仅能买得起，而且能养得起，养得好。

3.4.2 装备全系统全寿命维修管理的主要观点

根据全系统全寿命维修管理的基本内涵，装备的性能水平是先天形成的，是设计出来的、生产出来的、管理出来的，因而必须从头抓起，对装备寿命周期过程实施科学管理，它在维修认识和实践上的主要作用体现在以下几个方面：

(1) 装备的固有性能，是设计赋予的，生产制造形成的，使用和维修体现的。实施有效的装备维修，必须加强装备的可靠性、维修性、保障性、测试性等专业工程设计和管理工作。国外开展专业工程的实践经验表明，在产品整个寿命周期内，对系统性能影响最重要的阶段是设计制造阶段，如设计对可靠性的影响程度大约占40%，制造的影响占10%，原材料的影响占30%。由此可见，装备性能水平，主要取决于设计制造水平，因此当装备的固有性能水平不足时，根本的解决途径是要从源头抓起，即提高装备的可靠性、维修性、保障性分析、设计和生产制造水平和技术，这也赋予了使用维修保障部门新的职责，即装备使用和维修保障部门，要注重使用维修信息的收集和整理，重视维修经验的总结和推广，建立与设计生产制造部门良好的信息沟通和反馈渠道，充分发挥好桥梁作用，培养装备全系统全寿命管理的科学意识，全程参与和有效监控装备的寿命周期管理过程，从装备立项论证、方案设计开始，直至生产定型和部署使用的全过程，加强装备可靠性维修保障性等工作的监控管理，认真把好设计定型、试验鉴定、生产定型、质量控制、评估验收等重要环节，保障装备系统具有良好的战备完好性。

(2) 装备的固有特性，是装备维修工作的出发点和落脚点。装备系统是维修的对象，装备有无故障、故障的性质和数量是客观存在的，是第一性的；而维修主体(维修人员)对故障的认识是主观对客观的反映，是第二性的。维修主体只能在准确判断故障和掌握故障规律的基础上，才能发挥自己的作用，收到应有的效果。因此，装备维修管理必须从客观出发，依据装备系统的固有特性和技术状况，尤其是装备系统使用的实际技术状况，只有这样才能做出正确的维修决策，制定科学的维修方针和维修制度，采取有效的维修措施，取得最佳的维修效果和维修效益。

维修方针政策，是维修思想的体现，是实施维修中应当遵循的各项原则。针对不同的飞机类型、不同的维修等级、不同的维修方式有不同的维修方针政策，但都是在对具体型号的装备进行系统分析后科学决断的。维修制度一般是指某型装备的具体维修内容、周期、工艺技术要求等方面的规定，通常以维修技术法规、技术文件的形式颁布执行。在国外以可靠性为中心的维修被用来作为制定具体的维修大纲、程序或维修方针政策的理论基础，在实践中收到了显著的效益。据报道，在美国民航公司中应用可靠性理论制定的维修大纲，在实践中使维修费用下降 30%左右。我国空军部队，运用以可靠性为中心的维修思想，指导改革维修制度，在保证飞机安全和维修质量的基础上明显提高了整体的维修效益。如某部队试点改革歼六飞机维修制度后的统计表明，维修工时减少 67%，停飞架日减少 55.2%，飞机可用率提高 4.2%，误飞千次率下降 3.3‰。空军修理工厂在可靠性理论指导下，改革飞机翻修制度，实行了针对性修理方针，明显地提高了修理效率，取得了与全面翻修同样的效果，而整体经济效益则大有提高。

(3) 保持、恢复和改善装备的固有性能，是装备维修工作的主要目标。装备的可靠性是装备设计制造所赋予的，在设计、生产定型后，便成为装备内存的固有可靠性。在装备使用中，维修是直接影响装备固有可靠性的一个重要的积极因素。因此，保持、恢复和改善装备的可靠性，是组织实施装备维修的一个主要目标，是实现装备维修其他各项目标如安全性、可用性和经济性等的技术基础和前提条件。所以，必须抓住可靠性这个关键性的主要目标，全面、科学地安排维修系统的各项活动，这是维修管理的一项经常性的中心任务，包括围绕实现可靠性要求，制定工作规划，明确各级部门的任务要求，加强各维修机构的维修作业的全面管理；建立以可靠性数据为主要内容的维修管理信息系统，以及时、准确和全面地掌握各型装备的技术状况和故障规律，并据此采取有效的技术措施；建立以部队、工厂质量控制室为基础的质量控制系统，以便对装备的可靠性状况进行全面的监督和控制；在条件具备时，采用全面质量管理、目标管理等先进管理技术，调动系统各个方面的积极性和主观能动性，保障系统可靠性各项指标的具体落实等。

(4) 实现装备的性能指标要求,是装备维修有关各部门的共同目标和任务。这不仅是装备维修机构的主要目标,而且是与维修有关的部门如维修训练、维修科研、维修器材订购和供应等的共同目标和任务。因此,装备维修有关部门必须从系统目标和需求出发,卓有成效地开展,在维修训练中应把可靠性理论、维修性理论、综合保障工程等作为专业基础理论来看待;在维修科研中同样应把它们作为科研项目的一个重要技术指标来研究;至于在装备、器材以及地面保障设备的订购、研制、验收和供应中,更应严格执行各相关的技术标准和指标,保障装备、器材质量,并逐步提高其性能水平。

(5) 采用先进管理技术和手段,实现装备维修管理现代化。管理技术,是对具体项目、内容进行管理的一些技法,科学有效的管理技术和手段,是管理工作的"倍增器"。采用现代先进管理技术和手段,是实现装备维修系统管理的必由之路,是管理现代化的一个重要标志。随着现代管理科学的发展,各种先进的管理技术、方法、手段不断涌现,其基本特点是采用定量与定性相结合的管理技术来提高维修管理的科学性,积极应用现代信息技术来改善维修管理的有效性。根据装备维修管理的特点和内容要求,维修管理技术可分为管理基础技术和系统管理技术两大类:装备维修管理基础技术,主要是统计分析技术(如概率论和数理统计等)和维修过程管理技术(如主次排列图法、ABC 分析图法、因果图法、直方图法、相关图法等);装备维修管理的系统管理技术,是以系统科学理论为指导,为实现一定的管理目标而采取的一些综合管理技术,如决策技术、预测技术、线性规划、统筹法、目标管理、全面质量管理,以及装备可靠性、维修性、经济性分析技术等。

3.4.3 装备全系统全寿命维修管理的技术方法

全系统全寿命维修管理,作为一种新的科学维修管理模式和管理原则,对于它的应用必须有具体的技术和方法支持。随着人们对全系统全寿命维修管理研究的深入和广泛应用,越来越多的支持全系统全寿命的维修管理技术和方法被研究和开发出来。目前支持全系统全寿命维修管理的技术和方法主要有系统工程、并行工程、综合保障工程、寿命周期费用分析(LCC)、目标管理、质量功能部署(QFD)、故障模式及影响分析(FMEA)、统计过程控制(SPC)、持续采办与寿命周期保障(CALS)等。

1. 目标管理

全系统全寿命管理的核心是目标管理,是一种综合的以工作为中心和以人为中心的系统管理方式。目标管理认为:一个组织的"目的和任务,必须转化为目标",如果"一个领域没有特定的目标,则这个领域必然会被忽视"。哈罗德·孔茨强调:"目标管理是用系统化方式把许多关键的管理活动集合起来,有意识地引导他们并高效地实现组织目标和个人目标"。由于装备是一种高新技术密集的系统,结构复杂,功能综合,需要统筹规划和综合权衡性能、进度、费用和维修保障等系统目标,因此,从装备论证设计开始就必须确立明确的控制目标，然后在系统寿命周期过程中逐步修订和明确各阶段的性能、费用、进度和维修保障目标，并通过计划目标与实际结果的比较评审各阶段工作的绩效，让组织各成员参与制定目标，并在工作中实行自我控制，通过目标的激励作用来调动广大人员的积极性，确保装备开发、使用和维修保障目标的达成。

2. 寿命周期费用分析

全系统全寿命管理的先决条件是寿命周期费用分析，它是合理确定装备性能指标和费用控制目标的依据，也是装备寿命周期管理的基本手段。世界主要发达国家特别是美国十分重视费用的管理与控制，制定了一系列的政策法规，开发了相应的费用模型和管理技术，并建立了有效的执行机构和运行机制。1983年4月，美国颁布了DoDD4245.3按费用设计(DTC，Design To Cost)，要求设立费用目标，进行系统寿命周期费用分析与预计，据此进行系统的技术评审和实施寿命周期费用管理。1997年，美国国防部在DoDD5000.2R中提出了将费用作为独立变量(CAIV，Cost As Independent Variable)的费用管理新概念，在装备性能和费用之间建立起了有机的联系，强调装备的经济可承受性，进一步提高了装备承制方、使用方在装备整个寿命周期过程进行费用控制的主动性，并建立了有效的费用控制机制。目前，主要武器装备都已建立了相应的寿命周期费用分析模型，积累了丰富的费用数据，为装备开展寿命周期费用分析奠定了良好的基础。

3. 信息技术

全系统全寿命管理的基础是信息技术的开发与综合利用。全系统全寿命管理是一种系统管理模式，需要对众多的管理要素、管理目标实施有效管理，必须实施团队管理。由于团队来自不同部门、不同专业学科领域，因此，为适应多专业的协同工作，必须建立一个对装备寿命周期过程进行集成管理的信息集成环境，以实现信息共享，改善资源的有效利用。并行工程的作用就在于构建一种装备集成管理环境。目前，美国等先进发达国家，加大了利用信息技术在装备寿命周期过程的应用和开发力度。在研制阶段，广泛采用DFX、CAD、CAM、CAE、CAPP、ERPⅡ、MRP、PDM等先进制造技术和管理技术；在使用和维修保障阶段，开发和应用了各类MIS、DSS、IMIS、PMA、IETMS等信息系统；在加强对装备寿命过程各阶段业务活动信息技术支持的基础上，进一步开发面向装备全系统全寿命管理的集成化管理信息系统CALS等，为装备科学维修提供完善、高效的信息支撑和管理支持。

4. 全面维修质量管理

全系统全寿命维修管理推行维修质量的全面管理，通过建立有效的质量管理体系，广泛利用现代科学技术成果来保证和改进装备质量，如质量功能部署(QFD)、故障模式及影响分析(FMEA)、田口(Tagushi)方法、质量统计过程控制(SPC)等。QFD方法是一种结构化的系统设计规划方法，应用产品计划矩阵或质量屋(HOQ)

反映用户的声音(VOC,Voice of Customer),准确定义用户的要求或需求,并将其转化为具体的产品特性,最大限度地满足装备用户需求;故障模式及影响分析,是一种有效的故障管理模式,其作用在于发现装备寿命周期过程中的薄弱环节,消除装备研制或使用过程中存在的弱点,降低管理的复杂性;Tagushi 方法,其目的在于优化设计中的基本参数,检测研制过程中可能影响产品质量的变量,增强产品设计方案的健壮性,减少测试的次数;统计过程控制,其目的在于解决装备寿命周期过程中装备质量之间一致性的问题。

3.4.4 装备全系统全寿命维修管理的组织形态

理论研究和实践证明,管理与组织相辅相成,密不可分。组织是管理的载体和对象,没有组织便不存在管理,管理效率取决于组织结构和组织管理,实施装备全系统全寿命维修管理,必须建立在高效的组织体系基础之上。

1. 实行组织变革

传统的维修管理组织结构按照亚当·斯密的劳动分工理论,建立在职能和等级基础之上,组织的运行是围绕着职能及其分解后的职能部门、工作或任务来组建的,因而在这样的组合中,组织成员关注和解决问题的焦点是职能、工作或任务,每个部门主管最关心的是自己的职能部门而不是整个组织,导致了组织内部横向沟通障碍和部门之间协调合作的困难,使整个组织缺乏对外界环境和组织目标足够的认识,难以满足装备全系统全寿命维修管理的客观需求。全系统全寿命维修管理的基本特征是从系统和过程的角度来实施科学管理,追求的是系统整体的优化目标,而不是局部优化。因此,装备全系统全寿命维修管理首先必须实施组织变革,打破传统的、按部门划分的组织模式,建立以装备业务流程为对象的流程型组织。以装备作战使用需求为牵引,以组织目标为驱动,以装备寿命周期过程为对象,通过对装备维修业务流程的整合和优化,将被割裂的流程和组织要素重新组合,使其构成一个连续的完整的流程,最终实现管理绩效的根本性改善,并逐步形成一种追求卓越的团队管理模式和管理环境。

2. 建立综合产品组

全系统全寿命维修管理,强调及早考虑,强调各个活动并行交叉进行,强调面向过程和面向用户,强调系统集成与整体优化等,要达成这样的管理效果,一方或几个人是难以实现的,必须各方、各部门整体协作,这将导致信息的交流和沟通量的庞大,而且是多向的,因此,建立一个有利于信息交流和沟通的组织模式是实施装备全系统全寿命管理的基本要求。

在装备全系统全寿命管理中,IPT 一般可有三层:顶层 IPT、工作层 IPT 和项目层 IPT。顶层 IPT,主要负责装备发展的战略决策、战略指导、管理决策和评估,以及解决一些重大问题;工作层 IPT,主要负责解决装备发展过程中的问题,决定装备的技术状态、管理策略和管理计划的制定,审查和提供各种文件素材等;项目层 IPT,主要负责装备研制工作,通常以装备型号为中心进行组建,成员包括各专业人员,如设计、制造、工艺、可靠性、维修性、保障性、安全性、使用和维修保障等。例如,F-22战斗机共成立飞行器、发动机、培训和保障装备4个主IPT,每个主IPT又分为若干IPT,如飞行器IPT包括机体、武器、动力系统、航空电子系统、通用系统和飞行器管理系统等多个IPT,机体IPT还可细分为前机身等若干子IPT。

IPT这种跨部门的多功能小组,首先,有利于资源的优化配置,由于机构职能明晰,责任明确,充分发挥各方的积极性,便于国防资源的优化配置,做到既突出重点,又统筹兼顾;既照顾当前,又着眼长远,使武器装备建设资源发挥出最佳效益。其次,体现了集中统一管理职能,这种组织形式是相对独立的、充分授权的管理模式,能对武器装备从提出需求到退役、报废的全过程实行集中统一的管理:在发展阶段,实现了对装备发展规划、研制和采购的集中统一管理;在使用和维修保障阶段,实现了对装备使用、维修、供应保障、管理和退役报废的集中统一管理。第三,有利于实施寿命周期费用管理。

3. 重视法规制度建设

全系统全寿命维修管理,作为一种新的管理模式,必须从传统的局部或分散的管理观念,转变到全局和全系统、全寿命管理的认识上来,真正实现使用需求牵引,真正体现使用方的主导地位,真正树立用户第一的观念。从美国等西方发达国家实行全系统全寿命管理的成功经验来看,确保这种转变的顺利实施,就是建立一个满足装备全系统全寿命管理的法规制度体系(包括政策、指南、标准、规范和手册等)。据统计,美国国防部颁发的与武器装备全系统全寿命管理的条例、指令之类的文件共有1 000多个。而目前,随着我军装备全系统全寿命管理的逐步推行,这方面的建设相对滞后,因此,必须重视全系统全寿命管理法规制度建设,使装备全系统全寿命维修管理走向法制化的轨道。

4. 加强人才队伍建设

装备全系统全寿命维修管理,是一种综合的系统管理模式,其管理成效在很大程度上取决于全系统全寿命管理人才队伍的能力素质。装备高新技术密集、结构复杂等特点,进一步提高了装备全系统全寿命维修管理人员的素质要求。实施装备全系统全寿命维修管理,不仅要求维修人员具有娴熟的业务技能、高度的责任感和敬业精神,还需要掌握全系统全寿命维修管理所需的法律、法规、政策、条例、程序、信息技术、管理、可靠性、维修性、保障性、安全性、测试性、生产制造、工艺规划、质量保证等方面的理论知识,因此,装备全系统全寿命维修管理,必须加强注重人员的学习、培养和使用,满足装备全系统全寿命维修管理需求。

3.5 装备维修精细化管理

“天下难事,必作于易;天下大事,必作于细”。细节决定成败,精细化管理是科学管理的必由之路,也是提升管理的变革之举。管理是战斗力的重要支撑,先进的管理是提升战斗力的倍增器，运用先进的管理思想理论，向管理要效率、要效益、要保障力，成为推动航空维修科学发展的一个重要课题，而精细化管理则提供了一种理论方法指导。

3.5.1 精细化管理的理论渊源

精细化管理源于现代企业管理，其理论思想与方法手段借鉴人类工业史上一切有价值的管理学成果，其中联系最为紧密的是泰勒的科学管理、戴明的为质量而管理、丰田的精益生产，它们有一个共同的灵魂，那就是科学与效率。

1. 泰勒的科学管理

1911年，泰勒发表了《科学管理原理》一书，这是世界上第一本精细化管理著作。科学管理理论包含：进行动作研究，确定操作规程和动作规范，确定劳动时间定额，完善科学的操作方法，以提高工效；对工人进行科学的选择，培训工人使用标准的操作方法，使工人在岗位上成长；制定科学的工艺流程，使机器、设备、工艺、工具、材料、工作环境尽量标准化；实行计件工资，超额劳动，超额报酬，管理和劳动分离。泰勒科学管理思想的核心问题就是效率问题，认为效率的实现是以人们基本态度和思维方式为基础的，用标准化、规范化管理代替经验管理，实现劳资双方利益一致。

第二次世界大战后，企业规模扩大，生产技术日趋复杂，产品更新换代周期缩短，生产协作要求更高。在泰勒提出的科学管理的基础上，决策理论、运筹学、系统工程等很多理论被引用到经济管理领域，这些理论和方法以决策过程为着眼点，特别注重定量分析与数学的应用，以及系统结构与整体协调，逐渐形成了管理科学，使管理从经验走向科学。

2. 戴明的为质量而管理

美国耶鲁大学博士威廉·爱德华·戴明的观点是“为质量而管理”，管理层要对出现的问题负90%的责任，必须明确理念和方向，并通过实践改善管理。他提出的“戴明环”(被称为PDCA循环)是全面质量管理所应遵循的科学程序，也是目前普遍采用的持续改进方法的理论依据，PDCA循环成为使任何一项活动有效进行的一种合乎逻辑的工作程序。P、D、C、A所代表的分别是：计划(Plan)，确定方针和目标以及制定活动计划；执行(Do)，具体运作，实现计划中的内容；检查(Check)，要总结执行计划的结果，分清对与错，明确效果，找出问题；处理(Action)，对总结检查的结果进行处理，对成功的经验加以肯定，并予以标准化，或制定作业指导书，便于之后的工作，总结失败教训，以免重现。许多大型企业都将“戴明环”应用于各个业务的流程过程之中，即使在复杂繁多的业务流程下也会取得非常好的效果。

3. 丰田的精益生产

丰田生产方式(TPS，Toyota Production System)，即精益生产，始于丰田佐吉，经丰田喜一郎，在大野耐一的主持下于20世纪40年代中开始的“多品种，少批量”的丰田生产方式,目的在于“彻底杜绝企业内部各种浪费,以提高生产效率”。“准时化(JIT)和自动化(Jidoka)”是贯穿丰田生产方式的两大支柱。丰田生产方式经过美国MIT的以沃迈克教授为首的学术界和企业的效仿和发展,到20世纪90年代中期,已经形成为一种新的管理观念——“精益思想”(Lean Thinking)。

(1) 准时化。就是在通过流水作业装配一辆汽车的过程中,所需要的零部件在需要的时刻,以需要的数量,不多不少地送到生产线旁边。“均衡化生产”是丰田生产方式的一个重要条件。“看板”方式对于缩减工时、减少库存、消灭次品、防止再次发生故障起到巨大作用,是实现准时化的基本手段,也是“零库存”的起源,发展成为今天的“零伴随保障”,其目的都是彻底找出无效劳动和浪费现象,通过消除浪费,创造价值。

(2) 自动化。不是单纯的机械“自动化”,而是包括人的因素的“自动化”。把物、机器和人的作用组合起来的过程称为“作业的组合”,而这种组合集中起来的结晶就是“标准作业”。标准作业表包括三个要素:周期时间、作业顺序和在制品数量。

3.5.2 精细化管理的概念内涵

精细化管理最早出现于20世纪50年代日本和欧美的一些大型制造企业。目前,精细化管理已发展到很高的水平,出现了很多代表当今世界先进管理的方法,如六西格玛管理、6S管理等。

精者,去粗也,不断提炼,精心筛选,从而找到解决问题的最佳方案;细者,入微也,究其根源,由粗及细,从而找到事物的内在联系和规律。可见,精细是一种意识、一种态度、一种理念、一种文化。所谓精细化管理,就是建立在常规管理的基础上,并将常规管理引向深入,将管理工作中做“精”、做“细”的思想和作风,贯彻到组织所有管理环节的一种科学有效的管理模式。精细化管理突出强调将管理工作做精、做细。“精”为完美、精确、高品质之义,“细”为细节、周密、细致之义。“细”是精细化的必经途径,“精”是精细化的自然结果。“精”与“细”的有机统一,是管理者所追求的理想目标。

精细化管理作为一种管理体系,摒弃粗放式管理方式,以科学管理理论和方法为基础,规范化为前提,系统化为保证,数据化为标准,信息化为手段,从宏观层面到微观层面,纵横交错地实施精细化的管理,以获得更高效率、更多效益和更强竞争力。

精细化管理的实质是精益理论+持续改进。精细化管理就是精益理论实施过程中的持续改进。我国精细化管理的权威人士汪中求认为:精细化管理是一种管理理念和管理技术,是通过规则的系统化和细化,运用程序化、标准化、数据化和信息化的手段,使组织管理各单元精确、高效、协同和持续运行。

精细化管理是过程管理,侧重控制职能,通过“五化”(简单化、流程化、标准化、数据化和信息化)过程,实现五个细分(目标细分、流程细分、标准细分、任务细分、岗位细分),达到五个精确(精确决策、精确计划、精确控制、精确执行、精确考核)的一种科学管理模式。

航空维修精细化管理就是将精细化管理运用于航空维修保障工作,实现目标明确、流程优化、标准细实、数据可靠、制度完善,显著提高航空维修保障质量效益。

3.5.3 精细化管理的原则

根据精细化的概念内涵,精细化管理的原则主要有四项。

一是数据化原则。一切以数据为依据,一切用数据说话。用数字化方法来描述目标、计划、运行状态,用数学工具总结、预测各项活动的规律,以更客观、准确、系统地安排作业和管理活动。

二是操作性原则。精细化管理的直接目的是执行到位,因此,不但要制定规则,而且必须制定实施细则和检查细则,使执行和检查都具有良好的可操作性。

三是底线原则。精细化到底细到什么程度,其底线是:可不可以再细分和需不需要再细分。

四是交点原则。由于分工越来越细,必然带来事与事、岗位与岗位、部门与部门、单位与单位之间的交叉点和结合点。这些管理交点,很多时候成了无管理的盲点。将盲点变为关注点,就是交点原则。精细化管理的主体和工作重心是管理者,而不是执行者。执行不到位是因为管理不到位,精细化管理的重点是对执行的管理,通过管理的精细化,带动执行的精细化,着力点在抓落实。

3.5.4 精细化管理的方法

在组织实施层面,精、准、细、严贯穿于精细化管理的各个环节,既是精细化管理的特征,也是精细化管理的核心思想。精细化管理的方法主要包括以下几个方面。

(1) 细化,是将整体任务或工作,逐层分解为不能再分或不必再分的工作单元。细化是精细化的基础和基本功。全面细化包括横向、纵向、衔接和责任四个方面。

(2) 量化,是标准和规则中,凡可用数字度量或表述的量和要求,均要直接量化;对模糊概念和模糊数量也要用隶属度予以量化。量化是更精确的细化,是数据化、精确性的基础。维修过程要量化,管理工作也要量化。

(3) 流程化,是将任务或工作,沿纵向分解为若干前后相连的工作单元,将作业过程细化为工序流程,并进行整合、优化。非生产作业的管理和服务工作也要流程化。

(4) 标准化,是作业操作和管理工作,都要有统一的规格标准、操作标准、质量标准、数量标准、时限标准,并且严格地执行标准。标准化是执行到位的前提。

(5) 协同化,是各个工作单元之间的输入/输出匹配、协调、完善,链接优化,从而保证整个系统运行高效。

(6) 严格化,用严密的流程、规章对每项工作、每个环节进行监控,并用严明的纪律和奖惩保障执行到位。

(7) 实证化，对重要的信息、数据，经统计分析、多方验证，去伪存真，使之准确真实。

(8) 精益化，其是一个渐进的持续过程，永不满足，持续改进、创新，追求更好，永无止境。

3.5.5 精细化管理的应用

虽然精细化管理发轫于20世纪50年代的日本和西方，但实际上精细化管理的思想理念和应用实践，早就扎根于我军的维修保障实践中。为了保证维修质量和安全，在航空维修实践中，早已贯彻了精细化的思想理念，开展了精细化管理实践。如20世纪60年代总结推广的夏北浩检查法，以及近几年再次总结推广的新夏北浩检查法，持卡读卡操作，起飞线的专职、专项检验，试车程序，维修一线规范化管理等，都属于精细化管理的范畴，业已取得了显著的成效。

随着军事战略转型，装备快速发展，装备维修面临着严峻的挑战。虽然经过半个多世纪的发展，我军装备维修得到了长足进步，但某些粗放的管理痕迹还存在。在维修作业管理中，计划不细，装备存在着一些无谓的损耗，维修作业过程缺乏有效的监控；在维修作业中，有法不依和执行不到位的问题还时有发生，有的甚至造成严重后果等。这些都可以归类到维修管理不够细、不够实、不到位。为进一步提高装备维修综合效益，推动装备维修创新发展，迫切需要借鉴精细化管理，用精细化管理夯实基础，提升保障力，为装备作战使用提供有力保障。

纵观这几年我军装备维修改革创新实践，精细化管理已得到了初步应用，并取得了显著成效。其典型应用是在飞机定期维修中的应用。如空军某团的修理厂，将细化、量化管理和项目管理技术运用于飞机定期维修工作，优化定检工作流程，开发定检工作信息化管理系统软件，实施对定检工作的总体调控，加强对定检作业过程的动态监控，有效地提高了定检工作效率和质量，使定检工作管理向前迈进了一大步。首先对定检工作例行项目进行细化，分解为工作单元并加以量化，再以工作单元为单位，对其所需工时、工具和耗材(备件)、人员技术、工作质量进行量化。以此为基础，把每架次的定期检修都视为一个工作项目，根据其例行工作内容和外场要求增加的内容，制定相应的检修计划，使用项目管理软件排出工作流程图。根据流程图，分配维修资源，依次下达工作指令。通过工作卡片的运行，实现维修信息在作业现场的传递，使工作按计划实施。当遇有故障等临时情况时，由工作者上报专业队长，专业队长提出解决意见，填写非例行工作卡片，厂长审批后排入流程图，调整计划，由控制室下达指令，实施维修。在定检全过程中，工作者可通过网络及时了解总体进度，做好工作准备；管理者可以及时调控工作进程，使维修工作协调有序地进行。定检工作量化管理的实施，使工作流程得到优化，工作进程能够及时调整，工作项目衔接有序，大大提高了维修效率，300小时定检由原来的10个工作日缩短为7.5个工作日；由于实行了持证上岗和持卡操作，严格了操作规范，保证了全部定检工作内容和质量标准的落实，有效防止了维修差错，提高了检修质量，两年多来，完成飞机定检 50 多架次，出厂合格率均为 100%。

精细化管理虽然源于企业，但其基本理念、原则和方法是科学的、通用的，也是我们装备维修管理所需要的。对精细化管理的理论方法，可以学其核心和精华，将其“零缺陷”管理“民为军用”，在思想上树立“零缺陷”意识，在管理上“去粗取精”“由粗及细”，用精心的态度、精细的方法、精细化的管理手段，实现操作上的“零缺陷”，达到“零差错”“零事故”的目标。因此，将精细化管理的思想内核吸纳、移植过来，用于改进装备维修管理，进一步优化维修内容、整合维修专业、创新保障模式、强化质量安全管理、合理配置维修资源，用精细化的管理推动装备维修的科学发展。

虽然前文所阐述的修理厂的维修管理实践，还不是严格意义上的精细化管理，但属于精细化管理的范畴，并且取得了明显的成效。装备维修工作类型多样，组织管理模式有差异，但其维修对象和基本要求是相同的，将精细化管理应用于装备维修工作中，是必要的，也是可行的。

3.6 精益理论及其应用

随着军事战略转型建设加速推进和装备信息化程度的显著提高，对装备维修保障的时间、质量、效益等提出了更高的要求，精益理论为实现该目标提供了理论支持。美军等已在装备维修领域推行精益维修，取得了显著的军事和经济效益，因此，应用精益理论探索高效的维修管理体系模式，具有十分重要的现实意义。

3.6.1 精益理论的内涵

精益理论(Lean Theory)是从精益生产(Lean Production)中提炼出的系统的理论。精益生产起源于日本丰田生产方式(TPS，Toyota Production System)。20 世纪 50 年代，日本丰田公司为摆脱破产危机，在吸收美国福特大规模低品种生产方式的基础上，以准时生产(JIT，Just In Time)思想为核心建立了一种多品种、小批量、高质量和低消耗的生产方式，概括为“只在需要的时候按需要的量生产需要的产品”。这一生产方式经过 20 多年的改革、创新和发展，并有机地结合了美国的工业工程(IE，Industrial Engineering)和现代管理理念，使其日趋成熟，后经美国麻省理工学院的沃麦克(Womack)等专家的研究和推动，把丰田生产方式定名为精益生产。1996 年，沃麦克、琼斯等人合著了《精益思想》，从理论的高度进一步升华了精益生产中所包含的管理新思维，即在整个业务流程中聚焦价值增值活动，以需求拉动的方式提高效率，并将精益生产方式扩大到制造业以外的领域，促使管理人员对组织业务流程进行再思考，以消灭浪费，创造价值。

精益理论是应对信息时代使用需求复杂多变、个性化要求高的挑战，以准时化为核心，以价值流分析为基础，通过改善组织整个业务流程各环节上的价值增值活动，消除或控制非增值活动，以达到降低成本、缩短周期、提高质量、增强竞争力的目的。目前，精益理论已在全球被许多企业、组织效仿和应用，并且持续改进和演绎。

3.6.2 精益理论的主要观点与支撑技术

1. 精益理论的主要观点

精益理论的核心是精益，其核心观点主要包括以下几个方面：

一是需求牵引。精益理论强调从用户的观点来确定价值，根据用户需求来拉动生产管理，根据用户需求变化来对价值流进行调整和持续改进。

二是效率第一。精益理论通过重新审视组织自身的价值流，辨识生产过程中的价值增值活动和非增值活动，提高价值增值活动的效率，消除或控制非增值活动。

三是以人为本。精益理论改变了批量生产、把人作为机器附属品等传统观念，提出以人为中心，通过5S管理等使操作人员成为机器的主人，为组织成员工作创造优越的环境条件，激发组织成员的工作积极性和创造性。

四是全员参与。通过培训推动全体组织成员参与精益实践，立足岗位，主动发现业务流程运行过程中存在的问题和改进机会，从而持续提高精益实践的质量效益。

精益理论的核心是科学地界定价值和消除浪费，通过以更富有效率的方式创造价值，实现组织的可持续发展，具体体现在以下几个方面：①创造更多的价值（价值流）；②损失（浪费）更少；③持续改进；④突破性的更新等。

2. 精益理论的技术方法

精益理论发展到今天，已建立起了相对完善的组织管理体系和管理方法工具体系，如图3-5所示。精益理论的方法工具体系主要包括以下几个方面：

(1)“5S活动”是基础。5S是创造一流工作环境的5个步骤：整理、整顿、清扫、清洁、素养。

(2)“看板拉动”，是一种生产计划和物料控制技术，以需求拉动生产，实现“只在客户需要的时间生产客户需要数量的产品”这一理想目标。

(3)“单元生产”，是当代最新、最有效的生产线设置方式之一，单元生产，打破现有条件，真正进行现场改造，使设备（设施）布局、人才培养、物料控制等方面发生根本性的变化，以满足小批量多品种的生产需求。

(4)“快速转换”，是指在最短的时间内完成活动或设备工具的转换。新乡重夫经过研究发现了缩短转换时间的4个步骤。

(5)“持续改进”，改变注重动作分析的传统优化观念，建立以业务流程为重点的持续改进的系统优化观念。

(6)“TQM”，TQM的作用是提高产品质量。

(7)“TPM”，TPM的作用是保证设备完好，随时可用。

(8)“生产均衡化”，其作用是通过计划统筹尽可能使生产任务均衡化。

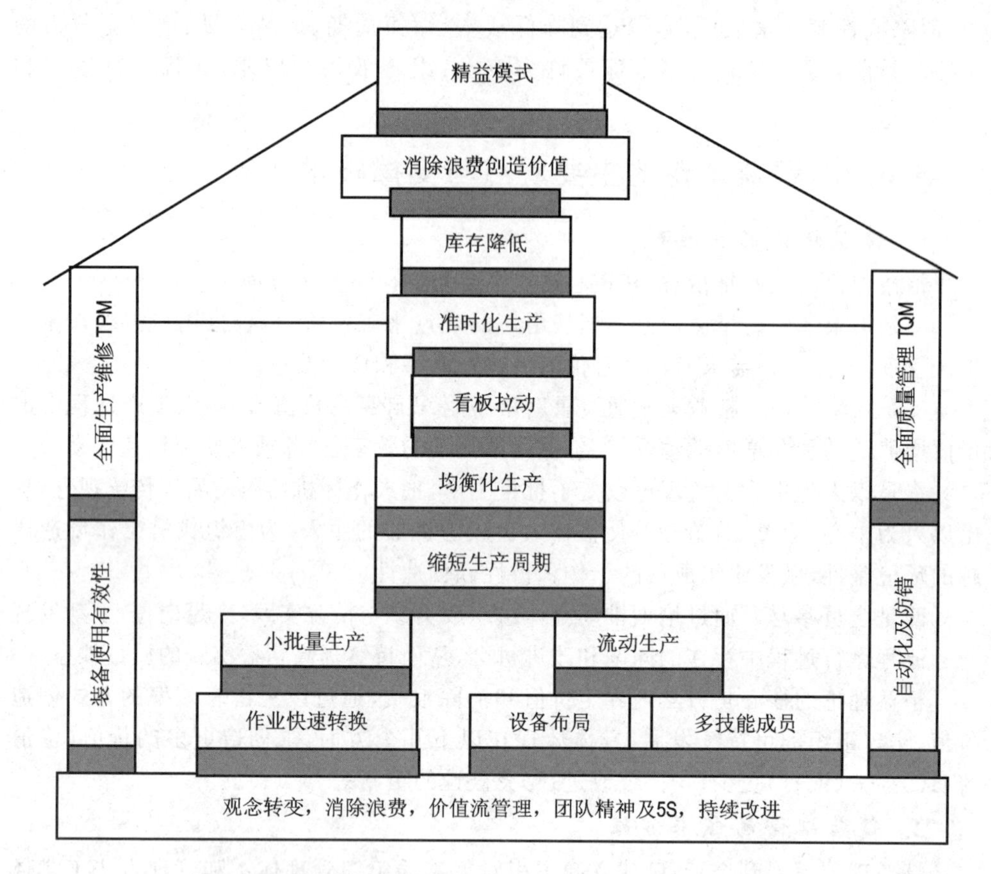

图 3-5 精益模式的组织管理过程及其方法工具体系示意图

这些工具、方法的实施，需要根据组织不同的生产（管理）阶段，选择与其需要相适应的工具、方法。

3.6.3 精益理论的应用步骤

精益理论的成功实践，需要采取合理的步骤。根据精益理论的 5 个基本原则，以及大量的精益理论的创新实践，精益理论应用的基本过程可分为 5 个基本步骤，如图 3-6 所示。

1. 正确地确定价值

精益理论的关键出发点是价值。正确地确定价值，就是以用户的观点来确定一个组织的整个业务流程活动，以实现用户需求的最大满足。正确地确定价值，首先是领导干部意识的改革，通过培训提高识别浪费的能力；其次通过推行 5S 活动，将精益理论落到实处，使组织成员感到精益管理是一种实实在在的管理理念，激发组织成员参与精益实践的积极性、主动性。

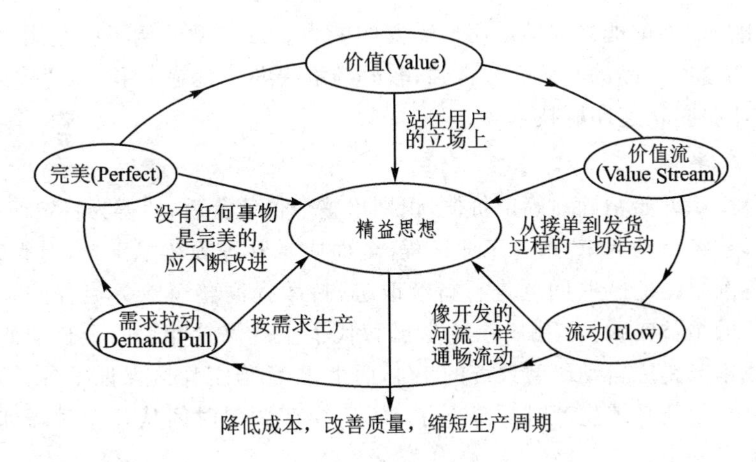

图3-6　精益理论应用实践的过程示意图

2. 识别价值流

价值流是对某一特定产品从原材料到成品而言所必需的一组特定活动。通过运用价值流分析技术，找到哪些是真正增值的活动即明确能够创造价值的活动；哪些是可以立即去掉的活动即非增值活动；哪些是虽然不直接创造价值，但是在现有条件下不可避免的活动。

研究与实践表明，在整个业务活动中，价值增值活动仅占整个业务活动的一小部分，特别是部门、活动之间的交接过程，往往存在着惊人的浪费。从增值比率来看（增值活动时间与流程周期的比值），在整个业务流程周期时间中，只有近10%的时间是增值的。沃麦克等人，归纳总结了七种浪费行为：过量生产（Overproduction）；库存（Inventory）；运输（Conveyance）；返工（Correction）；过程不当（Processing）；多余动作（Motion）；等待（Waiting）。

3. 流　动

精益理论关注的不仅仅是作业活动，其关注的焦点是流程。正确地确定价值，有效识别整个业务流程的价值流是精益理论的准备工作，精益理论要求改变传统的部门分工、大批量生产（等待）等传统观念，将所有的停滞看作是浪费，将从部门分工（部门）转到创造价值的“流程”上，通过快速转换、流程再造、单元生产等工具技术的运用，重新定义职能、部门和组织的作用，使其能真正对创造价值做出积极的贡献，明确价值流上每一点活动的真正需要，快速转换，从而使创造价值的各类活动、步骤不间断地流动起来。

4. 拉　动

从“部门”“批量”模式转化到“流动”，需要完成由传统的“推式”模式向“拉式”模式的转变，通过运用进度控制、全员生产维修等工具技术，使整个业务流程根据用户需求变化而运作即按用户需要来拉动组织活动。拉动原则的深远意义在于组织具备一种一旦用户需要就能立即满足用户需要的能力。最典型的例子就是图书、服装等的销售,因为这些产品的时效性非常强,较好的解决办法就是应用精益思想探索新办法,如应用小批量快速印刷技术等。

5. 追求卓越

当各种组织开始精确地确定价值,识别出整个价值流后,使得为特定产品创造价值的各流程连续流动起来,通过工业工程、全面质量管理等技术工具,对组织价值流流动过程逐渐暴露的一些问题进行持续改进,持续提高整个业务流程的综合效率。如普惠公司的精益实践,它用一个U形区替代了生产涡轮叶片的全自动研磨系统,该系统的成本只是原自动研磨系统的1/4,而由于U形工作区保证了各种资源配置的合理、透明,使新系统生产时间降低了99%,换产调整时间从几小时降到几秒,生产成本降低了一半。

3.6.4 精益理论的应用

精益理论起源于丰田生产方式,其主要应用领域在生产制造行业,但从精益理论的内涵来看,精益理论是通过对组织整个业务流程的整体优化,改进技术,理顺流程,消除无益活动与浪费,有效利用资源,降低成本,改善质量,从而达到用最少的投入实现最大的产出之目的。根据目前国内外的精益理论应用实践,精益理论可用于生产过程中的现场管理、生产计划、库存、生产作业、设计、质量管理、物流等各环节、活动,并有效使用各类精益工具、技术。据统计,精益理论已在全球许多行业、企业和组织得到了应用,取得了显著成效:生产时间减少90%,库存减少90%,生产效率提高60%,到达用户手中的缺陷减少50%,废品率降低50%,与工作有关的伤害降低50%。

复习思考题

1. 简述维修理论的含义。
2. 简要概括以可靠性为中心的维修理论的主要内容。
3. 分析现代维修理论与传统维修理论的主要区别。
4. 简要概述维修理论的发展概况。
5. 以系统和设备以可靠性为中心的维修分析为例,说明以可靠性为中心的维修分析的基本过程和主要内容。
6. 什么是预防性维修大纲?预防性维修性大纲的主要内容有哪些?
7. 简要说明制定预防性维修性大纲的方法。
8. 从装备寿命周期过程出发,试说明预防性维修性大纲制定的基本过程。
9. 简述全系统全寿命维修管理的含义。
10. 简要概括全系统全寿命维修管理的主要内容。

11. 什么是并行工程？并行工程与传统的序贯工程的主要区别是什么？
12. 从过程的角度描述装备维修系统工程。
13. 什么是综合产品组？其特征是什么？
14. 剖析精益理论的思想内核。
15. 分析精益理论的原则。
16. 分析精益理论的关键技术及其适用性。
17. 举例分析装备维修工作中的浪费现象。
18. 阐述精细化管理的概念内涵。
19. 描述实施精细化管理的基本程序。
20. 结合装备维修实际，分析装备维修实施精细化管理的重要性、可行性。

中篇

装备维修管理过程

第 4 章　装备维修决策

管理成功的关键是科学的决策。著名的管理学家西蒙认为，管理就是决策，决策贯穿于管理的所有过程活动中。在装备维修工作中，管理者经常要做出大量的决策，解决各种问题，但大多数决策是微小的，决策的做出很多是自然而然的，以至于许多维修管理者做出了许多决策，但对决策的特性不甚理解。特别是处于装备保障转型建设的特殊时期，装备维修管理者面临着装备维修需求波动性、维修保障任务重、维修环境动态性、维修技术发展快等挑战，需要进一步提高装备维修决策的科学性、前瞻性，以期提高装备维修管理的主动性、有效性。

4.1　装备维修决策的概念内涵

“知己知彼，百战不殆。不知彼而知己，一胜一负。不知彼不知己，每战必殆。”这些 2 500 多年前的论述，闪烁着朴实的决策思想。在信息化时代，面对复杂化、高不确定性的装备维修管理问题，决策的重要性不言而喻。装备维修决策的前提是了解掌握决策的特性。

4.1.1　决　策

决策是在各种层面上被广泛使用的概念，因而目前对决策的认识还不尽统一。有人认为：“决策就是作决定”；有人认为：“决策就是管理，管理就是决策”；有人认为：“决策指的是人类社会中与确定行动目标等有关的一种重要活动”；还有的人认为：“决策就是领导的‘拍板定案’”。这些认识从不同的角度描述了对决策的理解。归纳所有关于决策概念的定义，可以发现，有关决策的定义大致可归为如下两种：一种为狭义的理解，认为决策仅仅是对方案的选择，是领导的行为(即俗话所说的“拍板”)；另一种为广义的理解，认为决策是一个发现问题、研究问题、提出解决问题方案(包括设计方案、选择方案)的全过程。从广义的决策来看，狭义的决策只是决策的一个环节。由此可见，所谓决策，是决策主体以问题为导向的对其未来行为的方向、目标、原则、过程、方法等所做的分析和选择活动过程。上述决策的含义实际上包含以下四个主要方面：

(1) 决策针对明确的目标。决策目标是决策者的期望，决策前必须明确所要达到的目标，决策目标的合理性直接影响决策结果的合理性。确定决策目标时应坚持三个基本原则：一是利益兼顾原则，即应将局部的目标置于总体目标体系中；二是目标量化原则，决策目标尽可能量化，具有可以计算其成果、规定其时间、确定其责任者的特点，便于度量、评价和考核；三是决策结果满意原则，决策目标既不能太高，也不能太低，应有一定的挑战性。

(2) 决策要有多个备选方案。备选方案是可供替代的行动方案，是达到目的的手段，选择的对象。决策必须在两个以上的备选方案中进行选择，如果只有一个方案，也就不存在决策了。备选方案应该是平行的或互补的，能解决设想的问题或预定的目标，并且可以加以定量或定性的分析。

(3) 决策是对方案的分析判断。每个备选方案都有其优缺点，管理者必须掌握充分的信息，进行逻辑分析，才能在多个备选方案中选择一个较为理想的合理方案。不过在拍板决定的关键时刻，由创造力或直觉产生的判断也十分重要。

(4) 决策是一个整体性过程。不能把决策理解为决定采用哪个方案的一刹那的行动，而应理解为从诊断活动到设计活动到选择活动到执行活动的整个过程，没有这个过程就很难有合理的决策。实际上，经过执行活动的反馈又进入下一轮的决策。因此，决策是一个螺旋式循环过程，贯穿于维修管理活动的始终。

4.1.2 装备维修决策

根据决策的内涵，以及装备维修管理的任务、特点，装备维修决策是装备维修决策者遵循装备维修客观规律，按照科学决策的原则和程序，运用科学的方法和技术，对装备维修的方向、目标、原则、过程、方法等所做的分析和选择活动过程。

随着军事形态的演变和装备的发展，决策在装备维修管理中的地位和作用日益突出。从管理职能的角度来看，决策是装备维修管理的首要职能，特别是由于装备维修的特殊性和重要性，决定了决策在装备维修管理中的重要地位。

从管理要素与决策的关系来看，装备维修管理是管理主体根据组织所面临的客观环境条件，制定科学合理的装备维修目标，采用适当的方法手段对管理客体施加影响和进行控制的有组织、有效果的活动过程，因此，装备维修管理诸要素都离不开决策。

从管理过程与决策过程的关系来看，按照著名管理学家西蒙的观点，管理就是决策，决策贯穿管理的全过程。

从决策职能与其他管理职能的关系来看，决策是管理工作的核心，决策渗透于各管理职能之中，是管理工作的核心和灵魂，是执行各项管理职能的基础。

4.1.3 装备维修决策的类型

依据各种不同的标准，装备维修决策可以分成多种类型，了解各种类型决策的特点，有助于装备维修管理者进行合理决策。

1. 战略决策、管理决策和业务决策

(1) 战略决策。是对涉及组织目标、战略规划的重大事项进行的决策活动，是对有关组织全局性的、长期性的、关系到组织生存和发展的根本问题进行的决策，具有全局性、长期性和战略性的特点。例如,确定装备维修系统建设发展的方向、目标,维修级别调整、维修专业划分、维修管理体系模式变革等,都属于战略决策范畴。

(2) 管理决策。是指对装备维修的人力、物力、财力等维修资源进行合理配置,以及对装备维修组织机构加以变革的一种决策,具有局部性、中期性、战术性的特点。管理决策不直接或不在短期内影响组织的生存和发展,但它对整个系统的运行起着重要作用,直接影响到战略目标的实现,是战略决策的支持性步骤和过程,是为实现战略目标而服务的。装备维修组织结构优化、维修保障力量配置、维修人员培训、维修资源分配等,都属于管理决策范畴。

(3) 业务决策。是涉及装备维修系统中的一般管理和处理日常业务的具体决策活动。业务决策是所有决策中范围最小、影响最小的具体决策,是所有决策的基础,也是装备维修系统运行的基础,具有琐碎性、短期性与日常性的特点。故障分析、工作分工、任务安排、资源调配、技术资料整理等,都属于业务决策的范畴。

2. 程序化决策与非程序化决策

(1) 程序化决策,也称为常规决策,是指能够运用常规的方法解决重复性的问题以达到目标的决策。装备维修管理面临的问题极其繁多,但有许多问题是管理者日常工作中经常遇到的,并在维修管理实践中可对这些问题用程序、规范等固化下来,成为处理类似相关问题的依据和准则。程序化决策使装备维修管理工作趋于简化和便捷,可降低管理成本,简化决策过程,缩短决策时间。程序化决策具体规范了装备维修决策的过程,如航空维修的飞行机务准备、日常维修保障、定期检修等,都业已形成了相对稳定的组织实施程序,装备维修决策者可将这些大量的重复性管理活动授权到下一级管理层,避免陷入日常烦琐的事务中,以集中精力考虑组织的重大战略问题。

(2) 非程序化决策,也称为非常规决策,是指为解决那些尚未发生过、偶然出现的或不容易重复出现的问题做出的决策。如新装备的维修保障、疑难故障的排除等,都属于非程序化决策问题。非程序化决策问题比较复杂且结构不清晰,缺乏现成的解决办法,对决策者的主观性依赖很大。对于维修管理者而言,应对偶然出现的问题加以系统分析,确定这些问题是偶然的还是一次性、很少重复发生的问题。当这类偶然性问题再次出现或出现频率增加时,应及时加以深化研究,制定出程序化的处置方法,将其逐步纳入程序化决策范围内。当装备维修管理者面临突发性或是新出现的问题时,由于没有经验性、常规性的解决方法可以借鉴参考,因此需要管理者能够随机应变,这对装备维修管理者的能力素质提出了更高的要求。

当然,在装备维修决策实践中,并没有纯粹的程序化决策与非程序化决策,这仅仅是两个极端,绝大多数的决策介于两者之间。程序化决策有助于找出那些日常重复性、琐碎问题的解决方案,非程序化决策有助于帮助决策者找到独特的突发性问题的解决方案。

装备维修决策还有其他的分类,如按决策环境,可分为确定型决策、风险型决策和不确定型决策;按决策思维方式,可分为理性决策和行为决策;按决策目标,可分为单目标决策和多目标决策;按决策主体,可分为个体决策和群体决策等。

4.1.4 装备维修决策的原则

决策原则是指决策必须遵循的指导原理和行为准则,是科学决策指导思想的反映,也是决策实践经验的总结概括。管理决策中所需要遵循的具体原则是多种多样的,如决策过程中的悲观原则、乐观原则、最小后悔值原则等。但是,就管理决策的基本原则而言,有许多是共同的,这些一般原则主要有经济性、系统性、预测性、可行性、灵活性、民主性、科学性等原则。

其中,科学性原则是一系列决策原则的综合体现。现代化大生产和现代化科学技术,特别是信息论、系统论、控制论的兴起,为决策从经验到科学创造了条件,使领导者、管理者的决策活动产生了质的飞跃。装备维修管理者必须加强管理理论知识的学习,遵循科学性原则,才可进行科学的决策。决策科学性的基本要求包括以下几方面:

(1) 决策思想科学化,即管理者是否按照科学思想进行决策,科学的决策思想要求决策有合理的决策标准、系统的决策观念、差异性的思维逻辑、民主的决策风格,其中差异性思维逻辑,即要求管理者对于不同类型的决策选用不同的逻辑去思考。

(2) 决策程序科学化,即科学的决策应该遵循一套科学的程序,决策程序化的直接目的是使决策行为规范化、条理化,唯此才能提高决策效能,收到预期效果。

(3) 决策方法科学化,即管理者要把发挥专家的经验与智慧同运用数学模型进行系统分析相结合,探索出一套科学而适用的决策方法、技术和手段。

(4) 决策体制科学化,即决策必须建立在科学的体制机制上,用体制机制支撑科学决策,把“谋”和“断”有机联系,确保决策质量水平。

4.1.5 科学决策与经验决策

科学决策,是指决策者遵循科学的原则、程序,依靠科学的方法和技术进行的决策活动。其主要特点是:(1) 强调建立科学的决策体制,注重集体共同决策,决策过程中应特别注意依靠各种智囊组织,注意各种专家的横向联系,形成合理的人才结构,共同完成某个决策活动;(2) 强调将决策建立在科学分析的基础上,从传统的依靠经验进行决策,转变为依靠科学分析来进行决策,广泛运用科学技术的方法,将定性分析和定量分析有机结合起来,确保决策的正确性和可靠性。

经验决策,主要是指决策者凭借个人的知识、才智和经验而做出的决策,决策是否成功,主要取决于领导者和个别高明谋士的认识和经验。其特点是:(1) 这种决策方式一般是个人的决策活动,主要依靠决策者个人的素质做出决断;(2) 经验决策本质上是以决策者的经验为基础,所能处理的信息量有限,一般是一种定性不定量的决策。经验决策是一种传统的决策方式,是人类智慧的沿袭与传承,因此并没有随着科学决策方式的诞生而消失，在当今时代依然存在，依然在决策活动中发挥着其独特的魅力。经验决策方式虽然有时也会产生正确的决策结果，但是它有很大的局限性。依靠个人有限的经验、智慧，难以做出精确的分析判断，个人的主观随意性很大，容易受到个人视野、学识、素质、阅历等因素的限制，因此经验决策很难经得起科学规则的检验。经验决策向科学决策的转变，是人类文明的重大进步。

4.2　装备维修决策的过程

现代的科学决策与传统的经验决策有一个显著的区别就是把决策作为一个从发现问题、分析问题到解决问题的过程来看待，而不是一个以决策者的经验为基础的直感判断的瞬时过程。从认识论上考察，决策过程就是一个主观反映客观的动态认识过程，是从实践中获得规律性认识并形成概念，再从抽象到具体形成决策以付诸实践的过程。西蒙认为决策是一个动态过程，有其合理的步骤和程序，装备维修决策也应符合这一基本要求。

在20世纪60年代以前，西蒙认为决策是指从选择目标到做出决定为止的一个过程，分三个阶段：(1) 信息活动，诊断问题所在，确定决策目标；(2) 设计活动，探索和拟订各种可能的备选方案；(3) 抉择活动，通过比较、分析和评价从多种备选方案中选出最优方案。但是，决策做出后还得贯彻执行，所以到20世纪70年代，西蒙又把实施活动作为决策的第四阶段，形成完整的决策过程，如图4-1所示。

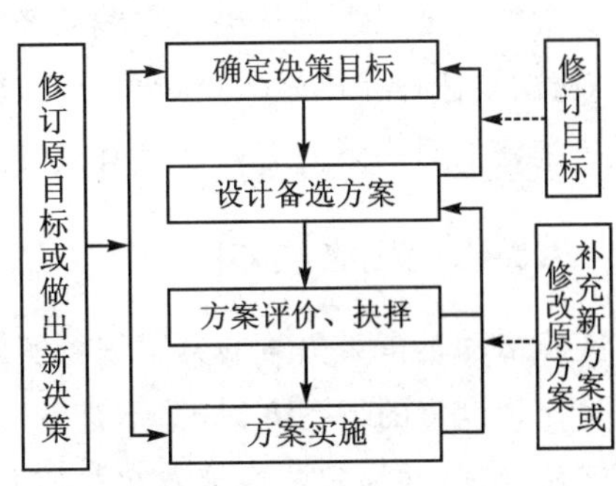

图4-1　西蒙的决策过程

根据决策的一般过程，装备维修决策应是以下几个过程的有机整体。

4.2.1　信息活动

信息活动主要是收集整理足够的、准确的信息，解决做什么的问题，是审时度势、选择决策主题、确定决策目标、把握决策时机的阶段，其关键是确定决策目标，因为，确定目标是揭示问题本质、切中问题要害的体现形式，是决策的前提。要使决策目标科学、有效，必须借助信息管理系统做好问题的诊断。问题诊断是否正确，取决于三个因素：指导思想正确与否，即所谓的立场、观点和方法；基本信息是否可靠、准确、及时；是否掌握诊断与分析问题的一些科学方法。

4.2.2 设计活动

设计活动是决策者发掘、构想和分析多种可行的相互替代的活动方案，寻求多种途径解决问题的过程。设计活动强调多方案，如果面临的仅仅是一种方案，则无所谓决策。决策者希望得到的不仅是正确的方案，而且还应该是好的、高效高质的方案，但这只有在对不同方案对比分析中才能做到。设计方案应尽量达到：备选方案尽可能全面，每个备选方案的内容应尽可能具体细致，最后供决策者选择的可行方案不能太多，一般应控制在3～5个。

4.2.3 抉择活动

抉择活动是根据已确定的决策准则和决策标准，对各种行动方案进行比较、评估和选择的过程。在分析评价多种备选方案的后果并做出评价判断后，选出一个最优方案。在方案抉择时，由于影响决策后果的因素很多，应该加以全面考虑，尤其是对影响决策的关键因素。从决策实践的经验教训来看，在装备维修决策中存在着重效率轻效益、重任务完成轻质量效果等不良倾向，影响了决策质量。因此在抉择活动中进行决策评估对决策的有效性具有重要意义。

4.2.4 实施活动

实施活动是指对决策的方案进行实施、跟踪和学习等活动。实践表明，一旦抉择出一个比较满意的行动方案，并不是下达一个通知或指示就能顺利进行，还需要具体制定实施计划，并为实施决策方案在各方面创造条件。同时还须对方案的实施进行跟踪，及时总结、回顾和比较方案实施结果，并将评估结果反馈给前面几个过程，形成一个螺旋式上升的闭环。

4.3 装备维修决策的方法

在漫长的决策研究与实践中，已经积累了许多有益的管理决策技术与方法，一般可分为定性决策方法和定量决策方法两类。在此，仅介绍几种比较符合装备维修管理决策实际的技术与方法。

4.3.1 装备维修的定性决策方法

定性决策方法是一种运用社会科学原理，并根据决策者的经验和判断能力，求解决策问题的方法。定性决策方法有许多，如专家群体决策法、列名群体决策法、头脑风暴法等。

1. 头脑风暴法

头脑风暴法(BrainStorming),是一种通过小组会议形式,使每位与会成员畅所欲言,鼓励大家大胆提出新思想、新观点、新方法,并使大家讨论、争鸣和交流,以便相互启发,从而使与会成员产生出更多更好的主意和想法。

2. 幕景分析法

幕景分析法(Scenarios Analysis),是一种能在风险分析中帮助辨识引起风险的关键因素及其影响程度的方法。幕景是指对一个决策对象未来的某种状态的描述,包括图表、曲线或数据等。

3. 列名群体决策法

列名群体决策法,是针对某一决策问题,召集一定数量的专家进行面对面的讨论,鼓励大家大胆提出各种意见建议,强调对每一种意见给予充分重视,参与讨论的每个成员都具有均等的发言机会。

4. 德尔菲法

德尔菲是 Delphi 的中文译名。它原是古希腊的一处遗址,即传说中神谕灵验并可预卜未来的阿波罗神殿所在地。后人借用德尔菲来比喻高超的预测决策能力。

20 世纪 50 年代,美国兰德公司与道格拉斯公司合作,研究一种如何通过有控制的反馈更为可靠地收集专家意见的方法时,以“德尔菲”为代号,德尔菲法由此而诞生。其实质是采用函询调查,请有关领域的专家对决策对象分别提出意见,然后将他们所提的意见予以综合、整理和归纳,匿名反馈给各位专家,再次征询意见,随后再加以综合和反馈。如此多次循环,最终得到一个一致的并且可靠性较高的意见。德尔菲法是一种以定性为主的决策方法,这种方法可用于装备维修发展战略、装备维修技术创新等问题研究。

4.3.2 装备维修的定量决策方法

1. 决策树法

决策树是决策过程的一种有序的概率的图解表示,它把几项可选方案及有关随机因素有序表示出来形成一个树形。决策者根据决策树所构造出来的决策过程的有序图示,不仅能统观决策过程的全局,而且能在此基础上对决策过程进行合理分析、计算和比较,从而做出正确的决策。整个决策树由决策节点、方案分支、状态节点、概率分支和结果点五个要素组成,如图 4-2 所示。

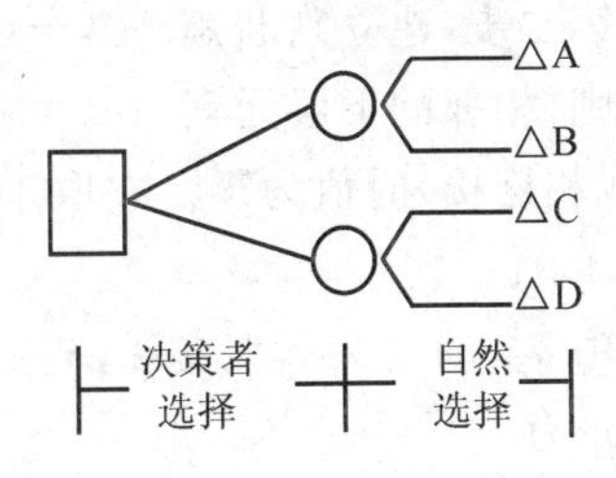

图 4-2　决策树示意图

图中“□”表示决策节点,从它这里引出的分支叫方案分支,分支数量与方案数量相同,决策节点表明从它引出的方案要进行分析和决策,在分支上要注明方案名称;“○”表示状态节点,也称之为机会节点,从它引出的分支叫状态分支或概率分支,在每一分支上要注明自然状态名称及其出现的主观概率;“△”表示结果节点,将不同方案在各种自然状态下所取得的结果(如收益值)标注在结果节点的右端。

2. 层次分析法

层次分析法(AHP,The Analytic Hierarchy Process)是美国运筹学家 T. L. Saaty 教授在 20 世纪 70 年代提出来的,它是将半定性、半定量的问题转化为定量计算的一种有效方法。这种方法首先把复杂的决策系统层次化,然后通过逐层比较各种关联因素的重要性程度建立模型判断矩阵,并通过一套定量计算方法为决策提供依据。层次分析法特别适用于那些难以完全定量化的复杂决策问题,它在资源分配、政策分析选优排序等领域有着广泛的应用,是一种典型的定性与定量分析相结合的方法。下面介绍其基本思路。

AHP 法的思路为:分解→判断→综合,具体步骤如下:

第一步,确立系统指标和层次结构。一般来说,决策的层次结构如图 4-3 所示。由于这种层次结构同层次要素之间相互独立,上层要素对下层要素具有支配的(包含)关系,或下层对上层有贡献关系,即下层对上层无支配关系,或上层对下层无贡献关系,也被称为递阶层次结构。

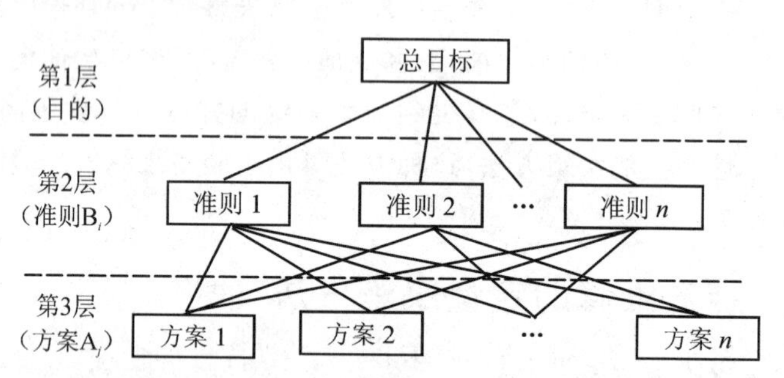

图 4-3 AHP 法的系统层次结构示意图

第二步,建立判断矩阵 $\mathbf{A}=(a_{ij})_{k\times k}$($k=1,\cdots,m$ 或 n)。a_{ij} 表示以上层元素 B_i 作准则,相邻的下层元素 $A_1,A_2,\cdots,A_k$ 间的两两比较的重要(优秀)程度,当不相关(无线相连接)时值为零。它取 1~9 和 1/2,1/3,1/4,…,1/9 共 17 个值,表示的含义见表 4-1。

由 a_{ij} 的定义不难发现,$\mathbf{A}$ 是一个正互反矩阵,最多作 $k(k-1)/2$ 次判断就得到了 $\mathbf{A}$。有

$$a_{ij}a_{jk}=a_{ik} \tag{4-1}$$

当矩阵 $\mathbf{A}$ 的所有元素都满足式(4-1)时,$\mathbf{A}$ 称为一致性矩阵。

表4-1 a_{ij} 的含义

a_{ij} 的值	a_{ij} 的含义(以 B_i 作准则)
1	A_i 和 A_j 同等重要(优秀)
3	A_i 比 A_j 稍微好(重要)一点
5	A_i 比较明显地优于 A_j
7	A_i 明显地优于 A_j
9	A_i 绝对优于 A_j

注:2,4,6,8为相邻判断的中值,$a_{ij}=1/a_{ji}$,$a_{ii}=1$。

AHP法的问题在于,人的判断往往存在失误,从而破坏了A元素的传递性,从而降低了决策结论的可信度。因此,研究**A**的一致性与AHP法结论的关系是AHP法的前沿热点之一。

第三步,计算准则 B_i 时元素 $A_1, A_2, \cdots, A_k$ 的优劣排序(即权重)。当**A**具有一致性(也可通过一致性检验,**A**的一致性满足)时,**A**的最大特征根 λ_{max} 对应的特征向量 $\boldsymbol{\omega}$ 经标准化后就是所求的 $A_1, A_2, \cdots, A_k$ 的优劣排序(限于篇幅,证明和一致性检验问题从略)。

第四步,得到各相邻层所有准则对相应下层的权重后,最后一步是计算方案层对总目标的权重,由上至下逐层进行,以得到最后的各方案对总目标的排序结果。据此可做决策。

3. 模拟决策法

模拟决策法是指人们为取得对某一客观事物的准确认识,通过建立一个与所需要研究的实际系统的结构、功能相类似的模型,即同态模型,然后运行这一模型,并对各种不同条件下的模拟运行结果进行评价分析和选优,从而为领导者决策提供依据。模拟决策法的优点主要体现在以下几点:

第一,对于某些复杂庞大的实际系统,往往找不到有效的分析方法。实地测试与研究不仅费用大,耗费时间多,而且有时还完全无法进行。模拟决策法能够弥补这一缺陷。

第二,模拟决策法本身带有实验性质,容许出现错漏或失误,因而能够打消人们的顾虑,在模拟中对事物发展的各种可能趋势进行大胆的实验和探索。然后进行比较和分析,找出较为切实可行的方案,以指导现实的决策活动。

第三,模拟决策法可以避免对实际系统进行破坏性或危险性的实验。

第四,模拟决策法所费的时间较短,可以加快决策的进程。

当然,模型决策法也有其局限性,模型要提供的是了解而不是数字。模型只能指出一定决策的一般性后果,但不能代替决策,模型的主要目的是帮助决策者清楚地看到事物的全貌。

4. 灰色预测法

所谓预测，就是根据客观事物的过去和现在的发展规律，借助于科学的方法和先进的计算手段，对其未来的发展趋势和状况进行描述和分析，并形成科学的假设和判断。对于一个未出现的、没有诞生的未来系统，必须是既有已知信息，又有未知或未确知的信息，且处于连续变化的动态之中。所以说，“预测未来”本质上是个灰色问题。

基于灰色动态GM模型的预测，称为灰色预测。它不仅是指系统中含有灰元、灰数的预测，而更重要的是指从灰色系统理论的建模思想出发，所获得的关于预测的概念、观点和方法。灰色系统建立的GM(n,h)模型，是微分方程的时间连续函数模型，其中的n表示微分方程的阶数，h表示变量的个数。它可以揭示和描述事物发展的连续的动态过程的本质特征。而动态是世界上万事万物的基本特征，也是包括维修系统在内的社会、经济、军事系统的基本特征。因此灰色预测对装备维修决策具有重要的价值。

灰色预测模型通常取GM(n,1)模型，其微分方程为

$$\frac{\mathrm{d}^{(n)}x^{(1)}}{\mathrm{d}t^{n}}+a_1\frac{\mathrm{d}^{(n-1)}x^{(1)}}{\mathrm{d}t^{n-1}}+\cdots+a_{n-1}\frac{\mathrm{d}x^{(1)}}{\mathrm{d}t}+a_n x^{(1)}=u \tag{4-2}$$

式中：系数$a_1,\cdots,a_{n-1},a_n,u$可通过最小二乘法求出。用得最多的是GM(1,1)模型。由于灰色预测具有需要数据量较少，计算简便，适用范围广，精度高等特点，自从该方法问世以来，就引起了人们越来越多的关注和探索。加强该方法在装备维修领域里的应用研究，必将对促进装备维修决策科学化的深入发展产生积极的作用。

4.4 装备维修策略的决策分析

装备维修决策涉及多方面的问题，但从其本质和目的来看，就是在保证装备安全性可靠性的前提条件下，对装备维修需求和资源进行综合权衡，确定和调整维修的内容、任务和计划，合理配置装备维修资源力量，实现及时、有效和经济的维修，因此，维修策略的决策分析是装备维修决策的核心。

4.4.1 维修策略的含义

维修策略(Maintenance Strategy or Maintenance Policy)，是指针对装备技术状态而制定的维修方针，包括决策依据、维修措施及执行时机等。

1. 决策依据

决策依据是指用于评估装备技术状态情况的依据，主要包括寿命、状态和故障。

寿命：装备统计寿命即可靠性寿命，一般用累计疲劳时间(飞行小时、起落次数等)或日历时间来描述。

状态：装备实际运行状态，一般用观察状态即装备运行时的各种“二次效应”，如

振动信号、磨损颗粒、性能参数和功能参数等来描述。

故障：是对系统发生故障后的描述，如使用问题报告、故障检测报告、停机现象等。

2. 维修措施或维修工作

维修措施或维修工作是执行维修决策和达到预期效果的手段。维修措施一般包括润滑保养、一般检查、详细功能检查、修理、更换和改进设计等多种类型。预期效果是装备功能、性能、可靠性的保持或恢复的程度及水平，主要有以下 3 种。

（1）基本维修或最小维修：装备修复后瞬间的故障率与故障前瞬间的故障率相同（其故障率以 λ_2 表示）。

（2）完全维修：装备修复后瞬间的故障率与新装备刚投入使用时的故障率相同，即修复如新（故障率以初始故障率 λ_3 表示）。

（3）中度维修：装备修复后瞬间的效果介于基本维修和完全维修之间（故障率以 λ_0 表示）。

除此之外，还有改进性维修（改进后功能得到增加或性能得到增强，故障率以 λ_4 表示）和不良维修（如更换后增加了早期故障率、维修差错导致故障率增加等情况，故障率以 λ_1 表示）等预期效果。

不同维修预期效果与故障率之间的关系可表示为：$\lambda_1 > \lambda_2 > \lambda_0 > \lambda_3 > \lambda_4$，如图 4-4 所示。

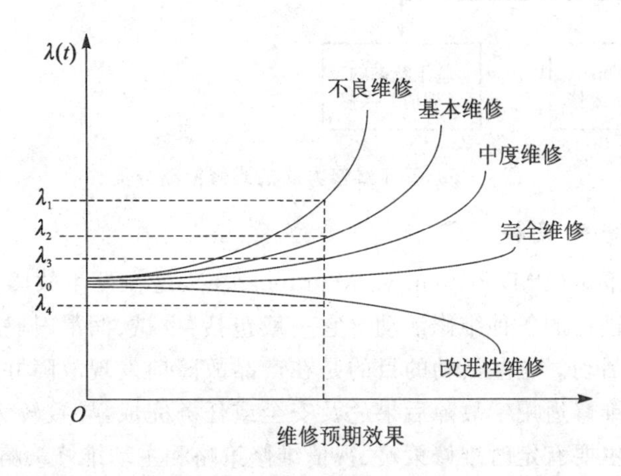

图 4-4　不同维修预期效果对故障率 λ 的影响

3. 执行时机或计划

执行时机或计划包括维修间隔或周期的安排、检查间隔和周期的安排等。民用飞机各种级别的维修检查周期一般为，日检：24 h；A 检：500 飞行小时；多重 A 检：N500（N 代表次数）飞行小时；C 检：4 000 飞行小时，或 4 000 循环数，或 18 个月。

有效的维修策略可以减少装备使用过程中的停机次数和降低维修成本。维修策略优化的目标是提高装备可靠性、预防故障的发生和降低劣化带来的维修费用，即尽可能以最低的维修费用，保持或恢复装备到最合适的可靠性、可用度和安全性能。

综合来看,维修策略可表述为:对何种事件(如失效、超时)需要何种维修工作类型(修理检查、更换等)的完整描述,既可以在设计阶段使用,也可以在使用阶段使用。

多数维修策略的理论优化问题可采用运筹学模型来考虑。当前,随着维修重要性的提高,优化维修策略具有提高装备可靠性、降低故障率和维修成本的作用,日益受到重视,促进了优化维修策略思想的发展,推动了维修策略的应用。

4.4.2 基本维修策略

目前,有许多学者在研究维修策略,每年都有几百篇关于维修策略理论和实践的论文在科技期刊、会议论文集和技术报告中发表。图 4-5 是瑞士标准 SS-EN 13306(2001)中关于维修策略的一个简单分类。

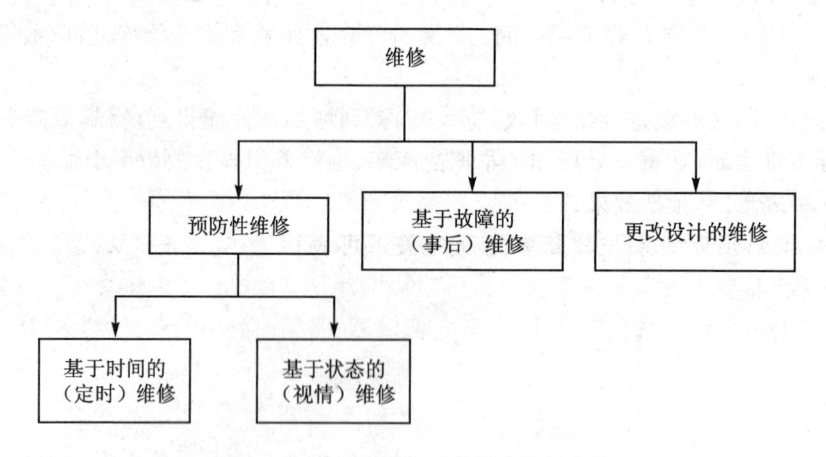

图 4-5 基于维修方式的维修策略分类

1. 预防性维修策略

预防性维修策略(PM,Preventive Maintenance),是在发生故障之前,使装备保持在规定状态所进行的各种维修活动。它一般包括:擦拭、润滑、调整、检查、定期拆修和定期更换等活动。这些活动的目的是在产品故障前发现故障并采取措施,防患于未然。预防性维修适用于故障后果危及安全或任务完成,导致较大经济损失的情况。预防性维修主要有定时维修策略、视情维修策略和主动维修策略。

(1) 定时维修策略(PM,Predetermined Maintenance;HT, Hard Time Maintenance;TBM, Time Based Maintenance):是在对装备故障规律充分认识的基础上,根据规定的间隔期、固定的累计工作时间(如飞行小时)或里程,按事先安排的时间计划进行的维修,而不管装备当时的状态如何。如不需要特别加以区别时,本书把这类策略统称为定时维修策略(TBM)。定时维修策略的条件是装备的寿命分布规律已知且确有耗损期,装备的故障与使用时间有明确的关系,装备(系统)中大部分零部件能工作到预期的时间。对于故障是随机发生的部件,采用 TBM 改进部件性能是无效的。TBM 的优缺点见表 4-2。

表4-2 TBM的优缺点

优点	缺点
·定时进行维修,有利于保持部件安全和产品性能。 ·能提前安排维修需要的材料和人员,从而减少了非计划维修产生的维修成本。 ·减少了二次损伤,从而减少了维修成本	·定时进行维修,维修活动增多,导致成本提高。 ·TBM可能会引起不必要的维修,带来成本提高。 ·TBM可能会损坏相邻部件

广义的视情维修策略包括基于状态的维修(CBM, Condition Based Maintenance)、基于探测的维修(DBM,Detection Based Maintenance)和基于故障发现的维修(FF,Failure-Finding)。

CBM是采用一定的状态监测技术(振动技术、滑油技术、孔探技术等)对装备可能发生功能故障的各种物理信息进行周期性检测、分析、诊断,据此推断其状态,并根据状态发展情况安排预防性维修。视情维修的检查计划是基于状态而安排的动态时间间隔或周期,适用于耗损故障初期有明显劣化征候的装备,并要求有适合的监测技术手段和标准。基于状态的维修关键是对装备实际运行状态的把握,只有加强对故障机理和劣化征候及信息特征的研究,完善检测手段,才能做好这项工作。一些学者认为,CBM有别于OCM,CBM更强调对装备状态实时或接近实时的评估监控。CBM的优缺点如表4-3所列。

在视情维修策略中,有一种是依靠人对设备状态的感觉进行的维修。熟练工程师,在许多情况下,能通过人的感官(看、听、摸和闻)发现一些不正常的情况。通过人的感官进行状态监控并根据监控的结果进行的维修称为基于探测的维修。DBM的优缺点如表4-4所列。

表4-3 CBM的优缺点

优点	缺点
·能提前安排维修需要的材料和人员,从而减少了非计划维修产生的维修成本。 ·最大化设备的可用性,减少了停工时间。减少了二次损伤,在严重损伤发生前,停止设备工作,降低了维修成本	·针对监控、温度记录和油液分析等检测技术需要专门的设备和人员培训,费用高。 ·趋势的形成需要一段时间,需要评估机器(设备)的状态

表4-4 DBM的优缺点

优点	缺点
·最大化设备的可用性,减少了二次损伤。在严重损伤发生前,停止设备工作。 ·人是多才多艺的,能探测到种类繁多的故障状态,经济效益非常高。 ·能提前安排维修需要的材料和人员,从而减少了非计划维修产生的维修成本	·到可以用人的感官来探测大多数故障时,故障的劣化过程已相当长了。 ·要求操作员具有相当的经验。 ·过程是主观的,很难制定精确的探测标准

故障发现 Failure-Finding 策略也是一类特殊的视情维修策略。当某功能故障单独发生,系统状态正常时,故障本身对操作人员而言是不明显的,该故障就是隐蔽功能故障。绝大多数隐蔽功能都来自不具有自动防止故障能力的保护装置。隐蔽故障的唯一后果是增加了发生多重故障的风险。预防隐蔽故障的主要目的是防止多重故障或至少降低相关多重故障的风险。避免多重故障的一种方法是设法预防隐蔽功能的故障。如果不能找到一种合适的预防隐蔽功能故障的方法,通过定期检查隐蔽功能是否仍起作用可降低多重故障的风险度,这种定期检查隐蔽功能是否仍起作用的策略即故障发现维修策略。

故障发现维修策略本质上也是 CBM 策略。普通的 CBM 策略是通过检查或监测设备正常工作时的运行状态信息来确定设备的完好性,设备一直在执行特定任务或功能。故障发现维修策略则是通过检查或测试设备的预定功能是否仍起作用来确定设备的状态,设备常规状态往往并没有工作,一般是处在等待或备份状态下的。故障发现可以看作一种特殊的 CBM。故障发现策略的优缺点如表 4-5 所列。

表 4-5 故障发现策略的优缺点

优 点	缺 点
· 使用有效的 Failure-Finding 可以防止多重故障或降低其风险。 · 适用于包括非故障自动防护的保护装置	· 间隔过小,会增加成本;间隔过大,会增加发生多重故障的风险

(2) 主动维修策略(PM, Proactive Maintenance):对导致装备产生故障的根源性因素,如油液污染度增高、润滑介质理化性能退化以及环境温度变化等进行识别,主动采取事前的维修措施将这些诱发故障的因素控制在一个合理的强度或水平以内,以防止诱发装备进一步的故障或失效。这是从源头切断故障的维修策略,以达到减少或者从根本上避免故障发生的目的。一般的维修策略只能消除产品表面上的异常现象,而没有注意到装备内部的隐患性故障及根源。主动维修策略着重监测和控制可能导致装备材料损坏的根源,主动消除产生故障的根源,达到预防故障或失效发生并延长装备寿命的目的。

2. 事后维修策略

事后维修策略(CM,Corrective Maintenance),或称基于失效的维修(FBM,Failure Based Maintenance)策略,是不在故障前采取预防性的措施,而是等到装备发生故障或遇到损坏后,再采取措施使其恢复到规定技术状态所进行的维修活动,这些措施包括下述一个或全部活动:故障定位、故障隔离、分解、更换、再装、调校、检验以及修复损坏件等。正确地使用 FBM 是有效的。例如,对于不重要的低成本设备,它们的故障是可以接受的(从技术和经济观点),或者设备没有其他合适的策略,那么采用 FBM 是有效的;如果故障率是常数,和(或)低的故障成本,那么 FBM 是个好的策略,因为在这些情况下,最好的维修就是不做维修。FBM 的优缺点如表 4-6

所列。

表4-6　FBM的优缺点

优　点	缺　点
· 适用于不重要、价格低廉、维修成本低或者故障率是常数的设备。 · 不做预防性维修，降低了维修成本	· 因为故障/失效无法预测，停工可能会造成生产损失；需要大批的备件。如果让设备继续工作，就需要设备具有冗余设计；为了能使设备尽快投入使用，需要一个大的备用维修组。 · 一个部件的失效可能会引起其他部件的二次损伤，造成更长的修理时间

3. 改进性维修策略

改进性维修策略(IM, Improvement or Modification)或基于设计的维修(DOM, Design-Out Maintenance)是通过重新设计，改进性维修策略从根本上使维修更容易甚至消除维修的策略。它是利用完成装备维修任务的时机，对其进行经过批准的改进或改装，以消除装备的使用性和安全性方面的缺陷，提高使用性能，改进可靠性、维修性；或者使之适合某一持续特定的用途。DOM实际上已经不是维修的概念了，可以认为是维修工作的扩展，实质是修改产品的设计。结合维修进行改进，一般属于基地级维修(制造厂或修理厂)的职责范围。现代民用航空器，在投入使用之后的全寿命周期内，改进性维修策略是制造商和飞机用户经常使用的维修策略之一。DOM的优缺点如表4-7所列。

表4-7　DOM的优缺点

优　点	缺　点
· 对经常重复出现的问题能完全解决。 · 在一些情况下，小的设计修改很有效且费用低	· 更改设计费用很高，包括重新设计费，制造部件费和安装设备费，以及可能的生产停止损失费。 · 改进工作可能会干扰设备其他部件必需的日常维修活动，并可能产生意外的问题。 · 对设备改进可能无法消除或缓解所要解决的问题

4.4.3　维修策略的决策分析过程

航空维修策略决策分析框架如图4-6所示。一个完整的维修决策受到如下因素的影响。

1. 维修对象

维修对象对决策的影响包括以下三个方面。

(1) 系统的结构模式：包括单部件系统、多部件系统和复杂大系统，一般来讲系统的结构越复杂，相应的建模和决策难度就越大。

(2) 系统的故障模式：取决于系统是二态(正常/故障)还是多态模式，系统的故障越多,决策就越复杂。

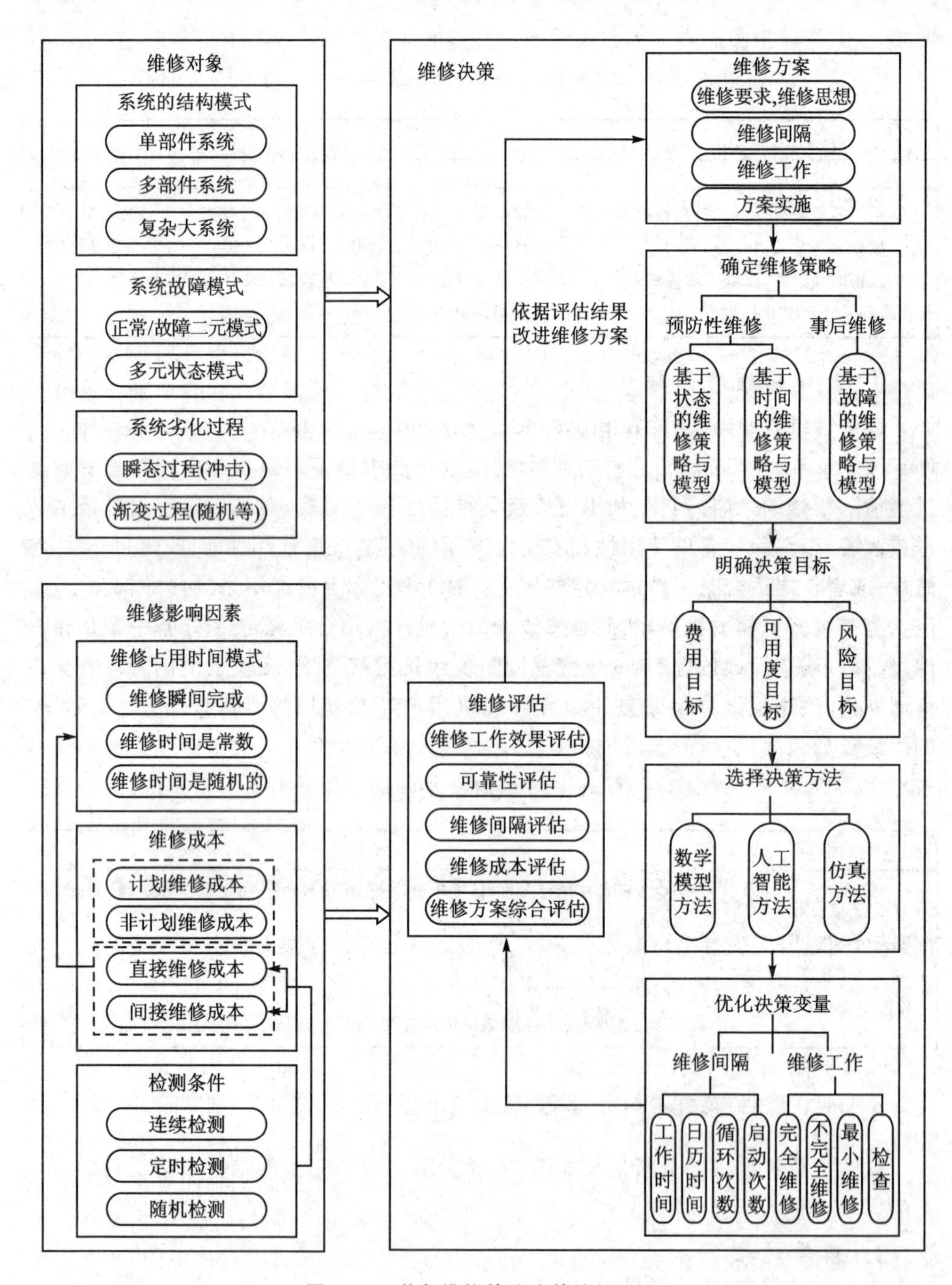

图 4-6 装备维修策略决策分析过程

障越多,决策就越复杂。

(3) 系统的劣化模式:对于普通失效模式可以采用一般的劣化模型来表示(如连续渐变的失效率),而内、外部因素影响运行一般采用冲击模型表示。

2. 维修任务

(1) 维修占用时间模式：维修时间是影响维修成本的重要因素，一般假设维修是瞬间完成的，随着建模技术的不断复杂，决策过程的科学化不断增强，在模型中增强了维修时间是常数和随机的假设。

(2) 维修成本分析：维修成本是影响维修决策的关键因素，直接影响维修决策。

(3) 检测条件：检测过程是与视情维修决策紧密联系起来的，不同的检测条件为维修决策提供的信息量是不同的，直接影响着维修的准确度；值得注意的是，检测条件的改善虽然提高了决策的准确度，但在一定程度上带来了维修成本的增加。

3. 决策目标

不同的维修决策目标对维修决策优化结果有较大的影响，决策目标通常为：停机时间的期望值最短；单位时间内维修费用的期望值最小；系统的可用度期望值最大；可修复件的可靠性与安全性指标或上述单一目标的组合。决策目标主要有以下几种。

(1) 可用度目标：可用度是可用性的概率度量。可用性是指产品在任一随机时刻按使用需求执行任务时，处于可工作或可使用状态的程度。用系统在一段时间内正常工作时间所占的百分比来表示它的可用度。

(2) 费用目标：维修需要消耗材料、备件和人工，以及由误工成本及故障带来的损失，并且如果不及时维修就会发生故障造成更大的损失。根据维修的这些特点，在分析维修费用时需要考虑三个方面的费用：第一是直接维修费用，包括预防维修费用和故障修复费用两类；第二是故障损失费用；第三是由于预防维修或故障而需停机的损失费用。

实际维修中，装备在不同状态下的维修费用是不同的，状态越恶劣维修费用就越高。维修费用与装备状态的关系可以通过比例危险模型、统计方法和专家信息等获得。有时在维修中，当几个有相关性的装备一起维修时，总维修费用会小于各项维修任务分别执行的费用总和。这些都是在计算维修费用时需要考虑的方面。

(3) 风险目标：主要是指将故障的发生概率控制在一定的范围内，提高部件、系统的可靠性，一般都将风险目标作为约束来处理。

4. 决策方法

当前主要的维修决策方法包括数学模型方法、人工智能方法和仿真方法。

5. 决策变量

维修决策变量包括维修间隔、维修措施(或维修工作)和维修等级。间隔可以有不同的表示方法，一般有工作时间、日历时间、循环次数、启动次数等。工作类型主要有：完全维修、不完全维修、最小维修、检查、部件更换、报废。完全维修就是将设备恢复到原始状态，对于可修复系统一般是指通过大修使设备恢复如新；不完全维修是指将设备的性能进行部分恢复，如对设备进行不完全修复工作等；最小维修一般是指在设备出现故障后,为了使设备能快速恢复使用而进行的维修,这种维修不能提高设备的性能,而只是将设备的状态恢复到故障前的状态;检查工作,从狭义的维修工作来讲,检查工作并不属于维修工作的范畴。但随着维修思想的发展,检查也成为一类维修工作,如目视检查、功能检查等。

6. 维修评估

维修评估主要是考虑维修工作效果、可靠性、维修间隔、维修成本的评估和改进维修方案等。

4.4.4 装备维修间隔期的确定

1. 使用检查间隔期的确定

对于有安全性影响和任务性影响的情况来说,可通过所要求的产品平均可用度来确定其使用检查间隔期。假设航空装备的瞬时可用度为 $A(t)$,检查间隔期为 T,则平均可用度为

$$\overline{A}=\frac{1}{T}\int_0^T A(t)\mathrm{d}t \tag{4-3}$$

由于在检查间隔期内不进行修理,故装备瞬时可用度即为可靠度 $R(t)$,式(4-3)变为

$$\overline{A}=\frac{1}{T}\int_0^T R(t)\mathrm{d}t \tag{4-4}$$

若故障时间服从指数分布,故障率为 λ,则由式(4-4)可得

$$\overline{A}=\frac{1}{\lambda T}(1-\mathrm{e}^{-\lambda T}) \tag{4-5}$$

由式(4-5)可知,要求 $\overline{A}$ 越大,则 T 应越短,若某项使用检查工作使 $\overline{A}$ 达到规定的可用性水平时的检查间隔期短得不可行,则认为该工作是无效的,反之则有效。

2. 功能检测间隔期的确定

对于有安全性影响和任务性影响的情况来说,可通过检查次数 n 与潜在故障发展到功能故障($P-F$ 过程)的时间 T_C 的关系确定其间隔期。假设规定的安全性或任务性影响的故障发生概率的可接受值为 F,在 T_C 期间要检查的次数为 n,则有

$$F=(1-P)^n \tag{4-6}$$

$$n=\frac{\lg F}{\lg(1-P)} \tag{4-7}$$

式中:P 为一次检查的故障检出概率。

检查间隔期 T 等于 T_C 除以 n。若 T_C 很短,则该工作就是无效的。

随着以信息技术为核心的高新技术在航空装备中的广泛使用,机载电子设备越来越多,许多电子装备由于受温度、湿度、电压、电流等各种应力的冲击,存在着

参数逐渐漂移的现象,当参数的变化超过规定范围时,将会引起设备功能故障,因此确定电子设备的功能检测间隔期是航空维修间隔期确定的一个重要内容。其基本思路是首先找出参数漂移的变化规律,然后根据设备可靠度要求确定其检测间隔期。

3. 定时拆修(报废)间隔期的确定

定时维修有定时拆修和定时报废两种类型,这两类预防性维修工作都只适用于有耗损期的产品,因此,应当掌握装备的故障规律,特别是掌握进入耗损期前的工作时间。这两类预防性维修工作间隔期的确定方法是相同的,在此仅以定时报废为例进行讨论。定时报废的更换策略包括工龄定时更换和全部定时更换。

定时(期)报废是指产品使用到一定时间后予以报废并进行更换。按所用时间的计时方法不同,定时更换策略可分为工龄定时更换和全部定时更换。

工龄定时更换(Age Replacement),又叫个别定时更换,是指按每个产品的实际使用时间(工龄)进行定时更换,即在装备中的单个产品,在使用过程中即使无故障发生,到了规定的更换工龄也要进行更换;如未到规定工龄发生了故障,则更换新品。无论是预防更换还是故障更换,都要重新记录该产品的工作时间,相当于对计时器清零,下次的预防更换时间,应从这一时刻算起。

全部定时更换又叫成批更换(Block Replacement),是指按装备在给定的时间做成批更换,即在装备的使用过程中,每隔预定的更换间隔时间,就将正在使用的全部同类产品进行更换,即使个别产品在此间隔内发生故障更换过,到达更换时刻时也应一起更换。

(1) 确定安全性影响和任务性影响维修工作类型的间隔期。对于安全性影响和任务性影响的维修工作类型,已在这两类工作的有效性准则中给出:工作的间隔期 T 应短于产品的平均耗损期 $\overline{T}_W$。由于耗损期 T_W 是一个随机变量,如果知道 T_W 的分布,并给出在工作间隔期 T 内过早达到耗损期(即认为发生故障)的概率 F 的可接受水平要求,则可确定 T。

(2) 按任务可靠度要求确定工作间隔期。根据任务可靠度的定义,有

$$R(t+\Delta t\,|\,t)=\frac{R(t+\Delta t)}{R(t)}=\mathrm{e}^{-\int_t^{t+\Delta t}\lambda(t)\mathrm{d}t} \tag{4-8}$$

对于指数分布,有 $R(t+\Delta t\,|\,t)=\mathrm{e}^{-\lambda\Delta t}$,即装备故障特性服从指数分布时,其任务可靠度与任务开始以前所积累的工作时间无关,故不宜作定时维修。对于威布尔分布,$r=0$,$m>1$ 时,有

$$R(t+\Delta t\,|\,t)=\frac{\mathrm{e}^{-\frac{(t+\Delta t)^m}{\eta^m}}}{\mathrm{e}^{-\frac{t^m}{\eta^m}}}=\mathrm{e}^{-\frac{(t+\Delta t)^m-t^m}{\eta^m}} \tag{4-9}$$

(3) 以平均可用度最大为目标确定间隔期。根据工龄更换策略的时序图,在每一更换周期 T 内,平均不能工作时间为

$$\overline{T}_d = R(T)\overline{M}_{pt} + [1 - R(T)\overline{M}_{ct}] \tag{4-10}$$

式中：$\overline{M}_{pt}$ 为定时更换的平均停机时间；$\overline{M}_{ct}$ 为故障更换的平均停机时间；$R(T)$为 T 时刻系统可靠度，即 T 时间内系统不发生故障的概率。

在一个更换间隔期 T 内，平均能工作时间 为 $\overline{T}_u = \int_0^T R(t)\mathrm{d}t$，则稳态可用度 A 为

$$A = \frac{\overline{T}_u}{\overline{T}_u + \overline{T}_d} = \frac{\int_0^T R(t)\mathrm{d}t}{\int_0^T R(t)\mathrm{d}t + R(T)\overline{M}_{pt} + [1 - R(T)]\overline{M}_{ct}} \tag{4-11}$$

为求得最大可用度的最优更换间隔期 T^*，将上式对 T 求导数，令其为零，并做进一步整理。若 $\overline{M}_{ct} > \overline{M}_{pt}$，可得

$$\frac{\overline{M}_{pt}}{\overline{M}_{ct} - \overline{M}_{pt}} = \lambda(T)\int_0^T R(t)\mathrm{d}t - [1 - R(T)] \tag{4-12}$$

按式(4-11)进行迭代，即可求得最优更换间隔期 T^*。

当故障时间服从指数分布时，故障率 λ 为常数，则式(4-12)右边为 $\lambda\int_0^T \mathrm{e}^{-\lambda t}\mathrm{d}t - (1 - \mathrm{e}^{-\lambda t}) = 0$，这时式中含 T 的项消去，无法解出 T 来，且 $\overline{M}_{pt} = 0$。这说明指数分布时，如果希望获得最大可用度，并不需要进行定时更换，而只有当 $\lambda(t)$是时间的增函数时，才可能需要进行定时更换。

复习思考题

1. 阐述决策的概念内涵。
2. 分析科学决策与经验决策的区别。
3. 分析决策的基本过程及其合理性。
4. 阐述航空维修管理决策的主要内容。
5. 现代决策方法有哪些？决策树法的具体内容是什么？
6. 阐述维修策略的概念内涵。
7. 阐述航空维修策略的决策分析过程。
8. 剖析不同维修策略的适用性。

第5章　装备维修计划

计划是管理的主要职能之一，装备维修的各项活动几乎都离不开计划，装备维修计划工作做得是否完善，对于装备维修系统的运行成效影响很大，而且计划工作的质量也集中反映了装备维修管理能力水平的高低。

5.1　装备维修计划的概念内涵

装备维修计划，就是在既定的维修思想、维修方针指导下，针对装备维修的任务，对装备维修客观情况进行调查研究，在总结实践经验的基础上，预测装备维修的发展变化趋势，统筹安排、综合平衡装备维修各方面的工作，择优决策，确定装备维修管理的目标和实现这一目标的行动方案——制定装备维修计划，并依据拟定的计划，科学组织、严格控制装备维修活动，有效地利用装备维修人力、物力和财力等维修资源，取得最佳的维修效果，圆满达成预定的装备维修目标。

5.1.1　装备维修计划的必要性

装备维修计划管理的必要性，取决于装备维修管理职能和装备维修客观实际。

1. 计划是装备维修管理的首要职能

在维修管理的各项职能中，计划先于组织、控制，是组织的依据、管理控制的前提。装备维修计划是装备维修管理活动的起点，也是管理活动的终点——实现管理目标。在装备维修管理活动中，装备维修计划工作具有首位性、综合性、普遍性等显著特征，可以说装备维修管理计划工作的质量水平反映了整个装备维修管理水平。所以，要搞好装备维修管理，首先必须加强装备维修管理计划工作。

2. 计划是装备作战使用的迫切需求

信息化条件下的现代战争，要求装备维修工作必须具有很强的快速反应能力、机动能力、持续保障能力和生存防卫能力。俗话说："凡事预则立，不预则废"，"预"就是事先的计划和准备，计划工作通过周密细致的预测，从而尽可能变各种意外情况为意料之中，做到预有准备。因此，装备维修必须以装备作战使用需求为牵引，从全局出发，周密分析装备维修保障任务和维修保障能力情况，严密计划装备维修各项工作、各项活动，科学调配维修资源力量，预有应付各种情况的准备，才能在任何复杂、恶劣的条件下应付裕如，快速高效实施装备维修，使最大数量的装备完好可用，确保装备作战使用任务的遂行。

3. 计划是装备维修科学管理的要求

计划可以通过明确管理目标和制定各个层次的计划体系，形成合理，减少浪费，提高效率。装备维修是一个多部门、多层次、多环节的工程技术与管理系统，是一个复杂的大系统，因此必须有统一的目标和周密的计划，以作为各系统、各部门和系统内全体成员的行动纲领和指南，使装备维修系统和谐协调，有效防止各行其是，彼此脱节，保证装备维修系统的可靠、高效、稳定运行。

4. 计划是装备维修精细管理的要求

随着装备智能化、信息化、体系化程度的提高，装备维修的复杂性不断增强，业已成为一种复杂的系统工程活动。在装备维修组织实施过程中，各种维修活动的开展，维修资源的调配，可能会出前后协调不一、联系脱节、沟通不及时等各种矛盾冲突，装备维修管理的计划工作，通过科学的计划工作，使装备维修做到“物有标准、事有流程、管有系统、人有责任”，确保实现装备维修工作流程的协调一致，维修资源调配的有序高效，以最经济的资源消耗，取得最佳的维修效果，以达到优质、高效、低耗的装备维修目标。

5. 计划是装备维修控制的基本要求

装备维修工作在组织实施过程中，由于受到系统内外部各种因素的影响作用，往往会产生偏差，偏离既定的管理目标。因此，装备维修工作在实现维修目标的过程中离不开控制，而计划是控制的基础。如果没有既定的规划、目标和标准作为衡量装备维修工作质量的尺度，就难以对装备维修工作活动的质量效益实施控制，装备维修管理控制中，几乎所有的标准都来自计划。

综上所述，装备维修必须实施全面的计划管理，即全系统、全过程、全员性的计划管理。

(1) 全系统的计划管理，就是装备维修系统要有总体的规划、计划，同时系统内各部门、各层次、各单位都应有相应的计划，做到“以上定下，以下保上”，形成完整的计划管理体系。

(2) 全过程的计划管理，就是计划要有长期的、中期的、短期的，做到“以长定短，以短保长”；就是既要制定好计划，又要组织执行好计划，随时检查计划的落实情况，并根据情况的变化及时修订计划，做到以控制、修订保证计划的执行，以组织执行保证计划目标的实现，形成一个计划、组织、控制全面的计划管理的循环。

(3) 全员性的计划管理，就是要求每位管理人员和维修人员都要关心和参与整个系统和所在单位的计划工作，要围绕保证实现整体目标制定自己工作的计划目标，要按计划办事。如我军的装备维修管理，在加强计划管理方面做过大量的工作，在20世纪50年代，总结了抗美援朝战争中的宝贵经验，制定了战伤率、战损率等一系列指标，推行了工程计算和发动机、飞机的梯次使用计划；20世纪70年代后期，将统筹法引入维修管理，使定期检修工作有了很大改观。进入21世纪，在加强维修计划管理方面有新的进展，确定了十项机务指标，研制开发了维修决策支持系统等，显著提高了装备维修管理计划工作的质量效率。但是，当前装备维修管理计划工作仍然是一个比较薄弱的环节，装备维修管理计划还没有形成完整的科学体系，计划的拟制、审批、执行、检查等机制不够健全，维修计划的预测性、前瞻性还不够科学等，因此，加强装备维修管理计划工作，是装备维修管理面临的一个重要课题。

5.1.2 装备维修计划的任务

装备维修管理计划工作的主要任务是进行维修决策，并将装备维修决策具体化为维修工作计划，保证装备维修目标的实现。

（1）制定装备维修计划。根据装备作战使用任务和维修特点，对装备维修需求进行决策分析，制定装备维修长期规划、年度计划和实施计划。计划应根据装备维修需求以及环境特点来制定，需求不同，环境特点不同，装备维修计划内容的重点也不同，图5-1显示了管理层次与计划内容重点之间的关系。在一般情况下，基层管理主要制定活动的具体计划，强调计划的可操作性。高层管理主要制定具有战略性、方向性的计划，重点突出计划的战略内容。

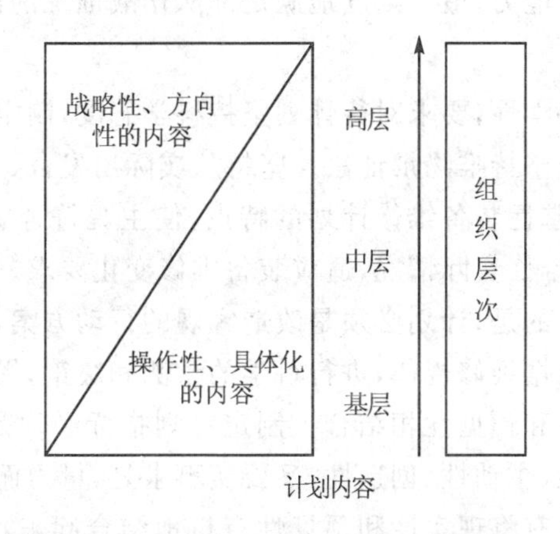

图5-1 管理层次与计划内容的关系

（2）平衡装备维修计划。在装备维修工作中，要做好装备维修计划的全局平衡和整体协调工作，使各部门、各层次、各项维修计划和指标互相衔接，协调发展，保持维修的人力、物力、财力在需要和可能之间的相对平衡，保证装备维修工作有计划地进行。

（3）实施装备维修计划。在装备维修工作中，合理地利用人力、物力和财力等维修资源，科学安排装备维修各个环节的工作，通过执行装备维修计划、检查装备维修计划，促进装备维修各项工作活动顺利进行，以获取最佳的装备维修效果。

5.1.3 装备维修计划的原则

1. 目的性原则

装备维修本身是一个完整的系统，但它又是军兵种、各战区等大系统中的一个子系统。因此，装备维修计划必须树立面向全局的系统观点，服从战区、军兵种建设、国家建设和赢得战争胜利的总目标。

装备维修计划必须服从军兵种、战区和国家的统一计划，严格执行国家和中央军委下达的指令性计划，遵循国家和总部规定的统一政策、统一命令、统一标准和法规制度等。

各级装备维修计划必须相应地与军委、战区和军兵种的总体计划保持一致。装备维修系统内部各层次、各门类计划必须保持一致，下级计划必须保证上级计划的落实。同时，要坚持计划的严肃性，计划一经批准必须严格执行，这既是装备维修系统统一指挥管理的保证，又是装备维修与部队战训任务相适应、协调发展的重要保证。

装备维修计划必须坚持一切为了作战胜利服务的方针，要通过装备维修计划管理来提高装备维修保障能力，最大限度地满足部队作战训练的需要。

2. 科学性原则

装备维修计划的科学性，要求对待计划坚持科学态度，制定计划运用科学方法。

装备维修计划必须坚持唯物辩证法。坚持从实际出发，深入调查研究，尊重装备维修的客观规律，研究掌握装备维修计划的特点，使主观符合客观，装备维修计划要具有现实性，符合装备维修实际情况，适应装备维修变化要求。但是计划不仅是认识客观，反映实际，更主要的是，计划必须是改造客观的行动方案，要体现人们的主观能动性，具有预见性，要依据维修规律，进行科学的预测和决策，提出战略目标。装备维修计划必须坚持现实性和预见性相结合。制定计划指标必须是先进的，既要能调动广大维修人员的积极性、主动性、创造性，又要实事求是、量力而行、留有余地，处理好需要与可能的关系。只有将现实性和预见性有机地结合起来，装备维修计划管理才能为装备维修的发展方向、目标的确定和实现提供科学依据，才能为装备维修活动提供行动纲领和指南。

装备维修计划制定的科学方法，主要包括调查研究、系统分析、科学预测、数学模拟、综合平衡、方案选优等，装备维修计划要在不同的阶段，针对不同的情况，选用不同的适用的科学方法。

3. 群众性原则

装备维修管理的计划工作，必须贯彻群众路线，坚持依靠官兵，这样才能使装备维修计划符合实际，也才能动员官兵去完成计划。制定装备维修计划要在正确体现各级党委、部队首长、维修部门领导的指示、决心、意图的同时，善于集中官兵的经验、智慧，发动和吸收官兵参加计划的讨论和制定，要特别注意听取各方面专家的意见，反复讨论，慎重决策，这样才能保证装备维修计划的先进性、可行性。执行计划目标要层层分解，实行目标管理，采取多种措施调动官兵的积极性。

4. 平衡性原则

装备维修是一个复杂的系统，许多工作紧密相连、互相制约，因此，装备维修计划必须坚持全面安排，搞好综合平衡，保证装备维修各方面工作的和谐、协调。首先，在制定维修计划时，要从总体上对人、财、物、信息、时间等装备维修管理对象进行合理分配、核算，使需要和可能保持平衡，不能留有缺口。要使装备维修系统内各层次、各环节的计划之间，长期、中期、短期计划之间，保持互相衔接和平衡，不能顾此失彼、互相割裂。其次，要在装备维修计划的执行过程中，保持装备维修计划的动态平衡。装备维修计划是一种提前控制。装备维修是动态过程，提前控制存在一定风险。维修计划在执行中，主观与客观脱节、比例关系失调、打破原有平衡的情况难免发生。平衡是相对的，不平衡是绝对的。因此，装备维修计划要不断根据变化了的情况，及时调整、修订计划，保持装备维修计划的动态平衡。

5. 效率与效益兼顾原则

信息化条件下现代战争的随机性、实现性比较强，机不可失，时不再来，因此，装备维修计划必须立足于争取最高的维修效率。没有或不考虑效率的计划等于没有计划。在确保装备维修有效满足装备作战使用任务的前提下，装备维修计划必须立足于争取最高的维修效益，必须树立提高装备维修经济效益的思想。装备维修是非生产性军事活动，很难以货币来精确地衡量其所得，装备维修的经济效益主要看获得相同使用效益时耗费的大小。因此，从制定计划开始，就要充分考虑合理使用维修资源，降低维修费用。计划的节约是最大的节约，计划的浪费是最大的浪费。其次，要制定执行计划中厉行节约的措施，并检查落实。

贯彻效率与效益兼顾原则，要处理好质量安全与效率效益的关系，要在确保质量安全的前提下，讲求效率，兼顾效益。

5.2 装备维修指标

装备维修指标，是指用数量表示的某一时期内装备维修所要达到的目标和水平。一个完整的装备维修指标，通常是由指标名称和数字两个部分组成的。

5.2.1 装备维修指标的作用

装备维修指标对加强装备维修管理有重要作用，主要体现在以下几个方面：

1. 维修指标是实现维修计划的集中表现

制定任何一项维修计划都必须要有确定的目标，而目标的具体化、数量化是通过各项维修指标来体现的。维修计划由一系列维修指标所组成，通过维修指标明确维修保障系统各方面的具体任务和标准。建立维修指标有利于调动各方面的积极性，保证维修目标的实现。

2. 维修指标是反映维修状况和维修水平的明显标志

维修指标以具体的数量表达维修质量、维修效益、维修效率、维修能力、维修水平，为控制和检验维修工作提供了尺度，有利于全面掌握维修活动的情况，进行定性、定量分析，正确指导维修按计划实施。

3. 维修指标是衡量装备性能的主要依据

装备使用中的安全性、可用性、经济性以及战术、技术性能的充分发挥，不仅和维修工作有关，还取决于装备本身。所以维修指标不仅是检验维修工作的尺度，也是考核装备可靠性、维修性、经济性的不可缺少的依据。

4. 维修指标是统一维修统计工作的有力工具

指标是统计的基本要素。只有确定维修指标才能保证各级维修统计内容、控制标准的一致性、统计资料的可比性。只有健全维修指标，才可能建立完善的维修数据收集系统，为研究维修方针、政策的正确性，维修方式的适应性，维修内容设置的合理性，改革维修体制和维修手段，提供可靠的根据。

5.2.2 装备维修指标的要求

装备维修计划指标的范围非常广泛，根据不同的需要可建立不同的指标。为了更好地发挥维修指标在维修管理中的作用，建立完善的装备维修指标体系，制定维修指标一般需要考虑以下要求：

(1) 目标性。制定维修指标，必须紧紧围绕装备维修目标进行，装备维修指标要能反映维修的主要目标，要具有代表性。

(2) 功能性。制定维修指标，必须能反映装备维修系统的输出功能，即要强调装备维修指标的使用价值，根据维修指标能评定装备维修活动的主要方面和主要过程的效果。

(3) 先进性。制定维修指标，必须充分体现现代维修思想、维修方针的要求，促进装备维修质量的提高和装备维修管理的科学化。

(4) 敏感性。制定维修指标，必须能反映装备维修活动的各主要影响、控制因素，即维修指标对影响、控制因素要有较高的灵敏率，如装备固有可靠性、完好率、出动架次率等。

(5) 可测性。制定维修指标，必须具备直接测量性质，必须明确考虑的基点，反映指标测量的范围，测量的标准，统计的时间和计算的方法。

(6) 可操作性。制定维修指标，必须依据装备维修规律，考虑需要与可能等多个方面，如考虑装备可靠性、维修技术条件、备件器材供应保障、大修质量水平等。

(7) 综合性。制定维修指标，必须要考虑装备维修目标应尽可能用单一的主要指标度量，以减少数据收集和修正的工作量。

(8) 系统性。制定维修指标，必须要考虑健全指标体系。装备维修指标体系要能反映维修活动的全貌及其内存规律，即要反映装备维修质量、效率、效益，装备的可靠性、经济性、可用性，战训任务完成情况，安全与事故情况，装备和人员实力情况，维修设施和设备情况，维修人员素质和培训情况等。

装备维修管理指标的选择是相对的，不是绝对的。由于装备维修的复杂性，对于反映某项维修目标的指标，不能要求尽善尽美，只要在同类指标中，较其他指标更能体现装备维修目标的要求，更能反映控制因素，即可选用。

5.2.3 装备维修指标的类别

1. 装备维修指标的分类

由于装备维修的复杂性，装备维修指标种类很多，可按不同方法进行分类。

按反映的范围，装备维修指标可分为总体性指标和局部性指标。总体性指标是反映装备维修综合成效的指标，如完好率、可用度等。局部性指标是反映装备维修具体工作活动成效的指标，如设备故障率、再次出动准备时间等。

按反映的内容，装备维修指标可分为数量指标和质量指标。数量指标是反映维修规模、能力、水平的指标；质量指标是反映装备维修质量和维修管理与维修工作质量的指标。数量指标通常用绝对数表示，质量指标通常用对数或平均数表示。

按使用的性质，装备维修指标可分为计划指标和统计指标。计划指标是预期达到的目标、标准；统计指标是记载实际达到和完成的程度。

按指标体现的维修目的的性质，可分为能力指标、任务指标、效率指标、效益指标等。反映能力的指标有任务成功率、出动架次率等；反映任务的指标有任务成功率、完好率等；反映效率的指标有平均修复时间、机务准备时间等；反映效益的指标有单位飞行小时维修工时、单位飞行小时维修费用等。

从广义上而言，装备维修指标也可分为定性和定量两类指标。

2. 空军航空维修指标

20世纪50年代初期，我军航空维修指标主要有飞机良好率、发动机空地工作时间百分比和飞机出勤率，这些指标主要是用于衡量在队飞机的实力，战训任务的保障情况和控制发动机地面工作时间。1960年，建立了“影响飞行千次率”指标，即增设了质量指标。1979年，空军工程部对飞机良好率、出勤率、千次率航空机务统计指标进行了修改，取消了飞机出勤率，维修指标残缺不全，使维修管理遇到了种种困难。十一届三中全会后，随着装备维修理论研究的深入，确立了以可靠性为中心的维修思想，维修指标管理工作得到全面发展，加强了装备维修管理的组织和管理建设，进一步完善了装备维修指标体系，改进了装备维修统计工具。1980年，在张家口召开第一次机务统计工作现场会，建立维修质量控制室，对在队飞机良好率、飞机可用率、飞行任务保障率、飞机误飞千次率、飞机平均故障率、机务责任事故率、飞机维修工时率、航材消耗率 8 项航空维修指标进行统计。该维修指标体系,不仅有了衡量部队装备实力状况和维修能力、维修质量的指标,而且充实了维修效率、维修效益、维修任务、装备可靠性、装备可用程度、安全与事故等指标,使航空维修在健全指标体系,加强指标管理上迈进了一大步。随着装备维修的进一步发展,为了使维修管理与国际接轨,真实反映装备维修能力,增强装备维修指标的可比性、可操作性,在调查研究和科学论证的基础上,1993 增加了飞机完好率、飞机维修停飞率 2 项维修指标,进一步完善了装备维修指标体系,使装备维修管理工作走向规范化、标准化,促进了维修管理水平的提高。

5.3 装备维修计划的制定

5.3.1 装备维修计划制定的内容

1. 装备维修计划的基本构成

装备维修计划分为年度计划(调整计划)、补充计划和专项计划。其中,年度计划是根据上年装备维修经费指标投入水平预先安排的计划;补充计划是根据当年度装备维修经费增加数额重点解决年度计划之外确需安排的计划;专项计划是根据军委、总部确定的专项任务和所明确的专项经费指标组织安排的计划。根据实际需要,每年在一定时期,根据年度计划和补充计划的执行情况,还将对年度计划进行一次调整(调整计划)。

2. 维修计划编制的基本依据

(1) 上级明确的维修经费指标。

(2) 部队年度战备、训练、执勤任务的基本需要。

(3) 部队现有装备技术状况和维护修理、维修器材、维修经费标准及修理能力。

(4) 经上级核准的装备实力和业务实力。

3. 装备维修计划编制的项目设置

各类装备维修计划,统一按规定的类别、项目及细目拟制,总体上划分为“三大类”,即维修类、管理类、其他类;“九大项”,即装备大修、装备中修、小修维护、维修器材购置、维修设备购置、仓库业务、部门业务、维修改革、其他项目,并在各大项下编报具体细目。

4. 装备维修计划编制的经费范围

按照现行制度规定和目前装备维修实际情况,装备维修管理费的投向主要有三个方面:一是用于装备维修的直接费用,如装备大修、装备中修、小修维护、维修器材购置、维修设备购置等;二是保障维修活动开展的间接费用,如仓库业务、部门业务、维修改革等;三是经上级批准可在装备维修管理费中列项的其他费用。有关装备库房、各类装备车场、维修器材仓库、部队修理工作间和其他维修设施建设，以及有关新组建单位行政开办、装备加改装等所需经费，不属装备维修费开支范围。部队计领标准经费中，不含器材筹措经费，如车辆装备的轮胎、电瓶等，不属于标准经费开支范围。

5.3.2　装备维修计划制定的程序

装备维修计划的制定、实施和控制，是装备维修计划管理的三个基本环节，这三个环节相互联系紧密衔接。

1. 维修计划的制定程序

制定计划是一个复杂的过程，要统筹方方面面、综合种种因素，需要做定性的分析和定量的计算。制定计划的程序是否完善，方法是否科学，对计划的质量有很大的影响。因此制定科学的装备维修计划，不仅需要正确的指导思想，而且要有科学的程序和方法。为了使制定的计划确实体现最优方案，大型复杂的计划一般要运用预测学、决策学、运筹学和计算机等现代科学技术。由于装备维修计划种类不同，程序有所差异，一般程序如图 5－2 所示。

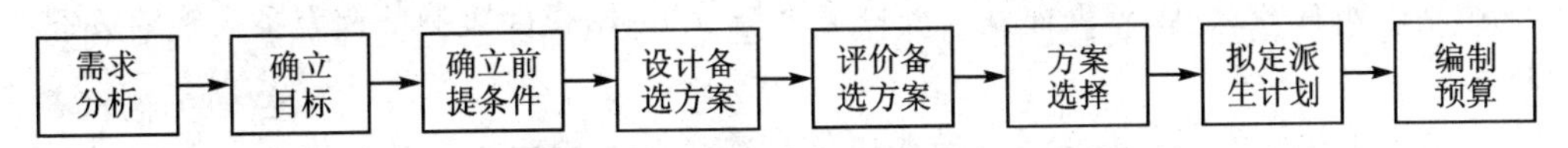

图 5－2　装备维修计划制定流程图

(1) 需求分析。在制定装备维修计划时，维修管理者首先应对装备作战使用需求、装备技术状态、装备资源力量、装备维修环境条件等进行一个扫描和系统的分析，明确装备维修达成预定目标的机会、存在的问题，以及达成维修目标所需的资源和能力要求，真正做到“自知者明”。确切地说，这项工作并非是计划工作的正式过程，它应该在计划过程开始之前就应完成，但这项工作是整个维修计划工作的起点，也是确保维修计划有效性的前提。

(2) 确立目标。目标的选择是计划工作极为关键的内容。制定装备维修计划目标，应深刻领会有关文件和首长指示精神，明确制定装备维修计划的意图、任务和主要内容，从而确立装备维修计划目标。在装备维修计划目标的确立过程中，首先，要关注计划目标的价值，计划确立的目标应与组织的总目标有明确的价值，并与之相一致；其次，要注意目标的内容及其重要度，目标的重要度不同，其配置的资源也是不同的，不同的目标的优先顺序将导致不同的维修工作的项目内容和维修资源分配的先后顺序；第三，要注意计划目标的可测量性，计划目标要有明确的衡量指标，不能模糊不清，目标应尽可能地量化，以便度量和控制。

(3) 确立前提条件。计划目标是装备维修计划确定的预期成果，而确定前提条件则是要确定装备维修计划工作所处的环境条件。计划工作是面向未来的，而未来则具有不确定性，因而必须通过对现实情况的系统分析来预测未来维修计划可能遇到的环境条件,如安全形势、军事战略、社会、科技、经济环境、使命任务等,对这些环境条件因素的预测分析是必不可少的,有的因素是可控的,有的是不可控的,同时还需对这些环境条件进行敏感性分析,对影响维修计划重要度最高的予以高度重视,采取切实有效的措施进行风险管控。

(4) 设计备选方案。由于装备维修对象、维修需求、维修环境等不确定性强,往往会产生许多意料之外的特殊情况,因此,需要集思广益,勇于创新,从多角度、多途径探索并设计多种备选方案,为装备维修计划提供高质量的备选方案。

(5) 评价备选方案。确定了备选方案之后,装备维修计划下一步工作就是根据计划的目标和前提条件,运用多种方法、多种手段,对各种备选方案进行评价。评价备选方案的一个关键是确定评价标准,关于评价标准要注意三个方面的工作:一是价值标准,价值标准主要用于判断备选方案的“好坏”,价值标准的确定,应以能保证最好地实现计划的目标,在同样可以实现计划目标的前提下代价最小,以及计划目标实现的风险、不良后果(副作用)尽可能小等为基准。二是最优标准或满意标准,这类标准用以量化备选方案好的量度问题即评价度。三是评价的全面性,影响装备维修计划的因素很多,对这些因素应该加以全面考虑,尤其是对影响计划目标达成的关键因素,因此,如有必要,应对备选方案进行敏感性分析,以找准影响备选方案实施的关键因素。

(6) 选择备选方案。这是装备维修计划流程的关键一步。这一步的工作是建立在前四项工作基础之上,所选择方案的有效性取决于上述工作的质量。为了保持装备维修计划的灵活性、适用性,选择的结果往往可能是两个或两个以上的方案,并且决定首先采取哪个方案,并将其余方案作为后备方案,以备不时之需。当然,选择的方案也有可能不是备选方案之中的任何一个,而是多个备选方案综合而形成的一个新的方案。

(7) 拟定派生计划。在完成方案选择这一计划流程之后,装备维修计划工作并未结束,还必须对涉及计划内容的下属单位、部门帮助制定支持总计划的派生计划。制定派生计划是装备维修计划有效实施的基础和保证。

(8) 编制预算。装备维修计划流程的最后一步就是编制预算,即将计划转变为预算,使之数字化。装备维修计划数字化后,有利于对计划的汇总分析和各类计划的平衡分析,有助于资源分配,而且,预算也是一种标准,有利于衡量计划完成情况。

完成上述八个计划流程,装备维修计划工作已全部完成,其余的工作就是逐级上报审批并下达执行。

2. 装备维修计划的实施

制定计划,只是装备维修计划工作的开始,更重要、更大量的工作是维修计划的实施,将计划变为现实。实践表明,装备维修计划的实施,并不是下达一个通知或指示就能顺利进行,还需要具体制定实施计划,并为实施装备维修计划创造良好的环境条件。同时还需对装备维修计划的实施进行跟踪,及时总结、回顾和比较计划实施的结果。

贯彻执行装备维修计划的基本要求是保证全面地、均衡地完成计划。全面是指必须按一切主要指标完成计划;均衡是指各部门、各单位都要按时完成计划。为此要做好以下几项工作:

(1) 实行装备维修计划的层级管理。装备维修计划能否实现,不仅要看计划本身是否符合实际,切实可行,而且要有装备维修系统内所有部门、单位的密切协同、相互配合才能实现,因此,要充分发挥各级职能部门的管理作用,这是贯彻执行好装备维修计划的关键。围绕装备维修计划总目标,各级装备维修管理机构都要制定相应的执行计划,逐级细分,越到下面越具体,直至每个维修操作人员的作业计划,使整个装备维修系统形成一个完整的计划管理体系。整个维修计划管理体系像座金字塔,只有层层紧密衔接,基础牢固,塔顶的目标才能实现。

(2) 充分调动官兵的积极性和创造性。官兵是装备维修计划的具体执行者。计划制定得再好也还是纸上的东西,计划能否顺利实现,关键在于能否调动广大官兵的积极性,能否把计划变为官兵的自觉行动,真正成为官兵行动的纲领和目标。为此,装备维修计划确定后要及时同官兵见面,使官兵对装备维修计划做到心中有数,明确奋斗目标。同时要开展有力的政治教育和思想发动工作,把贯彻执行计划同开展立功竞赛活动相结合,把精神激励和必要的物质奖励结合起来,提高官兵的思想觉悟,使其以主人翁的态度完成计划规定的工作任务;还要组织官兵对计划进行认真讨论,制定措施,提出合理化建议,挖掘潜力,层层落实计划。

(3) 执行计划实行目标管理。计划要层层落实,指标就要层层分解。因此,要把计划的执行过程作为各项计划指标分解和具体落实的过程。目标管理就是按各级、各单位、各人担负的任务和职责不同,把装备维修计划的总指标,分解为若干细化的具体指标。这些具体指标,要既能测定维修活动是否按统一计划进行,又能衡量维修活动对实现维修目标的具体效果,然后把这些具体指标逐一落实到各级、各单位和个人,使每个单位和维修人员既有明确的努力目标,又有行动的准则,从而实现目标的自上而下的分级管理,保证维修活动高效进行。

(4) 严密组织,抓好落实。执行维修计划前的各项准备工作,包括制定标准、定额、技术文件、管理规章,维修设备、器材、原材料的筹措,管理和操作人员的培训、编组,这些都要制定措施,抓好各项措施的落实,要定单位、定人员、定项目、定进度,搞好维修的协调统筹工作,强化维修指挥管理系统。

3. 装备维修计划的控制

维修计划的制定和实施是一个动态过程,对这个过程进行科学管理和有效监控,是维修计划顺利实施的基础和重要手段。装备维修计划的控制工作主要围绕计划目标(指标)和计划的中心任务进行,主要内容有:

(1) 各项计划指标的完成情况,包括进度、数量、效率、效益。

(2) 执行计划过程中出现的重大问题和解决方法,执行计划中的经验和教训。

(3) 执行计划过程中贯彻执行有关政策法规、条例规章的情况。

管理检查的方法很多。从检查的时间上分,有日常检查和定期检查;从检查的内容和范围上分,有全面检查和专题检查;从检查的人员分,有上级检查和自身检查,有专职人员检查和官兵检查;从检查的方式分,有利用统计报表检查,召开会议、听取汇报和深入现场直接考察等。这些检查往往是相互结合进行的。检查时要注意以下几点:

(1) 明确标准,既要定性标准,更要有定量标准,这是计划检查的制度。对照规定标准检查执行情况,是最明了、最客观、最有效的一种控制方法。

(2) 及时指导,采取措施,纠正偏差,这是检查计划的目的。既要进行全面检查,也要进行重点检查;既要检查先进的,也要检查落后的;既要进行阶段性检查,又要进行经常性检查。检查中通过比较、评价、分析、发现偏差,及时采取措施加以纠正,若属于未按计划规定办事的,应视情况分别给予批评、指导,若属于客观情况造成的,应同有关单位协调,解决矛盾,若属于计划不周,应迅速反馈修正。任何有效的管理总是随机制宜的,如在执行中发现计划与现实差距太大,应及时进行调整。

(2) 检查计划的执行情况,关键是做好经常性的信息反馈工作,因此要加强原始资料的记录、传递和统计分析工作。

4. 装备维修计划的形式

维修计划的表达方式有以下几种:

(1) 文字形式。拟制综合性维修计划时常采用这种形式,如长期规划、年度计划等。文件计划的格式一般分为三个部分:

① 标题,应写出单位的名称、适用时期、计划内容。

② 正文,一般先写前言,后写计划事项。计划的前言,要简明扼要地说明为什么制定这份计划,制定计划的依据,上级的要求,总的工作任务等。计划事项,是计划完成的任务项目。每一个项目,首先要写明目的,这是这一项计划工作要达到的目标或指标。然后写出要求、步骤、措施、办法,这是指完成这项工作任务需要做哪些具体工作,怎样做,如何完成,以及完成的时限与具体的分工等。概括起来就是,做什么、怎样做、什么时候完成。

③ 计划的末尾,要写明制定计划的单位时间。

(2) 表格形式。一般机关工作或具体维修作业计划多用这种形式。

(3) 统筹图形式。

(4) 文、图、表结合的形式。大型、复杂的计划往往采用这种形式。

5.4 装备维修计划的类别及其内容

装备维修计划的种类很多,从不同角度可以进行不同的分类。如按计划的管理层次分,有军兵种、战区、部队装备维修部门计划,修理厂、所、站等维修机构计划,以及基层维修单位计划；按计划管理的时间分，有长期规划，年度、季度、月份，直至周、日工作计划；按计划的工作范围分，有综合性计划、修理工作计划、维修专业工作计划、维修科研计划、维修训练计划、装备使用与送修计划等。现将几种主要装备维修计划介绍如下。

5.4.1 装备维修长期规划

装备维修长期规划，是一种综合性、纲要性的远景设想，是装备维修工作的战略性计划，为期一般在3年、5年、10年以上，主要是根据军委战略方针以及装备维修工作的实际情况，确定装备维修能力建设、规章制度建设、维修人员队伍建设、维修力量发展设想等各项目标、指标和措施、进度等，适用于军兵种、战区等装备维修管理部门。装备维修长期规划在装备维修计划中占有重要的地位。有了长期规划，就能够较主动地处理装备维修工作发展与科技进步的关系，较好地处理装备维修建设与军队建设的关系，使其适应和满足军队现代化建设和未来战争的需要；可以瞄准长远的奋斗目标，明确实现目标的步骤，用于调动、激励各级装备维修管理部门、维修机构和装备维修系统全体成员的积极性；可以减少装备维修计划的多变性、分散性，保持维修计划的连贯性、统一性，统筹安排各项工作，保证装备维修系统朝着预定的目标高效协调地稳步发展。装备维修长期规划主要包括以下几种规划。

1. 提高装备维修保障能力的规划

根据军事战略目标，周密规划和部署装备维修力量，不断完善装备维修网和战时保障体系的建设；制定战时装备维修保障预案，保证装备维修保障、装备维修训练、装备修理工厂等能迅速从平时转入战时；周密地组织装备的使用、维护、修理，拟定装备送修规划和装（设）备、零备件的订货规划；组织研究装备使用规律，对多发性、危险性故障和重大质量问题，采取针对性的维修和加改装措施，保持和改善装备性能，降低故障率，改革维修手段，搞好推广普及，不断提高维修能力水平和维修效益；努力实现装备维修设备的标准化、系列化和现代化，改善维修设施和维修条件，全面提高维修保障能力。

2. 装备维修训练规划

规定维修训练的目标和指标，维修训练任务和形式，以及完成维修训练任务的措施；改革创新维修训练体制，建立健全维修训练体系结构和法规制度，规划配置维修训练网点、训练设施设备；制定正确的维修训练方针，改革训练内容、训练大纲、教材；广开学路，搞好智力投资，活跃学术交流，加速培养各类人才，不断提高装备维修保障人员能力，改善装备维修人才队伍结构。

3. 装备维修科研规划

科学技术是装备维修保障能力的核心推动力，装备维修科研要走在装备维修工作的前面。装备维修科研应以应用创新研究为主，开发新技术、新工艺和新手段，消化吸收和应用推广国内外先进的科学技术成果;研究维修思想、维修方针的确切性,维修体制的科学性,维修内容的合理性,维修策略的适应性;研究改进装备战术技术性能及其可靠性、维修性、经济性;研究改进装备的检测、监控和维修手段,装备修理工艺技术,装备质量性能的控制、检验、验收的手段和方法;把充分发挥专业科研机构的主导作用和广泛开展群众性技术革新活动有机结合起来,出成果,出人才,不断提高装备维修科研质量效益,推动装备维修由人力密集向科技密集转变,依托科技进步来提高装备维修效能。

4. 装备维修经费使用规划

监督和分析装备的经济性设计;搞好装备订货的审价工作;确定装备修理工厂经济效益指标,搞好经济活动分析和成本核算;掌握器材备件消耗规律,拟定维修经济性措施,保证装备购置、维修经费,以及有关维修训练、科研费用的合理使用,发挥装备维修经费最大的经济效益。

5. 装备维修管理改革创新规划

部署装备维修理论研究,制定正确的工作方针,运用现代管理技术和信息技术,不断提高装备维修管理水平。根据形势发展和任务需要,研究改革装备维修体制编制,修订完善维修法规制度,合理设置维修内容和时机,优化维修方式,建立健全维修信息管理系统,搞好质量控制和质量信息反馈等。

装备维修工作长期规划,可以采取滚动形式,采用近细远粗的方法,边执行边修正,逐期滚动发展,即根据装备维修系统环境变化和短期计划执行情况,不断调整优化。这种方法制定的计划具有较强的适应性和灵活性,是一种弹性计划。

5.4.2 装备维修工作年度计划

装备维修年度计划以长期规划为依据,结合年度实际情况安排本年度维修工作,是长期规划的具体化,如维修任务的安排和组织,维修资源的需求,维修科研和人员培训的安排,维修经费的预算和分配等。

由于长期规划涉及时间长,可变因素多,预测不易准确,规定的任务还比较粗,这就要求根据变化的情况对长期规划进一步调整。通过编制年度计划,能够根据执行长期规划中遇到的新问题,提出的新的需要,发现的新的潜力,对长期规划进行高速以保证维修计划的科学性、稳定性、可行性和有效性。年度计划要详细、具体规定各项工作的任务指标,明确计划的执行单位和责任,提出保证计划完成的具体措施。它起着协调长期规划与具体维修计划的作用,是维修计划管理中承上启下的主要环节,是装备维修工作年度的奋斗目标和行动纲领。部队装备管理部门、基层维修组织机构、单位等应制定年度装备工作计划。

部队装备(保障)部门是装备维修管理的职能部门,直接管理装备维修系统,是上级装备维修管理部门和部队维修单位的结合部。装备(保障)部应必须根据上级装备维修管理部门年度工作计划和作战训练任务,以及上年度装备维修工作情况,制定年度维修工作计划。其主要内容包括装备维修保障能力提升计划、装备送修计划、装备维护保养计划、部队修理计划、质量控制建设计划、保障预案建设、维修训练计划、维修改革计划、维修理论研究计划、维修设备检修校验计划，以及机构建设、行业文化建设计划等。

在制定落实计划的措施时要注意掌握以下几个方面：首先，是从系统全局出发，正确处理不同时期、不同条件下各项维修工作相互间的关系；其次，是抓好重点，装备部要把工作重点放在抓建设性和预见性工作上；第三，是要经常抓好督促、检查、指导和帮助；最后，是要做好装备维修系统内外部（如基层维修管理部门、维修单位之间，装备维修单位与作战、后勤保障单位，以及与其他军兵种相关单位、部门之间）的协同、协调工作。

部队基层装备维修单位（如航空兵部队的机务大队等）也要制定装备维修工作年度计划，要根据年度装备作战使用任务的需要、部队维修能力和装备实力情况，对下一年度的维修工作进行预测，并对各种维修工作进行统筹安排，制定年度维修工作计划。与部队装备（保障）部门的年度维修工作计划相比较，部队基层装备维修单位的年度维修工作计划，其主要内容基本相同，要突出计划指标的具体化和措施的可操作性。

5.4.3 飞机发动机使用和送修计划的制定与实施

1. 飞机发动机使用计划

有计划地使用飞机发动机是保持部队战斗力，保证维修系统各个环节正常运转的重要措施，有利于飞机发动机的定期检修和翻修的合理安排，有利于发动机和其他维修器材的计划供应，避免大量飞机同时停飞，避免定检中队和修理工厂工作一时负担过重，避免打乱航空维修的订货和修理计划，从而使航空兵部队保持持续的战斗力。

(1) 制定飞机发动机使用计划的要求。飞机发动机使用计划，应遵循下列要求：

① 使飞机（机上发动机）使用到规定的翻修时限的平均剩余时间相互保持一定差距，成梯次排列。

② 使飞机（机上发动机）使用到规定的翻修时限的平均剩余时间百分比，不低于40%。

③ 保证在同一时间内因进行定期检修和二级维修而停飞的架数，不超过实有飞机架数的15%。

(2) 制定飞机发动机使用计划的依据：

① 航空维修部门关于飞机发动机使用的意见和安排。

② 战斗训练时期的飞行任务。在制定飞机发动机使用计划时，机务大队必须向上级作训部门了解战斗训练时期的飞行任务，包括全年（或战役期）飞行总时间、每月飞行总时间、各机种飞行时间的比例、起落架次、飞行课目（如白昼、夜航、复杂、打靶、

轰炸等)等。再依据任务飞行总时间确定飞机发动机的总工作时间。此时还要考虑附加的飞行和工作时间,如试飞、拖靶飞行、合练演习和战斗起飞、发动机磨转,看天气、飞机损伤、发动机提前损坏和空地时间折合等。

飞机发动机总工作时间分别用下式计算:

$$T_{飞总}=T_{任}+T_{飞附}=T_{任}+T_{任}\times t_{飞附}=T_{任}(1+t_{飞附}) \tag{5-1}$$

$$\begin{aligned}T_{发总}&=(T_{飞总}+T_{发附})\cdot n=(T_{飞总}+T_{发地}+T_{发损})\cdot n\\&=(T_{飞总}+0.2mT_{飞总}+eT_{飞总})\cdot n\\&=T_{飞总}(1+0.2m+e)\cdot n\end{aligned} \tag{5-2}$$

式中:$T_{飞总}$为预计总飞行时间;$T_{任}$为任务计划的飞机总飞行时间,$T_{任}$=列入计划的飞行员人数×每人飞行指标(时数);$T_{飞附}$为任务计划之外的附加的飞行时间;$t_{飞附}$为飞行时间附加率,是天气、试飞、演习、战斗等飞行时间和任务计划飞行时间的比例,通常参照历年的统计来拟定,一般为5%~10%;$T_{发总}$为预计发动机总工作时间;$T_{发附}$为飞行之外发动机附加工作时间,$T_{发附}=T_{发地}+T_{发损}$;$T_{发地}$为发动机地面工作时间折合成空中时间,$T_{发地}=0.2mT_{飞总}$;0.2为发动机地面时间折合为空中时间的比值;m为发动机空地工作时间百分比,通常参照历年的统计资料来拟定,歼击一般为12%~15%;$T_{发损}$为发动机因制造、维护、使用不当,造成提前更换而损失的寿命,$T_{发损}=eT_{飞总}$;e为发动机提前更换率,通常参照历年的统计资料拟定;n为某型飞机上所装同型发动机台数。

(3) 飞机发动机情况,如飞机、机上发动机翻修剩余时间状况;飞机的质量和良好情况;飞机发动机的规定翻修时限。

(4) 上级批复的年度送修计划和可能补充的情况。

(5) 往年飞机发动机使用和维修的规律性资料。其对制定新计划有重要的参考价值。

(6) 维修保障能力,如维修人员的数量和质量,维修设施、设备条件,维修工时的利用等。制定飞机发动机使用计划时要从实际出发,通盘考虑,预先估计影响飞行任务的各种因素,如跳伞训练、气象条件、维修保障和航材供应等,使计划尽可能符合实际。

2. 制定飞机发动机使用计划的方法

飞机发动机的使用计划一般用梯形图来表示。这种方法简明形象,便于制定和使用。梯形图最好在坐标纸上绘制。下面以一个建制单位同一机种的年度计划为例,说明制定方法。

(1) 画出飞机使用到规定翻修时限的剩余时间(简称翻修剩余时间)梯形线。将所有飞机按其翻修剩余时间由少到多、从左到右逐架排列在坐标图上。图5-3中,横坐标OX表示现有飞机架数(注明机号),纵坐标OY表示飞机的翻修剩余时间。用线段将每架飞机的翻修剩余时间连接起来即为飞机的实际翻修剩余时间梯形线,如图5-3所示。

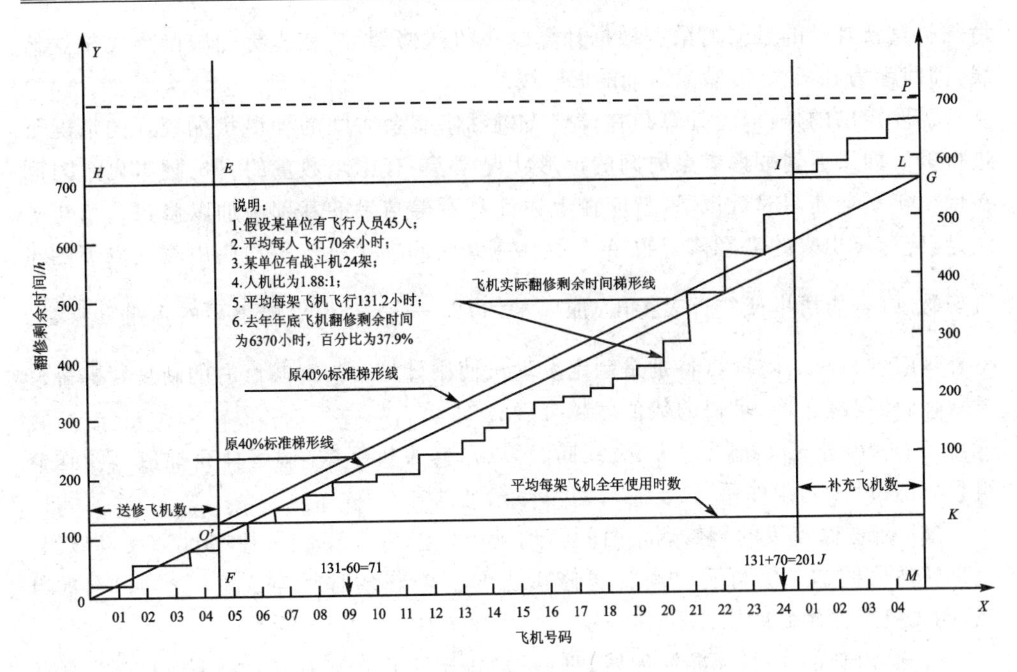

图 5-3 飞机梯次使用图

(2) 画出平均翻修剩余时间 40%的标准梯形线。

① 计算全团平均规定翻修时限的 80%(B)：

$$B=\frac{B_1\times N'+B_2\times N''}{N}\times 80\% \tag{5-3}$$

式中：N 为全团飞机数，N'、N''分别为规定翻修时限 B_1、B_2 的飞机数。例如全团飞机平均的规定翻修时限为 700 小时，80%则为 560 小时。

② 在最后一架飞机对应的翻修剩余时间坐标轴上找到 560 小时的点 G，用直线连接坐标原点 O 和 G 即为平均翻修剩余时间 40%的标准梯形线。用标准梯形线 OG 可以检验飞机使用的现状。

(3) 计算平均每架飞机的全年使用时间 $T_{平均}$，即

$$T_{平均}=\frac{T_{飞总}}{N} \tag{5-4}$$

并在坐标图上画出平均每架飞机全年使用的时间 $O'K$ 线。

(4) 标出在完成全年飞行任务的情况下，保持全团飞机平均翻修剩余时间百分比不低于 40%，全年需送厂翻修的飞机架数 A(如计算结果有小数，则去掉小数，整数增加 1)。

$$A=\frac{T_{飞总}-(C-D\times 40\%)}{B_3} \tag{5-5}$$

式中：C 为全团飞机总的翻修剩余时间；D 为全团飞机总的规定翻修时限；B 为翻修

后飞机重新规定的翻修时限。根据计算的飞机送修架数，在坐标图中画出飞机送修线，即间距为 A 平行于坐标纵轴的 EF 线。

需要指出的是：以上计算是在设想飞机翻修剩余时间的梯形状况较好的情况下进行的。如果遇到翻修剩余时间的梯形状况很差，有相当数量的飞机翻修剩余时间在单机年平均使用时数以下，就应在上述计算所得结果的基础上加以修正。修正方法是，将计算出来的需翻修架数 A 与翻修剩余时间在单机年平均使用时数以下的飞机架数 A（查履历本或统计表得出）加以平均，即 $\frac{A+A'}{2}$，得出修正后的需翻修架数。另外，在进行以上计算时（特别是制定发动机使用计划时），对翻修后的新规定的翻修时限，估计得越正确，求得的数值就越准确。

(5) 画出补充飞机线。从 IJ 线向右，以送修飞机架数（假定补充架数等于送修组数）的长度为间距作平行线 LM，即为补充飞机线。

(6) 将送修飞机的翻修剩余时间移到 IL 线上，在 JM 线上注明送修飞机号码，此时 JM 之间的飞机可飞时间为送修飞机的翻修剩余时间与从工厂接回来（即补充）的飞机新的翻修时限之和。

(7)画出新的 40％标准梯形线。以平均每架飞机全年使用时间线 $O'K$ 为新的横坐标轴，LK 直线为新的飞机翻修剩余时间纵坐标轴。计算出新的飞机平均规定翻修时限及其 80％的数值，分别标注在 LK 上，为 P 点和 G' 点。连接 $O'G'$ 即为新的 40％标准梯形线。

这条斜线有两个作用：一是截取了总的规定翻修时限的 40％，作为翻修剩余时间的储备量；二是作为各架飞机间翻修剩余时间等差距离的标准，以 $O'G'$ 线为基准，翻修剩余时间超量多的飞机就可多使用，超量少的（甚至在 $O'G'$ 线以下的）就应少使用。

40％是规定的飞机发动机平均翻修剩余时间的最低标准。各部队在制定飞机发动机使用计划时，应根据部队飞机发动机的使用现状、任务和送修、补充条件，确定一条适当的“标准”梯形线，使这条梯形线尽量接近理想梯形线，即为总的规定翻修时限的 50％。

(8) 确定每架飞机全年应使用的时间 $T_{i\text{全年}}$，它等于平均每架飞机全年的使用时间 $T_{\text{平均}}$ 和每架飞机翻修剩余时间 C_i 与 40％标准梯形线的距离 S'_i（小时）的和。

$T_{i\text{全年}}=T_{\text{平均}}+S'_i$，翻修剩余时间高于梯形线时 S'_i 为正值，低于梯形线时 S'_i 为负值。如图 5－3 中 09 号机 $T_{9\text{全年}}=131+(-60)=71$（小时），24 号飞机 $T_{24\text{全年}}=131+70=201$（小时）。因为梯形使用计划要求达到工程计算上足够的精确度即可，因此 S'_i 可以直接从梯形图上量出。当然也可用计算的方法求出：

① 求出梯形差 V：

$$V=\frac{B}{N}$$

② 求出梯形图上每架飞机所对应的梯形线的高度 S_i：

$$S_i = VN_i$$

式中：N_i 为每架飞机在横坐标轴上的排列序号。

③ 求出 S'_i：

$$S'_i = C_i - S_i$$

如果飞机使用的梯形情况很差，翻修剩余时间高出或低于标准梯形线很多，要想很快达到标准梯形线是困难的。因此，安排飞机使用计划时不能简单地根据计算出来的时间确定，应同时考虑可能使用的范围，在平均使用时数的 50%～150%之间调整使用，使距标准梯形线较远的飞机逐步缩小距离。但各架飞机全年计划使用时间之和应等于全团全年的飞行时间。

(9) 确定每架飞机每月（第 u 月）应使用的时间 T_{iu} 和送修飞机的送修日期，均衡安排定检等维修工作。

$$T_{iu} = T_{i全年} \times \frac{T_{u总}}{T_{飞总}} \tag{5-6}$$

式中：$T_{u总}$ 为第 u 月全团预计总飞行时间。

确定了需翻修的每月计划使用时间，也就可以推算出飞机送厂的日期。

发动机使用计划的制定方法与飞机相同。

3. 落实飞机发动机使用计划的措施

(1) 提高认识，加强领导。部队首长要亲自抓，装备维修管理部门每半年要检查、讲评一次。机务大队要经常向部队首长汇报飞机发动机计划使用情况，经常向有关人员进行宣传教育，增强计划的严肃性。编制计划应交中队、机组讨论，定稿后报部队首长审批，然后按表 5-1 上报上级装备维修管理部门和作训部门，并下达给各基层单位。月份计划要及时下达到机组，使其明确任务和要求，提高执行计划的自觉性。

(2) 专人负责，及时调整。部队装备维修管理部门和机务大队质控室要有专人负责此项工作，做到年有计划、月（季）有安排、日有核算。机务大队应建立飞机梯形使用显示板，标明上年底翻修剩余时间和本年度计划翻修剩余时间梯形线如图 5-4 所示，每月底及时总结当月飞行时间标出实际梯形线，以便及时调整下月计划。年度计划一般每半年修订一次。

(3) 严格控制，合理分配。除呈报年度使用计划外，机务大队每月底应将下月飞机发动机使用计划及时提供给上级作训部门作为制定飞行计划的依据；关键是要控制好每个飞行日飞行的使用计划，每月飞行飞机的计划安排，一定要由机务大队掌握确定，要适当调整飞机的出动量、差额分配单机任务；重点是要控制好多飞和少飞的飞机，对需多飞的飞机的人员、维修工作及其发动机、器材备件重点保证，对需少飞的飞机可安排预备机、战斗值班或油封；要安排好定期工作计划，及时排除飞机故障，使最大数量飞机处于可用状态。机务大队要每月制定检查工作计划表；当飞机与发动机梯形使用发生矛盾、相差很大时，一般应以飞机为主，调换发动机，多发飞机，应尽可能将翻修剩余时间相近的发动机调在同一架飞机上使用。

表 5-1　××旅××年飞机发动机使用计划表

飞机号码	上年底已使用小时/翻修剩余时间	计划使用小时（或按月份）					实际积累的使用小时(分子)及翻修剩余时间(分母)				需要进行的各项工作			
		全年	一季度	二季度	三季度	四季度	一季度	二季度	三季度	四季度	一季度	二季度	三季度	四季度
16	飞机 $\frac{356}{344}$	110	20	30	35	25	$\frac{376}{324}$	$\frac{406}{294}$	$\frac{441}{259}$	$\frac{466}{234}$	改装	200小时定检	喷漆	
	发动机 $\frac{10}{190}$	120	22	32	39	27	$\frac{32}{168}$	$\frac{64}{130}$	$\frac{103}{97}$	$\frac{130}{70}$				100小时定检

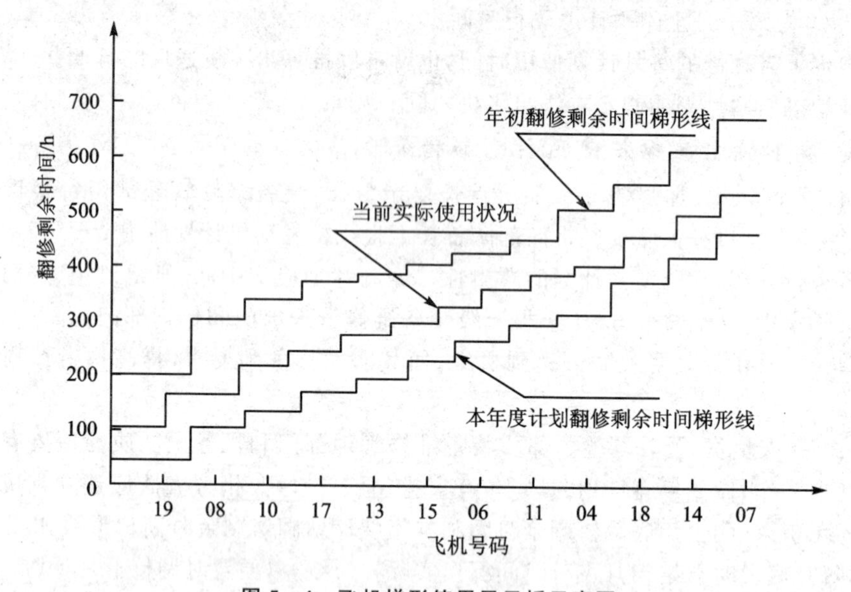

图 5-4　飞机梯形使用显示板示意图

4. 飞机发动机送修计划的审核

战区以上装备维修管理部门批复部队飞机发动机送修计划时必须进行审核。审核的方法主要有转换计算法、送修千时率和送修百分率法，这三种飞机发动机送修计划的计算审核方法都是以梯形使用计划为前提的，对梯形很差的部队在利用这些方法时，应很好地根据实际情况加以修正，否则会产生很大误差。

同时，战区以上装备维修管理部门在审核部队飞机发动机送修计划时，应考虑以下几个方面：一是要照顾重点，对担负任务重（如轮战、改装和训练新飞行员等）和梯形很差、翻修剩余时间百分比很低的部队适当多安排送修；二是要权衡经济性因素，尽量就近送厂，参照运输方式和装载量批复发动机送修数，以节省运费。

当然，装备维修计划还有很多种，上述仅对飞机发动机使用和送修计划进行了分析，还有多种装备维修计划需要制定，其内容虽有区别，但装备维修计划制定的程序、要求大致相同。装备维修计划，还要制定战时装备维修计划。战时装备维修工作，实质上是装备维修在特殊情况下的表现，它是以平均时维修为基础，以日常储备为后盾，在一种复杂的环境、恶劣的条件下完成装备维修任务的，维修计划也具有其特殊性，需具体研究。

5.5　装备维修计划制定的方法

装备维修计划工作效率的高低、质量的好坏，在很大程度上取决于制定维修计划时采用的方法。为保证装备维修计划的有效性，装备维修计划的有关数据、指标和计划的确定，必须采取科学的方法。计划的方法很多，下面简要介绍几种常用的计划方法。

5.5.1　数理统计方法

装备维修计划是根据维修的实际情况而进行预测和决策的。要准确地反映装备维修的实际情况，就必须依靠能够客观地反映装备维修现实的数据，它是制定装备维修计划的原始依据。

首先，要进行数据收集和选择。数据的选择就是从平时积累的数据总体中，根据编制维修计划的需要选择有关数据。选择数据要目的明确、准确可靠、完整及时。其次，要进行数据的整理分析。数据整理就是对收集来的数据进行分类分组、综合汇总，使之条例化、系统化，得出反映维修实际情况的综合资料。

运用数理统计方法对数据样本进行整理分析来推断总的状况，从而揭示包含在数据中的装备维修规律性，常用方法有统计分析法、分层法、主次排列图法、立方图法等。

5.5.2　指标预测方法

装备维修计划所规定的维修工作都是面向未来的，装备维修的各项指标只能作为预测的对象。常用的预测方法有：

1. 定额法

定额法是指依据装备维修的科学技术水平和需求条件，制定有关维修人力、物力和经费等的标准作为维修定额。装备维修中定额的种类很多，如备件供应标准、维修经费标准、原材料消耗标准等。

定额法就是直接根据各种标准来确定维修计划指标的方法。

2. 比较法

比较法是通过分析比较来确定维修计划指标的方法。

一是不同时期的纵向比较,即根据以往各年装备维修的实际情况和装备维修的发展水平进行分析对比,以确定合理的维修计划指标。

二是各部队或同类单位、同类维修项目进行横向比较,从中找出差距,挖掘潜力,确定可行的维修计划指标。

3. 专家预测法

专家预测法是利用专家的经验和智慧,对维修计划指标进行预测的方法。

该法特别适用于缺乏数据资料的有关维修计划指标的确定和装备维修长远发展的计划指标的确定。

5.5.3 分析规划方法

分析规划方法是拟定装备维修计划方案并对各种可行的维修计划方案进行分析、比较、评价、选优时采用的方法。分析规划方法主要有:

1. 分析综合法

分析综合法要求从技术条件是否优化可行,经济上是否节约等方面加以分析、综合和权衡,确定最佳维修计划。在装备维修管理中,对较大范围的经费、物资调整,重要、复杂装备的修理等,都要进行技术、经济等方面的分析论证。

2. 网络技术(统筹法)

网络技术是一种科学的计划管理方法。装备维修计划所涉及的内容,既有先后顺序,又互相关联。运用网络技术,可以把整个计划作为一个系统,根据各个环节间的逻辑关系,对人力、物力、时间、资源等做出合理的安排,保证以最少的资源、最短的时间、最有利的方式为维修管理人员选择最优的计划决策。

5.5.4 滚动计划方法

滚动计划法,是一种定期修改未来计划的方法。随着时代发展,管理环境的复杂性、不确定性越来越强,在制定计划时,计划活动越远,前提条件越难明确,为提高计划的有效性,可以采用滚动计划法。在滚动计划时,往往采用远粗近细的策略,即把近期的详细计划和远期的粗略计划结合起来,在近期计划完成后,再根据执行情况和新的环境变化逐步细化并修正远期计划,其具体实施过程如图 5-5 所示。

由图 5-5 可见,近期详细计划执行完成后,根据执行情况和管理内外部情况因素的变化情况,对原计划进行细化、修正,此后便按照同样的原则逐期滚动,每次修正都向前滚动一个周期时间,这就是所谓的滚动计划法。

滚动计划法的缺点是增加了计划工作的工作量,但其优点是明显的,它推迟了对远期计划的决策,增加了计划的准确性,提高了计划工作的质量,而且也使短、中、长

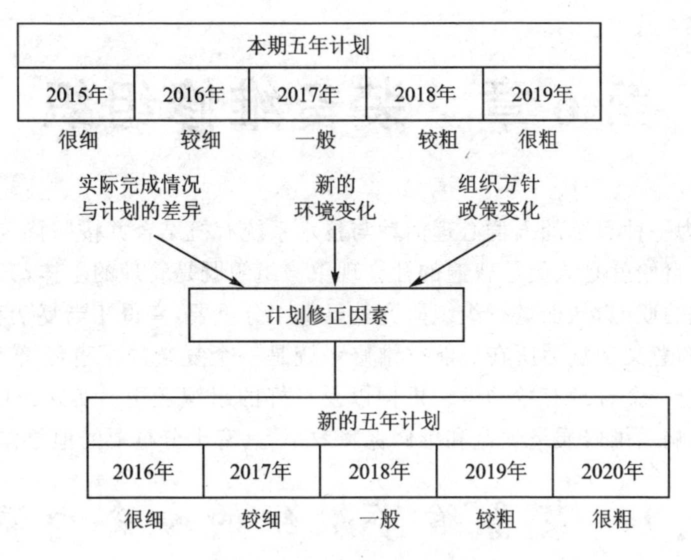

图 5-5　滚动计划法示意图

期计划能够相互衔接，既发挥了长期计划的指导作用，使得各期计划能够保持基本平衡，同时又保证了计划应有的弹性。特别是在信息化这种动态变化的环境之中，滚动计划法有助于提高计划工作的有效性，提高管理的适应能力和应变能力。

复习思考题

1. 分析装备维修计划的重要作用和意义。
2. 什么是装备维修计划？
3. 阐述装备维修计划的基本任务。
4. 简述装备维修计划的基本要求和基本原则。
5. 简述装备维修计划指标及其作用。
6. 简述我军装备维修计划的主要指标。
7. 归纳总结装备维修计划制定的基本程序及其方法。
8. 简述装备维修计划的种类和内容。
9. 什么是滚动计划法？简要概述其基本过程。
10. 以飞机为例，简要说明飞机使用和送修计划的管理过程和具体方法。

第6章 装备维修组织

组织作为一种目标的人群心理活动与技术系统有机结合并按照特定关系模式工作的统一体，自始就是人类最普遍的社会现象。组织既是管理的主体，又是管理的客体，还是管理的职能，从而进行组织研究就显得十分重要，变得相当复杂和艰难，这也是组织研究的意义和魅力所在。航空维修系统是一个复杂的军事经济系统，航空维修管理有赖于一个合理有效的组织机构以及良好的组织运用。实践证明，航空维修组织，直接影响到维修质量效益和维修保障效率，具有十分重要的地位作用。

6.1 装备维修组织的概念内涵

6.1.1 组 织

组织作为一个古老的命题，历来是管理研究的重点。剖析组织的基本内涵，是开展航空维修组织研究的前提基础。

1. 组织的含义

组织的含义可以从不同的角度来理解。现代管理之父切斯特·巴纳德认为"组织就是有意识地加以协调两个或两个以上的活动或力量的协作系统"；哈罗德·孔茨则把组织定义为"正式的有意形成的职务结构或职位结构"。组织不仅是人的结合，而且是一种特定的关系体系，是一个由各构成部分或各部门间所确立的关系的集合。有的学者将组织区分为有形和无形，即组织结构与组织活动。其中，作为组织活动结果的那种无形组织的概念，有别于作为有形实体(如政府部门、维修组织等)存在的组织概念。一般将有形的组织体称为组织机构，而将那种无形的、作为关系网络或力量协作系统的组织称为组织活动，包括组织结构设计、人力资源管理、组织文化建设等，二者之间是目的与手段的关系。在某种意义上来说，组织既是一种结构，又是一种实现管理目的的工具和载体；既是一个合作的系统，又是一种配置资源并进行运作的过程。

2. 组织的分类

在管理现实中，在不同的行业领域存在着不同的组织类别。组织可以按不同标准进行分类。按组织的性质，可以分为经济组织、政治组织、文化组织、群众组织、宗教组织等；按组织的形成方式，可以分为正式组织和非正式组织；按社会功能，可以分为以经济生产为导向的组织、以政治为导向的组织、整合组织、模型维持组织等；按人员顺从度，可以分为强制型组织、功利型组织、正规组织等；按利益受惠，可以分为互利组织、服务组织、实惠组织、公益组织等。现代组织最重要、最广泛的形式之一是企业组织，根据组织构成要素的性质不同，可以将企业组织分为作业组织、管理组织和财产组织三大类。

3. 组织的发展

纵观组织发展历程，组织同样是在科学技术进步的作用和使用需求变化的牵引下而发展的，科学技术进步改变了组织运作的基础，使用需求从“供不应求”到“供过于求”，从“批量化”到“个性化”，则改变着组织管理的思想和结构形态。从泰勒的“科学管理”到业务流程再造，组织变革的发展历经了古典组织理论、组织行为理论和现代组织理论三个发展阶段。

随着环境变化，组织变革一直在进行。自从十九世纪工业革命以来，传统的组织形式都建立在经济学之父亚当·斯密的“劳动分工论”及泰勒的“科学管理”之上，社会发展和科技进步将劳动分工理论推向了顶峰。物极必反，现代组织的无限扩大，分工的细化，流程分离，加剧了现代组织的“3C”压力。进入20世纪80年代以来，随着竞争的加剧，环境的变化，一些新的理论与技术方法被广泛应用到组织领域，如并行工程（Concurrent Engineering，CE）、业务流程再造（Business Process Reengineering，BPR）等，为组织发展提供了科学的理论和先进的技术支持，组织发展充分利用信息技术等高新技术，从组织体系上打破传统的金字塔科层管理模式，综合权衡影响系统的各种关键因素，从系统整体出发，紧紧围绕组织业务核心流程，将分散于各部门的职能进行重组，创造一种适应信息时代管理需求的组织结构，进一步改善了组织效能。

6.1.2 装备维修组织

“所谓管理，就是如何形成和经营组织的问题”。良好的组织是提高管理水平的重要保证。所谓组织，就是围绕一项共同目标建立的组织结构和机构，并对组织机构中的全体人员指定职位，明确职责，交流信息，协调工作，在实现既定的目标中获得最大的效率。组织是随着生产力的发展和社会的进步，在社会分工协作的基础上形成的。组织的作用日益重要。任何一项管理工作都有赖于一个合理的组织机构，有一个很好的组织运行秩序。实践证明，装备维修管理组织职能发挥的好坏，直接关系到装备维修质量的高低、维修工作效率的高低、效益的优劣和保障能力能否得到最大限度的利用。

装备维修保障系统要实现最佳的维修目标，必须十分重视装备维修管理的组织职能。装备维修的组织就是要按照我军战略部署和作战训练任务的需要，遵循一定的维修方针和维修计划，运用辩证唯物论与管理科学的理论和方法，科学地设计维修的组织结构，合理地设置管理部门和所属机构，统筹安排，充分利用维修的人力、物力、财力、时间、信息，使装备维修系统各部分密切协同，各环节运转灵活，最大限度地提供完好可用的装备，保证装备安全和战训任务的遂行。

6.1.3 装备维修组织的任务

装备维修组织是由众多的因素、部门、成员，依据一定的联接形式排列组合而成的。维修组织的要素，主要包括：目标、人员、职位、职责、关系、信息。共同的目标，是组织能作为一个整体，统一指挥、统一意志、统一行动的基本要素；人员是组织的主体和对象，是最活跃的要素；结构、职位是组织的框架要素，责权是组织的生存要素，一定的职位必须对应一定的责任和权利；关系和信息是组织的效率要素。只有关系协调，组织成员都有强烈的协作意愿，组织才能获得最大、最稳定的合力去实现共同的目标。交流信息是将组织的共同目标和各成员协作意愿联系起来的纽带，是进行协调关系的必要途径。维修组织的任务就是要实现目标、人员、职位、责权、信息这些要素的最佳组合和配合。从本质上说，维修组织职能的任务就是研究维修中人与事的合理配合。维修组织职能的主要内容可以归纳为以下三个方面：

1. 组织设计

组织设计是实施组织职能的首要环节。组织设计，就是选定合理的组织结构，确定相应的部门、机构、单位和人员配属，规定各自的任务、职权和职责，以及相互间纵向和横向关系。具体的组织设计工作有：

(1) 装备维修系统总体组织结构的设计。包括系统的组成、组织的规模、管理的层次、力量的布局和领导的体制。

(2) 各级装备维修管理部门组织实体的设计。

(3) 装备维修体制的设计。包括划分维修等级，选择维修方式，确定维修类型，规定专业分工，设置相应机构。

(4) 各级装备维修机构组织实体设计。包括法定维修组织各构成的编制、职责、职权、领导和协作关系的原则与方法。

(5) 装备维修组织法规的设计。包括维修的方针、原则、制度和有关规定。

(6) 在装备维修组织内外因素变化，要求变革维修组织形态时，重新进行组织设计。

2. 组织维系

组织维系，就是稳定和改善维修组织，这是充分发挥维修组织功能的基础。具体工作有：

(1) 保持组织的集中统一。采取精神的和物质的激励措施，尽量消除组织成员(单位和个人)的个体目标和组织共同目标之间的矛盾，使组织内每个成员都能为实现组织的共同目标而积极地贡献力量，密切地进行协作。同时还要使每个成员明确各自的任务、职责与职权，自觉地维持组织的协作统一。

(2) 维持组织的秩序和功能。严格贯彻装备维修组织的法规，尤其要坚持落实各级各位的职责和处理相互关系的准则，防止失职和“内耗”造成组织功能的蜕化。

(3) 保证组织的“齐装满员”和正常的“新陈代谢”。既要做到人员流动后及时补齐组织缺额,又要防止组织臃肿、人浮于事。特别是要不断充实加强维修组织的领导,努力实现维修干部队伍的现代化,提高维修组织的素质。

(4) 不断完善组织的结构和法规,使维修组织永葆活力。

3. 组织运行

组织运行,就是开动组织机器,合理地、最大限度地发挥组织整体和各部分的功能,完成维修管理和作业计划,实现组织目标。具体工作有:

(1) 指挥组织运行。明确规定维修组织各实体的任务分工、业务流程、工作质量、完成时限和协作关系,适时进行指挥调度,落实维修法规,保证组织运行的有利、有序、有效。

(2) 协调组织关系。通过疏通指令下达和信息反馈渠道,控制、调节人流、物流、信息流,解决维修组织整体与部分、部分与部分之间的矛盾,消除运行中的不平衡性,使组织达到时间上、空间上、工作量上的高度和谐配合,力求最佳的整体效能。

(3) 合理运用组织各部分功能,注意组织系统整体结构的和谐性。在运用、发挥组织机构的功能方面,有"八忌":一忌破坏整体结构;二忌乱设临时机构;三忌因人设事;四忌破坏原有功能,乱建信息渠道;五忌膨胀指挥系统,破坏结构稳定性;六忌多头领导,指挥不一;七忌无章无法,无秩无序;八忌守旧僵化,不能顺势应变。

6.2　装备维修组织的原则

装备维修组织除必须遵循坚持和改善党的领导、贯彻民主集中制、实行精兵简政、群众路线等一系列政治原则和方法外,还必须遵循现代管理的组织理论的基本原则。现代管理的组织理论有两个分支学科:组织结构学和组织行为学。组织结构学,以效率为目标,研究不同组织如何建立一个合理的组织结构。组织行为学,以建立良好的人际关系为目标,研究同一组织如何建立一个符合人际关系原则的组织。前者从静态、封闭的角度,侧重于组织内容管理的合理化,追求高效率;后者从动态、开放的角度研究,谋求组织动态的内容协调和外部适应。装备维修组织理论的研究应将两者的研究有机地结合起来。维修组织既是一种封闭系统,要求组织内部管理的合理化和高效率,又是一种开放系统,要重视外部环境各因素对维修组织的影响,还要重视人际关系对维修组织的影响。

6.2.1　目标有效性原则

目标有效性原则要求装备维修组织的结构和活动要以是否能够最优地实现目标为准绳,要求在实现目标中能够富有成效。

1. 依据目标进行装备维修组织设计

装备维修组织结构和机构的设计应在实现维修总目标的前提下将工作人员进行职能和专业分工;同时,又将各项分工之后的工作进行有机结合,构成纵向系统和横向系统，努力实现维修的总目标。就是根据维修系统的目标和功能设置单元（单位或部门）位置，根据目标和功能建立单元之间的联系。在组建、建立、调整装备维修组织结构和机构时，要强调服从组织目标，必须与组织的目标相一致，与组织的功能（任务）相统一。组织结构的层次、分支的设计，必须有利于组织目标的实现和组织任务的完成。

2. 装备维修组织目标的统一性

维修组织内的目标是多种多样的，有总目标；有为实现总目标的诸多分目标；有大系统的目标；有子系统的目标；有组织的目标；有个人的目标。如果不加统一，那么必然相互干扰，妨碍总目标的实现。只有统一，才能使它们之间相互促进，有效地实现总目标。因此组织要努力使个人目标、各子系统的目标一致起来，得到这些目标的最佳组合。同时将目标分解下达到各个层次直至每个人。每个部门、单位和每个人都要有效地配合总目标的实现，各自制定具体的目标，使组织内形成一种目标连锁，构成一个完整的目标体系，使总目标成为全体成员的奋斗目标，实现目标管理。

3. 有利于提高维修保障效率

维修组织要坚持因事设人，力争人与事的最佳配合。要明确规定组织内各部门、各单位、各人的任务、职责、工作重点、工作要求，以及横向间的关系，缺乏明确规定就是缺乏明确目标。只有明确规定各成员的职责范围和相互关系，具有良好的信息沟通渠道，才能充分调动各成员的积极性、主动性、创造性，才能实现组织的高效能。

6.2.2 整分合原则

马克思指出："由协作和分工产生的生产力，不费资本分文。这是社会劳动的自然力"。现代高效率的管理必须在整体规划下明确分工，在分工基础上进行有效的综合，这就是整分合原则。

1. 全局整体观念

整分合原则中整体观点是大前提，不充分了解整体及其运动规律，分工必然是混乱而盲目的。"整体大于部分之和"。系统论的基本思想是整体性、综合性。系统的整体具有其组成部分在孤立状态中所没有的新质，如新的特性、新的功能、新的行为等。我们在分析和解决组织问题时，仅仅重视各个单元的作用是不够的，应该把重点放在整体效应上。从根本上看，整体的效益和单元的性能是一致的，否则单元就失去了存在于整体之中的基础。组织分析主要就是研究单元的性能怎样通过合理的结构转变成组织（系统）的性能。组织结构就是组织内部各要素的排列组合方式。组织管理必须有一个系统的运筹规划，头痛医头、脚痛医脚的办法，是现代组织管理的大忌，要提高组织的效益，就必须把握组织的整体，对如何完成工作必须有充分细致的了解。

2. 科学分工

在把握整体的基础上，将整个系统分解为若干个基本要素，进行明确分工，使每项工作规范化，建立责任制。分解、分工是关键，没有分工的整体只是混沌的原始物，是乌合之众，构成不了有序的系统，更谈不上效益；没有分工的协作是吃大锅饭，只能是每况愈下的低效率。组织管理者的责任，在于从整体要求出发，制定系统的总目标，然后进行科学分解，明确各个分系统的目标，进行分工。马克思和恩格斯说得好："一个民族生产力发展的水平，最明显地表现在该民族分工的发展程度上"。分解得正确，分工就合理，规范才能科学、明确；而协作是以分工为前提的，没有合理的分工就无所谓协作。什么都干，什么都干不好；什么都管，什么都管不了，疲于应付，无法抓住关键提高效率，更不能精通本行专业。只有在合理分工的基础上，组织严密有效的协作，才是现代的组织管理。在管理组织中，分工的目的在于促进提高每个人工作的熟练程度，使同等数量的人员能做出更多的工作，借以提高工作效率。分工的结果必须是权力的分散化和任务的专业化。按什么原则进行分工，就是问题的关键，维修组织分工原则大致分为两类：一是按职能范围分工，如外场部以及下设的计划处、训练处，直至维护中队、修理厂等；二是按业务技术分工，如机械、军械、特设等。无论以何种方式划分，都各有利弊得失，不可能有一种完善的方法，也没有永恒不变的分工，优秀的管理者应该针对具体情况善于抓住时机进行合理的分工。

3. 组织综合

在明确分工以后，要进行科学的组织综合，实现系统的目标。分工并不是组织的终结，合理的分工如果没有很好的横向联系协调同步，就会适得其反。没有协作，分工就会造成本来相互联系的环节在时间、空间、数量、质量等方面产生脱节。只分工而不进行强有力的组织综合，组织效能还不如分工之初。所以分工之后就要继之以强有力的组织管理，进行有效的综合协作。分工必须与协作相结合，才能达到整体的最优化。如何在纵向的分工之间建立起紧密的横向联系是现代组织的重大课题。组织工作，基本上是一种在一个整体里把具体任务或者职能相互联系起来的技术，因此协调原则是必需的。协调可分为纵向协调和横向协调。由于等级链具有明确的权责关系，因此纵向协调较易实现，横向协调则要困难得多。一般而言，改善横向协调可采取以下措施：

(1) 使各职能各业务工作标准化，明确其横向流程，通过工作保证体系进行横向协调。

(2) 把业务相近的部门合并，组成若干个系统，每个系统由一领导主管。

(3) 设立系统管理机构，进行横向协调。如在组织结构中，综合管理与专业职能管理组成矩阵的组织结构。

(4) 科学分工绝不意味着管理功能的分解。管理的功能、管理的内容是不能分解的，必须在一条管理线上，集中于一个功能单位内。整个维修组织过程是人、财、物的流动。如果这个功能单位对自己的人、财、物没有足够的管理权，那么管理就只剩下形式的外壳，而失去了调节运筹的力量，也就不能构成活力的运动了。每个独立单位实行分工以后，就必须具有完全的管理功能。因此，确保每个独立功能单位在人、财、物方面的必要的自主权，是现代组织管理所必需的。

6.2.3 相对封闭原则

这个原则要求组织系统内的管理手段（机构、制度、人和信息）必须构成一个有反馈功能、连续封闭的回路，才能形成有效的管理运动，才能自如地吸收、加工和做功。不封闭的管理等于不成回路的输电线，电线再粗也输不出电流。

维修组织的法规也应符合这个回路加以封闭。作为维修组织的章法，不仅要有如何维修的操作规定（执行法），而且要有督促检查的规定（监督法），请示报告的规定（反馈法），处理各单位相互关系的规定（仲裁法），奖惩规定（处理法）等。只有构成一个封闭的法网，才能疏而不漏。法不成网，纵密亦漏。

不封闭的管理弊病甚多。如果维修组织没有健全的反馈机构，或忽视反馈机构工作，就会造成不良的结果：①执行者由于忙于日常事务，无暇顾及反馈，反馈的信息多是离散的表面现象；②执行者由于与切身利益有关，容易报喜不报忧；③执行者由于职能是要不折不扣地贯彻决策机构的指令，所以不会主动地提出修正偏差的建议。这就必然造成决策机构情况不明，心中无数，难免失误。再如工作有布置，但没有检查，没有讲评，不构成闭路，就难以保证工作落实。建立岗位责任制是一种法，如果不监督执行，这个法就不封闭，不过是徒有形式。如果对一个发生问题的单位，只处理当事人，没有追究领导者的责任；只有惩罚，没有奖励，那么这个法也是不封闭的，就不可能起到预防和杜绝问题的作用。如果维修只有第一手的工作，没有检验和验证检查，就是不封闭的，就不能有效地避免“丢、错、漏、损”，保证维修质量。

封闭的过程就是发现问题、分析问题、解决问题的过程。发现问题，就是评估组织成效和目的之间的差距，即有没有达到目的，是否优质高效地达到目的。分析问题就是找出影响实现目的的原因，特别要从中找出主要原因。解决问题就是抓住主要原因的绳索循踪追迹采取封闭措施。封闭的基本方法有两种：一是针对原因加以封闭；二是不论原因，只对后果进行封闭。如发现维修效率比较低，分析原因是维修人员把大量时间耗费在领用器材、油料和运输车辆上，再进一步追踪原因，发现这些单位人员或是和维修人员协调不好，或是责任心不强。解决问题就是采取封闭办法：如果采取由维修人员对后勤保障工作进行评价并按组织系统对其实施奖惩的办法，就是从后果上进行封闭；如果采取将器材、油料等供应工作从组织上划归维修组织实行统一指挥，这就是从原因上封闭。

组织管理的封闭是相对的、暂时的。从空间上讲，维修组织不是独立系统，它要受到系统原理的作用，外部环境对它产生各种影响，它与上下左右各系统都有输入和输出的关系，一环扣一环，环环相扣，永无止境。从时间上讲，原设计的封闭管理，许多因素事先难以完全预测，只有通过时间的检验才能显示；即使原来正确的封闭管理，随着维修活动和维修组织的发展也有可能不断地被冲破。因此一劳永逸，天衣无缝的封闭是没有的，有效的管理必须依靠反馈原理，动态地不断反馈，并不断地调整封闭。

6.2.4　能级原则

“能级”是物理学的一个重要概念，讲的是原子中的电子，根据本身的能量大小分别排在不同的层次上绕原子核旋转，从而构成了原子的稳定状态。能级原则要求维修组织在结构上要分出不同功能的层次，并把具有不同能量的成员恰当分配在不同的层次上，从而实现维修组织的稳定的层次。层次性是系统论的一个重要概念。维修组织是否有效和效率的高低，很大程度上取决于能否分清层次。组织的实践表明：一个总能量虽低但能有效地分级组织的个体，完全可能比一个总能量虽高，但组织混乱的集体做出更多、更大的事来。有效的组织就在于建立一个合理的能级，使组织的要素动态地处于相应的能级中。

维修组织中各要素的活动必须服从于高效率与高可靠性的要求。所以能级的划分和组合不是随意的。理论和实践都证明，稳定的组织结构是高式结构——正立的三角形，如图 6－1 所示，一般分为四个层次：最高层次是决策层；第二层管理层；第三是执行层，它贯彻执行管理指令，直接调动人、财、物组织维修；第四层是作业层，直接从事操作和完成各项具体任务。这四个层次不仅使命不同，而且标志着四大能级的差异，不可混淆。

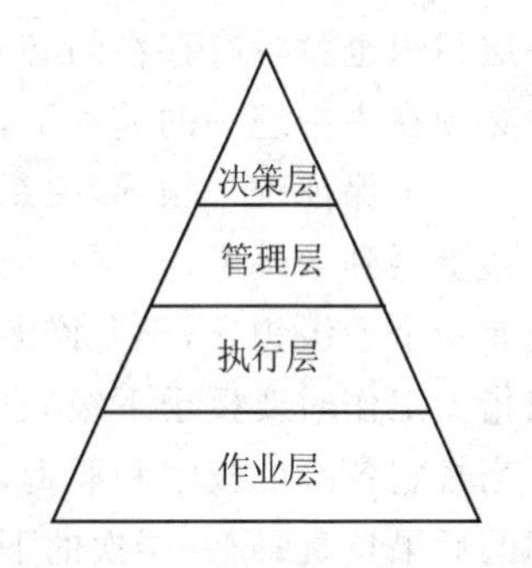

图 6－1　组织结构层次示意图

能级原则规定了不同能级的不同目标，以及人和机构与能级进行合理的组合。下一能级的目标是达到上一能级的手段，只有下一能级圆满地达到了自己的目标，才能保证上一能级顺利地达到目标，才能逐级地保证达到整个系统的目标。因此，上一能级对于下一能级有一定的要求，有一定的制约，即表现出一定的权力；同样，下一能级对上一能级负一定的责任，在完成功能方面做出相应的保障和努力。为了使整个组织各能级都能在完成自身功能方面发挥高效率，表现出高可靠性，能级原则要求必须使组织系统的各个不同能级与不同的权力、物质利益、精神荣誉以及纪律约束相对应。这不仅因为权力、物质利益和荣誉本身是能级的一种外在体现，而且因为只有这样，才符合封闭原理，使组织每个成员都能在其位，谋其政，行其权，尽其责，取其酬，获其荣，惩其误。

既然不同能级的目标不同，那么对处在不同能级上的人的数量和质量要求也不同。能级原则要求必须因职设人，做到才职相称。一方面使处于不同能级上的人数保持合适的比例，做到由下层向上层逐级递减；另一方面必须善于区别不同才能的人，放在合理的岗位上，才得其用，用得其所，人尽其才。譬如说，指挥人才应具有高瞻远瞩的战略目光，有出众的组织才能，善于识人用人，善于判断决断，有强烈的事业进取心；反馈人才必须思想活跃敏锐，知识广泛，吸收新鲜事物快，综合分析能力强，敢于直言不讳，具有求实精神，没有权力欲望；监督人才必须公道正派，铁面无私，同时要熟悉业务，联系群众；执行人员必须忠实坚决，埋头苦干，任劳任怨，善于领会领导意图等，管理者一定要量才使用，不要用错。只有混乱的管理，没有无用的人才。同时人的才能和组织的能级是动态对应过程，必须保证人们在各个能级中适当地流动，以增强组织的能力。

6.2.5 集权与分权相结合原则

维修组织是分层次的能级结构，必须实行统一指挥、分级管理，因此必须贯彻集权与分权相结合的原则。如果职权绝对集中于最高领导层，甚至一个或几个人，高精尖意味着没有等级，不需要下层管理人员，因而也不存在组织结构。另一方面，职权绝对分散，即领导把他所有的职责都委派出去，这就意味着本身职务的消失，因而这一层组织也就没有存在的必要，组织也就成了一盘散沙，名存实亡了。因此，维修组织必须在集中统一的前提下，实行集权和分权相结合的原则。

为了保证统一领导，关系全局的重要权限必须由上级掌握，指挥权限必须集中：从最上层到最基层，必须形成权限的等级链，不允许越级指挥，不能中断；任何下级只能有一个上级领导，不允许多个领导，政出多门。为了调动下级的积极性，上级对隶属指派工作时要授予下级完成任务所需要的某种程度的权力。必须在统一领导下，适当规定各级的权限和职责，实行分权：由下级自行处理规定范围内的事务，并对处理的后果负责；同一层次的下级之间的横向联系，应由下级全权进行处理。通常下级只需向上级报告处理情况和后果，只有在遇到未纳入权限范围的事项时，或下级单位间发生的矛盾不能自行协调时，才需向上级请示，由上级出面解决。否则，上级不应越俎代庖。这样做，既调动了下级的积极性，又使上级摆脱了日常烦琐事务。各层做各层的事，领导只做领导的事，才是有效的管理。

装备维修组织管理，一方面要求统一指挥，另一方面又要求职权分散，二者之间如何结合，哪些权力要下放，哪些权力上级掌握，是应该认真研究明确的。一般说来，授权时应掌握以下几点：

（1）授权时，责任不能像权力那样授给别人，组织领导者要对组织的一切工作负最后责任，不能撒手不管。

（2）要按照期望的成果授权。由于授权的目的在于向管理人员提供一种有助于他们去实现目标的手段，所以授权首先应从其要求达到的成果出发，决定将实现这一目标需要多大的处理问题的权限授予下级。职权不应该大于或小于职责。大于时，就难以指导和控制，小于时也不公平，不利于任务的完成。

（3）要处理好职权和管理层次的关系。每一个部门必须拥有其业务工作同整个组织协调的职权。同时，授权时必须保证各个组织自上而下的职权关系，即组成一个职权——管理层次体系。要求各级应该按照所授予的职权做出这一级中的决策，只有超越了其职权范围的问题才应提交给上级。如果上级授权不明确或包办代替，就助长了下级的依赖性，下级就会想方设法把自己职权内应解决的问题“上交”，以迎合上级的权力欲,结果整个决策系统将会遭到破坏。

6.2.6 管理幅度与管理层次兼顾原则

管理幅度,也叫管理跨度,是指一个人能直接高效地领导下属人数的限制。因为一个人受精力、体力、时间和知识的限制,管理的人数不可能太多,面不可能太宽。法国管理学者格兰丘纳斯根据研究推论出如下结论:在向一位管理者的汇报人数以算术级数增加时,他们之间可能的相互关系的数量就以几何级数量增加,并得出如下公式:

$$C = n\left[2^{n-1} + (n-1)\right] \tag{6-1}$$

式中:C 为可能存在的联系的总数;n 为直接向一位管理者汇报的下属数。

根据式(6-1),任何复杂的组织都不可能把全部管理职能集中于一个人,而必须设立管理机构,管理组织必须分为数层。但管理幅度要适当:过小了需要增加管理层次,影响指挥的灵敏度;过大了可能照顾不周,造成管理的混乱。管理幅度是客观存在的,影响管理幅度的因素既多又复杂,很难进行定量计算。一般来说,上层每人能领导3~5人,中层能领导4~10人。在考虑管理幅度时,下列影响因素不可忽视:

(1) 工作能力的强弱。工作能力包括领导的工作能力和下级的工作能力。在领导工作能力一定的条件下,下级工作能力强,经验丰富,处理上下级关系所需的时间和次数就会减少,这样就可扩大管理幅度;反之,如果委派的任务下级不能胜任,上级指导和监督下级活动所花的时间无疑要增加,这时管理幅度势必缩小。

(2) 信息手段的难易。信息交流的方式和难易程度也会影响到管理幅度。在管理活动中,如上下级意见能及时交流,左右关系协调配合,就有利于扩大管理幅度。

(3) 检查手段的快慢。如果任务目标明确,职责和职权范围划分清楚,工作标准具体,上级能通过检查手段,迅速地控制各部门的活动和客观地、准确地测定其成果,则管理幅度可适当扩大;反之,则管理幅度应缩小。

(4) 工作性质。它决定了信息的多少和需要解决问题的难易程度。简单工作管理幅度可扩大,复杂工作管理幅度要缩小。

管理幅度在组织设计中,不仅决定了主管领导职务的复杂程度,而且影响和决定着组织的管理层次、管理人员数量、组织结构横断面的划分和各种职能机构的设置等许多重要问题,总之,决定了组织的形式和结构。由于管理存在幅度问题,所以组织要设立许多层次。为使组织精干、有力、高效,要求组织的整体结构和各组成部分,要尽量减少层次,减少环节,减少分支,以求组织的高效。管理幅度与管理层次既是组织设计的两个基本参数,又是两个互为影响的概念,宽的管理幅度可以减少管理层次,窄的管理幅度增加管理层次。管理层次减少,从上到下联系渠道缩短,有利于信息沟通,可提高指挥效率,但管理幅度增大,信息量激增,领导易陷入大量的具体事务中。窄的管理幅度管理层次多,有利于控制和监督,但加长了联系渠道,并因为增加了管理人员而增加了管理费用,所以容易造成机构臃肿、人浮于事、互相扯皮,使用权信息失真、过时，办事效率低下，滋长官僚主义、文牍主义等弊病。因此整个维修组织结构，或者某一职能部门的组织结构，都要正确处理管理幅度和管理层次的关系，做到两者兼顾，做到需要和可能兼顾、结合组织的任务和具体情况，规定一个合理的管理层次和管理幅度。

6.2.7 权责相当原则

权责相当原则也就是权责一致原则。权就是权力，责就是责任。权力总是与职位相联系的，是指在规定的职位上拥有的决策、指挥和行使权，因此，习惯上也称职权。责任也同职位、职务联系在一起，是在接受职位、职务时应尽的义务，是在一定职位上完成任务的责任，所以也称职责。权力和责任是孪生物，有多大的权力必须承担多大的责任，这是理所当然的。职权与职责相对应，权责相当虽然很难从数量上画等号，但从逻辑上来说，这是必然的结果。

由于职权与职责都同职位相联系，所以各个不同管理层次权责的性质和大小是不一样的。遵循权责相当原则，上级对下级有一个正确的分工授权问题，而下级不能要求超过职责范围以外的更多的职权。

权责相当是管理组织中的一项重要原则。在现实中违背这一原则的情况主要有两个方面：一是有责无权，二是有权无责。产生有权无责的原因是，不规定或不明确严格的职责就授予职权。产生有责无权的主要原因是上级要求下属对工作结果承担责任却没有给予相应的权力。管理者对两种有害的倾向，都应按权责相当的原则加以纠正。科学的组织设计，应将各种职务、权力和责任等制定成规范，订出章程，使人们有章可循。

6.2.8 反馈原则

反馈是控制论的极其重要的概念。简单地说，反馈就是将从输出端收集的信息再送入系统的输入端，使之对系统的输入端发生影响，起到控制修正的作用，以达到预期目的。反馈是自然界和社会的一种普遍现象。如人的大脑通过信息输出，指挥人体各部分的活动，同时又接受来自人体各部分与外界接触所发回的反馈信息，不断发出新的指令进行调节。如果没有反馈信息不断输入大脑，那么，人体各部分的功能调节是不可想象的。管理中所谓“PDCA”方法，实际上就是反馈方法的一种应用。在组织管理中，反馈的主要作用就是要控制所执行决策的进程，对客观变化及时做出应有的反应，使组织具有自我调节能力，不断优化、完善，尽快实现目标。维修组织是一个十分复杂的系统，随机因素很多，从而使反馈在管理中具有十分重要的作用。没有反馈，就无法实现控制；没有反馈就没有自动调节。组织管理是否有效，关键在于是否有灵敏、正确、有力的反馈。灵敏、正确、有力的程度是一个组织功能单位、一个组织管理制度是否具有充沛生命力的标志。所以维修组织必须贯彻反馈原则，要根据具体情况的需要建立控制反馈系统和信息反馈制度。

从反馈产生的效果来分析，有正反馈和负反馈之分，如果反馈使下一个输出的影响大，导致系统偏离目标的运动加剧，则这种反馈叫正反馈；反之，如果反馈使下一个输出的影响减小，导致系统的进程逼近目标，趋向稳定状态，则这种反馈叫负反馈。一般而言，当系统的稳定性被随机因素所干扰时，负反馈具有稳定系统的功能，而正反馈将引起谐振。在组织中，开展竞赛或改革需要正反馈，以相互促进发展或推动改革；但就一个维修组织而言，为了促进系统的稳定有序，一般都采用负反馈来建立稳定的控制。

6.2.9 弹性适应原则

弹性即伸缩性。弹性适应原则是指：管理必须保持充分的弹性，及时适应客观事物各种可能的变化，才能有效地实现动态管理。组织管理必须保持弹性。这是因为：

（1）维修组织是一个随机因素众多的系统，管理者必须考虑尽可能多的因素。但人要完全掌握所有因素是不可能的，人们对客观的认识永远有缺陷，因此管理必须留有余地。

（2）维修组织管理是一个动态过程，带有很大的不确定性。管理是人的社会活动。人作为有思想活动的生命，更会发生许多变化。某种管理措施在某种情况下可能使得效益下降，或者管理本身脆裂。因此，管理一定要具有弹性。

（3）管理科学是行为的科学，它有后果问题。由于管理因素多，变化大，一个细节的疏忽都可能招致失误，这就是所谓"棋输一着""失之毫厘，差之千里"。现代管理科学告诉我们，仅仅依靠谨慎是不行的，应该使管理从一开始就保持可调节的弹性，即使出现差之盈尺的情况，也可及时应对，采取应变补救措施。

组织管理弹性有局部弹性和整体弹性。局部弹性就是必须在一系列的管理环节上保持可以调节的弹性，特别在重要的关键环节上要保持足够的余地。整体弹性就是组织从整体上要保持可塑性或适应能力：一是维修组织管理要备有互不相同的可供选用的多个调节方案；二是要有长远的打算。"维修是今天，科研是明天，教育是后天。""临渴掘井"是小生产的管理方式，是经不住风浪的。组织结构的确立，要因时、因地、因条件而宜，要有一定的弹性。既不能盲目照搬一个组织结构模式，也不机械刻板、毫无权变。任何平衡都是相对的、暂时的。组织建立时是按照组织设计原则进行的，是平衡的、适应的。但随着内部因素、外部条件的变化，就有可能使原来平衡的组织变成不平衡。组织管理工作就要适应变化，及时采取措施，调整组织，达到新的平衡，只有这样才能发挥最佳的管理效益。

应用弹性原则时要严格区分消极弹性和积极弹性。消极弹性是把留有余地当作"留一手"；积极弹性不是遇事"留一手"，而是遇事"多一手"。消极弹性，在特定条件下也可有限地运用，但现代化管理主要着眼于积极弹性。

6.2.10 动力综合运用原则

管理必须有强大的动力,而且要正确地运用动力,才能使管理运动持续而有效地进行下去,这就是动力原理。动力不仅是管理的能源,而且是一种制约因素,没有它,管理就不能有序的运动。动力的意义不仅在于使管理运动,而且在于使它非如此不可。

在现代化管理中有三类基本动力:第一是物质动力,它不仅是指个人的物质鼓励,而且也是指维修的经济效益,必须使两者有机地结合起来。物质动力是管理不可忽视的有效杠杆,但它不是万能的,不恰当地理解和运用物质鼓励,也会产生副作用。第二是精神动力,它包括信仰、精神鼓励和日常的政治思想工作。精神动力是客观存在的。因为管理是人的活动,人有精神,必有精神动力。“人总是要有点精神的”。与物质利益正确结合,精神动力就具有巨大的威力。第三是信息动力。21 世纪是以信息的生产、传播和运用为特征的信息时代,信息量迅猛增长,技术创新、知识更新快。据统计,技术更新周期为 3～5 年,知识的陈旧周期缩短为 5～10 年。对于一个国家来说,外部的信息多了,知道自己落后,从而发愤图强,奋起直追,这就是由信息产生的巨大动力。对于个人来讲,求知欲望就是一种信息动力,掌握的信息愈多就愈有生活的动力。

动力得不到正确应用,不仅会使管理效能降低,而且会起到截然相反的作用。对每一个管理系统而言,不论是对于机构、法,还是对人,三种动力都是存在的。但在不同的管理系统中,三种动力的作用不会绝对平均,而必然存在差异,甚至很大的差异。即使同一个系统,随着时间、地点和条件的变化,三种动力学的比重也会随之变化。现代化管理就是要及时洞察和掌握这种差异和变化,将三种动力综合运用,协调运用。同时还要正确认识和处理个体动力和集体动力的关系:个体一般总是着重眼前动力,而集体动力与长远动力又总是紧密相联的。眼前动力与长远动力是“标”与“本”的关系,现代管理不可忘记“急则治标、缓则治本”的原则。最后,在运用动力时要重视“刺激量”的适当。为了获得动力,就要进行刺激。当行为改进时用正刺激即加以鼓励;行为退化时用负刺激即加以惩罚,正负刺激量的比例称为动力结构,它决定了组织和个人行为最终能够达到的状态,而达到这种状态的速度则取决于正、负刺激量之和。刺激量不足,或刺激量过大,都不能有效地运用动力。

6.3 装备维修组织的设计与分析

组织结构决定组织功能,装备维修管理必须十分重视组织结构设计与分析。组织结构有多种类型,一个组织究竟采用何种结构为好,没有现成的公式可循。组织结构的合理与否,是以能否有效地实现组织目标,保障组织高效运转为标准。组织结构以及结构的确定首先是为了管理的有效。组织设计的实质是创造一种环境,通过适当专业分工，将不同的管理者安排在不同的管理岗位和部门，保持组织的高效运转。

装备维修组织结构反映维修管理系统的内部构成，是组织内各种有机组成因素发生相互作用的联接方式或形式，也可称为组织的各因素相互联接的框架。组织机构，是组织内部相对独立的、彼此之间传递转换物质和信息的实体，是组织结构的具体表现，是维修组织的存在形式。总之，维修组织结构是实现维修目标、任务，落实维修对策、政策的一种分工形式。

维修组织设计就是把维修总任务分解成一个个具体任务，然后再把它们进行排列组合，并根据建立单位或部门，同时把相应的权力分别授予每个单位或部门的管理人员。组织设计的目的是通过任务结构和权力关系的设计来协调组织内各方面的关系，使之以最优方式实现目标的整体。

6.3.1　组织结构的基本形式

组织设计中经常根据部门化原则来开展组织结构设计活动，其基本形式主要有：

1. 职能部门化

职能部门化是根据组织业务活动的相似性来设立管理部门，各职能部门在自己的业务范围内，有权向下级下达命令和指标，各级负责人除了要服从上级行政领导的指挥外，还要服从上级职能部门的指挥，其基本特点如表6-1所列。

表6-1　职能部门化的特点比较

优　势	劣　势
专业分工	易于部门化
合理反映职能	环境适应性差
简化培训	多头领导
管理严格	协调性差
维护主要职能的权力和威信	不利于管理人才的全面培养

2. 产品部门化

产品部门化是根据产品来设立管理部门、划分管理单位的，即把同一产品有关的管理工作集中在相同的部门组织进行，其特点如表6-2所列。

表6-2　产品部门化的特点比较

优　势	劣　势
专业优势	需较多的全面管理人才
专项资源的有效利用	不利于组织内经济的整体利用
加强职能活动的协调	增加高层管理难度
利于管理人才的全面培养	

3. 区域部门化

区域部门化是根据地理因素来设立管理部门，把不同地区的管理业务和职责划分给不同部门的管理者，其特点如表 6－3 所列。

表 6－3　区域部门化的特点比较

优　势	劣　势
加强区域协调	需较多的全面管理人才
利于联系	不利于集中控制
责任下放	增加高层管理难度
便于管理人才的全面培养	

4. 矩阵组织

管理实践和理论研究表明，任何一种组织都不可能根据单一的标准来构建组织结构，而是必须根据两个或两个以上的部门化方式，矩阵组织就是综合利用各种标准来设计组织结构的一种范式。矩阵组织的实质是在同一组织结构中把按职能划分部门与按产品划分部门结合起来，是由纵横两套系统交叉形成的：纵向是职能系统，横向是为完成某一专门任务（如新研型号）而组成的项目管理系统。项目组织管理系统可以是一种常设的组织结构，也可以是一种临时性的组织结构，一般以临时性组织结构为主。临时性项目管理系统没有固定的管理人员，而是根据任务需要由各职能部门协调解决，其原有的隶属关系不变，接受项目管理系统和原有职能系统的双重领导，其特点如表 6－4 所列。

表 6－4　矩阵组织的特点比较

优　势	劣　势
保持专业分工	组织中权力混乱
加速工作进度	可能出现指挥不统一
促进组织的整体协调	需要有较强协调能力的管理人员
降低运行费用	

6.3.2　装备维修组织设计

1. 影响装备维修组织的因素

进行装备维修组织设计必须系统考虑各种因素，装备维修组织既是封闭系统，又是开放系统，因此其影响因素基本上可分为内部因素和外部因素两大类。

（1）外部因素。主要有：①军事战略、军事战略指导思想和战略部署；②军队体制编制；③部队任务性质和特点，以及战争的环境；④我军的政治、军事传统及民族的文化传统；⑤国力所能提供的维修人力、物力、财力的限度；⑥有关工业部门的生产能力和水平；⑦科学技术和管理理论的发展等。

(2) 内部因素。主要有：①维修方针和维修指导思想，决定了维修组织系统的组成、维修等级的划分、维修方式的选择、维修类型的确定、维修专业的设置；②装备的型号种类、数量、复杂程度，决定了维修专业的多少、维修工时和维修人数的多少，也决定维修级别、方式和类型；③维修手段和管理手段的水平，维修设施的条件；④维修人员的技术水平和维修管理人员的能力水平；⑤历史沿用的维修组织形态等。

以上这些因素，对装备维修组织形态的影响和作用各不相同，有主次之分和大小之别，而且所侧重影响的参数(规模、组成、层次、专业、人数等)也是不同的。总的来说，外部因素中的前三种因素是主要的，主要影响维修组织的规模、组成、层次等参数；内部影响中也是前三种因素是主要的，主要影响维修组织的规模、专业、人数等参数。

2. 装备维修组织设计的标准

(1) 目标的一致性。维修组织是依据维修目标设立的形式与内容的统一体。组织结构、层次、分支设计要符合目标要求，才能有利于目标的实现和任务的完成。因此要做到因事设职，因职设人。

(2) 结构的完整性。维修组织是实现目标、完成任务的手段，是装备维修及其管理赖以进行的依托，所以维修组织结构必须体现维修整个管理过程和管理的全部要素，如维修目标、方针、职能、方法、程序、等级和各方面的重要联系等。系统组成要健全，维修组织的功能不能残缺和遗漏。

(3) 指挥的灵便性。领导者是组织中起主导作用的角色，是维修活动的组织者和指挥者，是组织意志的体现和组织利益的集中代表者。组织的整体活动是领导活动的具体体现。维修组织要便于领导者实施领导和管理；要能保证集中领导、统一指挥；要尽量减少层次和环节，保证一个组织只有一个领导中心，不能多头领导；要做到层次清楚、责任明确。如此才能使维修组织统一意志、统一力量、统一行动，维修组织才能快速反应，高速运转。

(4) 信息及时性。要有健全的信息系统，能以最短的时间把决策、指令下达到基层，并把执行情况及时反馈给上级机关。维修组织是领导者和被领导者之间的双向传输信息的信道，保持联系渠道的畅通，才能保证上情下达、下情上达，及时实施正确的领导。信息畅通才能保证组织横向关系的协调、协作，使组织始终成为向共同目标前进的整体；才能使组织灵敏地感受外界的变化，具有适应性，保持先进性。

(5) 关系的协调性。就是内部纵向层次，横向分工协调统一，每个功能单元的任务分工、职责、职权范围划分明确合理，信息界面清楚，每个单位的负担相对均匀，协调关系和调节冲突的规章明确，和外部协调容易“接口”。

(6) 环境适应性。适应内部环境是指结构要与装备水平相适应，职能机构设置要和功能相对应，人数要和工作量相对应。外部适应主要是指适应作战训练要求，适应后勤保障的条件和水平。

(7) 运行经济性。维持组织运行所需的费用要最省,运用组织维修的消耗要最少。组织设计问题的本质在于要找出各组成部分的最佳数目、性质和规模。为此,组织结构的纵向隶属关系要按任务的实际需要划分层次,切忌出于扩大权限或安排人员等原因增设层次,造成传输缓慢、信息失真。横向部门要防止职能不清、职能重复和职能分散,防止机构臃肿。要使组织的结构适合维修规律的要求。时间上最省是经济性的重要标志。

(8) 绩效高效性。维修组织结构要能保证维修管理各项职能得到充分发挥,保证组织发挥最大的维修效能,优质、安全、高效地达到维修目标,完成维修任务。当然,十全十美的、完全达到上述标准的维修组织结构是不存在的。维修组织只能在动态的发展过程中不断完善。在设计维修组织时只能根据任务要求和具体情况,抓住组织设计的主要矛盾,灵活地运用上述原则,达到最佳的程度。

3. 装备维修组织设计的一般程序

装备维修组织设计应由领导干部和有组织管理知识和实践经验的人员组成专门研究机构进行,要搞好经常性的调查研究,占有丰富的信息资料,广泛听取有关方面的意见。其一般程序是:

(1) 分析组织的目标,明确设计指导思想要确定维修组织建立的宗旨,认真分析约束条件,明确所要遵循的原则、达到的标准和需要解决的问题。

(2) 分析过去组织和类似组织的成功经验和不足,以便借鉴对照,找出改进的途径。

(3) 分析组织为达到目标所必须进行的工作项目、工作的层次和必须具备的功能,以确定组织内各系统和单元的组成,明确其工作任务、职责范围、权力界限,完成结构设计。

(4) 设计标准编制。分解计算组织内各系统、单元(机构)的工作量,确定设立职务、职位的数量和需配置的人数,以章法明确其职责、职权,算出标准编制。

(5) 编排体系。将设计的若干部分,按层次顺序,明确纵向隶属关系,确立横向协作关系,形成序列表。确立存在的条件,建立同其他组织的联系,形成体系。

(6) 进行评定。用效能和效率评定法进行评定,同时将设计的编制表、序列表发给有关单位征求意见,进一步分析、论证、修改。

(7) 报请领导和有关部门审查、批准,进行试点和正式颁发实行。

6.4 装备维修组织的运用

装备维修的组织工作,是以执行计划、完成任务为目的的,以优质、安全、高效低耗为目标,以质量管理为中心,以计划和法规制度为依据,以现行维修体制为基础,以信息反馈为纽带,以工具设备为手段,以维修设施为依托,以后勤保障为条件,以管理科学为指导,最佳组合维修的主体(人)、对象(装备)、其他资源(包括时间信息、工具设备、设施、场地、器材、物质）科学安排各项工作，适时实施指挥调度，以完成战训的装备维修保障任务。

6.4.1　装备维修组织工作的基本内容

装备维修工作内容往往千头万绪，但归纳起来基本有以下几种：

(1) 安排工作。就是要订好计划，这是组织工作的起点，主要根据任务提出工作项目，并做出时间上的安排。

(2) 任务的分工。就是将任务分配给所属成员，明确其职责、权限和各项具体要求（指标上的、标准上的、时间上的、关系上的、措施上的等）。

(3) 关系协调。就是在任务分工的基础上明确各成员的相互关系及协调准则，并在实施保障过程中适时解决矛盾，达到协调一致。

(4) 调配资源。主要是指根据任务调剂维修设备，分配器材供应和车辆保障，划分维修场地和设施。

(5) 指挥调度。就是号令保障工作的起始和进展，决定各成员的行动，根据保障实施情况对各项维修资源的使用适时进行调度。

(6) 沟通信息。做好上情下达 、下情上达和信息在本级组织内传递流通的工作。

(7) 落实规定。包括条例、规程、岗位责任制、质量检验制、维修技术文件、各项技术规定、各种规章制度和上级要求。

(8) 掌握标准。标准有维修工作标准和维修质量标准。要根据标准处理问题、回答问题、提出要求。

(9) 现场秩序。要对保障现场的人员、飞机、车辆、工具设备、拆下的机件等的位置和人员、车辆的行动路线进行规划，做出规定，并随时加以维持。

(10) 质量检验。要组织“干检、互检、自检”“工序检验、完工检验、出厂检验”“重点检验、抽样检验、全数检验”等。

(11) 筹措准备。主要指所需人员、航材、设备、物资、车辆和经费的筹措。同时完成必要的使用前的准备工作，如启封、封存、集中、分散、调试、组装等。

(12) 人员训练。包括质量、作风教育，业务技术培训和实际工件带教、演练等。

6.4.2　装备维修组织工作的重要环节

组织装备维修工作是一项多因素、多环节的复杂过程，如果抓不住要领，容易顾此失彼，事倍功半，甚至酿成严重后果。因此组织者必须关照全局，掌握好重要环节，以主要精力抓主要工作。组织过程中需重点抓好的环节有：

(1) 计划准备。计划是管理的首要职能，是组织的依据。胸有成竹才能指挥若定，应付自如。维修保障组织必须首先抓好计划和准备，开展好预想活动，为维修保障工作奠定基础。

(2) 下达任务。下达任务是组织实施的开始,能否保证每个成员自觉地、协调地、有效地工作,下达的任务是否明确极为关键。下达任务时应做到"三交代"(交代任务、交代方法、交代注意事项)。

(3) 初始工作。工作开始阶段一切都刚走上轨道,一般是维修保障工作最紧张、最易出现问题的阶段,领导者一定要全力以赴把它抓好。良好的开端是成功的一半,只要把头开好,工作也就有了基础。

(4) 协调关系。组织是人的集合,组织装备维修保障工作实质上是组织人的工作。因此协调关系就必然是其中一个重要环节。要使一个维修组织在维修保障工作中发挥最佳的整体效应,就必须协调好其内外关系。

(5) 临机处理。维修保障工作内外因素复杂多变,非所预料的问题和工作时有发生,任何有效的领导和组织工作必然是随机应变的。正确的处理是力争主动,力避被动所必需的。组织是一种职能也是一种艺术。所以组织装备维修保障工作要掌握对出现的突然情况(特别是较大问题)进行正确处置的艺术。

(6) 结束工作。这个阶段容易精力涣散,但又是总结提高的关键阶段。结束工作搞得不好,难以使保障工作取得应有的成效,甚至可能由于粗心导致事故。所以,装备维修实施的组织者必须善始善终地抓好收尾工作,才能使各项装备维修保障工作收到圆满效果。

6.4.3 装备维修组织工作的基本要求

做好装备维修的组织工作,必须要对情况做到心中有数,要不断总结经验,掌握和运用装备维修组织工作和装备维修规律,并遵守以下要求:

(1) 目标统筹。就是要按维修目标进行统筹考虑。组织装备维修保障工作不能单讲效率,忽视质量安全,也不能单讲质量安全,忽视效率和经济性,总之不能单打一。同时,不能脱离全局去考虑局部,不能只顾眼前,不管长远。装备维修工作的组织者,要有多维观念、全局观念、长期观念,要在质量安全、效率、经济性的多维状态空间中,在全局中、长远利益的前提下,组织装备维修保障工作。

(2) 分阶段安排。客观事物的发展都有阶段性,任何一项维修保障工作都是分阶段进行的。如飞行机务保障,一般分为制定计划、预先机务准备、直接机务准备、再次出动机务准备和飞行后检查与讲评等几个阶段;飞机定期检修工作一般分制定计划、接收飞机、定检实施、出厂检验,定检讲评等阶段。工作按阶段安排,统筹才有可能,才有明确的控制点,工作才能有节奏、有条理、有效果。所以对任何一项装备维修工作都必须分析其发展阶段,按阶段来安排工作。大呼隆、工作无先无后,必然是杂乱无章、少慢差费。

(3) 要有层次。一是工作要有层次,要明确规定先后、主次、轻重、缓急,避免打乱仗,眉毛胡子一把抓,要事半功倍。二是领导要分层次,一级管一级,一级向一级负责,以调动全体官兵的工作积极性。一般情况下,随意越级指挥是收不到好的效果的，所以组织装备维修保障工作一定要有层次，要根据精简高效的原则建立必要的管理层次并充分发挥其功能作用。

(4) 按程序实施。按程序实施工作是维修保障工作客观规律的反映，是维修保障组织工作中一条重要的经验。实施程序化能使保障工作有秩序、高效地进行，做到忙而不乱，能避免漏洞和问题的发生。不仅组织管理工作要程序化，维修操作工作也要程序化。较复杂的工作一般都要运用统筹法画出程序图，如飞行机务保障工作组织程序图、定检工作组织程序图等。

(5) 调配科学化。科学调配，一是要使装备维修资源的分配最合理，人尽其才，物尽其用；二是要合理分配，使装备维修活动所用的时间和费用最省。因此，要有系统的观点和科学的方法，如用线性规划法来分配资源，用最短路线法来安排运输等。

(6) 分工专业化。分工专业化是装备及其维修保障工作复杂性所决定的。分工专业化不仅指按业务技术的专业分工(如机械、军械等)，也指按工作类型的专业分工(如日常维护、定期检修等)；不仅指结构化的专业分工(即用体制固定的分工)，也反映非结构化的专业分工(即一定时期按照需要组织一部分人专门干某种工作，如战时组织快速排故组，副油箱准备组等)。专业化分工可以使人员业务技术得到迅速提高，由于工作的单纯性，还可以使人集中精力、提高效率，并能相对节省人员。“一锅煮”的办法，是难以奏效的。所以人员分工应在可能性的条件下实行专业化分工，不能仅是任务分工。

(7) 责任制度化。组织装备维修保障必须实行严格的责任制。不仅要明确各个职位(如中队长、营长等)的责任，也要明确各个岗位的责任，并将其制度化。同时实行责与利相结合，有奖有惩。这样才能屏弃大锅饭的种种弊病，激发每个官兵的责任心和工作积极性，保证工作的落实和提高维修质量。

(8) 工作标准化。“没有规矩不成方圆”。没有标准就无法统一，无法修正，无法考评。组织任何一项装备维修保障工作都要提出标准，都要实行标准化，如维修操作动作、维修质量控制、工具设备、维修设施、维修现场秩序要标准化等。

(9) 要求严格化。这是各项工作和制度落实的保证。装备是要遂行作战任务的，某些微小差错就可能导致严重的后果，影响作战进程，乃至影响战争结局。因此要求组织装备维修保障工作要高标准，严要求，维修操作要做到一丝不苟，不能随心所欲，各行其是；要严格按法规制度规定要求组织装备维修保障工作，严格掌握技术标准，严肃对待装备故障，严格执行岗位责任制，严格维修纪律。

(10) 要有针对性。要针对装备保障特性、装备作战使用任务和环境条件等特点提出保障措施和要求，针对维修人员特点分配其任务，不给其不胜任的工作。装备维修的组织领导者要善于突出重点，抓主要矛盾，不搞一般化。例如，我军历史上所提出的预防十大故障、十大人为差错，加强重点机件、关键部位的维护等，都是在装备维修保障组织工作中抓重点的体现。

复习思考题

1. 分析装备维修组织管理的重要作用和意义。
2. 什么是组织？简述组织理论的发展概况及其发展趋势。
3. 阐述装备维修组织的内涵及其基本任务。
4. 简述装备维修组织的特点及其组织原则。
5. 简要分析各种组织结构模式的特点及装备维修组织设计与分析的基本内容。
6. 归纳总结航空维修体制的发展历程。
7. 阐述装备维修保障组织管理工作的基本内容及其关键环节。

第7章　装备维修控制

控制是装备维修管理的一项重要职能，贯穿于装备维修管理活动的全过程，各项装备维修管理活动，都与控制分不开，没有控制，或控制不力，就难以保证装备维修管理活动按照计划有序开展，其有效性将直接影响到装备维修工作质量和装备维修计划目标的实现，因此，在装备维修管理工作，控制具有重要的地位作用。

7.1　控制与装备维修控制

在装备维修管理过程中，通过有效的控制工作，可以更好地协调各方面的资源，及时跟踪和把握管理活动进程，了解和掌握计划的执行情况，发现问题，实施纠正，从而更好地实现装备维修管理目标。

7.1.1　控制的概念

1. 控制的含义

关于控制的含义，有很多不同的说法。法约尔认为，控制是监视个人是否依照计划、命令及原则执行工作；霍德盖茨认为，控制就是管理者将计划的完成情况和计划的目标相对照，然后采取措施纠正计划执行中的偏差，以确保计划目标的实现；孔茨认为，控制就是按照计划标准衡量计划的完成情况和纠正计划执行中的偏差以确保计划目标的实现。综合来看，控制就是检查工作是否按既定的计划、标准和方法进行，发现偏差，分析原因，进行纠正，以确保组织目标的实现。由此可见，控制职能几乎包括了管理者为保证实际工作与计划一致所采取的一切活动。从上述对控制概念的理解来看，主要包含四个方面的要点：一是控制具有很强的目的性，即控制是为了保证各项活动按计划进行；二是控制是通过监督检查和纠偏来实现的；三是控制是一个过程；四是控制与计划密不可分，计划是控制的依据，控制是计划的保证，离开了控制，一切计划将成为空想。

2. 控制的类型

管理控制的种类很多，常用的分类方法有：根据控制的性质，可分为预防性控制和更正性控制；根据控制点位于整个活动过程中的位置，可分为预先控制、过程控制和事后控制；根据实施控制的来源，可分为正式组织控制、群体控制和自我控制；根据控制信息的性质，可分为反馈控制和前馈控制；根据控制所采用的手段，可分为直接控制和间接控制。控制的分类情况如表7-1所列。

表 7-1 控制的类型

分类原则	控制类型
按控制活动的性质划分	①预防性控制;②更正性控制
按控制点的位置划分	①预先控制;②过程控制;③事后控制
按控制来源划分	①正式组织控制;②群体控制;③自我控制
按信息的性质划分	①反馈控制;②前馈控制
按采用的手段划分	①直接控制;②间接控制

3. 控制的内容

控制的内容即控制的对象,从管理要素和管理工作实际来看,主要包括人员、财务、作业、信息和组织绩效等五个方面的控制。

(1) 对人员的控制。管理目标需要由组织成员按照计划工作去做来实现,因而需要对人员进行控制。对人员控制,最常用的方法是直接巡视检查,发现问题立即进行纠正;另一种有效的方法是进行绩效评估,奖优惩劣,激励先进,使其维持或加强良好表现;鞭策落后,使其纠正行为偏差,按标准要求开展工作。

(2) 对财务的控制。任何一个组织的有效运行,都需要财力支撑,都需要获取必要的利润,因而必须对财务进行控制,这主要包括审核各期的财务报表,以确保各项资产都能得到有效利用。预算是最常用的财务控制衡量标准,也是一种有效的控制工具。

(3) 对作业的控制。所谓作业是指从劳动力、原材料等资源获得最终产品和服务的过程,作业质量在很大程度上决定了产品或服务的质量。作业控制就是通过对作业过程的控制,来评价并提高作业的效率和效果,从而提高产品或服务的质量。管理中最常见的作业控制主要包括生产控制、质量控制、原材料采购控制、库存控制等。

(4) 对信息的控制。随着社会形态由工业化步入信息化,信息技术的迅猛发展及其广泛应用,信息对管理的影响作用显著增强,已成为管理的核心主导性要素,信息的质量直接影响管理效率效益。对信息的控制,最主要的是要建立一个有效的管理信息系统,实现对信息的集成管理,为管理提高可靠充分的信息。

(5) 对组织绩效的控制。组织绩效是指组织在某一时期内组织任务完成的数量、质量、效率和效益情况,是管理目标达成的综合反映。组织绩效控制对管理目标的综合控制,是管理高层的控制对象。组织绩效控制的关键在于科学合理地确定组织绩效标准,由于组织绩效反映的是一个组织运行的整体效果,因而组织绩效目标确定的关键取决于组织的目标取向,即要根据组织完成目标的实际情况并按照目标所设定的标准来衡量组织绩效。

4. 控制的手段

管理活动采用的控制手段包括人员配备,对实施情况进行评价,正式组织结构,政策与规划，财务办法以及自适应办法等，如图7-1所示。这些控制手段并不是相互排斥的，而是紧密相关的。在许多情况下，可能同时需要采用几种控制手段，以保证控制的有效性。

图7-1　常用的管理控制手段

5. 控制的方法

管理工作包括多方面的内容，对于不同的方面进行控制就要有不同的方法。一般可以把管理控制的方法归纳为三类，即财务控制方法、人员控制方法和综合控制方法。各种控制方法的应用范围如表7-2所列。

表7-2　控制方法的应用范围

方法类别	方法名称	应用范围
财务	预算	收入、支出、积累、产量、销量、原材料利用、成本、利润、时间、人力资源等多方面
	损益平衡表	产量和价格等方面的决策
	贴现收益率法	投资
	财务报表分析	利润、资金周转、收入、支出、生产率等多方面
人员	鉴定式评价方法	人员选用、晋升、调任等
	实地审查方法	人员选用、晋升、调任等
	强选择列等方法	人员的晋升、工资等
	成对列等比较法	建立人事决策档案等
	偶然事件评价法	训练、监督等
综合	资料设计	各种控制的基础
	审计	财务与管理活动的保证监督等
	网络分析方法	项目的进度、时间、资源等
	目标管理	组织目标、人员行为和态度等

7.1.2　装备维修控制的概念

1. 装备维修控制的含义

装备维修系统在运行过程中，不可避免地会受到系统内外各种因素的影响和制约，使得装备维修计划发生变化，维修活动出现偏差，为确保装备维修活动按计划开展，装备维修目标的最终实现，必须对装备维修活动实施有效控制。

装备维修控制，是指监督检查装备维修工作是否按既定的计划、标准和方法进行，及时发现偏差，分析原因，进行纠正，以确保装备维修方针、维修质量和维修目标的实现。

装备维修控制与装备维修的各项工作活动密不可分，渗透在装备维修各项工作活动之中,贯穿于装备维修系统运行全过程。对于军事装备这种高可靠性高安全要求而言,人们深刻认识到,没有控制,装备维修质量安全就难以得到保障,各项工作活动就难以有序高效开展,装备维修目标就难以实现。

从理论上讲,如果装备维修计划都能够按照预定计划顺利实施,那么控制工作就显得不那么重要了,但实际情况是,在装备维修系统运行过程中,几乎所有的维修计划都不可能顺利得到实施,这主要是因为以下两个方面的原因:一是装备维修系统内部因素的变化。对于装备维修系统而言,装备维修资源供给总是处于不充分不平衡的状态,维修人员能力的发挥、维修设备工具的使用、相关部门的配合等,总会发生某些与维修计划不一致或者例外的情况,这无疑将会导致维修计划难以顺利实施。如维修人员的能力素质,甚至维修人员的精神状态,以及器材备件、设备工具等的保障、调配,都会影响维修作业的质量和进度。二是装备维修系统外部因素变化。即使装备维修系统内部因素稳定可靠,但由于系统外部环境,如作战任务、自然环境、社会环境等的变化,也会影响维修计划的实施。如作战任务的增加或改变、天气环境的变化等,都将影响装备维修计划的执行,使计划实施的实际过程、结果与预期的计划目标不相符合。由于以上两个方面的原因,使装备维修计划难以顺利实施,而控制的作用就在于及时发现计划执行的问题和偏差,并及时采取纠正措施,确保装备维修计划和各项工作顺利实施,因此,控制在装备维修管理活动中地位作用重要。

2. 装备维修控制的关键点

由于装备维修活动的多样性、复杂性,需要衡量的标准很多,即使是一项简单的维修计划,也很难将所有的结果与标准进行对照衡量,而要对整个装备维修工作进行控制就更难了。从实际情况来看,衡量所有的装备维修工作活动,不仅是不现实的,也是不必要的,对于装备维修管理来讲,要做的并不是要去检查控制所有的工作活动,而是要选择一些关键的控制点,通过这些关键控制点,以点带面,实现对整个维修工作活动的有效控制。

关键控制点,其关键性在于该控制点或控制因素对整个控制过程和结果的影响程度,其可能是装备维修活动中的一些限定性因素,也可能能够使维修计划更好发挥作用的因素。显然,装备维修系统中不同部门、不同单位的工作性质不同、管理层次不同,其关键控制点的选择是不一样的。因此,有关关键控制点的选择,应对装备维修中不同的计划和控制工作进行针对性的分析,同时还应对控制条件、控制技术、控制要求等因素进行系统分析,在此基础上再确定关键控制点。

从系统的角度来看,装备维修是一个过程活动,如图 7-2 所示。根据装备维修控制活动的侧重不同,即侧重于管理活动的哪个阶段,装备维修控制关键点的设置主要有三种:预先控制点、过程控制点和事后控制点。装备维修系统这三种控制关键点的设置如图 7-2 所示。

3. 装备维修控制的要求

控制是装备维修管理的一项重要工作,特别是对于装备这种可靠性、安全性要求

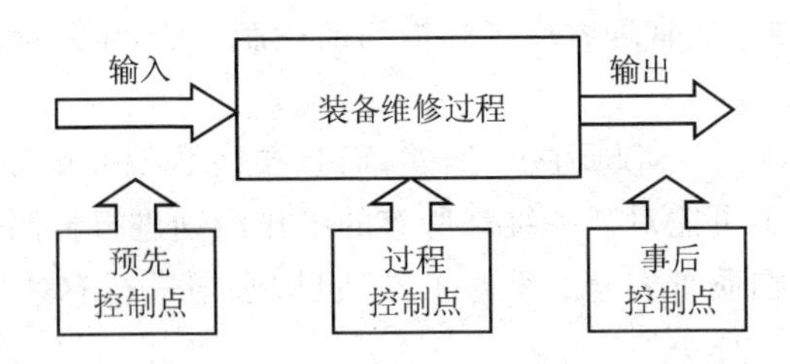

图7-2　装备维修控制关键点的设置

高，使用环境严酷，控制就显得更为重要。在装备维修工作实际中，由于装备维修处于保障地位，即使制定了良好的计划，也会因作战需求的动态性，以及装备维修工作的复杂性，由于没有把握住控制这一重要环节，最后可能还是未能达成预期目标。因此，为了能够实施有效的装备维修控制，必须了解和把握相关的控制标准要求。

（1）目标明确。控制是为实现装备维修目标而服务的。不同的对象、不同的层次、不同的工作性质，装备维修控制的目的是不一样的。良好的维修控制必须以明确的目标为前提，必须反映控制对象的特点要求，不能为控制而控制，搞形式主义。装备维修管理的重要任务之一，就是要在众多的甚至相互矛盾的目标中选择出关键的、能反映维修工作本质和需要的目标，并加以控制。

（2）及时有效。良好的控制必须及时发现装备维修系统运行过程和结果存在的问题，并及时采取纠偏措施。如果控制滞后或控制不力，往往会造成难以预料的损失。时滞现象是反馈控制的一个难以克服的困难。解决该问题较好的办法是采用前馈控制，采取预防性控制措施，使实施的最初阶段就能严格按照标准方向前进。一旦发现偏差，就要对以后的实施情况进行预测，使控制措施针对将来，这样即使出现时滞现象，也能有效地加以更正。

（3）注重经济性。任何一项管理活动都是需要费用的，是否进行控制，控制到什么程度，都要考虑其经济性。要把控制所需要的费用同控制所产生的结果进行经济性比较，只有当有利可图时才实施控制。考虑控制的经济性，可做出损益分析图定量地进行比较，确定最佳的控制范围，这时实施控制才是合适的。

（4）客观真实。控制应该客观，这是对装备维修控制工作的基本要求。在整个控制过程中，最易引起主观因素介入的是绩效的衡量阶段，尤其是对人的绩效进行衡量更是如此。装备维修管理者要特别注意评价工作，因为如果没有对绩效的客观评价或衡量，就不可能有正确的控制。要客观地控制，第一要尽量建立客观的计量方法，即尽量把绩效用定量的方法记录并评价，把定性的内容具体化；第二要从组织目标的角度来观察问题，应避免形而上学的观点、个人偏见和成见。

（5）保持弹性。控制必须保证在发生了一些未能预测的事件情况下，如任务变化、环境突变、计划疏忽、计划变更、计划失败等，控制工作仍然有效，不受影响。因此，装备维修控制必须要有一定的弹性，必须有替代方案。

（6）预见性。预则立，不预则废，及时发现偏差，不如预先估计出可能发生的偏差，预先采取行动更好，故管理者应选择恰当的控制方法，未雨绸缪，使偏差能早日觉察以防患于未然。

(7) 突出重点。控制不仅要注意偏差，而且要注意偏差的项目。由于装备维修工作活动的复杂性，不可能对装备维修所有的工作活动进行控制，因而装备维修控制必须突出重点，如影响质量安全的维修工作项目，必须进行有效控制，以确保装备作战使用的安全可靠。

7.2 装备维修控制的模式

在装备维修活动过程中，维修管理人员为方便检查，及时发现偏差，进行纠正，往往要借助于一定的手段、方法，通过一定的作用途径对维修系统的运行实施控制。

装备维修控制模式就是维修管理人员对装备维修系统的运行实施控制的作用方式，包括控制模型的选择、工作步骤的确定、信息反馈的样式。根据控制时点的不同，一般可以将控制分为反馈控制、同步控制和前馈控制，三者之间的关系如图 7－3 所示。

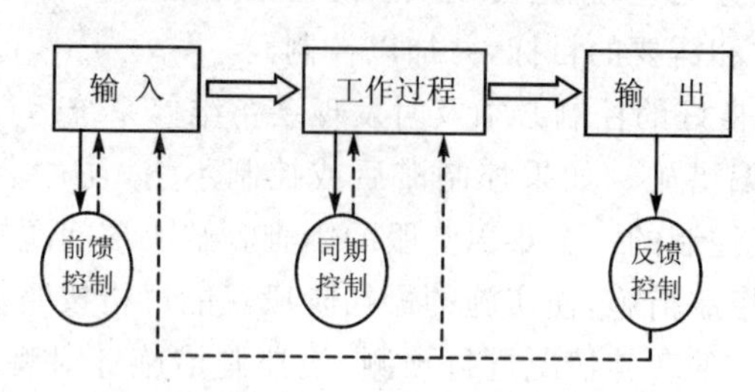

图 7－3 控制的类型

7.2.1 反馈控制

控制论的创始人维纳指出，自然界经由信息反馈来发现错误，并引发更正错误的行为过程，以此来控制它们本身。维纳的控制论及控制系统几乎适用于一切控制过程。装备维修管理也不例外，装备维修管理活动往往是借助于信息反馈，不断地分析过去的信息来指导将来的发展进程，从而来实现维修方针和维修目标。

反馈控制是一种最主要也是最传统的控制方式。它的控制作用发生在行动作用之后，其特点是把注意力集中在行动的结果上，并以此作为改进下次行动的依据。其目的并非要改进本次行动，而是力求能“吃一堑，长一智”，改进下一次行动的质量。

反馈控制的过程可用图 7－4 表示。控制的过程首先从预期和实际工作成效的比较开始，指出偏差并分析其原因，然后制定出纠正的计划并进行纠正，纠正的结果将可以改进下一次的实际工作的成效或者将改变对下一次工作成效的预期。可见在评定工作成效与采取纠正措施之间有很多重要环节，各环节的工作质量，都对反馈控制的最终成果有着重大影响。

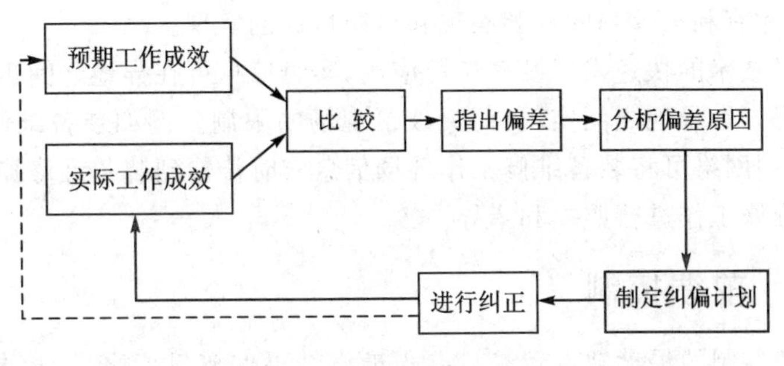

图7-4　反馈控制过程

反馈控制的对象可以是行动的最终结果,如维修质量、完好率等;也可以是行动过程中的中间结果,如工序质量等。前者可称为端部反馈,后者称为局部反馈。通过反馈能够发现被结果掩盖的一些问题,例如对装备完好率的控制。装备完好率的提高可能只是由于维修强度增加的结果,这就掩盖了维修保障能力、维修保障效益实际有所下降的严重情况。因此,反馈控制对于及时发现问题、排除隐患有着非常重要的作用。

在装备维修管理工作中,反馈控制用途非常广泛,如人员考评、维修质量检验等,都属于反馈控制的内容。这类控制对装备维修管理水平的提高发挥着很大的作用。但反馈控制最大的弊端就是它只能在事后发挥作用,对已经发生的对组织可能的危害却无能为力,其作用类似于"亡羊补牢",而且在反馈控制中,偏差发生和发现并得到纠正之间有较长一段时滞,这必然对偏差纠正的效果产生很大影响。虽然在装备维修管理活动中,反馈控制仍然是管理者采用最多的控制形式,但是,由于它存在着上述缺陷,在一般情况下装备维修管理者应该先采用其余两种控制形式。

7.2.2　同步控制

同步控制的控制作用发生在装备维修工作活动过程中,即与工作过程同时进行。其特点是在工作活动过程中,一旦发生偏差,马上予以纠正。其目的就是要保证工作活动尽可能地少发生偏差,改进本次而非下一次工作活动的质量。

同步控制被较多地用于对装备维修活动现场的控制,由基层管理者执行。同步控制通常包括两项职能:一是技术性指导,即对下属的工作方法和程序等进行指导;二是监督,确保下属完成任务。在同步控制中,由于需要管理者即时完成包括比较、分析、纠正偏差等完整的控制工作,所以,虽然控制的标准是计划工作确定的行动目标、政策、规范和制度等,但控制工作的效果更多地依赖于现场管理者的个人素质、作风、指导方式,以及下属对这些指导的理解程度等因素。因此,同步控制对装备维修管理者的要求较高。此外,同步控制的内容还与被控制对象的性质特点密切相关,对简单劳动或是标准化程度很高的工作,严格的现场监督可能收到较好的效果;但对于高级的创造性劳动而言,装备维修管理者应该更侧重于创造出一种良好的工作环境和氛围，这样才有利于计划的顺利实现和组织目标的实现。

随着信息技术的快速发展及其广泛应用，实时信息可在异地之间迅速传送，这就使同步控制得以在异地之间实现，而突破了现场的限制。例如装备维修工作实行计算机联网，利用网络可将装备维修工作现场信息实时传输到装备维修控制部门，以便及时对装备维修工作进行监控和指导。

7.2.3 前馈控制

由于反馈控制的最大缺点就是只有当最终结果偏离目标之后，控制才可能发挥作用，而且偏差发生和纠正偏差之间存在的时滞也往往会影响偏差纠正的效果。因此，装备维修管理者更希望能有一个控制系统，能在问题发生之前就告知管理者，使其能够马上采取措施以使问题不再发生，这种控制系统就是“前馈控制”。

前馈控制的控制作用发生在行动作用之前，其特点是将注意力放在工作活动的输入端上，使一开始就能将问题的隐患排除，防患于未然，可见前馈控制的效果正是管理者追求的目标。

显然，实行前馈控制，必须建立在对整个装备维修系统和维修计划透彻分析的基础之上，装备维修管理者必须对下列两方面的内容了然于胸：

(1) 系统的输入量和主要变量。这包括装备维修工作活动中的各项需求因素和要求的各项条件是什么？其中波动的可能性最大，同时对维修工作活动结果影响很大的因素是哪些？计划对它们的要求是什么？等等。

(2) 系统的输入量和输出结果的关系。这包括以上这些输入量是如何影响输出结果的？如果输入量发生波动，那么输出结果将会如何改变？等等。

在前馈控制中，装备维修管理者可以测量这些输入量和主要变量，然后分析它们可能给系统带来的偏差，并在偏差发生之前采取措施，修正输入量，避免最终偏差的发生。可见，前馈控制是以系统的输入量为馈入信息，而反馈控制则是以系统的输出量为馈入量，前者是控制原因，后者则是控制结果。

在装备维修管理中，对前馈控制的需求是非常大的。如定检工作安排、维修人员训练、维修工具更新、保障装备维修、器材备件请领、维修风险控制等。事实上，前馈控制是一个非常复杂的系统，因为它不仅要输入影响计划执行的各种变量，还要输入影响这些变量的各种因素，同时还有一些意外的或事先无法预测的影响因素，这些因素虽然事先无法了解，但它们的影响必须在事先就进行预防。具体地说，要进行有效可行的前馈控制，必须满足以下几个必要条件：

(1) 必须对计划和控制系统进行透彻、仔细的分析，确定重要的输入变量。

(2) 必须建立清晰的前馈控制系统模型。

(3) 注意保持模型的动态性，经常检查模型以了解所确定的输入变量及其相互关系是否仍然反映实际情况。

(4) 必须经常收集系统输入量的数据并输入控制系统。

(5) 必须定期评估实际输入量和计划输入量之间的差异并评估其对最终结果的影响。

(6) 必须采取行动,不但应指出问题,还应采取措施来解决它们。

7.3 装备维修管理控制的过程

虽然装备维修控制的对象复杂多元,控制工作的要求也不尽相同,但控制工作的过程基本是一致的,大致可分为四个步骤:首先要确定标准,其次将工作结果与标准进行衡量,然后分析衡量的结果,最后是针对问题采取管理行动。

7.3.1 确定标准

所谓标准,就是评定成效的尺度。根据标准,管理者无须亲历工作的全过程就可以了解整个工作的进展情况。标准是控制的基础,离开了标准就无法对活动进行评估,控制工作也就无从谈起了。

事实上,标准的制定应该是属于计划工作的范畴,但由于计划的详细程度和复杂程度不一,它的标准不一定适合控制工作的要求,而且控制工作需要的不是计划中的全部指标和标准。而是其中的关键点。所以,管理者实施控制的第一个步骤是以计划为基础,制定出控制工作所需要的标准。

标准的类型很多,可以是定量的,也可以是定性的。一般情况下,标准应尽量数字化和定量化,以保持控制的准确性。在装备维修管理工作中,经常使用以下几种类型的标准:

(1) 时间标准,是指完成一定工作所需花费的时间限度。

(2) 生产率标准,是指在规定时间里所完成的工作量。

(3) 消耗标准,是指完成一定工作所需的有关消耗。

(4) 质量标准,是指工作应达到的要求,或是产品或劳务所应达到的品质标准。

(5) 行为标准,是对保障人员规定的行为准则要求。

对不同的对象、不同的计划、不同的控制环节,控制标准有所不同。如世界著名的麦当劳快餐店非常注重及时服务,其制定的控制标准其中就包括:①95%的顾客进店3分钟之内应受到接待;②预热的汉堡包在售给顾客前,其烘烤的时间不得超过5分钟;③顾客离开后5分钟之内所有的空桌必须清理完毕等。在实际工作中,常用的制定标准的方法有以下三种:

(1) 统计方法,即根据组织的历史数据记录或对比同类组织的水平,用统计学的方法确定标准。

(2) 工程方法,即指以准确的技术参数和实测的数据为基础制定的标准。这种方法主要用于定额标准的制定。

(3) 经验估算法,即指由经验丰富的管理者来制定标准。这种方法通常是对以上两种方法的补充。

标准的制定是全部控制工作的第一步，一个周密完善的标准体系是整个控制工作的质量保证。

7.3.2 衡量工作

有了完备的标准体系。第二步工作就是要采集实际工作的数据，了解和掌握工作的实际情况。在衡量工作中，衡量什么以及如何去衡量，这是两大核心问题。

事实上，衡量什么的问题在衡量工作之前就已经得到了解决，因为管理者在确立标准时，随着标准的制定，计量对象、计算方法以及统计口径等也就相应地被确立下来了，所以简单地说，要衡量的是实际工作中与已制定的标准所对应的要素。

关于如何衡量，这是一个方法问题，在实际工作中有各种方法，常用的有如下几种：

(1) 个人观察。个人观察提供了关于实际工作的最直接的第一手资料，这些信息没有经过第二手而直接反映给管理者，避免了可能出现的遗漏、忽略和信息的失真。特别是在对基层工作人员工作绩效的控制时，个人观察是一种非常有效，同时也是无法替代的衡量方法。但是个人观察的方法也有许多局限性：首先，这种方法费时费力，需要耗费管理者大量的劳动；其次，仅凭简单的观察往往难以考察更深层次的工作内容；第三，由于观察的时间占工作总时间的比例有限，往往不能全面了解各个方面的工作情况；最后，工作在被观察时和未被观察时往往不一样，管理者有可能得到的只是假象。

(2) 统计报告。统计报告就是将在实际工作中采集到的数据以一定的统计方法进行加工处理后而得到的报告。特别是计算机应用技术越来越发达的今天，统计报告对衡量工作有着很重要的意义。但尽管如此，统计报告的应用价值还是要受两个因素的制约：一是其真实性，即统计报告所采集的原始数据是否正确，使用的统计方法是否恰当，管理者往往难以判断；二是其全面性，即统计报告中是否包括了全部的涉及工作衡量的重要方面，是否遗漏或掩盖了其中的一些关键点，管理者也难以肯定。

(3) 口头报告和书面报告。这种方式的优点是快捷方便，而且能够得到立即的反馈。其缺点是不便于存档查找和以后重复使用，而且报告内容也容易受报告人的主观影响。两者相比，书面报告要比口头报告更加准确全面，而且也更加易于分类存档和查找，报告的质量也更容易得到控制。

(4) 抽样检查。在工作量比较大而工作质量又比较平均的情况下，管理者可以通过抽样检查来衡量工作，即随机抽取一部分工作进行深入细致的检查，以此来推测全部工作的质量。这种方法最典型的应用是产品质量检验。在产品数量极大或者产品检验具有破坏性时，这是唯一可以选择的衡量方法。此外，对一些日常事务性工作的检查来说，这种方法也非常有效。

在选取上述方法进行衡量工作的同时，要特别注意所获取信息的质量问题，信息质量主要体现在以下四个方面：

（1）准确性，即所获取的用于衡量工作的信息应能客观地反映现实，这是对其最基本的要求。

（2）及时性，即信息的加工、检索和传递要及时，过分拖延的信息将会使衡量工作失去意义，从而影响整个控制工作的进行。

（3）可靠性，即要求信息在准确性的基础上还要保证其完整性，不因遗漏重要信息而造成误导。

（4）适用性，即应根据不同管理部门的不同要求而向他们提供不同种类、范围、内容、详细程度、精确性的信息。

衡量工作是整个控制过程的基础性工作，而获得合乎要求的信息又是整个工作的关键。

7.3.3 分析衡量结果

衡量工作的结果是获得了工作实际进行情况的信息，那么分析衡量结果的工作就是要将标准与实际工作的结果进行对照，并分析其结果，为进一步采取管理行动做好准备。

比较的结果无非有两种可能，一种是存在偏差，另一种是不存在偏差。实际上并非与标准不符合的结果都被归结为偏差，往往有一个与标准稍有出入的浮动范围。一般情况下，工作结果只要在这个容限之内就不认为是出现了偏差。

一旦工作结果在容限之外，就可认为是发生了偏差。这种偏差可能有两种情况：一种是正偏差，即结果比标准完成得还好；另一种是负偏差，即结果没有达到标准。对于正偏差当然是件令人高兴的事，但如果是在控制要求比较高的情况下，对其也应进行详细分析：仅仅是因为运气好，还是因为人员的努力工作？原来制定的计划有没有问题？是否是因为标准太低？等等。这些问题都有进一步分析的必要。在实际工作中，甚至可能出现结果是好的（只是一些偶然因素造成的），但在重点控制的工作过程中一些关键环节实际上比预期的要糟，而这些环节将会成为影响今后工作成果的决定性因素。在这种情况下，仍应将工作结果作为负偏差来分析。

如果工作结果出现负偏差，那么当然更有进一步分析的必要。正因为工作的结果是由各方面因素确定的，所以偏差的原因也可能是各种各样的。例如某单位维修质量下降，原因可能是组织工作不力，人员更新，也可能是装备质量自身的问题等。因此，管理者就不能只抓住工作的结果，而应该充分利用局部控制，将工作过程分步骤分环节地进行考虑，分析出偏差出现的真实原因。一般来讲，原因不外乎三种：一是计划或标准本身就存在偏差；二是由于组织内部因素的变化，如工作的组织不力、人员工作懈怠等；三是由于组织外部环境的影响，如保障装备的更新等。事实上虽然各种原因都可以归结为这三点，但要做出具体分析，不仅要求有一个完善的控制系统，还要求管理者具备细致的分析能力和丰富的控制经验。

分析衡量结果是装备维修控制过程中最需要理智分析的环节，是否要进一步采取管理行动取决于对结果的分析。如果分析结果表明没有偏差或只存在健康的正偏差，那么控制人员就不必再进行下一步，控制工作也就可以到此完成了。

7.3.4 采取管理行动

控制过程的最后一项工作就是采取管理行动，纠正偏差。偏差是由标准与实际工作成效的差距产生的，因此，纠正偏差的方法也就有两种：要么改进工作绩效，要么修订标准。

（1）改进工作绩效。如果分析衡量的结果表明，计划是可行的，标准也是切合实际的，问题出在工作本身，管理者就应该采取纠正行动。这种纠正行动可以是组织中的任何管理行动，如管理方法的调整、组织结构的变动、附加的补救措施、人事方面的调整，等等。总之，分析衡量结果得出是哪方面的问题，管理者就应该在哪方面有针对性地采取行动。

按照行动效果的不同，可以把改进工作绩效的行动分为两大类：立即纠正行动和彻底纠正行动。前者是指发现问题后马上采取行动，力求以最快的速度纠正偏差，避免造成更大的损失，行动讲究结果的时效性；后者是指发现问题后，通过对问题本质的分析，挖掘问题的根源，即弄清偏差是如何产生的，为什么会产生，然后再从产生偏差的地方入手，力求永久性地消除偏差。可以说前者重点纠正的是偏差的结果，而后者重点纠正的是偏差的原因。在控制工作中，管理者应灵活地综合运用这两种行动方式，特别注意不应满足于“救火式”的立即纠正行动，而忽视从事物的原因出发，采取彻底纠正行动，杜绝偏差的再度发生。在实际工作中，有些管理者热衷于“头痛医头，脚痛医脚”式的立即纠正行动方式，这种方式有时也能得到一些表面的、一时的成效，但由于忽视了分析问题的深层原因，不从根本上采取纠正行动，最终无法避免“被煮青蛙的命运”，这是值得管理者深思的。

（2）修订标准。在某些情况下，偏差还有可能来自不切实际的标准。因为标准制定得过高或过低，即使其他因素都发挥正常也难以避免与标准的偏差。这种情况的发生可能是由于当初计划工作的失误，也可能是因为计划的某些重要条件发生改变，等等。发现标准不切实际，管理者可以修订标准。但是管理者在做出修订标准的决定时一定要非常谨慎，防止被用来为不佳的工作绩效作开脱。管理者应从控制的目的出发作仔细分析，确认标准的确不符合控制的要求时，才能做出修正的决定。不切实际的标准会给组织带来不利影响，过高的实现不了的标准会影响员工的士气，而过低的轻易就能实现的标准又容易导致员工的懈怠情绪。

采取管理行动是控制过程的最终实现环节，也是其他各项管理工作与控制工作的连接点，很大一部分管理工作都是控制工作的结果。

7.3.5 对监控者的监控

1. 对监控者监控的重要性

装备维修管理控制工作是系统内部管理工作的一个重要部分,控制工作主要是由组织内的监控者来具体实施的。系统内一切人的工作都应该得到监控,以确保其能符合组织的方向和目标,因此,监控工作和监控人员本身也应该得到监控。不仅如此,还由于以下两个原因,使得对监控者的监控在组织中具有极其重要的意义。

(1) 装备维修控制工作本身的特殊性。控制工作是要保证装备维修各项活动能按计划进行,一切活动都要有利于装备维修目标的实现,如果装备维修控制工作本身存在偏差,那么不仅要损害控制工作本身的质量,更重要的是会使装备维修管理的其他各项工作因为监控的薄弱而阻碍组织目标的实现。因此,对控制工作的监控在组织中有着更加突出的重要性。在实际工作中,如果有些活动出现问题,只要处在良好的控制中,问题就不会显得那么严重,得到解决的可能性也比较大,而当问题一旦出现失控时,情况就会变得复杂和严重。

(2) 对监控者的监控常常是被忽视的环节。监控者在装备维修控制工作中居于主导地位,监控者又都是系统中拥有相当权力的管理者,对他们缺乏监控机制,常常会酿成很多重大问题。装备使用和维修保障过程中发生的一些重大问题和事故,有相当一部分是发生在装备维修管理者和质量控制人员身上,因而必须弥补装备维修控制的这一薄弱环节,确保装备维修控制的完备性。

由此可见,在装备维修管理中,建立起对监控者的控制机制,是重要任务之一。

2. 对监控者的监控方式

如何对装备维修管理中的监控者进行监控?这既是一个理论问题,更是一个实践问题。显然,这绝不是制定一套规范的控制制度就能解决的问题,而是要采取各种方式,从不同的角度加强对监控者的监控。这些方式有的是来自组织内部,有的是来自组织外部;有的是制度性的,有的是说服教育型的。实践证明,以下几种方法有助于实施对监控者的监控。

(1) 加强有关规范组织行为的立法。通过健全有关法规制度使得对监控者的监控能够有法可依,从而能够从法制的角度约束监控者的行为。

(2) 宣传教育。通过新闻媒介,宣传好的事例,树立好的榜样;揭露存在的问题,抨击反面典型。通过参加培训班、个别交谈等形式对在岗的或即将上岗的管理者进行宣传教育,培养他们的道德情操,树立高尚的信念,使他们在工作中能够自觉地进行自我监控,并将自己放在组织监控系统中,自觉接受监控。

(3) 建立健全组织的监控系统。通过制度规定对监控者,特别是主要领导者实施有效监控。目前最有效的是以下几种方法:①通过建立现代管理制度,确立科学合理的装备维修管理体系模式,实施对监控者的监控。②建立监督制度,如维修质量控制部门相对独立,对组织机构和管理者进行质量控制;或由上级有关管理机构派出稽查小组,对监控者实施监控。③实施问责制。

(4) 加大惩处力度,加强警示教育。由于装备维修对象的高技术性和维修工作本身的复杂性,监控者由于自身工作责任性不强,难免会发生一些问题,但通过加大惩处力度,加强警示教育,可以减少这类行为的发生,起到惩处少数,教育多数的效果。

7.4 装备维修质量控制

质量是反映实体满足明确和隐含需要的能力的特性总和,具有丰富的内涵和外延,涵盖装备寿命周期过程,如装备的设计质量、生产制造质量、服务质量以及维修质量等,其中维修质量是指通过维护和修理所达到的装备满足使用要求的程度。随着装备的复杂化、智能化、体系化,维修已成为装备的一个有机组成部分,直接关系到装备战斗力的生成与发挥,装备使用的经济性和有效性。为保证装备具有较高的可用性和经济性,控制装备使用寿命,必须对装备维修过程中的质量状况、信息数据进行监控和分析处理,预测可能出现的偏差,分析存在的问题,及时采取有效的管理措施,保证装备维修工作的优质高效。

7.4.1 装备维修质量的波动性

在长期生产实践和管理过程中,人们发现装备质量和自然界的事物一样,没有两个绝对相同的事物,总是或多或少地存在着差异,这就是质量变异的固有特性——波动性。装备维修质量也一样,同一型号不同装备的维修质量可能各不相同,同一装备不同时期的维修质量也有差异,装备维修质量波动性是客观存在的。因此,只有掌握了装备维修质量波动的客观规律,才能对装备维修质量实施有效的控制。装备维修质量波动性的原因可从来源和性质这两个不同的角度进行分析。

1. 维修质量的波动性来源

引起装备维修质量波动性的原因通常概括为“5M1E”,即材料(Material),材料成分、物理性能与化学性能等;装备(Machine),装备型号的差异、批次的不同、技术状态的差异等;方法(Methods),维护或保养不当或者使用维修人员操作不当等;操作者(Man),技术水平的差异、熟练程度、工作态度、身体条件以及心理素质等;测量(Measure),测量设备落后、检测方法错误、试验手段落后,不能保证质量性能指标的统一和稳定等;环境(Environment),温度、湿度、亮度、清洁条件,以及装备作战使用环境等。

2. 维修质量波动性特性

根据以上六方面原因,按其性质可归纳为两类:偶然性原因和系统性原因。

(1) 偶然性原因。偶然性原因是指诸如维修工具的正常磨损,操作或维修人员细微的不稳定性等这样一些原因,它们的出现是由随机性因素造成的,不易识别和测度。由于随机因素是不可避免的,经常存在的,所以,也称偶然性原因为正常原因,是一种经常起作用的无规律的原因。

(2) 系统性原因。系统性原因是指诸如刀具严重磨损,装备不正确调整,操作或维修人员偏离操作或维修规程、标准等这样一些原因,它们容易被发现和控制,采取措施后容易消除。由于这些因素是由明显倾向性或一定规律的因素造成的,因此是可以避免的,也是不允许存在的,所以,也称系统性原因为异常原因,它是一种不经常起作用的有规律的原因。

正常原因所造成质量特性值的波动称为正常波动,并称这时的维修过程处于统计的控制状态或处于控制状态;异常原因所造成质量特性值的波动称为异常波动,并称这时的维修过程是处于非统计的控制状态或处于非控制状态。维修过程处于控制状态,维修数据具有统计规律性,而处于非控制状态,维修数据的统计规律性就受到破坏。因此,维修质量控制的重要任务之一就是要分析维修质量特性数据的规律性,从中发现异常数据并追查原因,消除异常因素,把重点从“事后把关”转移到“事前控制”上来,以减少或预防故障与事故的发生。

7.4.2 全面维修质量控制

随着对质量控制工作认识的深化和质量控制技术的发展,质量控制已经从质量检验、统计过程控制发展到全面质量管理、质量管理工程、信息化质量控制等阶段,显著提高了质量控制效率效益。与此相适应,装备维修质量贯彻全面质量管理思想,实施全面维修质量管理。之所以将其界定为全面维修质量管理,一是与全面质量管理相适应,二是控制是管理的一项职能,这也意味着维修质量控制内涵外延的深化与拓展,与装备全系统全寿命维修管理相适应。

1961年,费根堡姆出版了《全面质量管理》(Total Quality Control)一书,标志着全面质量管理理论的正式诞生,其后在日本、欧洲得到了推广和发展,1994版ISO 8402标准对“Total Quality Management”一词下了定义,以此为标志,全面质量管理经历了从“TQC”到“TQM”的发展过程。

费根堡姆对TQM的定义是:“为了能够在最经济的水平上,并考虑到充分满足顾客要求的条件下进行市场研究、设计、制造和售后服务,把企业内各部门的研制质量、维持质量和提高质量的活动构成为一体的一种有效的体系”。

ISO 8402对TQM的定义是:一个组织以质量为中心,以全员参与为基础,目的在于通过让顾客满意和本组织所有成员及社会受益而达到长期成功的管理途径。

全面维修质量管理是应用全面质量管理的理论、方法与手段对装备维修质量实施的管理过程与管理体系。按照美国著名质量管理专家费根堡姆的定义,全面质量管理(TQM)是一种新型的质量管理模式,它不是一种简单的管理方法,而是一种学说,是一整套管理思想、管理理念、技术手段和科学方法的综合体系,而不只是传统的检测技术或统计分析技术。

1. 全面维修质量管理的特点

根据全面质量管理的理论、方法和手段，全面维修质量管理具有以下特点：

(1) 全面的管理。广义的质量除了装备质量之外，还包括工作质量，全面维修质量管理所指的质量是广义的质量，即不仅是指装备的维修质量，而且包括赖以形成装备维修质量的工作质量。

(2) 全过程的管理。装备维修质量与装备质量具有直接关系，装备质量是装备寿命周期过程各种管理和技术活动的综合结果，是一个完整过程所形成的。所以，维修质量和质量一样是设计出来的，生产出来的，而不是靠事后检验得来的。根据这一规律和认识，全面维修质量管理要求从装备维修质量形成的全过程，从设计、生产制造一直到使用和维修保障等各环节来进行有效管理，做到防检结合，以防为主。

(3) 全员的管理。维修质量贯穿装备寿命周期全过程，是各种因素相互作用的结果，也是装备寿命周期过程中每一成员工作质量的综合结果。因此，全面维修质量管理需要群众性的参与，从管理人员到操作人员，从直接设计、生产人员到使用、维修保障人员，都有一定的维修质量管理职能；同时，全面维修质量管理也需要所有部门的共同努力，建立以质量管理为中心环节的保障体系，将各部门的工作有机组织起来，使每个人都必须保证维修质量，人人都在为增强维修质量管理恪尽职守。

(4) 综合性的管理。全面维修质量管理的综合性特点是指维修质量管理采用的方法是全面的，多样的，是一个由多种管理技术、管理手段和科学方法所组成的综合性的管理体系。全面维修质量管理有一套完整的质量保证体系，包括质量管理职能、责任和信息反馈控制制度、质量标准和管理程序等。

2. 全面维修质量管理的运作

全面维修质量管理是一个不断地、连续地维修质量改进过程，这一过程也称为计划(Plan)、执行(Do)、检查(Check)、处理(Act)过程即 PDCA 循环。由于该循环是由美国的戴明提出的，所以又称戴明循环。过程改进的出发点是更好地满足用户需求，所以首先必须从用户的角度来选择应予改进的问题或质量特性，并确定改进的目标和指标，然后依次进行规划、执行、检查和处理，一般可将其分为四个阶段、八个步骤，具体过程分析如下：

(1) 计划阶段。制定质量目标、活动计划和实施方案。维修质量问题可能来自上级指令、制造单位通报或本单位在使用维修中的发现。计划阶段又可分为以下述四个步骤：

① 找出质量问题。根据目标，采用直方图、控制图等工具，找出存在的质量问题。

② 分析质量问题原因。采用因果分析图、散布图等工具分析质量问题的原因或影响因素。

③ 找出主要原因所在。从各种原因中，用帕累托图、散布图等工具找出影响质量的主要原因，分析原因的主次。

④ 制定计划措施。针对影响质量的主要原因，提出计划，制定措施，预计效果，并确定具体的执行者、时间、进度、地点、部门、完成方法和成本等，见表7-3所列的5W2H方法。

表7-3 5W2H方法

类 型	5W2H	说 明	对 策
主题	做什么	要做的是什么？该项任务能取消吗？	取消不必要的任务
目的	为什么做	为什么这项任务是必需的？澄清目的。	
位置	在何处做	在哪儿做这项工作？必须在那儿做吗？	
顺序	何时做	何时是做这项工作的最佳时间？必须在那个时间做吗？	改变顺序或组合
人员	谁来做	谁来做这项工作？应该让别人做吗？为何是我来做？	
方法	怎么做	如何做这项工作？这是最好的方法吗？还有其他方法吗？	简化任务
成本	花费多少	现在的花费是多少？改进后将花费多少？	选择一种改进方法

以上步骤是规划阶段的工作程序，也是PDCA循环的前四个工作步骤。

（2）执行阶段。就是按预定计划和措施要求执行，以贯彻和实施计划目标和任务。这是PDCA循环的第五个步骤。

（3）检查阶段。就是对照执行结果和预定目标，检查计划执行的情况是否达到预期的效果，哪些措施有效，哪些措施效果不好，成功的经验是什么，失败的教训又是什么，原因是什么，等等，所有这些问题都应在检查阶段调查清楚。这是PDCA循环的第六个步骤。

（4）处理阶段。它包括两个步骤：

① 根据上阶段检查的结果，总结经验教训，把成功的经验肯定下来，制定或修改有关的标准或规范，以供今后遵循。这是PDCA循环的第七个步骤。

② 反馈问题，把尚未解决的问题反馈到下一PDCA循环中去，再从第一个步骤开始循环。这是PDCA循环的第八个步骤。

PDCA循环使人们认识到，维修质量管理是一个持续的不断发展提高的管理过程，是按照PDCA循环周而复始不断循环的过程。

7.4.3 装备维修工作质量控制

1. 装备维修工作质量

所谓装备维修工作质量，就是与装备维修质量有关的工作对于装备维修质量的保证程度。装备维修质量涉及一个维修组织中的所有部门和人员，体现在维修组织的各种活动之中，高效优质的维修质量必须以高效优质的维修工作质量来保证和满足，如图7-5所示。

2. 装备维修工作质量的闭环控制

装备维修工作可看成是将一系列输入经过系统过程变换为一系列输出的活动，

其质量控制是通过有效的反馈机制来保证实施的。由图 7-5 可知，维修系统的主要输入有：维修程序和标准、人员、材料和备件、设备和工具等要素。

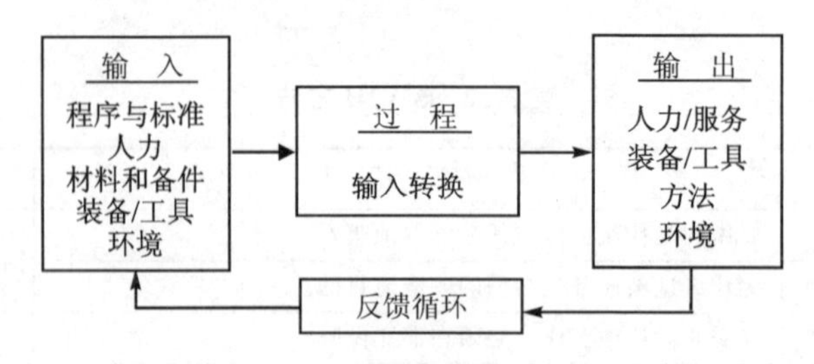

图 7-5 装备维修过程控制图

3. 装备维修工作质量影响因素分析与控制

装备维修工作质量是维修机构管理工作和工作质量的总称，是维修质量的保证和基础，因此上述四个因素是影响维修工作质量的关键。同时，维修工作质量的关键因素就是对重要的、不可重复的工作建立工作质量标准。如果维修工作不符合标准，可运用因果分析图来调查这个不合格维修工作的根本原因。

7.5 装备维修质量过程控制方法工具及其运用

质量过程控制方法源于 1924 年美国贝尔电话实验室，其首次在设备质量管理中以数理统计图表的方式应用，经过多年的实践和发展，业已成为质量管理的重要内容。应用概率论和数理统计的原理和方法来研究设备质量变化的客观规律，目前已发展了多种方法和技术工具。在装备维修质量管理过程控制中，常用的主要有直方图、因果分析图、帕累托图、控制图、散布图等工具。

7.5.1 直方图及其应用

直方图是发生的频数与相对应的数据点关系的一种图形表示，是频数分布的图形表示。直方图有助于形象化地观察数据分布、形状以及离差。直方图的一个主要应用就是确认数据的分布，常用于装备维修时间分布、装备故障时间分布、装备停机时间分布等情形。因此，直方图可用于确认重要维修活动的分布，并可直观地观察和粗略估计出正常波动的统计规律或异常波动的特性。

应用直方图进行统计分析，首先将所收集的数据按大小顺序分成若干间隔相等的组；其次以组距为横轴，以各组数据频数为纵轴，将其按比例绘制成若干直方柱排列的图。下面举例说明直方图的具体运用过程。

【例 7-1】 某型液压泵 88 个故障时间(h)：75，61，51，91，91，125，127，52，147，

95,140,179,95,140,99,155,112,187,114,149,141,136,152,75,148,73,175,125,153,102,63,128,64,126,60,123,127,33,106,127,147,39,169,44,105,93,48,140,102,91,76,140,80,108,10,14,76,14,75,151,45,82,43,64,89,86,65,87,126,141,106,115,88,87,88,69,68,28,47,102,92,109,190,100,12,110,115,125。试绘制其直方图。

解:

(1) 确定分组数。将 n 个数据分成 k 组:当 $n \leqslant 50$ 时,取 $k=5\sim6$。当 $50<n\leqslant 100$ 时,取 $k=6\sim10$;当 $n>100$ 时,取 $k=10\sim20$。若 n 很大时,可根据斯特科经验公式计算。$k=1+3.3\lg n$,令 $n=88$,因此取 $k=9$。

(2) 确定组距。应用数据组的极差 R 和分组数 k 来确定组距 d。

$$R=\max_{1\leqslant i\leqslant n}\{x_i\}-\min_{1\leqslant i\leqslant n}\{x_i\},\quad d=R/k$$

令 $R=190-10=180$,因此 $d=180/9=20$;当然也可以采用不等距分组。

(3) 列表计算各组频数。统计各组频数,如表 7-4 所列。

表 7-4 某型液压泵故障时间频数统计

组 数	组 距	频数 f_i
1	10～30	5
2	30～50	7
3	50～70	10
4	70～90	14
5	90～110	17
6	110～130	15
7	130～150	11
8	150～170	5
9	170～190	4

(4) 绘制直方图。以纵坐标表示频数,横坐标表示各组组距(时间),各组频数为

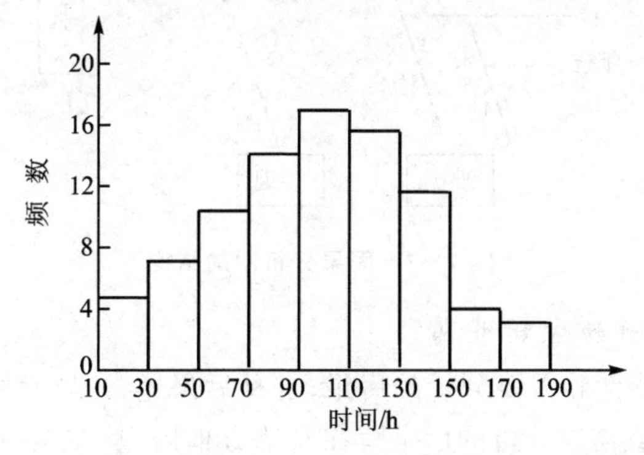

图 7-6 频数直方图

直方柱的高,即可得频数直方图,如图 7-6 所示。如果各个直方柱的高不是取频数 f_i,而是频率 f_i/n,便可得到频率直方图,频率直方图与频数直方图的形态完全相同。

从图 7-6 可以直观地看出,该泵故障时同分布很可能具有正态分布的特性,因此,维修过程处于控制状态。

应用直方图,可以判断出维修质量是否在可控状态,是否存在问题,但若要分析原因,确定出存在的各种问题,需要应用因果分析图、散布图等。

7.5.2 因果分析图及其应用

因果分析图是表示质量特性与原因关系的图,它把对某项质量特性具有影响的各种主要因素加以归类和分解,并在图上用箭头表示其间的关系,因而又称为特性要因图、树枝图、鱼刺图等。因果分析图中的后果指的是需要改进的质量特性以及这种后果的影响因素。因果分析图通常可用于装备故障、装备停机时间等原因的确认与分析。

1. 因果分析图的结构

因果分析图由质量特性、要因和枝干三部分组成。质量特性是期望对其改善或进行控制的某些属性,如合格率、缺陷率、故障率、维修工时等;要因是对质量特性施加影响的主要因素,要因一般是导致质量异常的几个主要来源,如维修质量的要因可归纳为"5M1E";枝干是因果分析图中的联系环节,把全部要因同质量特性联系起来的是主干,把个别要因同主干联系起来的是大枝,把逐层细分的因素(细分到可以采取具体措施的程度为止)同各个要因联系起来的是中枝、小枝和细枝,如图 7-7 所示。

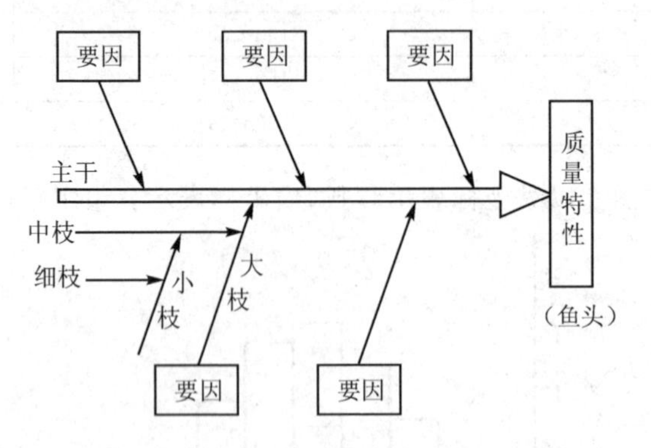

图 7-7 因果分析图的结构

2. 因果分析图的分析步骤

(1) 确定质量特性和需要分析的后果,这种后果通常是一种需要改进和控制的现象。将质量特性或需要分析的后果写在右侧方框内,从左至右画一长箭头指向质量特性。图 7-8 中的需要分析的后果为维修责任事故征候。

(2) 确定影响质量特性或后果的要因，并将其标绘在主干上，要因线和主干线的夹角一般为60°～75°。

(3) 对大枝的要因进行细分，逐步画出中枝、小枝、细枝，大枝线和中枝线的夹角以及中枝线和小枝线的夹角仍为60°～75°。检查确认所有因素及其相互关系是否恰当，所分析各层次的关系必须是因果关系，要因应一直分析到能采取措施为止，如图7-8所示。

(4) 找出影响质量的关键因素，用方框把它们框起来作为制定质量改进措施的重点，如图7-8中的“业务水平低”“未复查”“未按规定检查”等。

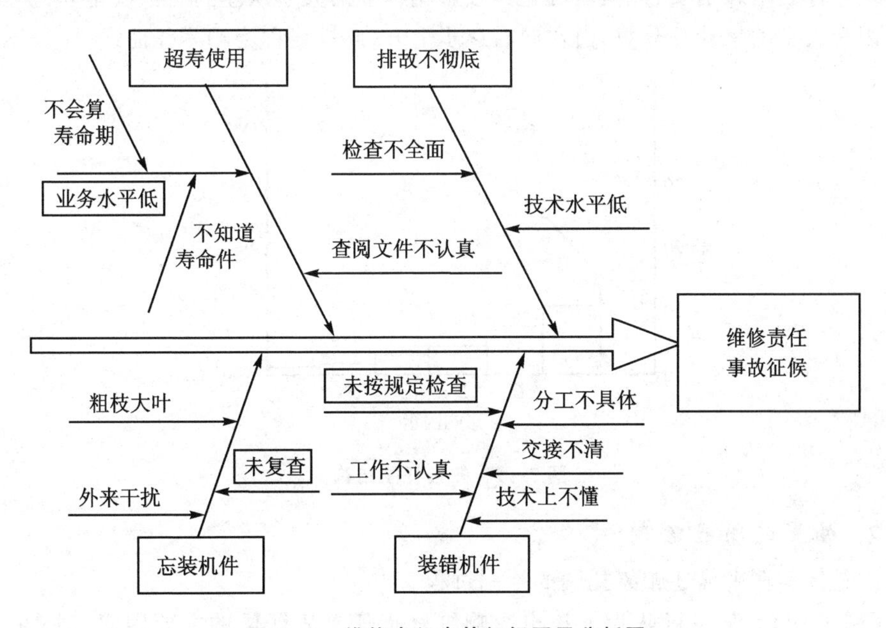

图7-8　维修责任事故征候因果分析图

从维修责任事故因果分析图可以看出，影响维修责任事故征候的主要因素有“业务水平低”“未复查”“未按规定检查”等。在这几种关键因素中，它们对消除维修责任事故征候的作用如何，哪一种因素是最关键的，因果分析图并未能给出一个肯定的答案。对此，一种常用的技术就是帕累托图，也被称作ABC分析。

7.5.3　帕累托图及其应用

帕累托图，最早是由意大利经济学家帕累托(V. Pareto)提出来的，用以分析社会财富的分布状况，发现少数人占有大量财富的现象，所谓“关键的少数与次要的多数”这一关系。后来美国的朱兰(J. M. Juran)将此法应用于质量控制，因为在质量问题中也存在“少数不良项目造成的不合格产品占据不合格品总数的大部分”这样一个规律。帕累托图是用于寻找关键因素的一种工具，在维修质量控制中，常用它确定影响故障、事故和维修中其他问题的主要因素。帕累托图一般将影响因素分为三类：

A 类包含大约 20％的因素，但它导致了 75％～80％的问题，称为主要因素或关键因素；B 类包含了大约 20％的因素，但它导致了 15％～20％的问题，称为次要因素；其余的因素为 C 类，称为一般因素，这就是所谓的 ABC 分析法。利用帕累托图便于确定关键因素，利于抓住主要矛盾，有重点地采取针对性管理措施。

1. 帕累托图的结构

帕累托图的结构由两个纵坐标、一个横坐标、几个直方柱和一条折线组成，如图 7－9 所示，左纵坐标表示频数（件数、次数等），右纵坐标表示频率（用百分数表示）；横坐标表示影响质量的各种因素，按影响程度的大小从左到右依次排列；折线表示各因素大小的累计百分数，由左向右逐步上升，此折线称为帕累托曲线。

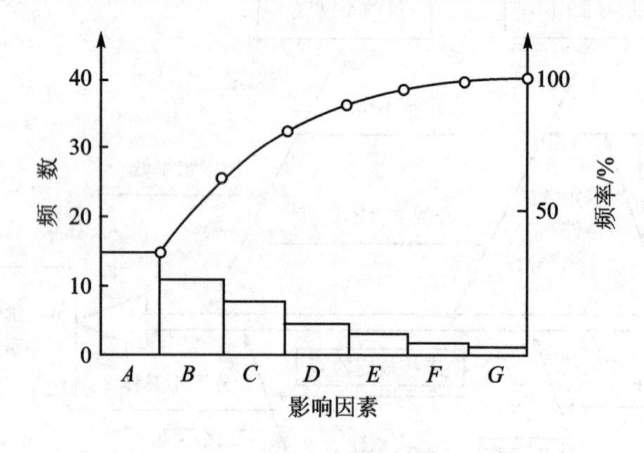

图 7－9 帕累托图结构

2. 帕累托图的绘制

以具体实例来描述帕累托图的绘制过程。

【例 7－2】 某飞行队为了找出影响维修责任事故征候的主要因素，对 1973—1982 年的 10 年间，因维修责任所造成的 89 次事故征候，按四个方面原因进行了分类统计，其统计数据如表 7－5 所列，试绘制其帕累托图。

解：

（1）收集一定的维修质量数据，并将其分成不同的项目或类别，如表 7－5 所列。

（2）计算各类别的累计频数、频率与累计频率，如表 7－5 所列。

表 7－5 维修责任事故征候统计

原 因	事故征候频数	频率/％	累计频率/％
错装机件	52	58.4	58.4
忘装机件	18	20.2	78.6
超寿使用机件	11	12.4	91.0
故障排除不彻底	8	9.0	100.0
总计	89	100.0	

3. 绘制帕累托图

(1)按一定比例绘制两个纵坐标和一个横坐标:左纵坐标表示频数,右纵坐标表示频率;横坐标表示项目类别,各项目按其频率大小从左向右依次排列,并各占一定相同的宽度,如图 7－10 所示。

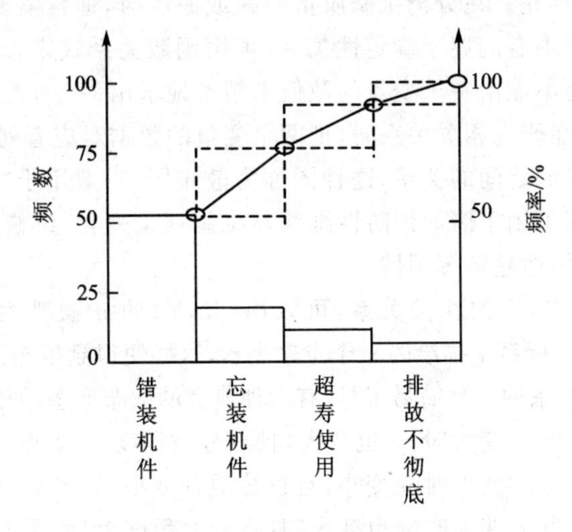

图 7－10 维修责任事故征候原因帕累托图

(2) 确定左纵坐标刻度,按频数大小顺序绘制累计频数图。

(3) 确定右纵坐标刻度,绘制帕累托曲线:各项目以横坐标线上所占的宽度为底,以频率为高,作一系列的直方柱,最后用统计表上的累计频率在图上描点,将各点连接起来即为帕累托曲线;或者,把各项目类别的直方柱上移,移接在前一个直方柱的右顶点(如图 7－10 直方柱所示),然后作第一直方柱和所有虚线直方柱的对角线(方向从左下角到右上角),这些对角线的连线就是帕累托曲线。

4. 帕累托图的应用

(1) 帕累托图指明了改善维修质量特性的重点。在维修质量控制中,为了获取更好的维修效果,应合理地确定所采取措施的对象。从帕累托图可以看出,直方柱高的前两、三项对质量影响大,对它们采取措施,维修质量改善效果显著。

(2) 帕累托图可以反复应用,在解决维修质量问题的过程中,帕累托图可以而且应该反复应用,以使问题逐步深化。例如,从帕累托图中发现维修事故征候的主要原因是错装和忘装机件,但无法采取具体对策,此时需要分析错装和忘装的原因,然后再作错装和忘装的原因帕累托图(第二层次的帕累托图)。一旦采取对策措施后,应重新收集数据再作帕累托图,并将其与原来的帕累托图对比,从而分析验证所采取措施的有效性。

7.5.4 散布图及其应用

散布图是表示两个变量之间相关性的图形，通常用于研究因果关系，也是前面讨论的因果分析因的补充。在分析维修质量问题或原因时，通常需要了解各个变量之间的关系，这些关系中有的属于确定性关系，可用函数关系式来表达；有的变量之间虽然存在着关系，但不能由一个变量的数值来精确地求出另一个变量的数值，这种关系称为相关关系。在研究相关关系时，把两个变量的数据对应着列出，用小点画在坐标图中，以便观察它们之间的关系，这种图称为散布图，一般用于趋势分析。在维修质量控制中，散布图可用于诸如预防性维修与维修质量变化、维修费用趋势、备件储备趋势以及装备可用性趋势等领域。

两个随机变量 X,Y 的相关关系，可以用(X,Y)的 n 次观察值$(x_1,y_1),(x_2,y_2),\cdots,(x_n,y_n)$在坐标系中描绘的 n 个点来表示，这样便得到散布图。散布图是初步认识两个变量相关关系的一种简易工具，有六种典型的散布形态，如图 7-11 所示。

(1) 强正相关，当 x 变大时，y 也变大，且点分散程度小，如图 7-11(a)所示。

(2) 强负相关，当 x 变大时 y 变小，且点分散程度小，如图 7-11(b)所示。

(3) 弱正相关，当 x 变大时 y 也变大，且点分散程度大，如图 7-11(c)所示。

(4) 弱负相关，当 x 变大时 y 大致变小，且点分散程度大，如图 7-11(d)所示。

(5) 不相关，当 x 与 y 无明显规律，如图 7-11(e)所示。

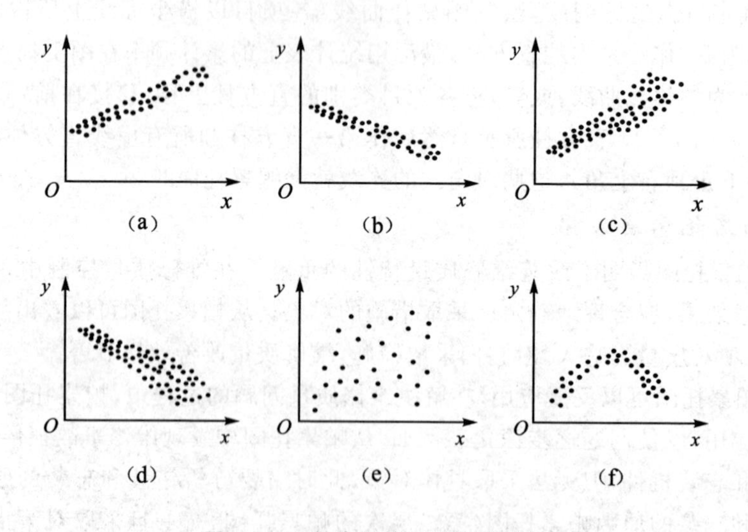

图 7-11 散布图的六种典型形态

(6) 非线性相关或曲线相关，x 与 y 呈曲线变化关系，如图 7-11(f)所示。

散布图中点散布的疏密程度与坐标单位选取有关，仅凭视觉观察容易出现判断错误。所以，在进一步分析变量相关性时，需要计算其相关系数。通过 n 个样本数

据$(x_i, y_i)(i=1,2,\cdots,n)$计算相关系数的公式为

$$r=\frac{S_{xy}}{\sqrt{S_{xx}S_{yy}}} \tag{7-1}$$

式中：r 为相关系数；$S_{xx}=\sum_{i=1}^{n}x_i^2-\frac{1}{n}\left(\sum_{i=1}^{n}x_i\right)^2$；$S_{yy}=\sum_{i=1}^{n}y_i^2-\frac{1}{n}\left(\sum_{i=1}^{n}y_i\right)^2$；$S_{xy}=\sum_{i=1}^{n}x_iy_i-\frac{1}{n}\left(\sum_{i=1}^{n}x_i\right)\left(\sum_{i=1}^{n}y_i\right)$；相关系数取值范围是 $0<|r|<1$。

完全相关时，$|r|=1$；完全不相关时，$|r|=0$。

【例 7-3】　统计某机队 24 架飞机 12 个月的飞行小时数与故障数的数据，如表 7-6 所列，试绘制散布图，分析其相关性。

表 7-6　飞行小时与故障数的统计数据

月　份	1	2	3	4	5	6	7	8	9	10	11	12
飞行小时/h	6 250	5 650	5 710	5 538	6 639	4 998	4 048	6 100	5 104	4 682	5 136	4 359
故障数	415	380	392	401	405	308	307	398	351	361	375	269

解：将飞行小时数视作 x，故障数视作 y，其散布图如图 7-12 所示。从图中可以大致看出点围绕某直线方向散布，表示随着飞行小时的增长故障数有增加的趋势。

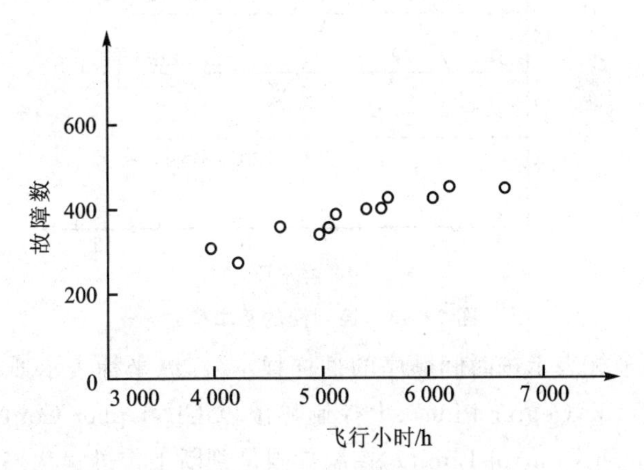

图 7-12　故障数与飞行小时的关系

按表 7-6 的数据，计算其相关系数 r，因

$$\sum_{i=1}^{12}x_i=64\ 214,\quad \sum_{i=1}^{12}x_i^2=350\ 262\ 490$$

$$\sum_{i=1}^{12}y_i=4\ 362,\quad \sum_{i=1}^{12}y_i^2=1\ 609\ 140,\quad \sum_{i=1}^{12}x_iy_i=23\ 678\ 800$$

将其代入式(7-1)，得 $r=0.852$，即故障数与飞行小时数之间有强正相关关系。

值得注意的是，由式(7-1)计算出的相关系数，当样本容量较小，例如 $n<20$ 时，r 与母体真实相关系数的误差一般较大，故只能将 r 值作为参考。当样本容量 n 相当大(例如 $n>50$)时，把 r 作为母体真实相关系数的近似值才比较合适。

7.5.5 控制图及其应用

控制图在质量控制中是非常重要的，而且应用也非常广泛。在维修质量控制中，控制图可用于装备可用性、质量控制、故障次数、停机时间、备件储备等领域，是装备维修质量控制的核心工具。

1. 控制图的概念

控制图是一种应用科学方法对工作过程(如生产过程、维修过程)质量进行测定、记录从而进行管理控制的图形，用于区别质量特性值的波动是由于偶然原因还是系统原因所引起，从而判明工作过程是否处于控制状态的一种工具，是质量控制的一种核心工具。控制图在维修质量控制中的应用，有别于上述讨论的各种质量控制工具，是一种动态的，能够进行过程观察与动态监控的分析工具。现以单值控制图为例，说明控制图的基本模式，如图 7-13 所示。

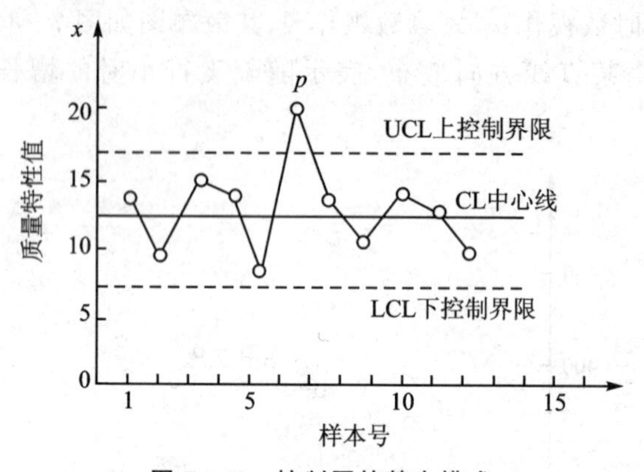

图 7-13 控制图的基本模式

控制图的横坐标表示按时间顺序的抽样样本号，纵坐标表示质量特性值。控制图一般有中心线(CL，Center Line)、上控制界限(UCL，Upper Control Limit)、下控制界限(LCL，Lower Control Limit)，控制界限是判断工作过程状态正常与否的标准尺度。把各样本的质量特性值依次逐点描在控制图上，如果点全都落在上、下控制界限之内，且点的排列又正常时，即可判断质量是处于控制状态，否则就认为质量过程存在着异常因素(如图 7-13 中的 p 点)，应查明原因，予以消除。

2. 控制图的原理

控制图中的控制界限是判断工作过程状态是否存在异常因素的标准尺度，它是根据数理统计的原理计算出来的。若质量特性值服从正态分布，或虽服从二项分布或泊松分布，但样本容量足够大，那么，在正常情况下，各样本质量特性值仅受偶然原因的影响，将只有很少一部分不合质量要求，绝大多数样本质量特性值都应该出现在控制界限之内。因此，在质量控制中，比较通用的方法是按“3σ 原则”确定控制界限，而把中心线定为受控对象质量特性值的平均值，即

$$\left.\begin{aligned} CL &= \mu \\ UCL &= \mu + 3\sigma \\ LCL &= \mu - 3\sigma \end{aligned}\right\} \tag{7-2}$$

式中：μ 为正态分布的均值；σ 为正态分布的标准偏差；CL 为中心控制线；UCL 为上控制线；LCL 为下控制线。

正态分布时，在正态曲线下总面积的特定百分数可以用标准偏差的倍数来表示。例如，正态曲线下以 $\mu \pm \sigma$ 为界限的面积为正态曲线下总面积的 68.27%。类似地，$\mu \pm 2\sigma$ 为 94.45%，$\mu \pm 3\sigma$ 为 99.73%。所以，在正常情况下按“3σ 原则”的质量特性值落在控制界限之外的概率是 0.27%。这就是说，在 1 000 次中约有 3 次把正确的误断为不正确的错误，称为第Ⅰ类错误，或称为“弃真”错误，发生这种错误的概率通常记为 α。若把界限扩大为 $\pm 4\sigma$，第Ⅰ类错误的概率为 0.006%，这就是指在 10 万次中约有 6 次误断错误，概率显然是非常小的。可是把控制界限如此扩大，失去发现异常原因而引起的质量变动的机会也扩大了，即把不正确的误断为正确的错误增大了，称为第Ⅱ类错误，或称为“纳伪”错误，发生这种错误的概率通常记为 β。由于控制图是通过抽样来控制设备质量的，因此两类错误是不可避免的。对于控制图，中心线一般是对称轴，而且上下控制界限是平行的，因此所能变动的只是上下控制界限的间距。若将间距增大，则 α 减小而 β 增大；反之，则 α 增大而 β 减小，因此，只能根据这两类错误造成的总损失最小来确定上下控制界限。

长期实践经验证明，应用“3σ”原则确定的控制界限能使两类错误造成的损失最小，这也就是为什么取 $\pm 3\sigma$ 作为控制界限的原因。控制图的实质是区分偶然性原因和系统性原因两类因素，选用 $\mu \pm 3\sigma$ 作为偶然性原因与系统性原因的判别界限，把落在控制界限以内的质量特性看作是正常的，把落在控制界限以外的质量特性看作是异常的，这就对维修质量起到了控制界限判断标准的作用。

3. 几种常用的控制图

根据 GJB 4091，控制图按质量数据特点可分为计量值控制图和计数值控制图两类。计量值控制图是利用样本统计量反映和控制母体的均值和标准偏差，计量值控制图对系统性原因的反应敏感，具有及时查明并消除异常的作用，其效果比计数值控制图显著。计数值控制图是以不合格品率、缺陷数等质量特性作为研究和控制的对象，以预防不合格品的发生。维修质量控制中几种常用的控制图如表 7－7 所列。

表 7－7 中 x 为样本观察值，$\bar{x}$ 为样本均值，S 为样本标准偏差，R 为极差，$\bar{R}$ 为极差均值，R_S 为移动极差，$\bar{R}_S$ 为移动极差均值，p 不合格品率，$\bar{p}$ 为不合格品率均值，n_i 为第 i 个样本容量，c 为缺陷数，$\bar{c}$ 为缺陷数均值，A_2、D_3、D_4 均为系数，如表 7－8 所列。

表 7-7　维修质量控制中几种常用的控制图

种　类	名　称	表示符号	中心线	控制界限	适用范围及特点
计量值控制图	单值控制图	x	$\bar{x}$	$UCL=\bar{x}+3S$ $LCL=\bar{x}-3S$	数据少时用； 反应迅速，检出能力弱
	均值-极差控制图	$\bar{x}-R$	$\bar{x}R$	$UCL=\bar{x}+A_2\bar{R}$ $LCL=\bar{x}-A_2\bar{R}$ $UCL=D_4R$ $LCL=D_3R$	适用于各种参数； 检出能力强
	单值-移动极差控制图	$x-R_S$	$\bar{x}R_S$	$UCL=\bar{x}+2.66\bar{R}_S$ $LCL=\bar{x}-2.66\bar{R}_S$ $UCL=3.27\bar{R}_S$ $LCL=0$	适用于在一定的时间内只能获得单个数据的情况； 检出能力强
计数值控制图	不合格品率控制图	p	$\bar{p}$	$UCL=\bar{p}+\sqrt{\frac{\bar{p}(1-\bar{p})}{n_i}}$ $UCL=\bar{p}-\sqrt{\frac{\bar{p}(1-\bar{p})}{n_i}}$	适用于不合格品率、故障千时率、提前拆换率、出勤率等；检出能力与样本大小有关
	缺陷数控制图	c	$\bar{c}$	$UCL=\bar{c}+3\sqrt{c}$ $UCL=\bar{c}-3\sqrt{c}$	适用于缺陷数、事故数、维修差错数等；要求每次检测样本大小 n 不变，检出能力与样本大小有关

表 7-8　计算 3σ 控制界限的几种系数表（N 为分组样本容量）

N	2	3	4	5	6	7	8	9	10
d_3	1.128	1.693	2.059	2.326	2.534	2.704	2.847	2.970	3.078
d_3	0.852 5	0.888 4	0.879 8	0.864 1	0.848	0.833	0.820	0.808	0.797
A_2	1.880	1.023	0.729	0.577	0.483	0.419	0.373	0.337	0.308
D_3						0.076	0.136	0.184	0.223
D_4	3.267	2.575	2.282	2.115	2.004	1.924	1.864	1.816	1.777

4. 控制图的判断准则

控制图的基本要点是按第Ⅰ类错误概率 α 的大小来确定控制界限，进而判断点是否出界。控制图绘制后，如果图中的点绝大多数在控制界限内，且点的排列没有缺陷，属于随机排列，则可判断此时维修过程处于控制状态；如果有一定量的点越出界限或虽然没有越出控制界限但排列有缺陷，则判断维修过程失控。具体判断规则有两类：

(1) 维修过程稳定状态判断。应满足下面两个要求：

1) 点全部或绝大部分在控制界限内。具体讲，连续 25 个点在控制界限内；或连续 35 个点中仅有 1 个在控制界限外；或连续 100 个点最多有 2 个在控制界限外。

2)在控制界限内的点排列无缺陷。

(2) 维修过程异常状态判断

1) 点越出控制界限(在控制界限上也算越限)。

2) 点在警戒区内，即点处于±(2～3)倍标准偏差的范围内，如图 7－14(a)所示。例如连续 3 个点中有 2 个在警戒区内；或连续 7 个点中有 3 个在警戒区内；或连续 10 个点中有 4 个在警戒区内，均可判断为不稳定状态。

3) 点在控制界限内，但其排列出现有链、倾向性或周期性缺陷中的一种，则判断为不稳定状态。

① 连续链。在中心线一侧连续出现点的情况称为链或连续链。用链内所含点的个数表示链的长度，如链≥7，则判断工作过程为不稳定状态，如图 7－14(b)。

② 间断链。在中心线一侧出现点间断的情况称为间断链。例如连续 11 个点中有 10 个在中心线一侧，如图 7－14(c)；或连续 14 个点中有 12 在中心线一侧；或连续 17 个点中有 14 个在中心线一侧；或连续 20 个点中有 17 个在中心线一侧，则判断为不稳定状态。

③ 倾向性。点逐渐上升或下降的状态称为倾向性。当有连续不少于 7 个点的上升或下降的趋向，则判断为不稳定状态，如图 7－14(d)。

④ 周期性。点发生周期性变动，预示存在着某种周期性的干扰，则判断为不稳定，如图 7－14(e)。

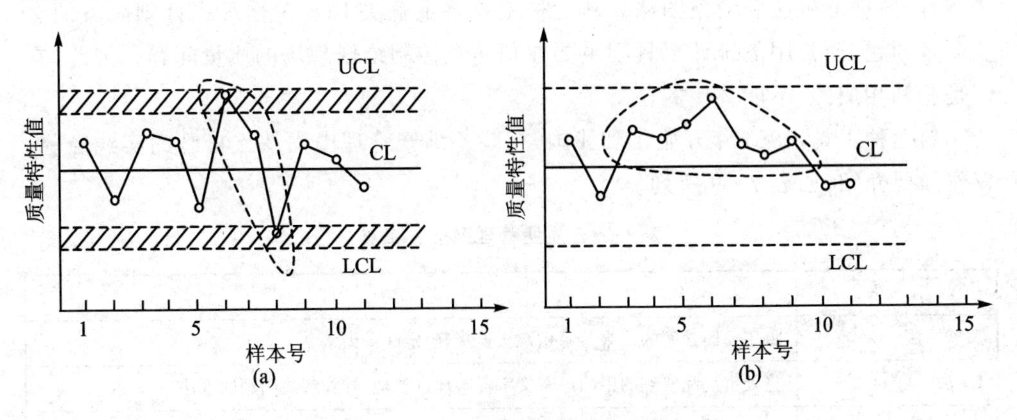

图 7－14　点排列有缺陷的几种情况

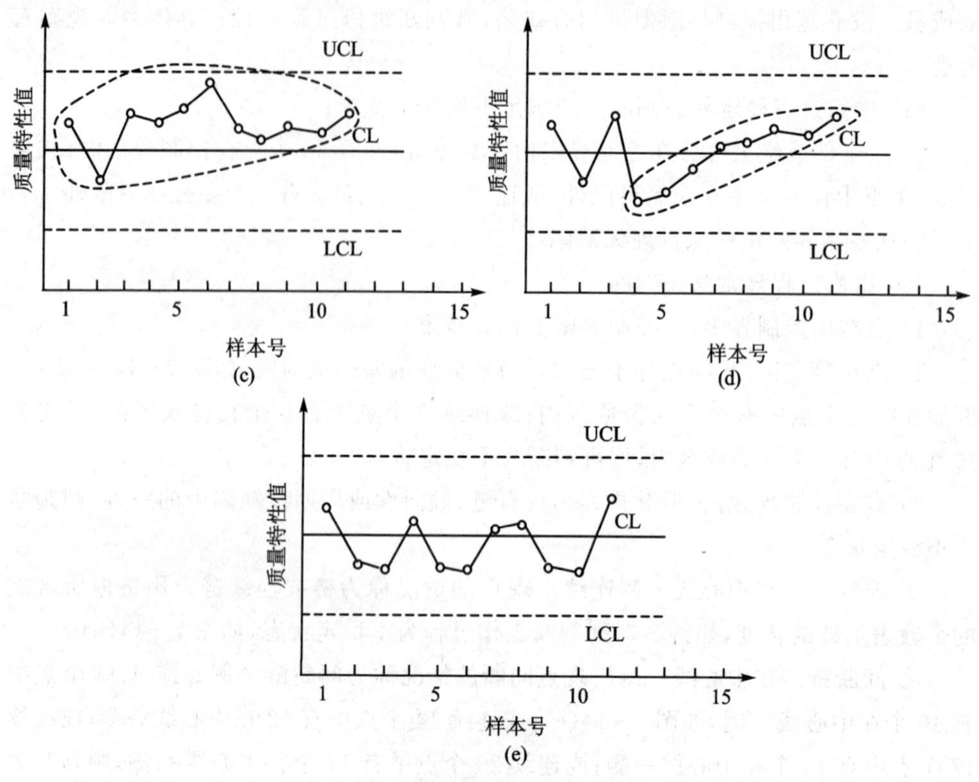

图 7-14　点排列有缺陷的几种情况(续)

7.5.6　新七种质量管理工具

质量控制的新七种工具,是指在 PDCA 循环中,应用系统论和系统工程的基本原理和方法,解决质量管理的七种方法:关联图法、KJ 法、系统图法、PDPC 法、矩阵法、矩阵数据分析法和箭条图法。新七种工具着重解决 PDCA 循环中计划阶段的有关质量问题,而常用的统计工具则主要在预防和控制维修现场的质量问题。因此,它们是相辅相成的、不能替代的。

新七种工具,1981 年开始传到我国,在装备维修管理中尚缺乏自己的实践经验,仅作简要介绍,如表 7-9 所列。

表 7-9　质量管理新七种工具

方　法	功　能
关联图法	将主要因素间的因果关系用箭头连接,确定终端因素
KJ 法	将处于混乱状态的中的语言文字资料加以整理,寻找解决问题的方法
系统图法	通过寻找目标和措施之间的关系,提出实现目标的最佳途径
PDPC 法	对事态进展过程中可能出现的结果进行预测

续表 7-9

方　法	功　能
矩阵法	用排成列和行的形式，找出有密切关系的关键问题
矩阵数据分析法	是一种抓主要矛盾的多变量分析方法，通过变量变换的方法，把相关的变量变为若干不相关的新变量，给数据分析提供方便
箭条图法	表达计划安排，通过分析计算以求最优方案

复习思考题

1. 什么是控制？有效的控制活动应注意哪些问题？

2. 简述全面维修质量管理的基本内涵及其特点？

3. 什么是维修质量管理？怎样建立全面质量管理保证体系？

4. 归纳总结和对比分析维修质量管理常用方法工具的特点和用途。

5. 试举出一故障现象，仔细分析造成故障的各种可能原因，并依据逻辑关系绘制出故障的因果关系图。

6. 已知某型雷达在 200 h 工作时间内，有 52 部发生故障的时间(h)：75,61,51,91,50,91,137,125,22,147,98,95,140,179,95,99,155,112,133,114,149,57,141,136,155,152,75,148,73,175,48,125,153,105,65,64,126,9,60,123,28,127,33,106,127,147,39,170,134,44,105,92。试依此组子样数据作频数直方图。

第8章　装备维修管理绩效评价

绩效评价是装备维修管理的重要职能，是以提高装备维修绩效为目的，通过充分开发和利用每个组织成员的资源，不断提高装备维修绩效的一种先进的管理方法，已在各类组织管理中得到了广泛应用，取得了显著成效，对推进装备维修管理创新发展具有作用意义。

8.1　绩效评价的概念内涵

8.1.1　绩效的含义

绩效是人们在管理活动中最常用的概念之一，人们对它有不同的理解和解释，目前主要有两种观点。

一种观点认为绩效是在特定的时间内，由特定的工作职能或活动产生的产出，也就是说，管理绩效是管理工作或管理过程所达到的结果，是一个人的工作成绩的记录。国外不少学者认为，管理绩效应该定义为工作的结果，因为这些工作结果与组织的战略目标、顾客满意感及所投入资本的关系最为密切。这是从工作结果的角度来理解绩效。

另一种观点则对绩效是工作成绩、目标实现、结果、生产量的观点提出了挑战，认为应该从行为角度来定义绩效，即“绩效是行为”。如将绩效定义为“人们所做的同组织目标相关的、可观测的事情”或者“绩效是具有可评价要素的行为，这些行为对个人或组织效率具有积极或者消极的作用”。上述认为绩效不是工作成绩或目标的观点的依据是：第一，许多工作结果并不一定是个体行为所致，可能会受到与工作无关的其他因素的影响；第二，组织成员没有平等地完成工作的机会，并且在工作中的表现不一定都与工作任务有关；第三，过分关注结果会导致忽视重要的过程和人际因素，不适当地强调结果可能会在工作要求上误导组织成员。

事实上，这两类定义方法都有其合理之处，行为是产生绩效的直接原因，而组织成员对于组织的贡献，则是通过其工作的结果来体现的。在管理活动中，大量的工作或行为可以用其结果来度量和评价；但对于某些特定的工作或任务来说，直接评价其结果比较困难或者根本无法做到。那么，评价将不得不以工作的行为或工作行为中表现出来的个人特性来进行。因此，在绩效管理的具体实践中，应采用较为宽泛的绩效概念，即包括行为和结果两个方面。

行为是达到绩效结果的条件之一。行为由从事工作的人表现出来，将工作任务付诸实施。它不仅仅是结果的工具，行为本身也是为完成工作任务所付出的脑力和体力的结果，并且能与结果分开进行判断。这就告诉我们，当对个体绩效进行管理时，既要考虑投入（行为），也要考虑产出（结果）；绩效应包括该做什么和如何做两个方面。为此，应采取一种综合的方法来定义绩效，兼顾工作行为和结果，即绩效是人们所做的同组织目标相关的、可观测的、具有可评价要素的行为，这些行为受到组织的业务性质、战略取向、战略目标和工作性质等所要求的规定和标准的约束和引导，并且这些行为对个人或组织效率具有积极或消极的作用。

综合上述观点，管理中的绩效大体包括三个方面的含义：一是工作产出或结果，如装备维修管理部门、机构在一段时间内完成的维修保障任务等；二是工作行为，如及时上交月度报表，对维修人员进行培养等；三是与工作相关的人员个性、特征或特质，如敬业精神、创新意识和团队合作等。

在管理中，绩效是一个多维度的概念，体现在组织的不同层面，包括组织整体绩效、团队绩效和个体绩效等。层面不同，绩效所包含的内容、影响因素及其评价标准和方法也不同。例如，对于空军航空维修系统，从组织整体的层次上，关注的是飞机的完好率和质量安全；维修保障活动或过程、一个职能或部门、一个中队或机组等，也都有各自的绩效；个体层次是人力资源管理最关注的方面，也是绩效评价目前主要的任务所在。

8.1.2 绩效评价的目的和意义

绩效评价是管理的核心职能之一，它是收集、分析、评价和传递有关组织或个体在其工作岗位上的工作行为表现和工作结果方面的信息情况的过程。由于组织的目标最终要通过其众多组织成员的具体努力才能实现，因此对每一位人员的努力成果和工作绩效进行合理的评价，据此激励表扬先进，鞭策后进是非常必要的。在现代管理中，绩效评价已成为鼓励组织成员积极性、获取竞争优势的一个重要来源。

绩效评价是有效管理组织成员，以确保组织成员的工作行为和产出与组织目标保持一致，进而促进个人与组织共同发展的持续过程。因此，它不仅仅是一套表格、一年一度的评价以及奖励计划，而更重要的是它是贯穿于组织管理全过程的一种基本管理理念。绩效评价和绩效管理对一个组织的正常运营过程具有重要的作用，其目的和意义主要体现在以下几个方面。

1. 为组织战略实施提供基础性支撑

组织战略需要与部门、单位或团队，以及个人的行动联系起来，才能把战略转化为行动，促进战略目标的实现。通过绩效评价和绩效管理，可以把组织中个体的目标和组织整体战略目标结合起来，同时也把众多组织成员的单个行为与组织的战略实施过程联系起来，通过组织成员的行动推动组织战略顺利实施。

为实现这一目的，组织首先要识别和确认成功实施战略的关键因素，根据这些关键因素来定义绩效，把目标与关键因素具体化为工作绩效指标；然后，通过沟通，让组织成员理解工作绩效标准或成功标准是什么，通过什么途径、方式或努力能达到这种标准。这些标准可以是一系列任务、目标或结果，也可以是一系列行为，但必须明确并使员工能够接受，使组织成员了解努力的方向，明确要取得的成果和执行该战略所必需的技能、行为等。最后，建立绩效评价和反馈体系。通过该体系，使组织成员的技能得到最大限度的发挥并展现出最佳的行为表现，产生预期的成果。

绩效管理的最终目的是最大可能地取得个人和组织的成功。管理者通过持续的管理过程，为组织成员建立清晰的目标，提供支持，不断反馈和沟通，并承认或认可组织成员的努力，促进个人绩效持续改进和提高，从而确保实现组织战略目标。

2. 为人力资源管理决策提供依据

通过绩效管理所获得的信息，特别是绩效评价结果，常常用于人力资源管理的有关决策，如薪资调整、晋升、岗位调整等，通过这些决策来认可个人表现。

(1) 绩效评价是人员任用的依据。人员任用的原则是因事择人、用人所长、容人之短。要判断人员的德才状况、长处短处，进而分析其适合何种职位，必须对人员的心理素质、知识素质和业务素质等进行评价，并在此基础上对人员的能力和专长进行推断。也就是说，绩效评价是“知人”的主要手段，而“知人”是用人的主要前提和依据。

(2) 绩效评价是决定人员调配的依据。人员调配之前，必须了解人员使用的状况，人事配合的程度，其手段就是绩效评价。人员职务的晋升和降低也必须有足够的依据，这也必须有科学的绩效评价作保证，而不能只凭领导人的好恶轻率地决定。通过全面、严格的评价，发现一些人的素质和能力已超过所在职位的要求而适合担任更具挑战性的职位，则可晋升其职位；发现另一些人的素质和能力已不能达到现职的要求，则应降低其职位；发现还有一些人用非所长，或其素质和能力已发生变化，则可进行横向调动。

(3) 为人力资源开发提供信息。通过绩效评价，可以发现组织成员个人绩效不足及其原因，然后通过反馈和沟通，帮助组织成员认识不足并指导其改进。同时，在绩效评价和绩效管理的过程中，能够识别培训需要，发现可开发的潜力，进行有针对性的人力资源开发。培训的前提是准确地了解各类人员的素质和能力，了解其知识和能力结构、优势和劣势、需要什么、缺少什么，为此也必须对人员进行评价。

(4) 是对组织成员实施激励的重要工具。绩效评价是确定奖惩、报酬的依据。没有科学、公正的绩效评价，奖惩、报酬就没有依据。因此，绩效评价是一个组织的确定对其成员进行奖惩和发放报酬的基础。绩效评价的好坏，会在很大程度上影响一个组织的激励效果,进而影响全体组织成员的积极性和士气。奖罚分明是组织激励的基本原则,要做到奖罚分明,就必须要科学地、严格地进行评价,以评价结果为依据,决定奖罚的对象以及奖罚的等级。

评价本身也是一种激励因素,通过评价,肯定成绩,指出长处,鼓舞斗志,坚定信心;通过评价,指出缺点和不足,批评过失和错误,指明努力的方向,鞭策后进,促进进取,使组织成员保持旺盛的工作热情,出色地完成组织目标。以良好的绩效评价为基础,可以创造组织内平等竞争的和谐氛围,使组织成员能够在一个公平、公正的环境下开展竞争,提高各自的绩效,从而提高组织竞争力。

8.1.3　绩效评价的基本流程

绩效评价的基本流程,包括制定绩效计划、进行持续沟通、实施绩效评价、提供绩效反馈以及指导绩效改进五个环节,如图8-1所示。

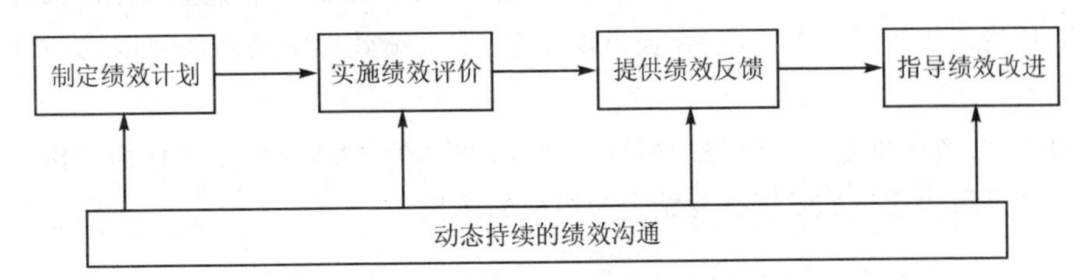

图8-1　绩效评价的基本流程

(1) 制定绩效计划,是绩效评价管理过程的起点,绩效计划是管理者与组织成员合作,对组织成员下一阶段应该履行的工作职责、各项任务的重要性等级和授权水平、绩效的衡量、管理者提供的帮助、可能遇到的障碍,以及解决的办法等一系列问题进行探讨,并达成共识的过程。在绩效计划中,绩效评价标准的确定是关键,即组织必须在充分沟通的基础上,就期望组织成员达到的绩效水平及其衡量标准达成一致意见。

(2) 动态持续的绩效沟通,是管理者和组织成员共同工作,以分享有关信息的过程。这些信息包括工作进展情况、潜在的障碍和问题、可能的解决问题的措施,以及管理者如何才能帮助组织成员等。首先,在进行绩效考核之前,管理者应该认清目标,分析工作,然后制定绩效标准,并把标准告知组织成员加以讨论。其次,考核过程中,管理者(主管)应该与组织成员双方就计划的实施随时保持联系,全程追踪计划进展状况,及时为组织成员排除遇到的障碍,必要时修订计划。这是绩效管理体系的灵魂和核心。考核结束后,上下级之间也应该对考核结果进行沟通,以便找出每个人工作的优点、差距,并确定改进的方向和措施,然后设定新目标。总之,通过沟通,组织要让成员很清楚地了解绩效考核制度的内容、制定目标的方法、衡量标准、努力与奖酬的关系、工作业绩、工作中存在的问题及改进的方法。当然,更要聆听成员对绩效评价的期望及呼声,这样绩效评价才能达到预期目的。

(3) 绩效反馈和指导绩效改进,这两个环节的含义是,绩效评价所提供的绝对不仅仅是一个奖罚手段,更重要的意义在于它能为组织提供一个促进工作改进和业绩提高的信号。绩效考核的一个重要目的是发现组织成员工作中的问题并进行改进,所以考核工作结束后,要针对考核结果进行分析,寻找问题,并提供工作改进的方案以供组织成员参考,帮助组织成员提高工作绩效。此时,管理者充当的是辅导者的角色。所以在进行绩效考核时,不能停留在绩效考核资料的表面。绩效考核所得到的资料可能仅仅是某些潜在管理问题的表面现象。正确地进行绩效管理,关键不在于考核本身,而在于组织的管理部门如何综合分析考核的资料并将之作为绩效管理过程的一个切入点,这才是最有价值和最有积极意义的,这也就是绩效诊断。如果通过绩效考核发现了绩效低下的问题,最重要的是找出原因。组织成员是查找原因的重要渠道,这时,组织要努力创造一个以解决问题为中心的接纳环境,鼓励组织成员实事求是地指出组织存在的问题,积极出谋划策,找出绩效低下问题的原因,齐心协力解决问题。

总之,绩效评价是一个动态的持续的过程。绩效评价不是为了考核而考核,而是必须能激发组织成员的发展并能整合为组织的成长。

8.2 装备维修管理绩效评价的标准

装备维修管理绩效评价是维修管理者运用一定的指标体系对装备维修组织的整体运行效果做出的概括性评价。指标体系是组织用于衡量其管理绩效的手段组合,不同指标在评价中担任的角色是不同的,指标的选择又在一定程度上影响管理绩效评价的效果或有效性,所以必须高度重视管理绩效评价指标的确定工作。

从绩效管理的基本流程来看,评价标准是整个绩效评价系统中至关重要的构成要素和基本环节,无论是绩效的考核测量,还是绩效的反馈与沟通,离开了评价标准就无从谈起。评价标准是对管理绩效加以定量和定性判断、衡量的标尺,以保证绩效评价的客观性、公正性。如果没有科学的绩效评价标准及其有效的实施运用,整个绩效评价和管理体系就无法正常运转。装备维修实施绩效管理,开展绩效评价,应了解掌握绩效评价标准相关的理论知识。

8.2.1 绩效评价标准制定的原则

绩效评价标准的制定必须遵循一定的原则。如若背离科学原则和方法,就有可能出现脱离管理实际的机械化、形式化倾向,降低绩效评价的有效性。

严格来说,绩效评价标准的制定应该包括两个方面的工作:一是关键绩效指标的确定。通常来说，管理工作中的绩效指标主要有四种类型：数量、质量、成本和时限。表8-1中列出了企业管理中常见绩效指标的典型例子，以及对这些指标进行度量的方式。二是制定绩效指标的评价标准。

表8-1　绩效指标的类型

绩效指标类型	示　例	度量方式
数量	产量； 销售额； 利润	工作业绩记录； 财务数据； 财务数据
质量	破损率； 独特性； 准确性	生产记录； 上级评估； 客户评估
成本	单位产品成本； 投资回报率	财务数据； 财务数据
时限	及时性； 到达市场时间； 供货周期	上级评估； 客户评估； 客户评估

确定绩效指标与制定相应的评价标准，在管理实践过程中往往一起完成。绩效指标是指从哪些方面对管理绩效进行衡量或评估；而绩效评价标准则是指采用什么样的方式对各个指标进行评价，或者说在各个指标上分别应达到什么样的水平。指标解决的是需要评价“什么”的问题，而标准解决的是要求组织成员做得“怎么样”、做到“何种程度”的问题。

一般地说，在制定绩效评价标准时有一个重要原则，即SMART原则。SMART是五个英文单词第一个字母的缩写。

(1) S代表Specific，意思是指“具体的”，即绩效评价指标应尽可能具体化、细化，符合某一工作、任务的特定情况。抽象的、一般性的或者是难以刻画具体工作特定情形的指标都无法用来作为有效的绩效评价。例如，在产品设计方面，通常有“产品的创新性”这样的指标，这就属于抽象的没有经过细化的指标，如果经过细化就可能至少包括这样的指标——在性能上具有竞争对手没有的三种以上的功能，至少设计出三种在外观上不同的款式等。

(2) M代表Measurable，意思是指“可度量的”，即绩效评价指标最好是量化的，可以明确测度的。一般来说，绩效评价要尽量用数据来说话。有些工作产出没有办法给出数量化的指标，那么就需要给出一些行为化的指标。比如服务和管理工作，考核标准往往会因不具体而流于形式，这时工作就必须做细，将指标具体化，这样才能使绩效评价真正起到有效监督、决策依据等作用。例如，为会议提供服务这样的活动就难以给出数量化的指标,就可以用一些行为化的指标进行界定,如在会议开始之前准备好会议所需的一切设施,在会议的过程中无须为寻找或修理必要的设施而使得会议中断等。

(3) A 代表 Attainable,意思是“可实现的”,即绩效评价指标应当是适度的,既不能太高,也不能太低,形象一点说就是“使劲跳一跳就可以摘到树上的果子”。从评价指标上来说,应该是在部门或个人可控制的范围内,而且可以通过部门或个人的努力来达成的。如果考核评价所选择的指标毫无挑战性,组织成员不费吹灰之力就能够达到,这样评价就失去了意义;相反,如果评价指标是一个过高的目标,个人无论怎么努力都不能达到,他们就会产生“破罐子破摔”的想法,反正也达不到要求,干脆不干了,绩效评价同样也就失去了价值。

(4) R 代表 Realistic,意思是指“现实的”,即评价指标的选择和制定必须建立在对组织以往实际情况和未来发展进行科学、客观分析的基础之上,而不是主观臆断的结果。

(5) T 代表的 Time-bound,意思是指“有时限的”,即评价指标是有时间限制的。这有两层含义:其一,对绩效评价来说,考核指标中应有时间内容,否则就失去意义;其二,绩效评价指标相关的资料必须能够定期和迅速地得到。如果不能做到这一点,那么某些评价就将失去时效性,从而就很难具有较大的价值。

表 8-2 体现了在确定绩效评价指标时应如何运用这些重要的原则。

表 8-2 制定绩效评价指标的原则

原 则	提倡的	不提倡的
具体的 Specific	切中目标; 适度变化; 随情境变化	抽象的; 未精细化; 复制其他情境中的指标
可度量的 Measurable	数量化的; 行为化的; 信息具有可得性	主观判断; 非行为化描述; 数据或信息无从获得
可实现的 Attainable	在付出努力的情况下可以实现; 在适度的时限内实现	过高或过低的目标; 期间过长
现实的 Realistic	可证明的; 可观察的	假设的; 不可观察或证明的
有时限的 Time-bound	使用时间单位; 关注效率	不考虑时效性; 模糊的时间概念

在绩效评价指标的基础上,应进一步明确绩效评价的具体标准。绩效标准与绩效指标在制定原则上有相似之处,除上述原则之外,制定绩效标准的过程还应符合以下几点要求:

(1) 认知性原则。绩效标准的认知性原则的含义在于,绩效标准应该具体明确。在编制标准时,应充分考虑组织内部使用的方便性,采用标准的内容和形式,应尽量简化,切忌烦琐冗长;用词准确,应简明易懂,切忌模棱两可。这样可以帮助主管领导和下属员工对绩效标准有清楚明了的认识,让员工明确组织对他们的期望以及如何实现这种期望。这样,绩效标准才具有可操作性,才能达到绩效评价和绩效管理的最终目标。在实际操作中,无论是评价者还是被评价者对绩效标准的正确意义往往都含混不清,并习以为常,从而使考核流于形式。因此这一点更需注意。

(2) 有效性原则。是指绩效标准应涵盖绩效的所有相关方面,即包含所有与工作绩效相关的信息。在有效性方面常见的错误有两种:标准过窄,即遗漏某些重要的绩效信息;标准过宽,即包含了不相关信息。

(3) 可靠性原则。是指依据绩效标准可获得一致的评定结果,分为内在可靠性、重复(性)测量的可靠性。前者是指不同的人根据同一标准对同一位成员的绩效进行评价应得到基本一致的结果,后者是指在不同时间依据同一标准进行重新评价应得出基本一致的结果。

(4) 可接受性原则。是指标准的使用者能够接受该标准。因此,所有使用绩效标准的人都需要有机会参与标准的制定过程,使绩效标准得到接受和支持。绩效标准应当是得到大家认可的,是经过组织成员同意而制定的。主管领导和下属成员都应该认同绩效标准的确是公平的,这对激励员工十分重要。否则组织成员会将考核认为是管理者控制、监督自己的工具,从而产生抵触情绪。

(5) 文本性原则。绩效标准应落实到纸面上,成为可供稽查的依据。标准要形成文字。主管与部属都应各执一份彼此同意并写好的工作标准。

8.2.2 常用的绩效评价标准

绩效评价应根据工作内容、性质和评价目的的不同,而采取不同形式的评价标准。绩效评价标准一般包括三个部分:评价要素、评价等级和标准主体。标准主体又称为标体,即规范化行为或对象的程度和相对次数,它是绩效评价标准的主要部分。常用的评价标准包括以下几种类型:

1. 分档式标准

分档式标准又称为分段式标准,即将每个要素分为若干个等级,然后将指派给要素的分数分为相应的等级,再将每个等级的分值分为若干个小档(即幅度)。分档式标准是一种简易标准,其特点在于分档较细,编制和使用都比较方便。

比如,在维修绩效评价中,“标准流程操作的准确性”这一要素可以划分为“从无差错”“基本正确”“有时出错”“经常出错”四个等级,再将每一个等级划分为上、中、下三档;对某一特定人员(或机组)评价时,先确定属于哪一个等级,然后再确定其业绩表现属于哪一个细分档次，由此可以得出评价的具体分值。

2. 评语式标准

评语式标准的编制，首先要将要素的内涵确定，然后进行分解。评语式标准编制的关键是分解要得体，每个方面要具有典型的代表性，其次是评语要清晰明确，能够准确区分业绩表现。在绩效评价实践中，此类型标准又可分为积分评语标准和期望评语标准两种。

(1) 积分评语标准。是指将要素分解为若干个子要素(也可称为小指标)，给每个子要素指派独立的分数，各子要素相加就是对该要素的评价。

(2) 期望评语标准。是指根据职位职责所要求达到的能力素质和工作水准，将每一个要素划分为若干等级，每一个等级制定相应的评语，代表每一个具体工作中该要素的期望水平。

3. 量表式标准

量表式标准和分档式标准有类似之处，在绩效评价中使用较为广泛。通常做法是将绩效评价的不同要素划分为若干等级，不同的评价要素有不同的权重，同一要素中的不同等级赋以高低不等的量化分值。

4. 对比式标准

在绩效评价中，对比式标准的主要特点是在设定绩效指标时同时考虑两类标准：基本标准和卓越标准。基本标准是指组织期望被评价者在工作任务中所应达到的基本要求，这一标准应该是每一个被评价者经过努力都能够达到的绩效水平。卓越标准(或称为理想标准)是指对被评估者未做硬性要求的高绩效水准，一般来说，卓越标准所规定的绩效水平并不是每个被评估者都能达到的，这一标准应该是"可望"而非"不可及"的。通过设定卓越标准，可以促使评价对象不断树立更高的努力目标。对卓越标准评价的结果往往和一些激励性较强的奖酬措施挂钩，如额外的奖金、职位提升等。

5. 行为特征标准

比较典型的行为特征标准是以关键事件作为评价的标准(CIT，Critical Incident Technique)，就是通过长期的大量的观察和记录，从许多具体行为中提炼出该项工作的关键行为，作为评价的标准。

8.2.3 绩效评价中的常见问题

有效的绩效评价系统可以给组织的管理和发展带来极大的价值。但是，要确立科学合理的评价标准，维持绩效评价系统的有效运转，达到较高的绩效管理水平，却是一项富有挑战性的任务。在具体的管理实践中，许多组织的绩效评价往往流于形式，发挥不了应有的作用，有时甚至给整个组织管理带来一些负面效应。

由于绩效评价实质上是评价者和被评价者之间互动的过程，因此在这一过程中主观判断的影响不可避免。即使绩效评价指标及评价标准是科学客观的，那么在不同评价主体实施运用过程中，主观因素也可能导致最终的绩效评价结果出现偏差。这种经由人的主观判断过程所做出的评价结果和客观、准确、没有偏见或其他外来影响的评价结果之间的差别，称为评价错误（Rating Errors）。主要的评价错误有以下几种。

1. 偏见错误

偏见错误（Bias Errors）是评价人根据其对组织成员的肯定或否定的印象而不是根据组织成员的实际工作表现对其做出评价。导致带偏见的评价结果的原因可能有以下三种：

（1）第一印象。带有第一印象偏见的管理者可能从一开始就对下属有对其有利或不利的判断，然后在此印象上忽视或歪曲该组织成员的实际工作绩效表现。例如，一位管理者对来自地方高校大学生的第一印象非常好，认为他一定会有非常出色的表现。一年之后，虽然该大学生的很多工作目标都没有达到，但管理者给他评的分还是比较高，这就是第一印象所导致的评价错误。

（2）肯定和否定光环效应。是评价者把组织成员工作的某一方面的好或坏的行为推演到对其他方面的工作评价。如假设一个军校毕业学员在人际交往时很令人讨厌，但他理论精深、技能熟练，他应该是一个称职的维修保障人员，但由于其他人或其他方面对他不利的影响，对他进行绩效评价时，管理者对他的全面评价可能就是否定的。

（3）类我效应。指评价者的一种倾向，容易对和他们类似的组织成员做肯定评价。有这种偏见的管理者对在态度、价值观、背景或兴趣方面和他们相似的组织成员的评价倾向过高。如果有“类我”错误或偏见的管理者，在进行评价时容易导致非法歧视偏见。

2. 对比错误

当管理者把一个组织成员和其他组织成员进行比较，而不是和具体、明确的绩效标准进行比较时，该管理者就犯了对比错误。这种对比是一种错误，因为组织成员只需要达到最低可接受标准。即使其他组织成员的表现都是优秀或较好的，该组织成员只要工作表现达到最低可接受标准，就能得到满意的分数。

3. 中心趋势错误

如果管理者把所有组织成员都评为一般或接近一般，他们就犯了中心趋势错误。这种错误最常出现在评价人被要求书面证明和解释极端行为——得分特别高或特别低的时候。因此，人力资源管理人员应该要求管理者对每一级别的评价，而不只是极端的级别。

4. 宽容或苛刻的错误

评价者有时不管组织成员的实际表现，把每个组织成员都评为两端的级别。有宽容性错误的管理者倾向把每个组织成员的表现都评得比实际与客观标准高。如果管理者长期犯这样的错误，组织成员实际得到的绩效评价就会高于他们应得的客观结果。相反，如果评价者把每一位被评价者的绩效表现都评得比实际与客观标准低，那么它就犯了苛刻性错误。

8.3 装备维修管理绩效评价的方法

管理绩效评价的方法很多，不同的绩效评价方法各有其侧重，分别适用于对组织成员的能力素质特性、工作表现、行为以及绩效结果等不同情况下的度量和评价。下面具体介绍几种绩效评价的方法原理及其应用，以供装备维修管理实践借鉴参考。

8.3.1 特征评价方法

特征评价方法是评价者对评价对象的工作特征和能力素质结构进行评价。该方法关注的是组织成员所具有的哪些特性可以满足组织战略需要，这些特性在多大程度上与组织的成功相关联。这种方法首先以组织成员个人为对象，确定一系列特征，如工作质量、工作数量、可靠性、主动性、合作、领导责任、创新意识等；其次，对这些特征进行评价。常用的评价技术方法如图表评价尺度法。下面以该方法为例，介绍特征评价法的基本程序。

首先，设定绩效因素。这里是指与绩效相关的个人特性，如知识、沟通技能、管理技能、工作质量、团队合作、创造性、解决问题的能力等。

其次，设计评价尺度。通常采用5点尺度，即优秀、很好、好、正常、差，分别用5、4、3、2、1或者赋予一定分数，如100～90分(优)、90～80分(很好)、80～70分(好)、70～60分(正常)、60分以下(差)，来表示各种绩效水平。

最后，对每项绩效因素根据评价尺度打分或画“√”并给出简短评语，每项因素得分之和即为评价结果。

特性评价方法是目前使用最为广泛的绩效评价法，具有很多优点。例如，评价方法比较直观，建立和实施都很简单，并且适用于各种不同类型的工作。

该方法的缺陷也比较明显。例如，缺乏有效评价、管理绩效的标准，难以准确确定绩效指标与组织战略的一致性；绩效标准模糊，不同评价者可以做出不同理解和解释，影响评价结果的可信度；组织成员如何支持组织目标、如何改进绩效缺乏具体标准；评价者难以说服被评价者认可其绩效评价的等级。因此，该方法的关键是绩效因素的选择要恰当，并且在评价之前要具体统一对各个评价特性定义的理解。如果与工作绩效相关的特性选择准确，并且在评价过程中保持对同一评价特性的统一理解，那么就可以基本保证评价结果的可信度。

8.3.2 比较评价方法

比较评价法是通过组织成员之间的相互比较，对组织成员工作绩效进行评价和排序的方法。它包括四种具体的评价技术。

1. 简单排序法

简单排序法又称等级评价法，它是根据总体标准或总的业绩表现直接对两个及两个以上的组织成员进行判断和比较，并排出顺序。例如，将组织中业绩最好的组织成员排在最前面，业绩最差的组织成员排在最后面。

排序法简便易行，花费时间和成本少。但如果被评价的人数较多，实施起来就比较困难。而且在排序的过程中，对最优和最差绩效容易比较和进行排序，而对平均绩效水平的组织成员之间的差异则不易比较；尤其当大多数被评价成员的绩效水平比较接近时，排序过程就更难以把握。对此，一种简便的替代方法是：首先，选出绩效最优和最差的组织成员；然后，选择次优和次差的，依次进行下去，直到将所有的组织成员排序完成。在评价实践中，如果需要评价的人数太多，显然无法使用这种方法，此时可以选择小组评价法。

2. 配对比较法

配对比较法是指评价者把每一个评价对象和其他每个对象都进行比较，并找出每一对中绩效表现较好的那一个。这种方法是根据评价对象在每一对比较过程中被评为较好的次数多少来确定评价等级。

配对比较法适用于评价人数较少，而且又是从事相同或类似工作的组织成员。

3. 小组排序评价法

当需要评价的人数太多，无法采用简单排序法时，可以使用小组排序评价法。小组排序法分两步进行。首先，对小组绩效比较和排序，把被评价者按工作场所、工序、工作性质等分组，以小组为单位进行比较排序，然后，对小组成员的绩效比较和排序，通过这两个步骤，可以大大减少评价次数。

采用小组排序法经常出现的问题是如何进行分组，随之产生的问题是，最差组中的最优绩效组织成员，不一定比最优组中较差组织成员的绩效水平高。为了避免这一现象的发生，通常采用多种方法进行多次评价。

4. 强制分类法

强制分类法就是要求评价者将不同绩效水平的组织成员按百分比归类，即强制性地将同一部门中所有组织成员的业绩表现按照一定的概率分布“定位”到不同的类型中去。例如，规定5%为表现不好的，20%为平均水平的，50%为好的，25%为优秀的。这种整体判断通常建立在对组织成员相对绩效的主观判断基础上。

强制分类法的优点是避免评价者的感情倾向,即总是给予下属集中的较高或平均水平的评价,而不愿意把下属评价过低,造成难以区分不同组织成员的绩效差异。这种方法的一个主要缺陷是,评价者必须按分布规定而不是实际绩效把组织成员归类,因而总是保证少数人获得高评价,而总有一些组织成员得到低评价,容易造成组织成员不满和组织成员间的不良竞争。强制分类法的另一缺陷是,假定所有的部门都有同样的优秀、一般和较差表现的绩效结果分布,如果一个部门的组织成员绩效表现都十分优秀,或者整个部门所有成员的业绩都很平淡时,这种评价方式就会带来诸多问题。

从总体上看,比较评价方法的主要优点是简便快捷,易为使用者接受,特别适用于区分组织成员绩效差异,从而为人员调整提供依据。因此,它经常用于差别性奖励时的绩效评价中。该方法的主要缺陷是:与组织战略目标联系不紧密,可靠性和可信性依赖于评价者的主观判断,反馈缺乏具体性,不利于判断组织成员之间的具体差异,对组织成员发展没有帮助;在很多场合下,组织成员不愿意接受评价结果,因为这种结果建立在群体间相互比较的基础上,而不是个体绩效的绝对标准之上。

8.3.3 行为评价方法

行为评价法是对组织成员有效完成工作所需要的行为表现做出判断与评价的一种方法。该类型方法要求:首先运用各种方法识别和界定有关工作成败的各种关键事件——有效的工作行为和行为结果,然后评价者对组织成员行为进行观察,并记录下被评价者在这些关键事件方面的表现,最后据此对组织成员的工作绩效进行评价。

与特征法和比较法不同,行为评价法是针对客观的工作行为进行测评。因此,如果设计应用得当,行为评价方法的结果相对而言不受评价者的主观错误和偏见的影响。常用的行为评价方法主要有行为定位(锚定)等级量表法、行为观察评价法等。

1. 行为锚定等级量表法

行为锚定等级量表法又称行为期望量表法,是将传统的业绩测评表和关键事件标准相结合形成的一种规范化绩效评价方法。该方法以等级分值量表为基本工具,辅之以关键行为和事件描述,然后分级逐一对人员绩效进行评价。表 8-3 是行为锚定等级量表法的应用举例。

一般而言,建立行为锚定等级量表法通常要求按照以下 5 个步骤来进行:

(1) 界定关键事件或行为。要求对该项工作任务了解的人员对工作中代表优良绩效和差劣绩效的关键事件(行为)进行收集、整理和描述。

(2) 建立绩效评价维度。上述人员把关键事件进行归类合并,分成若干绩效维度或者绩效要素。

表8-3　用行为锚定等级量表法评价工程师的专业能力

绩效要素(维度)	分　值	关键行为(事件)
专业能力	9	运用全部技术技能,可以出色完成所有任务
	8	
	7	大多数情况下能运用大部分技术技能,可以很好完成大多数工作
	6	
	5	能够运用某些技能,完成大多数工作
	4	
	3	运用技能有困难,通常能够完成大多数计划
	2	
	1	不清楚如何应用技术技能,一般无法完成工作

(3) 重新分配关键事件。在上述人员确定的关键事件和绩效评价维度的基础上,由另外一个小组把关键事件重新分配到他们认为最合适的上述已界定的绩效维度类别中。若该小组50%～80%的人对某一关键事件的归类与第二步中的归类相近,则该关键事件即可保留,其位置也可最终确定下来。

(4) 评价关键事件。由第二组人员对关键事件进行评定,确定它们所代表的绩效水平,通常采用7点或9点等级尺度评定法。

(5) 建立最终的行为锚定等级量表。每个绩效维度上的关键事件都按绩效水平进行排列,每个关键事件代表一种绩效水平,称为“行为锚”。通常情况下,每个绩效维度最终有6～7个关键事件作为“行为锚”。

与传统的绩效评价方法相比,行为锚定等级量表评价方法的优点非常明显。具体来说,主要表现在以下几个方面。

第一,与一般的业绩评定量表相比,该方法不是单纯使用数字或描述尺度(如优秀、好、一般等),而是用工作行为的具体例子来描述每种特性的不同绩效水平,这有助于明确界定“优秀”这种工作绩效到底是什么样子,从而使评价的主观性大大减少,评价结果更有说服力。

第二,更准确地评价绩效水平。由于行为锚定等级量表是由非常了解工作及其要求的人来开发设计的,因此,它能比较准确地衡量工作绩效水平。

第三,标准清晰、客观。不同尺度代表不同绩效水平,可以清楚地表明绩效层次。

第四,容易形成良好反馈,便于绩效改进过程中的充分沟通。用关键事件描述绩效水平,可以清楚地告知被评价者的绩效状况,如果只评价等级,没有具体行为例子,则反馈没有实际意义,可接受性低。

第五,能够引导和监控组织成员行为。行为锚的确定可以使组织成员明确组织所期望的工作行为,从而明确努力方向。

行为锚定等级量表法的主要缺点是：开发费时、费力；容易误导评价者的信息取向，因为评价者往往只回忆与“行为锚”最相符的行为而忽略其他行为。此外，组织成员可能同时表现出同一绩效维度上的不同行为，使评价者陷入困境。

2. 行为观察评价法

行为观察法，是在行为锚定等级量表法的基础上演化而来的。两者的区别主要体现在三个方面：第一，行为观察量表中的每一种行为都是由评价者加以界定或评定的；第二，行为观察法的评价对象是能反映工作绩效的所有必要的具体行为，而行为锚定等级量表法对每个绩效维度只用一种行为评价，确定绩效水平；第三，行为观察法要求评价组织成员在评价期内所表现出的每个行为的频度，而行为锚定等级量表法则是确定出最能反映个人绩效的某个行为。

行为观察法具备行为锚定等级量表法相似的优点，能够给予组织成员明确的绩效反馈，指出行为努力的方向。同时，由于在评价过程中评价者不是选择和确定最能描述一个组织成员绩效水平的典型行为，而是通过指出组织成员表现出的各种行为的频率来测定工作绩效，因此它能够更好地克服各种主观判断所造成的偏差。

与行为锚定等级量表法类似，行为观察量表的开发和保持非常困难也很费时间。此外，要得到精确的评价，评价者必须定期对组织成员进行仔细的观察。如果管理者同时负责管理多名组织成员的话，这种定期观察在实际操作中可能不可行。

8.3.4 360 度反馈评价方法

360 度反馈评价也称全景式反馈或多源评价，是基于上级、下属、同事、用户以及自我等多方面信息，提供反馈并评估绩效的方法。具体评价过程一般是，由被评价者上级、同事、下属和用户等对被评价对象了解、熟悉的人，不记名对被评价者进行评价，被评价者也进行自我评价，然后由专业人员向被评价者提供反馈，以帮助被评价者提高能力水平和业绩。360 度反馈评价方法流程如图 8－2 所示。

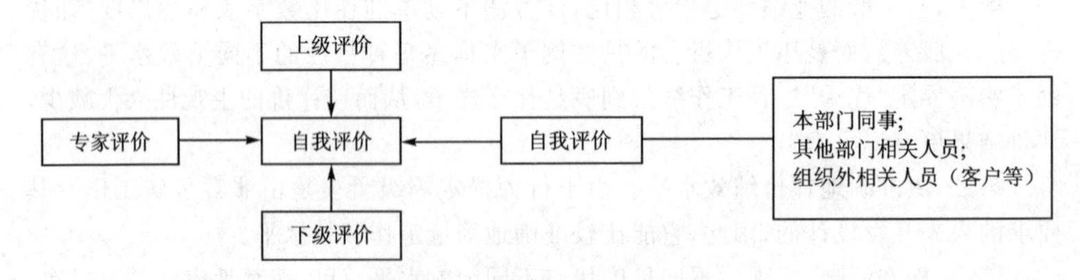

图 8－2 360 度反馈评价方法

这种评价模式比单一评价来源的评价方式更为公正、真实客观、准确可信。对一个组织而言，绩效评价的信息来源主要有五个方面：①组织成员自身（即被评价者）；②组织成员的上级；③组织成员的同级（本部门和其他相关部门）；④组织成员的下级；⑤组织外部相关人员（客户、专家群体等）。

不同的信息来源各有其优点，但也存在各自不同的缺陷或弊端，如表8-4所列。在特定对象的绩效评价过程中，只有从不同角度、不同来源获得所有反馈信息，分析和使用这些信息，才能克服错误的自我概念、盲点与偏见，做出正确评价。

表8-4 绩效评价中不同的信息来源及特点

绩效评价的信息来源	优点	缺点或局限
直接上级	①了解员工的工作目标； ②通常处于最佳位置来了解员工的工作绩效，有机会频繁观察员工行为； ③对特定的部门负有管理责任	①可能会强调业绩的某一方面而忽视其他方面； ②可能操纵对员工加薪或提升决策的评价
下级	①处于一个较为有利的位置来观察上级的绩效管理； ②激励管理者注意下级需要，改进管理方式	①下级有可能担心遭到报复而隐瞒真实信息或舞弊； ②在小范围内评价信息的保密很困难
同级	①对彼此的业绩了解，统一做出正确评价； ②同事的评价压力对成员来说是一个有力的绩效促进因素； ③同级评价可包括众多观点且不针对某一特定员工	①实施评价需大量时间； ②区别个人和团队的贡献会遇到很大困难； ③可能有明显的私心
组织外部成员	①评价比较客观； ②促使员工对外部做出灵活反应	①只适用于特定方面的评价； ②不可能充分了解员工的工作
自我评价	①处于评价自己绩效的最佳位置； ②促使自我改进和提高； ③使员工变得更加积极主动	①寻找理由为自己开脱； ②隐瞒或夸大实际情况

360度反馈评价是一个相关群体共同参与的过程，它既强调结果也强调工作过程和个人努力程度，有助于强化管理者和普通成员的自我意识，促进组织变革和组织改善。通过这种评价方式可客观地了解被评价对象在职业生涯发展中的不足，激励他们更有效地发挥自己的能力，赢得更多发展机会。从组织角度看，通过正规的360度反馈评价来加强管理者与周围人的沟通，提高相互信任水平，那么它的组织文化就会更加富有参与性，从而能迅速地对内部、外部客户需求做出反应。

1. 360度反馈评价方法的优点

(1) 具有更多的信息渠道。与传统的考评方法相比，该方法可以更容易地发现成员的优点和存在的问题。

(2) 能帮助人们通过技能和各种“软性”的尺度对绩效做出评估，这一点具有相当吸引力。以前，不少组织的绩效考核由上级管理者来完成，这种考核方式难以保证考核的客观性和公正性，而360度绩效评估能使被评估人通过上级、同事直接的报告，以及组织外的其他人的报告了解到人们对自己的绩效评价，从中得到很大的帮助。

(3) 重视组织内部和外部的评价，推动了全面质量管理。以机务大队长为例，机务大队长能够从作战、后勤等部门了解对自己的能力素质、保障能力等的反馈意见，这些意见既可以帮助他提高个人的绩效水平，也可以为组织人事决策提供依据。因此，这种反馈是评估其他方面的有益补充。

(4) 通过360度反馈评价，成员可以从周围的人那里获取多方面的反馈信息，可以增强成员的自我发展意识，有助于更快、更有针对性地改进工作绩效。

2. 360度反馈评价方法的缺陷

(1) 收集信息的成本较高。360度绩效反馈涉及的数据和信息比单渠道反馈法要多得多，因此，收集和处理数据的成本很高。

(2) 来自不同方面的意见可能会发生冲突。在综合处理来自各个方面的评价时要特别注意事实依据。

(3) 在评价过程中，成员可能会由于彼此的利益而相互串谋，导致评价信息失真甚至信息舞弊。

3. 实施360度反馈评价方法应注意的问题

由于360度反馈评价方法本身还存在着一些局限性，如果过分依赖或片面强调这种评价方式，有可能适得其反，造成评价者与被评价者关系紧张，对组织绩效产生负面影响。360度反馈评价只有在同其他绩效评价方法配合使用时，才能最大限度地发挥作用。因此，在实施360度反馈评价时应注意以下问题：

(1) 评价目的。实践证明，当360度反馈评价用于不同目的时，同一评价者对同一被评价者的评价会不一样；反之，同样的被评价者对同样的评价结果也会有不同反应。当评价的主要目的是服务于成员发展时，评价者所做出的评价会更客观和公正，被评价者也愿接受评价结果。当评价的主要目的是进行奖惩管理，如用于成员的提升、奖励等时，评价者往往会考虑个人利益得失，所作评价相对来说难以客观公正；而被评价者也会怀疑评价的准确性和公正性，从而造成组织人际关系紧张。因此，360度反馈评价在实践中更适用于对成员发展的评价，而不是直接用它与奖惩管理挂钩。

(2) 评价者的选择。360度反馈评价是让被评价者的上级、同事、下属和用户等对被评价者进行评价，但并不是所有的上级、同事、下属和用户都适合做评价者。要选择与被评价者在工作上接触多、没偏见的人充当评价者。即使这样也不能要求所有评价者对被评价者的所有方面都进行评价，可让被评价者确定由谁来对他的哪些方面进行评价。如被评价者的人际关系由同事来评价可能更合适。

(3) 结果反馈。360 度反馈评价能不能改善被评价者的绩效，很大程度上取决于评价结果的反馈。一方面应就评价的准确性、公正性向评价者提供反馈，指出他们在评价过程中所犯的错误，以帮助他们提高评价技能；另一方面应向被评价者提供反馈，以帮助他们提高工作能力和业绩。在评价完成之后应及时提供反馈。要和被评估者展开坦诚的对话，这是一种信息的双向交流。一般可由被评价者的上级、人力资源管理人员或外部专家根据评价结果面对面地向被评价者提供反馈，帮助被评价者分析在哪些方面做得比较好，哪些方面有待改进，如何来改进？还可比较被评价者的自评结果和他评结果，找出差异并帮助被评价者分析原因。如被评价者对某些评价结果确实存在异议，可由专家通过个别谈话或集体座谈形式，向评价者进一步了解相关情况，然后再根据座谈情况向被评价者提供反馈。

8.3.5 平衡计分卡

平衡计分卡(BSC，Balanced Score Card)，是 1992 年由美国哈佛大学的卡普兰教授(R. S. Kaplan)等人提出的一种全新的组织绩效评价体系。它是与组织长远目标紧密联系，综合了影响组织成功的关键财务指标和非财务指标所组成的一种业绩衡量系统。

之所以称为平衡计分卡，是因为它所包含的绩效衡量指标兼顾了影响绩效的长期与短期、财务与非财务、外部与内部等多方面的因素，能够多角度为组织提供信息，综合反映组织业绩。其绩效评价指标体系包括财务、客户、内部运营过程、学习与成长四个方面的内容，其核心思想是通过这四个指标之间相互驱动的因果关系，全面反映组织战略实施与具体运营的轨迹，实现绩效评价-绩效改进以及战略实施-战略修正的双向循环。平衡计分卡不仅为组织提供了一种新的绩效评价系统框架，同时也为组织的战略管理与绩效评价之间建立内在联系提供了思路和方法，是绩效评价体系称为组织战略管理的有机组成部分。平衡计分卡作为一种绩效评价工具，其基本框架如图 8-3 所示。

传统的绩效评价系统通常以财务报表所提供的数据为基础，计算出有关的财务指标，对组织的业绩进行反映和评价。在过去的近一个世纪里，传统的以财务为核心的业绩衡量在提高生产效率、降低成本、扩大利润等方面为组织发展做出了巨大的贡献。然而，财务报表通常将成员技术和积极性、客户的满意和忠诚度、完善的内部运营等无形资产排除在外，因为它们难以用货币计量，而这些难以用货币计量的无形资产恰恰是组织成功的关键性因素。组织的决策者逐渐认识到一个好的绩效衡量体系应该与组织战略目标紧密联系在一起，不仅从财务角度进行评价，还要从非财务的角度对组织绩效进行衡量，引导人们去关注关键性的成功因素。平衡计分卡正是顺应了绩效评价和管理的这一发展要求。

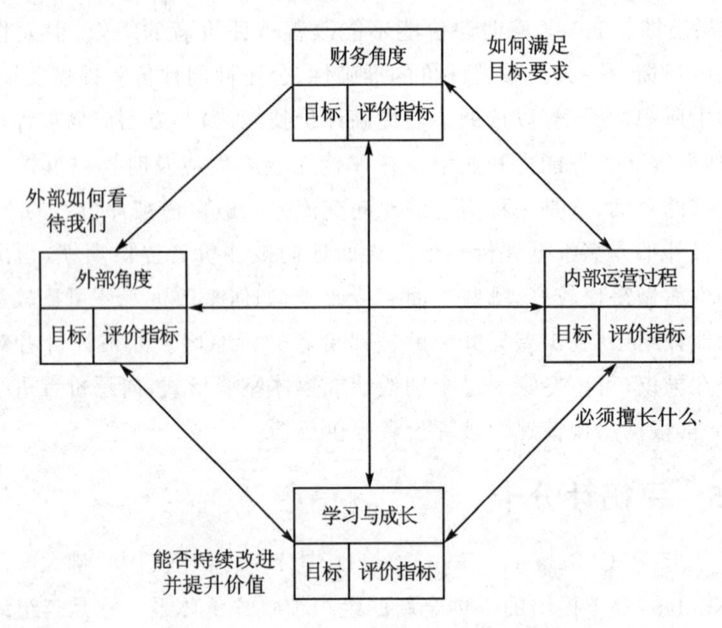

图 8-3 平衡计分卡评价方法的基本框架

8.4 装备维修管理绩效的改进

前文阐述了有关如何进行管理绩效评价，当评价的结果与预期的标准相比存在较大不足时，这就意味着装备维修管理绩效不良，因而必须采取一些管理行动，这就是实施所谓的反馈控制。由于导致装备维修管理绩效不良的原因是多方面的，主要包括外部环境剧烈变化、内部制度机制问题、管理理念落后等几个方面的原因，需要对这些导致管理绩效不良的原因进行系统分析，并提出绩效改进的方法。研究并提出绩效改进的方法，是管理研究的一项重要工作，早期的科学管理和现在流行的 JIT 生产方式都是为了改进工作绩效，战略管理则是为了提高整个组织的运行绩效等。所有这些方法都有一个共同的前提即"创新精神"。彼得·德鲁克认为，管理的本质是创新，创新精神是对旧的管理体制的一种挑战，是对落后的管理理念的一种否定，是管理者的必备素质。管理创新是所有绩效改进方法的应有之义，其他具体方法都是创新精神在特定环境中的具体落实和体现。在以创新为特征的信息化时代，装备维修管理的对象、需求、环境等处于动态变化之中，装备维修管理绩效的改进，必须将创新精神牢记在心。下面以业务流程再造为例，为装备维修管理绩效改进提供方法指导。

8.4.1 流程再造的内涵

业务流程再造(BPR，Business Process Reengineering)，起源于对传统分工条件下造成的生产经营与管理流程片段化、追求局部效率优化而整个流程效率低下的再认识。流程再造的研究与实践始于20世纪80年代初，但这一概念的系统提出则到了20世纪90年代。曾任美国麻省理工学院教授的Micheal Hammer博士，于1990年在《哈佛商业评论》发表了"再造不是自动化，而是重新开始"一文，首次提出了流程再造的概念，随后他与担任CSC Index管理顾问公司董事长的James Champy于1993年合著《再造企业》(*Reengineering the Corporation*)一书，并以"管理革命的宣言"作为副标题，从而掀起了BPR研究浪潮。

BPR之所以引起广泛的重视，既是当时激烈的竞争环境作用的结果，也是人们在长期的管理实践中得出的经验教训。一方面，高新技术特别是信息技术的发展越来越快，技术越来越先进；另一方面，组织结构性因素对组织改善应变能力的阻力越来越大，信息技术的应用并未带来预期的高绩效，这对矛盾的激化逐步使人们认识到了问题的根源，技术与管理必须协调发展，信息技术是一把双刃剑，它的有效性在很大程度上取决于由谁来用和如何应用。因此，人们逐渐认识到，"为了在反映组织绩效的关键因素如成本、质量、服务和交货速度等方面取得巨大的改善，必须从根本上对组织的整个业务流程进行重新思考，并彻底再造业务流程"。

BPR的基本内涵就是以业务流程为中心，摆脱传统组织分工理论的束缚，提倡需求牵引、组织变革、员工授权以及正确地运用信息技术，达到适应快速变动环境的目的，其核心是"流程"的观点和"再造"观点。

(1) 流程(Process)。所谓流程，是一个或一系列连续的运作，即集成从订单到交货或提供服务的一连串作业活动，使其建立在跨职能的基础上，跨越不同职能与部门分界线，以求管理和流程的重建。组织活动的要素是一系列的作业、流程，而非一个个部门，根据组织目标，重新检查每一项业务活动，识别非增值活动和增值活动，消除或控制非增值活动，改善或增强增值活动，从而实现业务流程优化的目的。

(2) 再造(Reengineering)。打破旧有管理规范，再造新的管理程序。以回归原点和从头做起等零基新观念和思考方式，获取管理理论的重大突破和管理方式的革命性变化。再造要求摆脱现行系统，从零开始，展开功能分析，将组织系统所欲达到的理论功能，逐一列出，再经过综合评价和统筹考虑筛选出最基本的、关键的功能并将其优化组合形成组织新的运行系统。

8.4.2　流程再造的原则

通过对业务流程再造实践的调查分析，虽然有的组织成功地实施了业务流程再造，绩效显著提高，但BPR也存在着高失败率，据统计，四分之三的BPR项目是失败的。为了提高BPR的成功率，根据Ford汽车公司等实施BPR的成功经验，BPR应把握以下几个原则：

(1) 以流程为核心。业务流程再造应以流程为核心，对组织业务流程进行根本性的再设计，以求实现组织绩效的巨大改善。为了实现这一目标，BPR应围绕组织战略而展开，而不是将其限制在某个组织内部，重点应是组织全部的关键和核心流程，如果需要甚至应打破组织边界实施再造。

BPR应从系统总体来考察关键和核心业务流程，即应从跨部门的角度来认识组织内的各业务流程，而不应把BPR局限在某个功能的单一过程中，应追求系统目标的优化，而不是某一作业、流程的优化。如果Ford公司只对财会部进行再造，是不会产生如此大的效益的，只有将采购、接收等部门综合考虑，BPR才可能取得成功。对维修保障流程再造应从系统整体的角度来综合考虑，而不应从各自部门的角度出发进行微调，这样往往会造成“竹篮打水一场空”。

(2) 以使用需求为导向。一个组织在判断流程的绩效时，必须从使用特别是最终用户的角度来考虑问题，这就要求组织的所有成员都应明确，组织存在的理由是为用户提供价值，而价值是由流程创造的，但用户要求的是流程的结果，流程本身与客户没有任何直接关系，只有改进为用户创造价值的流程，一个组织的业务流程再造才具有实际意义。

(3) 技术与管理相协调。业务流程再造需要技术与管理的协调耦合作用。BPR需要信息技术、需要各种工具的支持。信息技术不是仅将业务处理自动化，而是应将信息技术的这种作用做好它应该做的事情，而不会造成“南辕北辙”。因此，实施BPR应注重发挥好管理的基础保障作用，使信息技术真正成为BPR的“使能器”。

(4) 以人为本。BPR是一种革命性的深刻变革。一方面，由于人的有限理性，对任何复杂事物的认识都有一个过程；另一方面，实施BPR会改变组织环境，改变组织中人的角色和组织行为，如果不注重这些变化，往往会对BPR造成较为不利的影响，甚至会造成严重的冲突。因此，BPR既要关心流程，同时也要关心人，为人才成长发展创造宽松和向上的组织环境条件。

(5) 环境适应性。对组织进行流程再造设计的前提，必须满足和适应环境的要求，因此任何组织都是在一个特定的环境中生存和运行的，其必然受到环境的影响和制约，如军事战略、体制编制、维修政策法规等。

8.4.3 流程再造的对象

流程再造的对象——业务流程。业务流程是指为完成某一种目标或任务而进行的一系列相关活动的有序集合，由活动、活动间的逻辑关系、活动的实现方式，以及活动的承担者这四个要素构成。按照流程再造的思想理念，彻底再设计就是对这些要素进行重新组合，以实现更高的目标，获取更有价值的结果。流程再造并非强调“工作是什么”，而是“工作是如何进行的”，追求更有效率的工作，如利用先进的信息技术，重构活动间的逻辑关系，以便使活动间的关系更加符合工作的内在逻辑；消除多余的监督性工作，从而使活动间的关系更为简洁，活动的转换更为流畅。

在传统的分工原则下，管理职能部门把业务流程分割为一个个相隔离的环节，人们关注的焦点是单个独立的工作或任务。而流程再造则打破了传统分工理论框架的基础，以取得整体最优为目的。

8.4.4　流程再造的任务

流程再造的主要任务是对业务流程进行系统性的反思和彻底的再设计。流程再造以最大限度地满足用户需求为出发点和落脚点,以提高业务流程的效果和效率为目标,通过对现行业务流程的怀疑性的诊断的基础上,试图对现行业务流程进行根本性反省、革命性创新和彻底的再设计。彻底的再设计,不是指局部性的改进或是表面上的修修补补,而是对组织使命任务的再认识,从根本上抛弃旧的体系机制和运行方式,放弃不适宜的原则程序,建立全新的业务流程、体系模式和运行机制。

8.4.5　流程再造的方法

在流程再造的研究与实践中,一些专家学者研究建立了实施流程再造的 ESCRI 方法,这里重点从组织、资源、流程三个方面来阐述 BPR 的方法。

1. 组织再造

组织再造是在组织层次上,对一个单位的组织管理结构进行解析,确定组织结构应具有的基本职能,而后对组织结构进行再造。组织再造主要包含两个内容:一是进行职能解析;二是管理过程分析与再造。通过职能解析,可以确定出组织所应具备的基本职能和为实现基本职能所需执行的工作内容。通过管理过程分析与再造,即对为实现基本职能所进行的活动的顺序分析,找出其不合理的部分进行重新安排,以使活动更加有效。职能解析和管理流程再造相辅相成,利用职能解析和管理过程分析的成果,按照组织结构设计原则,便可得到多种新的组织结构,以供决策者参考,最终确立再造后的组织结构。实施组织再造的框架如图 8-4 所示,其中 ESCRI 方法如表 8-5 所列。

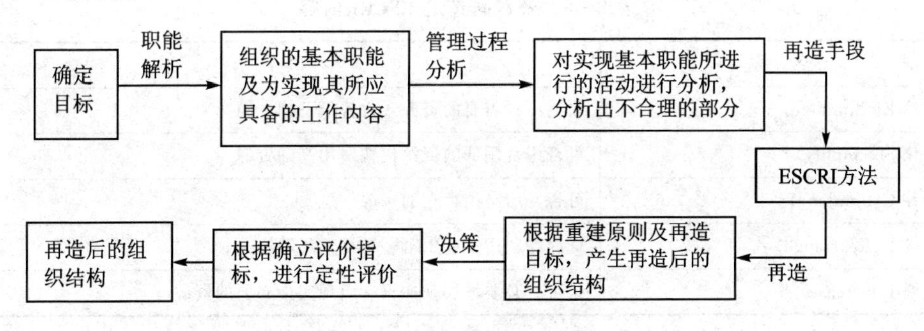

图 8-4　组织再造过程示意图

2. 资源再造

资源再造是指对组织资源(如人员、设施、设备、器材等)进行再造。当组织内的管理职能侧重于具体工作内容和工作过程时,管理职能是管理各类资源的各种相关活动和决策的集合。

表 8-5 组织再造的 ESCRI 内容

名 称	内 容
取消 E(Eliminate)	取消不再需要的职能和不增值的活动
简化 S(Simplify)	可否变复杂过程为简单过程
合并 C(Combine)	可否将必须存在的过程进行合并
重排 R(Rearrange)	可否将组织工作转换顺序
新增 I(Increase)	增加原来不具备而现实需要的组织功能

对组织各种资源进行再造的目的是使现有的资源得到更加合理的运用,以最经济的资源耗费为组织提供最好的保障。同样,首先必须进行职能解析,找出不合理的部分,而后采用 ESCRI 方法进行再造。资源再造的实施框架如图 8-5 所示,其中 ESCRI 方法如表 8-6 所列。

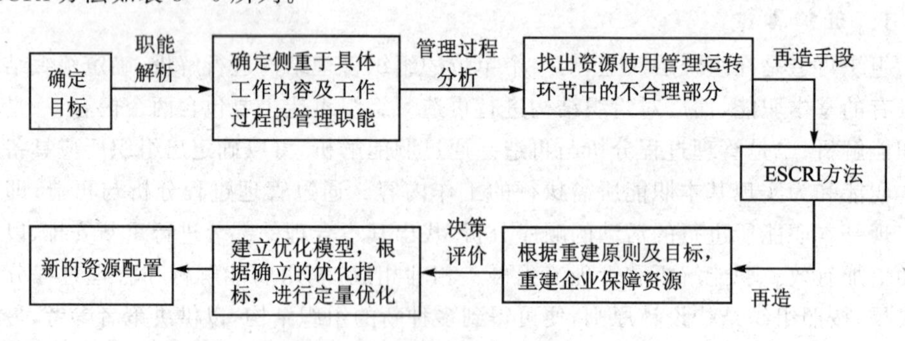

图 8-5 资源再造的实施框架示意图

表 8-6 资源再造的 ESCRI 内容

名 称	内 容
取消 E(Eliminate)	取消不再需要的资源或效益低下的资源
简化 S(Simplify)	可否用费用低的资源代替费用高的资源
合并 C(Combine)	可否共用必须存在的资源
重排 R(Rearrange)	资源在利用过程中可否转换使用顺序
新增 I(Increase)	是否有必要增加现在没有而现实中必要的资源

3. 流程再造

再造流程时,首先要考察某个流程的现状,而后确定出其理想状态和可能状态。进行再造工作时,首先要有系统地将需要改变的流程加以界定,根据一条基准线对其进行精确的测量,通过规定目标、再造流程设计和实施变革来逐步完善它。对结果用某一尺度(指标或评价参数)来度量,以衡量再造工作是否成功。

在对组织进行再造时应把再造流程放在优先位置,这是因为:①易于实施,即使削减资源的时期，再造流程也是可行的，在那些现行流程效率和效益较差的地方，如果实施其他改革的条件不成熟，若重建工序，有目的地使用现有资源，就能取得突出的效果，而且随着流程的改革和效率的提高，有的资源就可以用于别的流程和进行别的改革；②再造流程可以使组织对服务或产品的需求减少，一个效率低下的流程往往人为地扩大需求；③再造现有的组织内的工序，可以查明组织真实的保障需求，从而避免过多地投入不必要的资源。实施流程再造的框架如图8-6所示，其中ESCRI方法如表8-7所列。

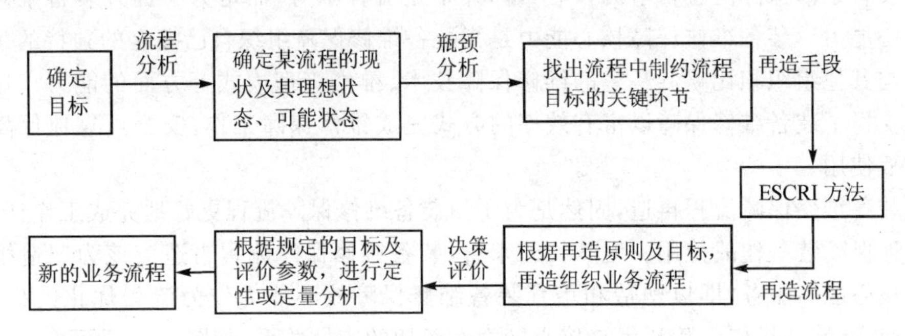

图8-6 流程再造的实施框架

表8-7 流程再造的ESCRI内容

名　称	内　容
取消 E(Eliminate)	取消不必要的工序
简化 S(Simplify)	可否变复杂工序为简单工序
合并 C(Combine)	可否将过程中相近的工序进行合并
重排 R(Rearrange)	可否将过程中工序的进行顺序进行重排
新增 I(Increase)	是否有必要增加现在没有而现实中必要的工序

4. 流程再造的整合

组织实施业务流程再造，由于组织环境差异、再造原则不同及再造重点不同，业务流程再造可以从组织再造、资源再造、流程再造三个大的方面来进行。但在实际再造过程中，这三个方面的再造工作是相辅相成的，而不是截然独立的。总体而言，业务流程再造是否取得成功，达到优化结构，改善运行机制，提高能力等目标，关键在于在再造过程中是否把各方面的因素整合起来，从而实现倍增效应。

整合(Integration)即一体化或融合为一个有机的整体。流程再造整合就是要把组织再造过程中的不同权利主体、不同质的生产要素和资源、不同的流程或工作，以及不同的观念、行为准则和行为方式有机地融合为一体，形成某种核心能力，以达到业务流程再造的目标。

组织应具备两个重要的能力：一是预见能力，这是和战略选择相关的能力，它决定了系统的基本方向；二是一线执行能力，这要牵涉到人员的激励、决策结构和系统内协调等一系列问题。围绕这两个能力，要进行的重要的整合分别是流程整合和组织管理整合。

8.4.6 装备维修保障流程再造

1. 装备维修保障流程再造的突破口

装备维修保障流程再造的核心目标并不是流程本身，而是为了提升装备维修保障核心能力。装备维修保障核心能力是指装备维修保障组织自己拥有的独特的足以导致与其他组织相比略胜一筹的维修保障技术、维修管理模式等方面的能力。这种能力支撑了装备维修保障以富有效率的方式完成维修保障工作，安全可靠地保障装备作战使用。

装备维修保障流程再造，固然是为了使装备维修保障流程更好地完成工作任务，高效地保障装备作战使用。但从长远来看，装备维修保障流程再造应该为塑造维修保障核心能力服务，即以塑造和培育装备维修保障核心能力作为流程优化的核心。一般而言，装备维修保障流程与核心能力有密切的支撑关系，如图 8-7 所示。

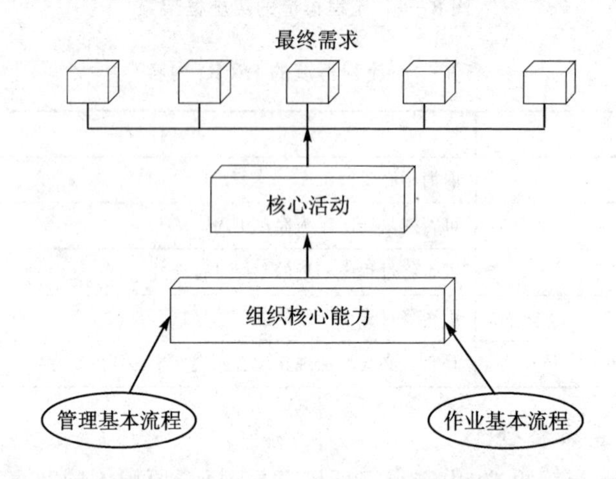

图 8-7 流程与核心能力关系示意图

图 8-7 表明了这样一个过程：装备维修保障工作流程（管理流程和作业流程）支撑了装备维修保障组织的核心能力，核心能力支撑了装备维修保障活动的核心活动，而核心活动则支撑着最终的需求。因此，装备维修保障流程再造有两种基本方式：

一是装备维修保障流程再造可以进一步强化或增强装备维修保障核心能力，从而使装备维修保障组织保持更高的相对比较优势。这种方式下的流程优化，是以现有的核心能力为基本条件而进行的，流程再造后并不改变原来的核心能力内容，只增加其力度。

二是装备维修保障流程再造是以建立新的装备维修保障核心能力为目标的，再造流程以及由流程支撑的新的核心能力。这种方式下的装备维修保障流程再造是全面的根本性的改造,将改变装备维修保障系统的整体运行方式和体系模式。

2. 装备维修保障流程再造的方式

装备维修保障流程再造的关键是要以关键流程为突破口。关键流程的选择一般有三个原则:①绩效低下的流程,又可称为功能性障碍的流程;②位势重要的流程,即对作战使用需求最具有影响的流程;③具有可行性的流程。一般而言,根据业务流程再造理论方法,装备维修保障流程的突破有四种方式:

一是装备维修保障活动本身的突破。装备维修活动本身的突破又有三种形式:一是活动的整合,把分散在不同职能部门、机构、由许多专业人员完成的若干活动,整合成一个任务,由一个部门、机构或一个人来完成,减少活动的交接和重复,从而大幅提高装备维修保障流程的运行效率;二是活动的分散,即不将专业的职能集中于专业人员或单一部门,而是将它打散融于系统之中;三是活动的消除,即通过对现行装备维修保障活动的系统分析,将一些"本来就不该有的工作"废除掉。

二是装备维修保障活动间关系的突破。其主要是根据装备维修保障活动的本质属性,调整维修保障活动的先后顺序或逻辑关系。如将串行的活动改为并联来处理,以缩短总时间。

三是装备维修保障活动执行者的突破。装备维修保障活动执行者的突破涉及组织、管理方式及装备维修保障人员能力素质等几个方面。一是从职能型组织转变为流程型组织;二是优化装备维修管理方式,实行集中管理与分散管理、行政管理与技术管理相结合的管理方式,通过授权,去除装备维修保障流程活动的管理,使装备维修保障人员不再是被动的执行者,充分发挥他们的主观能动性,对整个维修保障流程负责,提高装备维修保障效率。

四是装备维修保障活动实现方式的突破。随着以信息技术为核心的高新技术的广泛应用,装备维修保障系统依托信息化保障平台,加快装备维修保障部门、单位之间信息的交流速度,加强装备维修保障活动的整体协调,提高装备维修保障系统整体运行效能。

装备维修保障流程再造,改变了基于社会分工理论而形成的专业化装备维修保障管理模式,使装备维修保障流程活动的着眼点由局部转向系统整体和最终需求,提高了装备维修保障流程整体效能,更高效地满足装备作战使用需求。

复习思考题

1. 阐述绩效的含义。
2. 开展装备维修绩效管理有何意义?
3. 绩效评价与组织目标的关系是怎样的?
4. 绩效评价标准包括哪几类?哪些评价标准更适合装备维修绩效管理?

5. 管理绩效的评价方法有几种？哪些评价方法适用于装备维修管理领域？
6. 阐述绩效评价中的常见问题及其对装备维修管理的影响。
7. 分析360度反馈评价法的优缺点及其在装备维修管理领域应用的有效性。
8. 何谓行为锚定等级量表法？
9. 分析几种比较评价法的适用性。
10. 何谓平衡计分卡法？如何有效使用它？
11. 阐述装备维修管理绩效评价的基本流程。
12. 阐述装备维修管理绩效评价标准制定的原则。
13. 工作流程就是工作进行的路径，这一说法对吗？
14. 结合装备维修工作实际，分析装备维修管理基本工作流程并加以描述。
15. 怎样有效地分析出业务流程现存的问题？怎样开展针对性的创新？

下篇

装备维修管理方法

第9章　装备维修资源的配置与优化

装备维修资源是装备维修所需的人力、物资、经费、技术、信息和时间等的统称，是装备维修系统的重要组成部分，是装备维修保障系统运行的物质基础，对装备维修资源进行科学管理，直接关系到装备维修保障的效能，影响到装备作战的使用。

9.1　装备维修资源

9.1.1　装备维修资源的概念内涵

装备维修资源是指装备维修所需的人力、物资、经费、技术、信息和时间等的统称，是装备维修系统的重要组成部分，主要包括维修人员、维修器材、保障装备和技术资料等。维修保障系统的有效运行离不开保障要素的有机协调和匹配。维修保障的资源要素，与维修保障活动直接关联，相互联系，相互作用，缺一不可，共同影响着装备维修保障过程活动。

1. 维修保障人员

维修保障人员是实施装备维修保障的主体。其主要明确装备各维修级别所需人员的数量和技能要求，以及维修人员的培训和考核。维修保障人员的数量和素质直接关系到装备维修保障的总体水平，是维修资源诸要素中最重要的要素。

2. 器材备件

器材备件是装备维修保障的物质基础。其主要确定装备使用与维修所需器材的品种、数量，以及对其筹措、供应、储运和备件修理等。器材备件是装备维修系统中十分重要的资源，对装备的战备完好性和战斗力具有重要影响。器材备件包括事先采购尚未使用和故障件修复后转入备用两种。随着装备的高技术化，在一定条件下，器材备件能否及时补给，已成为装备维修能否顺利遂行的瓶颈。

3. 保障装备

保障装备是实施装备维修保障的手段。其主要规划配属于维修机构用于装备维修保障的各种工具、小型设备、地面保障设备、检测设备、修理工艺设备、防护装具、专用车辆和方舱等。以及这些保障装备的采办、检测修理等。保障装备的科技水平和配套程度，反映了装备维修保障能力的高低。

4. 技术资料

技术资料是实施装备维修保障的重要依据。其主要规划和提供装备使用与维修所需要的各种技术文件、技术说明书和工作要求。包括使用与维修工作程序、图表、技术数据、标准和要求，以及保障装备的使用和维护方法等。技术资料应当与交付部队使用的装备技术状态相符合，满足装备使用和维修需要。

9.1.2 装备维修资源配置的基本依据

1. 装备使用要求

装备体制、编配方案和装备使用强度、工作环境等约束条件，不仅是装备论证研制的依据，而且也是维修资源配置的基础。信息化条件下的现代战争，速战速决，持续时间短，机动性强，装备作战强度大幅度增加。装备作战使用的特点对装备维修资源保障提出了更高的要求。

2. 装备维修保障方案

装备维修保障方案是关于装备维修的总体规划和装备维修保障工作的概要性说明，通常在装备研制阶段，由设计和生产部门提出。其内容包括实施装备维修所预计的主要维修资源和维修活动约束条件，是设计和确立装备预防性维修、修复性维修和战伤抢修所需的保障资源的重要依据。

3. 装备维修保障任务

通过装备维修任务分析所确定的各个维修级别上的维修工作和工作频率，装备维修保障任务是装备维修资源确定的主要依据。装备维修资源分析主要根据完成为任务的需要来确定维修资源的项目、数量和质量要求。维修等级是按装备维修时所处场所及其相应的不同组织机构而划分的等级。我军装备实行基层级、中继级和后方基地级三级维修。不同的维修等级需要配置不同的人力和物力，以提高其使用效益和保障效益。通过维修任务分析保证在预定的维修级别上，维修人员的数量和技术水平与承担的工作任务相匹配；储备的备件同预定的换件工作和“修复－更新”决策相匹配；随机工具以及检测诊断和保障设备同该级别预定的维修任务相匹配等。

9.1.3 装备维修资源配置的基本原则

装备维修资源配置应遵循以下基本原则：

(1) 满足平时和战时对装备维修保障的需求。通过对维修工作数据收集分析，建立维修资源种类、数量与战备完好性之间的关系模型，进行影响分析。

(2) 简化装备保障对维修资源的要求。维修资源的确定和优化要与装备设计进行综合权衡，尽量采用“自保障”、无维修等设计，力求减少维修项目和工作量。

(3) 尽量减少新研制的维修资源。尽可能利用现有的维修保障机构、人员和物资，选用通用的和市场便于采购的产品，降低维修资源开发的费用和难度。

(4) 尽量降低维修资源的费用。确定维修资源，需建立资源品种、数量与费用的关系，在周期寿命费用最低和满足战备完好性要求的原则下，合理配置维修资源。

(5) 简化维修资源的采办过程。尽量选用国内有丰富资源的物资和标准化、系列化的设备、器材。对引进的装备的保障装备、器材备件逐步实现国产化。

(6) 维修资源的品种和数量的不断优化。及时收集装备使用和维修过程中维修资源的有关消耗数据和保障效益,并通过对维修资源的评价和分析,不断修正保障资源及其配置。

9.1.4 装备维修资源配置的基本过程

由于装备维修资源种类多且各有特点,同时资源的配置涉及装备研制和使用各有关部门和部队,因此,确定维修资源的时机和要求也不尽相同。下面仅就确定装备维修资源的一般步骤和方法阐述如下:

1. 提出维修资源保障要求和约束

(1) 装备论证阶段。在论证和确定装备使用和维修要求的基础上,分析和确定维修人员、保障装备、设施、器材、技术资料等约束条件。

(2) 装备方案阶段。在装备功能分析和维修保障要求同有关设计特性相协调的基础上,进行初始保障性分析,概略地确定各种维修保障资源。

2. 确定和优化维修资源需求

主要在工程研制阶段完成。通过保障性分析和维修资源有关的技术数据的收集分析,针对完成某一使用与维修而提出的资源需求,综合协调,确定和优化维修资源需求,制定一套能够用于开发、研制以及采办各种维修资源的正式保障计划。

3. 调整和完善维修资源需求

在装备使用过程中,收集维修资源消耗数据,验证其对装备使用与维修的匹配性和实用性。通过对维修资源的评价,找出维修资源存在的问题,不断修正和改进。同时,还要根据战时所担负的作战任务,及时调整维修资源及其配置。

4. 由低到高确定和优化维修资源

(1) 确定单台(架)装备维修资源。其主要研究确定单台(架)装备所需携行的维修资源,如工具、器材备件、检测设备和使用维护手册等,以保证在任何条件下,能够遂行对装备的使用和基层级维修。

(2) 确定优化某一型号装备的维修资源。其主要研究确定某一型号装备共用的维修资源,如同种(型)飞机可以共同使用的拖车、拖架、大型检测设备、专用保障车辆和机载设备等。

(3) 确定某一战术单位维修资源。其主要研究确定执行战斗任务的基本战术单位和执行特殊任务的部(分)队所应配置的维修资源,如飞机地面保障装备、四站装备、装备维修器材和维修保障的人力等。通常,某些维修资源的配置按基数为单位计算。

(4) 确定某一作战方向或战(防)区维修资源。将担负某一方向作战任务的部队作为保障对象，对其装备的维修资源在一定范围内进行合理配置，不仅包括基层级、中继级，基地级维修级别的资源配置，而且包括保障多种型号装备作战使用和维修的资源配置。按照区域统一权衡、优化维修资源，使战场建设和维修资源配置构成一个有机整体，确立前置保障、交叉保障、网状保障为主的资源保障模式和与机动作战相适应的网络式资源保障体系。

装备维修资源的优化配置，是与装备使用和维修保障所要达到的目的紧密相连的，从根本上讲，就是要以最少的人力和物力消耗，以最快的速度为部队提供高强度、持续不间断的保障，即维修资源配置追求的是最佳的军事经济效益。因此，做好维修资源的管理工作，实现维修资源配置的优化，具有十分重要的意义。

9.2 装备维修保障人员的确定与优化

装备维修保障人员是装备维修活动的主体，是维修资源诸要素中最活跃、最有决定意义的因素。随着装备的发展，装备维修活动已进入运用密集高技术和自动化系统进行综合维修的时期，对维修人员的管理和素质的要求也越来越高。在装备维修活动中，如何获得强有力的人才和智力支持，提高装备的维修水平和维修效益，已成为规划维修资源的一项十分重要的工作。

9.2.1 维修人员的确定与优化的主要内容

装备维修人员的确定和优化研究，其主要内容包括确定平时和战时使用与维修装备所需人员的数量、专业及技术等级等。

1. 确定维修专业类型

维修专业的确定，是进行维修分工的前提条件。科学划分专业，才能合理进行维修分工。对技术密集的装备必须本着以飞机各系统功能为主、学科相近的原则，同时考虑装备构造、原理和维修作业特点，进行专业划分，使装备及其设备、机件的所有维修工作都有相应的专业负责。

装备构造复杂，新型设备不断增加且相互交联，划分维修专业必须立足于维修的基层级能基本解决装备维修工作的技术问题。但过细的专业划分，会造成人力的浪费，内、外场的专业划分应充分考虑其维修管理与维修作业特点，体现不同粗细的差别。

2. 确定维修人员的数量

确定维修人员数量是有效使用维修人力资源的基础。在维修专业划分的基础上，需要充分分析专业的规模和工作量，确定各专业人员数量。由于各专业工种的工作量不同，均衡维修人员的工作量是十分必要的。均衡人员的工作量，可考虑不同专业工作量的差异，通过调整各专业的人数来实现。

应考虑战时装备维修对维修人员的需求，装备战伤抢修人员和军械专业人员的配备以及战伤人员的补充等，必须确保作战任务的执行。

3. 确定维修人员的技术水平

维修人员的专业技术水平必须与所担负的维修工作相适应。维修人员的技术水平应对军官、士官和士兵分层次和级别提出不同要求，并实行分训。为了保证分配到某维修岗位的人员具有完成本岗位任务的能力，必须经过必要的培训课程，并通过资格考试，才能上岗工作。

优化维修人员队伍结构是确定维修人员技术水平的一项重要工作，可按基础队伍、骨干队伍、尖子队伍、专家队伍构建，形成塔形的人员结构。

9.2.2 装备维修保障人员数量的确定

根据装备特点和维修任务的不同，维修人员的确定可以有多种方法，主要有：

1. 直接计算法

按各项维修工作所需工时数直接计算维修人员数量，即

$$M=\left(\sum_{j=1}^{r}\sum_{i=1}^{k_j}n_j f_{ji} H_{ji}\right)\frac{\eta}{H_0} \tag{9-1}$$

式中：M 为某维修级别所需维修人员数；r 为某维修级别负责的维修型号；k_j 为 j 型号装备维修工作项目数；n_j 为某维修级别负责维修 j 型号装备的数量；f_{ji} 为 j 型号装备对第 i 项维修工作的年均频数；H_{ji} 为 j 型号装备完成第 i 项维修工作所需的工时数；H_0 为维修人员每人每年规定完成的维修工时数；η 为维修工作量修正系数（如战时增加的工作量或非维修工作等占用的时间，$\eta>1$）。

2. 分析计算法

通过保障性分析计算装备维修所需的维修人员数，即

$$M=\frac{N\times M_H}{T_N(1-\varepsilon)} \tag{9-2}$$

式中：M 为所需维修人员数；T_N 为年时基数（年日历天数－非维修工作天数）×（每日工作时间）；ε 为计划停工率；N 为装备总数；M_H 为每年每台（架）装备预维修工作工时数。

3. 专业人员数量粗略估算法

由使用与维修工作分析汇总表，计算各不同专业总的维修工作量，并粗略估算各专业人员数量，即

$$M_i=\frac{T_i\times N}{H_d\times D_y\times y_i} \tag{9-3}$$

式中：M_i 为第 i 类专业人数；T_i 为维修单台装备第 i 类专业的工作量；N 为年度需维修装备总数；H_d 为每人每天工作时间；D_y 为年有效工作日；y_i 为出勤率。

9.2.3　装备维修保障人员技术等级的确定

装备维修保障人员的技术等级应与装备的特点和维修工作的技术复杂程度相一致。若使维修人员有合适的能力与知识完成维修工作，则有两方面的问题需要考虑：一是当确定人员的专业技能要求之后，可通过人员培训来弥补需求与实际技能之间的差距；二是对装备设计施加影响，使装备尽可能便于维修(维修简便、迅速、经济)，使维修人员的工作大大简化。

将维修工作任务分析所得到的不同性质的专业工作加以归类，并参考类似装备维修保障人员的专业分工，从而提出维修人员的专业划分，如机械专业、军械专业和电子专业等，并确定相应的技能水平要求。必要时，对维修人员的技能要求还应进行人机工程分析，以便人-机能够协调和匹配。表9-1是维修人员技术等级要求汇总报告格式的一种示例，用于确定维修人员的技术要求。

表9-1　维修人员技术等级要求汇总报告示例

第一部分　基层级、中继级维修人员数量与技术等级信息
第一节　前言
简述报告目的。
第二节　装备概述
对装备的详细描述：包括目的、使用特点、维修及使用原理等。
第三节　维修和使用提要
简述实施使用和维修所需的技术专业、使用时间预计以及使用保障设备等。
第四节　技术专业说明
详细描述实施使用和维修所需技术专业，包括完整的工作目录、所需使用的保障设备、工作时间与频度、年度工时要求以及工作熟练程度。
第五节　初始人员配备估计
对新研装备系统初始人员配备的建议，包括人员配备资料、编制一览表及其他适用的资料。
第六节　特殊问题
详细描述影响人员计划拟定的问题或相关因素。
第二部分　基地级维修保障人员的数量与技术等级信息
这部分是第一部分第四节到第六节的重复，但说明的是对基地级的人员要求。如果由职工完成该级别的工作，则应按职工的技术等级进行说明。

9.3 装备维修器材的确定与优化

9.3.1 装备维修器材的概念内涵

装备维修器材，是指用于装备维修所需的各种备件和原材料。主要包括各类构件，以及各系统的部附件、零件、仪表、电子设备等备件和原材料。备件用于装备维修时更换有故障（或失效）的零部件，原材料是维修所消耗的材料或消耗品。其中，备件是维修器材中十分重要的物资，对装备的战备完好性和战斗力具有重要影响。

器材保障是装备维修不可缺少的重要组成部分，是十分重要的维修资源之一。器材保障贯穿于装备研制和使用的全过程，即使装备停产后，也应重视器材的保障问题。器材对部队作战行动的影响，平时表现为影响装备的完好率，战时直接关系到部队战斗力的保持，器材严重缺乏可能导致作战能力的丧失。

随着装备的高技术化，器材的品种和数量迅速增加，从而使器材的确定和优化及其生产、采购、运输、储存和修理变得更为复杂和困难。曾任美国陆军器材部长的路易斯·D·瓦格纳将军认为必须把最好的技术应用到武器装备中去，但“只有在建立备件保障系统之后，我们才可以装备部队，否则危险性太大，代价太高。”因此，世界各国军队对器材保障都给予了高度重视，将其作为战略问题予以研究。

9.3.2 装备维修器材确定的基本程序

装备维修器材的确定与优化是器材保障系统中生产、采购、储存和供应等环节的首要环节。在装备研制阶段，研制部门要对其备件给予充分考虑，优选保障方案。装备部门要根据装备特点，结合装备维修需要和装备更新换代要求，掌握器材消耗规律，预测所需器材品种和数量，科学制定消耗标准和储备标准。装备维修器材确定与优化的工作内容有：

1. 初始器材需求的确定

初始器材的确定由承制方会同使用方共同规划实施，是器材供应保障工作的基础，主要内容有：

（1）确定各个维修级别所需备件的数量和各种清单，如零件供应清单、散装品供应清单及修复件供应清单等。清单中应包括备件的名称、备件数量、备件库存量等。

（2）拟定新研制装备及其保障设备、搬运设备及训练器材所需备件的订购要求，包括检验、生产管理、质量保证措施及交付要求。

（3）制定与使用和维修保障器材有关的库存管理的初始方案。包括备件的采购、验收、分发、储运及剩余物资处理等。

（4）拟定装备停产后备件供应计划。

2. 库存器材需求的确定

库存器材的确定与供应一般由使用方负责规划实施。按初期器材供应拟定的清单及管理要求，结合初期的使用实际进行器材供应数据的收集和分析并做出评价，及时修订器材需求，调整库存和供应网点，改进供应方法，实施和修订装备停产后器材的供应计划。

3. 战时器材需求的确定

信息化条件下的现代战争环境，装备出动强度大、战损率高，使得战时对装备维修器材的要求比平时有较大的变化。具有器材供应复杂、时间要求紧迫、器材需求波动大、补给困难以及组织协调复杂等特点。战时器材需求的确定，不仅要依据于历史器材消耗统计的数据、战损率、战损模型、平时模拟训练做出对维修器材品种及数量的估算，进行计算确定，而且还要考虑部队的作战任务、作战补给难易程度、生产能力和采购能力，以及装备生存性和战伤飞机修复等因素。

9.3.3 装备维修器材确定的常用方法

维修器材确定与优化，主要包括两方面内容：确定器材需要量和器材库存量。

1. 器材需要量确定的常用方法

(1) 直接计算法。按照装备在一定的保证期内预期的维修任务(预计或正式下达的计划任务量)和每次维修预期的器材消耗定额的乘积直接计算某种器材的需要量。计算公式为

$$N=\sum_{j=1}^{r}\sum_{i=1}^{K_j} n_j f_{ji} D_{ji} \tag{9-4}$$

式中：r 为需要某种器材的装备型号数；K_j 为 j 型号装备需要某种器材的维修项目数；n_j 为 j 型号装备数；f_{ji} 为 j 型号装备在一定保障期限内对第 i 项维修任务的频数；D_{ji} 为 j 型号装备进行一次 i 项维修任务，单台装备所需某种器材的消耗量。

此计算方法不考虑器材的可修复情况。

(2) 类比计算法。参照类似装备的器材消耗定额，计算本型号装备的器材需要量。这种方法适用于新装备器材需要量的计算。

某种器材需要量＝计划任务量×类似装备器材消耗定额×调整系数。计算公式为

$$N=\sum_{j=1}^{r} a_j n_j D_j \tag{9-5}$$

式中：a_j 为 j 型号装备数；n_j 为 j 型号装备的类似装备某种器材消耗定额；D_j 为 j 型号装备根据维修频率、工作条件等因素的修正系数。

(3) 动态分析法。通过对历史资料进行分析和研究，运用计划任务量和器材消耗量的变化规律推算器材消耗量。

$$某种器材需要量=\frac{计划期计划任务量}{对比期实际完成任务量}\times对比期实际消耗该种器材总量\times调整系数$$

上式中的对比期，可以是上一期的数据，也可以是历史上有类似情况的数据，均可使用。

2. 库存量确定方法

在优化装备维修器材备件储备结构和确定其储存量时，可采用下述方法：

(1) ABC库存控制法，亦称重点控制法。它的基本原理为：对品种规格繁杂、价格不一的库存器材，按照器材品种数量、价格高低、用量大小、重要程度、采购难易等进行分类排队，找出主要项目，以便抓住重点，兼顾一般，提高控制效果。一般维修器材分为ABC三大类。A类属高费用项目，占用资金最多为60%～80%，但项目数仅为5%左右，如惯导系统、平显系统、雷达系统、飞参记录系统等机载设备以及大的部附件等。B类属中等费用项目，占用资金为20%～30%，项目数为15%左右。C类属低费用项目，大多是消耗性项目，资金占4%～15%，项目数可达80%。按类别确定维修器材备件订货的批量、时间，储备数量以及检查分析，可以达到提高经济效益的目的。显然，对A类器材要严格控制，对B类器材可视情进行重点控制或一般控制，对C类器材，只需一般控制。

需要注意的是，在进行器材ABC分类时，不能只考虑器材费用一个因素，还应考虑器材对装备的影响、采购周期等因素，合理确定器材类别的标准。

(2) 定期库存控制法，亦称定期盘点法。它是以固定相邻两次订货时间间隔为订货周期的一种库存量控制方法。对订货周期的确定，一是对A类器材利用模型分析最佳经济订货量和最佳订货次数计算订货周期；二是根据供货周期，合理确定订货周期；三是对B、C类器材的订货周期应尽量与A类订货周期一致，以减少订货工作量。

若每次订购到器材进货的备运时间相同，则进货周期可固定。但订购批量是可以改变的，它将随着各周期器材的消耗速度的变化而变化。定期库存控制法的订购批量可通过下式计算：

$$\begin{aligned}订购批量=&订货周期需要量+备运时间需要量+\\&保险储备量-库存合用量-已订未交量\end{aligned}$$

或

$$订购批量=平均日需要量+保险储备量-库存合用量-已订未交量$$

式中：备运时间为以往各次订购实际需要备运时间的平均值；库存合用量为提出订购时的实际库存量并扣除其中在计划期内不可使用部分的数量；已定未交量为已订购且能够在该计划期内到货的数量；平均日需要量为某种器材在一个订货周期的需要量除以本周期的实际天数。

(3) 定量库存控制法，亦称订购点控制法。所谓订购点，是指提出订货时预先确定的一个最佳的库存控制标准量。这种方法是当库存降到订购点时即提出订货。

由于器材实际需求速度不同，订购间隔期将不同，需要经常检查库存量是否接近订购点。

运用定量库存控制法的关键是确定订货点。订货点偏高，将使平均库存量增大，造成器材积压；反之，会造成器材缺货。最合适的订货点应使备运时间的需求量与保险储备量之和正好等于订货点的库存量。

9.3.4 航材备件管理模型及其应用

1. 单级维修器材保障系统模型

由单级管理机构负责的维修器材备件保障系统，称为单级维修器材保障系统。航空兵部队的战备携行器材和驻有部队的场站航材保障模式，属于单级维修器材保障系统模型。该系统一般由使用单元、库存单元和修理单元构成，如图9-1。

单级维修器材保障系统一般属于野战保障结构，所保障器材多为随机需求。对于具有随机需求的维修器材可建立以不缺货为目标的系统模型。

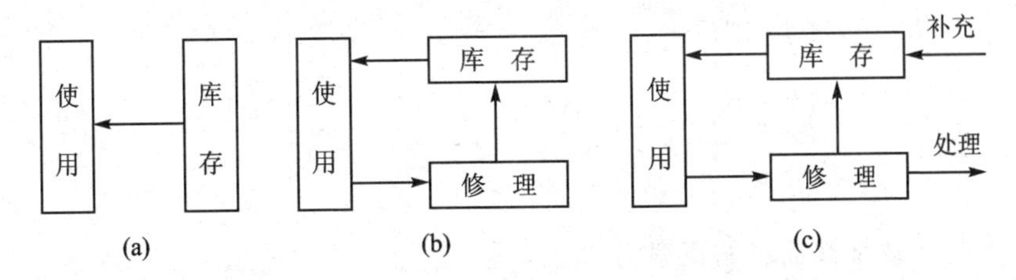

图9-1 维修器材保障系统结构图

(1) 耗损类维修器材模型。耗损类维修器材是不可修复的，其系统结构类型如图9-1(a)。根据实际统计和理论分析，可认为该类器材需求服从泊松分布，即

$$f(x)=\frac{(L\alpha T)^{x}\mathrm{e}^{-L\alpha T}}{x!} \tag{9-6}$$

式中：x 为表示在规定时间 t 内所需某类维修器材的数量，为随机变量；α 为该类维修器材的需求率；$f(x)$为维修器材需求密度函数；L 为使用单元中含有该类维修器材的数量；N 为维修器材储存量；$P(X\leqslant N)$为表示不缺货概率即规定的系统目标函数。不缺货概率为

$$P(X\leqslant N)=\sum_{x=0}^{N}f(x)=\sum_{x=0}^{N}\frac{(L\alpha T)^{x}\mathrm{e}^{-L\alpha T}}{x!} \tag{9-7}$$

根据式(9-7)，若已知 $L\alpha T$ 和 N 值，则可求出不缺货概率 $P(X\leqslant N)$值。反之，当给定了维修器材保障目标要求不缺货概率时；那么，在已知 $L\alpha T$ 值时可以确定维修器材的储存量 N。利用该模型，可以确定耗损类维修器材，也可用来确定装备携行备件量。

(2) 可修件模型。可修件修复后可再使用。在其他条件相同的情况下，所储备的维修器材数相应有所减少。如果采用耗损类模型，必然导致决策失误和较大的计

算误差。因此,建立数学模型时,应考虑维修器材的可修复性。

可修件单级保障系统结构如图 9-1(b)。假设该系统使用单元中有某可修件 L 个,维修器材储存量为 N,维修分队数为 $c(c\leqslant N)$,每个可修件的平均需求率为 α,可修件故障和修复时间均服从指数分布,则该系统可看成是(排队论中的) $M/M/c/L+N/L$ 的排队系统。

设 X 表示送修故障件的数量,其可能取值为 $0,1,2,\cdots,N+L$。当 X 为 $0\sim N$ 时,维修器材不短缺;当 $X>N$ 时,因维修器材短缺影响装备维修。根据排队论的方法,有

$$P(X=k)=\begin{cases}\dfrac{L^k}{k!}\left(\dfrac{\alpha}{\mu}\right)^k p_0, & 0\leqslant k\leqslant c\\ \dfrac{L^k}{c!\,c^{k-c}}\left(\dfrac{\alpha}{\mu}\right)^k p_0, & c<k\leqslant N\\ \dfrac{L^N L!}{c!\,c^{k-c}(L-k+N)!}\left(\dfrac{\alpha}{\mu}\right)^k p_0, & N<k\leqslant N+L\end{cases} \tag{9-8}$$

由于 $\sum\limits_{k=0}^{N+L}P(X=k)=1$,则

$$p_0=\left[\sum_{k=0}^{c}\frac{L_k}{k!}\left(\frac{\alpha}{\mu}\right)^k+\sum_{k=c+1}^{N}\frac{L_k}{k!}\left(\frac{\alpha}{\mu}\right)^k+\sum_{k=N+1}^{N+L}\frac{L^N L!}{c!\ c^{k-c}(L-k+N)!}\left(\frac{\alpha}{\mu}\right)^k\right]^{-1} \tag{9-9}$$

故保障系统不缺维修器材的概率为

$$P(X\leqslant N)=\sum_{k=0}^{N}P(X=k)=\left[\sum_{k=0}^{c}\frac{L^k}{k!}\left(\frac{\alpha}{\mu}\right)^k+\sum_{k=c+1}^{N}\frac{L^k}{c!\ c^{k-c}}\left(\frac{\alpha}{\mu}\right)^k\right]p_0 \tag{9-10}$$

2. 多级维修器材保障系统模型

由两级或两级以上的管理机构负责的维修器材保障系统,称为多级维修器材保障系统。在多级维修器材保障系统中,由于各级库存机构维修器材配置的复杂性,须在建立系统模型的基础上,进行优化计算才能搞好合理配置。

(1) 系统的结构。两级备件保障系统由两级维修(基层级维修和中继级维修)、两级库存(基层级库存和中继级库存)、备件源及备件的报废处理等要素构成,如图 9-2 所示。其中,基层级库存负责向装备提供所需备件,并将接收基层级、中继级修复后的故障件作为备件储存;中继级负责向基层库存供应所需的备件,接收中继级修复后的故障件作为备件储存,通常机载设备、机件的修理,部分零备件的制造由负责中继级维修的修理厂承担。

(2) 备件流程分析。若装备中某一可更换单元(零部件、组件或模块等)出现故障后,需首选送基层级修理部门进行修理,修复后安装到装备上。若基层级库存有该种备件,也可直接实施供应,待故障件经基层级修理部门修理后送往本级储存。基层级不能修复的故障件(称为基层不修复件),送中继级修理部门进行修理,同时,从中继级库存中领取一个备件送到基层级储存(此时,中继级若无该备件,则立即到备件

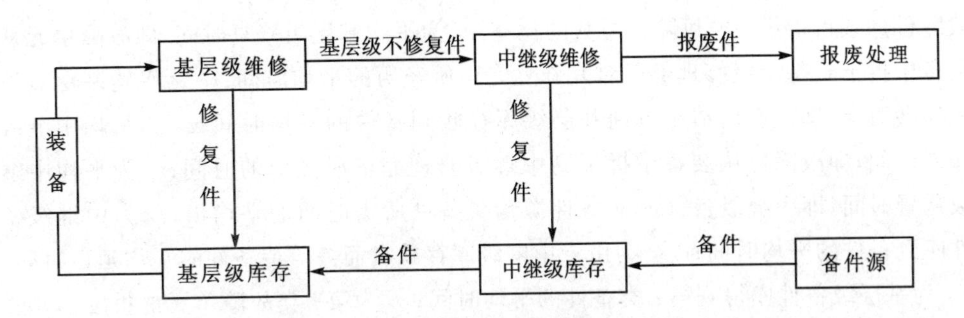

图9-2　两级备件保障系统结构示意图

源采购，再送到基层级）。此后，再判断该故障是否能修复或值得修复（即从经济角度上讲，修复件的费用小于购买一个同类件的费用），可修复或值得修复，就将其修复后送中继级储存。

(3) 系统的量化目标。建立以备件保障度为指标的系统量化目标。备件保障度是指装备在规定条件下，在任一随机时刻一旦需要备件而有所需备件的概率，记为$A_s(t)$。

令 $X(t)=P\begin{cases}0 & (t\text{ 时刻所需备件}) \\ 1 & (t\text{ 时刻无所需备件})\end{cases}$，则装备在$t$时刻的备件保障度为$A_s(t)=P\{X(t)=0\}$。可见，瞬时备件保障度，只涉及在时刻$t$时刻装备是否有所需要的备件。

在实际分析中，常用稳态备件保障度反映备件保障的程度。若

$$\lim_{t\to\infty}A_s(t)=A_s \tag{9-11}$$

存在，则称其为稳态备件保障度，简称备件保障度。备件保障度反映了备件保障对装备使用可用度影响的程度。这样，备件保障系统的目标则是确保一定的备件保障度，因而，可选择A_s为备件保障系统的优化目标。

(4) 备件保障度模型的建立。根据备件保障系统的特点，做如下假设：

① 中继级维修和中继级库存负责k个完全相同的基层级维修和基层级库存的备件的维修和供应，且每个基层级维修和库存负责u台同型装备的备件维修和供应；

② 备件的需求为泊松过程；

③ 不同类别可更换单元对备件的需求相互独立；

④ 备件保障系统处于稳态。

用下列符号表示变量和参数：

i为第i类可更换单元，$i=1,2,\cdots,n$；k为保障系统基层级维修机构数；u为保障系统所保障的装备数量；α_i为u台装备中，第i类可更换单元对备件的需求率，即u台装备在单位时间内需要第i类备件的概率；X_i为第i类可更换单元在一定时间内对备件的需要量，X_i为随机变量；r_i为基层级修理率，它表示由基层级修理第i类

故障件的数目占第 i 类故障件总数的比率；t_b 为平均基层级修复时间，即故障单元从装备中拆下到基层级修理部门对其修复完毕所经历的平均时间；t_0 为平均基层级请领周转时间，即从发出请领单到基层级库存收到备件的平均时间；t_d 为平均中继级修复时间，即故障件从装备中拆下到中继级修理完毕所经历的时间；t_c 为平均中继级购置时间，即中继级备件库从备件源购买备件所需时间的平均值；t_l 为中继级备件库到备件的平均时间；$t_{\omega,i}$ 为由于中继级库存缺货而需等待备件的平均延迟时间；T_i 为基层级备件库得到第 i 类备件的平均时间；φ_i 为第 i 类故障单元的报废率，$0 \leqslant \varphi_i \leqslant 1$；$S_i$ 为基层级备件库第 i 类备件的库存水平；$S_{0,i}$ 为中继级备件库第 i 类备件的库存水平；$B_i(S_{0,i},S_i)$ 为中继级库存水平为 $S_{0,i}$，基层级为 S_i 时的基层级库存备件缺货数；$D_i(S_{0,i})$ 为在中继级库存水平为 $S_{0,i}$ 时的中继级库存备件缺货数，为随机变量；Y_i 为第 i 类可更换单元在一定时间内需中继级库存供应的备件数量，为随机变量。

通过下列步骤确定备件保障度模型：

① 中继级库存缺货数的计算。根据泊松过程假设，t_l 内对中继级库存需求量 Y_i 的概率密度函数为

$$g(y_1)=\begin{cases}\dfrac{e^{-\alpha_{i,0}t_l(\alpha_{i,0}t_l)y_i}}{y_i\,!}, & y_i=0,1,2,\cdots \\ 0, & \text{其他}\end{cases} \tag{9-12}$$

式中：$\alpha_{i,0}$ 为中继级备件需求率，$\alpha_{i,0}=k\alpha_i(1-r_i)$，$t_1=\varphi_i t_c+(1-\varphi_i)t_d$。

因此，在 t_l 时间内中继级库存水平为 $S_{0,i}$ 时的 $D_i(S_{0,i})$ 期望值为

$$E[D_i(S_{0,i})]=\sum_{y>_iS_{0,i}} g(y_i)(y_i-S_{0,i}) \tag{9-13}$$

② T_i 的确定。令 η_i 表示中继级库存缺货率，即在时间 t_l 内，中继级库存的平均缺货数相对于应供数的比率，则

$$\eta_i=\frac{E[D_i(S_{0,i})]}{k\alpha_i(1-r_i).t_l} \tag{9-14}$$

因而基层级库得到备件的平均时间为

$$T_i=r_it_b+(1-r_i)\ [t_0(1-\eta_i)+(t_0+t_i)\eta_i] \tag{9-15}$$

记 $t_{\omega,i}=\eta_i\cdot t_i=\dfrac{E[D_i(S_{0,i})]}{k\partial_i(1-r_i)}$，则

$$T_i=r_i+t_b+(1-r_i)(t_0+t_{\omega,i}) \tag{9-16}$$

③基层级备件平均缺货数的计算。与确定 $E[D_i(S_{0,i})]$ 过程相同，$B_i(S_{0,i},S_i)$ 的期望值为

$$E[B_i(S_{0,i},S_i)]=\sum_{x_i>s_i} f(x_i)(x_i-s_i) \tag{9-17}$$

式中：$f(x_i)=\begin{cases}\dfrac{e^{-\alpha_{i,0}t_l(\alpha_{i,0}T_l)y_i}}{x_i!}, & x_i=0,1,2,\cdots \\ 0, & 其他\end{cases}$。

④备件保障度 A_s 的计算。设 ε_i 表示基层级库存缺货率，则

$$\varepsilon_i=\frac{E[B_i(S_{0,i},S_i)]}{T_i\alpha_i} \tag{9-18}$$

若设每台装备中具有第 i 类可更换单元的数量为 q_i 个，那么，在给定时间 t 内，每台装备中的任一位置上，由于缺少备件造成的装备停机时间为

$$T_{sij}=\frac{\alpha_i t\cdot\varepsilon_i\cdot T_i}{uq_i} \tag{9-19}$$

则

$$\begin{aligned}A_{sij}&=\frac{\overline{U}}{\overline{U}+T_{sij}}=1-\frac{T_{sij}}{\overline{\overline{U}-T_{sij}}}\\&=1-\frac{T_{sij}}{t}=1-\frac{\alpha_i\cdot\varepsilon_i\cdot T_i}{uq_i}=1-\frac{E[B_i(S_{0,i},S_i)]}{\mu q_i}\end{aligned} \tag{9-20}$$

式中：A_{sij} 为第 i 类可更换单元第 j 个位置上备件的保障度，$j=1,2,\cdots,q_i$。

因 q_i 个第 i 类可更换单元对备件的需求是串联关系，故第 i 类可更换单元备件保障度为

$$A_{si}=A_{sij}^{q_i}=\left\{1-\frac{E[B_i,B_{0,i}]}{\mu q_i}\right\}^{q_i} \tag{9-21}$$

所以，整个装备的备件保障度为

$$A_s=\prod_{i=1}^{n}A_{si}=\prod_{i=1}^{n}\left\{1-\frac{E[B(S_i,S_{0,i})]}{\mu q_i}\right\}^{q_i} \tag{9-22}$$

以上通过对影响备件保障 A_s 的主要因素以及两级备件保障系统的分析，在备件需求为泊松过程等基本假设的条件下，建立了备件保障度模型。其中对特定保障系统，t_0、t_c、S_i、$S_{0,i}$、μ、k、n 和 q_i 的数据将相应确定，t_b、t_d 的数据通过试验和分析比较容易获得，r_i、φ_1 经过统计分析也可以得到比较适用的数据，而 α_i 数据的获得相对麻烦一些，且 α_i 对 A_s 的影响比较大。因此，利用该模型计算 A_s 的关键是能否合理地确定备件需求率。

该模型通常可以用来对已有的备件保障系统的有效性进行评估，但用途最广且最有意义的是对备件保障系统进行优化，即将 A_s 作为目标函数，备件费用作为约束条件，从而对备件库存水平进行优化，达到理想的费用效果。将该方法在计算机上得以实现是很有实用价值的。

9.3.5 装备维修器材的综合管理

装备维修器材保障的全过程离不开管理。装备维修器材管理是指对装备维修器

材保障的全过程实施的计划、组织、协调和控制等活动。其目的是用最少的资源消耗满足装备的完好要求，它既是一个独立环节，又渗透于航材筹措、航材储备和航材供应等各项活动。

1. 装备维修器材管理的基本内容

装备维修器材管理是为了完成预定航材保障任务，达到航材保障目标，对航材的筹措、储存和供应等流通环节的人力、物力和财力进行科学的计划、组织和控制的过程，其基本任务是通过航材的筹措、储备、供应等活动，及时、准确、经济地供应飞机使用、维修所需的航材，保证作战训练任务的顺利完成。计划、组织、控制是管理的三大基本职能，也是航材管理的基本内容。

计划，就是预测未来，确定目标、决定方针、制定和选择方案。计划是管理的首要职能。科学的计划是实施航材管理的依据，是实现科学领导和组织航材保障的重要条件。航材管理计划要根据使用维修的需求，结合库存、消耗状况、订货周期、送修情况等综合确定，航材需求的准确预测是航材保障能力高低的决定性因素。

组织，就是把航材保障的各个要素、各个环节和各个方面科学地、合理地组织起来，形成一个有机的整体，实施统一指挥。组织职能主要包括组织机构设置、航材保障结构的科学划分、设置和布局，人员合理的配备以及正确实行各项航材管理政策法规。组织是航材管理的中间环节，是使航材管理计划得以实施的重要前提和必备条件。

控制，是检查航材管理活动执行情况和纠正偏差的过程。控制的目的在于及时发现问题、有效地解决问题，通过信息反馈、指挥调度，进行协调，保证计划的顺利实现。管理控制的基本内容包括制定标准，检查执行情况和纠正偏差。

计划、组织、控制三大职能，既不能互相代替，又不能互相分离。计划是决策的表现形式，是组织实施的纲领，是控制的标准；组织是实施计划的重要保证，是实现控制职能的重要条件；控制是为了有效地实现计划，是组织存在的基础之一。计划、组织、控制环环相扣、有机结合和灵活运转，形成了装备维修器材管理的基本内容。

2. 装备维修器材管理的基本原则

(1) 面向外场，为飞行服务。器材保障工作本身不能直接形成战斗力，其提高战斗力的作用是通过维修，特别是通过外场维修来实现的。只有通过维修，航材保障才能形成、维持和提高战斗力。所以，航材部门要树立面向维修，为维修服务的观念，通过维修服务来达到为飞行服务和作战服务的目的。面向外场，为飞行服务，是装备维修器材保障的出发点和落脚点。

(2) 以系统理论作指导，以系统工程技术作方法。现代管理的指导思想是系统理论，运用系统工程的观点和方法来实现管理的目标。系统工程是以系统为研究对象，从系统的整体出发，研究系统的各组成部分，综合与分析各种因素之间的关系，运用数学方法和计算机工具，寻找系统的最优方案，以达到总体最佳效果。航材保障系统是整个空军装备系统中的一个子系统。从空军的整体结构和作战的全局看，航材保障系统是一个分支，这个系统的主要功能是高效、优质、经济地提供部队所需要的航材，保证作战训练任务的顺利完成。因此，需要运用系统工程的理论、系统分析的方法，从整体上研究航材保障的方针、政策、组织结构、仓库布局、修理格局、战备储备、库存结构等问题，经过反复分析综合，权衡优化，使各部门协调配合，筹措、储备、供应等环节灵活运转，实现高效、经济的系统保障目标。

(3) 全寿命管理，全过程参与。全寿命过程，或寿命周期过程，是指武器系统从立项论证开始到退役处理的整个过程。一般来讲，系统寿命周期大致分为立项论证、初步设计、详细设计、生产部署、使用保障和退役处理等阶段。系统全寿命过程各阶段的管理工作有着密不可分的关系。从表面上看，系统在各阶段所消耗的费用似乎是独立的，而且使用保障费用要到全寿命过程后期的使用保障阶段才表现出来。因此，早期研制系统时往往不太重视使用保障的问题。但实际上，全寿命不同阶段的费用(研制费用、生产费用、使用保障费用)之间是密切联系和相互影响的，尤其是研制初期的决策对生产部署阶段、使用保障阶段起着相当大的制约作用。也就是说，早期的“优生”，对影响保障和系统效费(效能/费用)的机遇较高，随后机遇迅速降低。早期的立项论证、初步设计阶段少量投资，就会换取后来的使用保障费用大幅度的下降，系统寿命周期费用的主要部分取决于早期阶段的科学决策，而一旦进入生产部署阶段，木已成舟，再要修改，费时费钱。因此，使用部门不能等到寿命周期的使用保障阶段才开始考虑保障中的问题，而应在立项论证阶段就开始主动参与研制工作，积极发挥合同采购中甲方的主导作用，实施全寿命过程的管理。

(4) 依托管理科学理论，应用现代管理技术。管理科学理论以讲效益、依靠正规数学模型、计算机决策为特点，是科学管理“寻求做事最优方式”的继续与发展。要充分发挥航材管理计划、组织、控制职能，必须依托管理科学理论，采用先进的管理技术和手段。先进的管理技术主要是指系统信息控制的数学方法，如概率论和数理统计，随机过程，系统工程，可靠性工程，综合保障工程，计划评审技术，预测、决策技术，规划技术等数学方法。先进的管理手段主要是指实施科学管理的现代信息技术手段。

(5) 费用与效能最优组合，军事与经济效益的辩证统一。费用-效能分析是将费用与效能联系起来考虑，使其达到某个目标的能力(效能)与所需消耗资源(费用)之间的关系。它综合考虑军事效益和经济效益两个方面，评估以一定的经济代价所获得的军事效果。

费用，或指购置费用，或指寿命周期费用。寿命周期费用是指在寿命周期内，为装备的论证、研制、生产、使用保障、退役处理所付出的一切费用之和，也称全寿命费用。

效能是指装备在规定的条件下达到规定使用目标的能力，即装备完成任务的能力。可以认为，装备的效能体现了装备的使用价值。从费用-效能分析来看，重视待修件是十分有价值的。据统计，一个待修件的平均修理时间只占订购时间的1/3，平均费用只占购置新件费用的1/4，其效费比较高。所以，应加强可修件管理，重视待修件，使即将报废的机件再生再利用，扩大航材筹措渠道，减少新品订货，节省经费开支，减少待修件滞存，加快周转供应，弥补航材经费和正常订货供应的不足。在有限资源的条件下，加强待修件的管理是提高战斗力必不可少的重要方法，特别在某些特殊情况下，待修件可能是供应的唯一来源。

3. 装备维修器材分类管理

装备维修器材分类管理，是物资管理现代化的重要内容，是实现装备维修器材管理自动化的基础和前提。面对品种繁多、数量巨大的装备维修器材，没有统一的标准化的分类，就无法进行经济有效的管理，更无法充分应用现代计算机技术。按照器材使用管理性质和物品属性的不同标准，装备维修器材有以下分类：

(1) 按专业分类。如航空物资器材共分为 15 大类 95 组。主要大类有：第一类，飞机机体及其备件；第二类，航空发动机及其备件；第三类，航空仪表、氧气设备及其备件；第四类，航空电气设备及其备件；第五类，航空电子设备及其备件；第六类，航空检测设备及其备件；第七类，航空军械设备及其备件；第八类，航空照相器材及其备件；第九类，航空降落伞、救生装备、飞行人员装具及其备件；第十类，四站装备及其备件；第十一类，维修设备及通用工具；第十二类，金属原料、材料及其制品；第十三类，化工原料、材料及其制品；第十四类，纤维材料及其制品；第十五类，其他物资器材。

(2) 按使用性质分类。可分为：可修件，技术上可以修复，且修理费用比购买新件费用低的备件。可修件一般价格昂贵，占用库存资金比重大，可以多次修理使用；消耗件，技术上不可修复，或虽能修复但修理费用较高不值得修理的备件。消耗件一般价格较低，消耗量大，使用一次就报废，也称一次寿命件。

(3) 按技术状况和质量等级分类。可分为：新品(一级品)，未经使用并符合技术标准的航材；堪用品(二级品)，使用过或者库存超期，经检修后符合技术标准的航材；待修品(三级品)，有故障、技术性能不明或者其他原因需要检修的航材；报废品(四级品)，符合报废标准并已批准报废的航材。

(4) 按使用阶段分类。如航材备件可分为随机备件、初始备件和后续备件。

随机备件是随装备配套交付的备件，主要用于保证装备在保证期内的维修需要。随机备件清单，通常由装备承制单位和驻厂军代表在产品设计、研制过程中共同拟订，列入定型状态文件报批。随机备件的购置费用，从装备购置费中统一开支。

初始备件是指确保新装备形成初始战斗力所需要的备件，其项目和数量，由装备领导机关和承制单位，依据有关产品的设计、试验数据，经可靠性分析后，共同研究确定，并安排专项经费订购，随装备一起生产交付。通常供应期限为 1～2 年。

后续备件是指保证持续使用和维修装备所需的备件，其项目和数量一般根据部队任务、装备实力和维修计划等，在实物和经费限额标准内确定，按正常器材筹措供应。

9.4 保障装备的选配

保障装备是指配属于部队用于装备维修保障的各种工具、小型设备、地面保障设备、测试设备、修理工艺装备、防护装具、专用车辆和方舱等。随着装备高科技含量的增加,对保障装备的要求也越来越高,因此加强保障装备建设与加强主装备建设具有同等重要的地位。保障装备建设的重点是保障装备的选配即保障装备的定标与配备。

9.4.1 保障装备的分类

保障装备是为装备使用、维修提供保障支持的各类装备。通过仿制、研制和自主创新,我军已初步形成地面保障设备、故障检测设备、机动保障设备、维修设备以及油料、军械等体系,为装备战斗力生成提供了强大支持。

(1) 工具。工具是指基层维修单位和各类专业人员维修保障时使用的设备,通常是根据装备、人员和设备的编配情况,按标准配备的,是根据损坏情况和消耗定额,进行更新和补充的。如随机工具,是在每架飞机出厂时,由飞机制造厂按 1∶1 比例随装备配发部队,其他保障设备亦有相应的配备标准。

(2) 检测设备。又称故障诊断/检测设备,是用来检查测试装备、仪表、无线电、电子对抗、雷达和军械等各系统设备、机件的工作状况和主要技术性能参数,诊断和预测故障,检验维修质量的重要设备。

(3) 机动保障装备。为了提高装备维修机动保障能力,世界各国都很重视保障设备的车载化、方舱化研究,并向立体化方向发展。机动保障装备主要包括维修车辆、维修方舱和维修飞机三大系列。

维修车辆。是装备维修保障最基本的机动保障设备,主要包括测试车、修理车和保障指挥车辆。

维修方舱。又称野战修理方舱,采用类似集装箱式的活动房屋结构。其主要特点是:机动时可像集装箱一样运输;固定时可当工作间使用,具有良好的密封性和一定的“三防”能力。不长期占用运输工具,平时可像普通集装箱一样入库存放。固定在汽车上,其作用与装备维修车辆一样。

维修飞机。是指实施维修保障的专用飞机,主要包括修理直升机、维修检测飞机和仪器校验飞机等。维修飞机是实施装备维修保障立体化的重要手段,是提高快速反应能力、综合保障能力、技术支援能力、抢修能力和器材备件保障能力必须重视和发展的保障装备。

(4) 充填加挂装备。是指基层维修单位(如机务中队)为实施技术准备、使用保障,保障战斗任务遂行所必需的加挂装备,如加油车、充氧车、挂弹车、副油箱拖车等,主要根据装备型别、数量按比例配发部队。

(5) 防护保护装备。是部队实施防护保护的物质基础,主要分为人员防护保护装备和装备防护保护装备。

人员防护保护装备,是指用于防护特殊复杂环境对人员伤害的装具,包括防护保护服以及配套使用的防毒面具、防毒手套、防毒靴、防毒耳塞、护目镜等,防护保护服可分为防护服和作战服两类。

装备防护保护装备。由于装备型别不同有所差异,如大型运输机与小型飞机差异较大。以歼击机为例,其防护保护装备主要有:飞机蒙布、座舱盖罩布、发动机堵盖、通风孔堵塞、炮套、空速管套、动翼舵夹、飞机系留索及飞机伪装网等。

专用帐篷。用于装备的存放、保管和保障装备的维护与修理。专用帐篷分为机库帐篷、技术保障帐篷和进行装备修理工作时的修理帐篷等。

夜视装备。夜视装备是指在夜间或低亮度条件下,扩展观察者视力范围的仪器,俗称夜视眼镜。目前,应用最广泛的是主动式红外夜视仪、微光夜视仪和热成像夜视仪三种。

(6) 修理工艺装备。是指部队修理厂等,根据修理任务分工,为实施装备、仪表、电气、无线电、雷达、电子对抗、军械等部附件的修理和零配件的生产,以及工具、故障诊断/检测仪器、加挂装备、防护保护装备、机动保障装备的制造、修配所必需的各种修理、加工设备,除成套的检测仪器设备外,还编配有专用的修理设备。主要有:冷加工设备(车床、刨床、铣床、磨床、镗床、钻床、锯床、冲床等);热加工设备(热处理空气炉、盐浴炉及温度自动控制仪和硬度试验器等);电镀设备(渡槽、整流电源(或直流发电机)、镀液分析设备、电镀污水处理设备和通风设备等);焊接设备(乙炔焊设备、直流电焊机、氩弧焊设备等);接设备(切板机、振动剪、弯扳机、油压机和快速切割、铆接、胶接设备等);锻铸设备(空气锤、加热炉及其工夹具等);油缝设备(高压喷枪、排风机、烘干机和缝纫机等);动力设备(交流动力电源、直流工作电源、空气压缩机和油机发电机野战电源等)等。

9.4.2 保障装备选配的程序

保障装备的选配涉及很多方面,具有很多接口。一方面,它的需求主要取决于装备使用与维修工作,并与装备设计相协调、相匹配;另一方面,它又与备件供应、技术资料、维修训练以及软件保障有密切关系。如果保障装备选配不当,可能因其品种不适用,致使一些保障装备长期闲置,也可能因其数量不足,给装备使用与维修造成直接影响。因此,保障装备的选配,对装备作战效能、维修效率和经济效益有极大影响。与保障装备选配密切相关的工作主要有:

(1) 论证阶段,确定有关保障装备的约束条件和现有保障装备的信息。

(2) 方案阶段,确定保障装备的初步需求。

(3) 工程研制阶段,确定保障装备需求,制定保障装备配套方案,编制保障装备配套目录,提出新研制与采购保障装备建议,按合同要求研制保障装备。

(4) 定型阶段,根据初步的保障性试验与评价结果,对保障装备进行改进,修订保障装备配套方案。

(5) 生产、部署和使用阶段,根据现场使用评估结果,进一步对保障装备进行改进,修订保障装备配套方案。

保障装备选配的工作流程如图9-3所示。

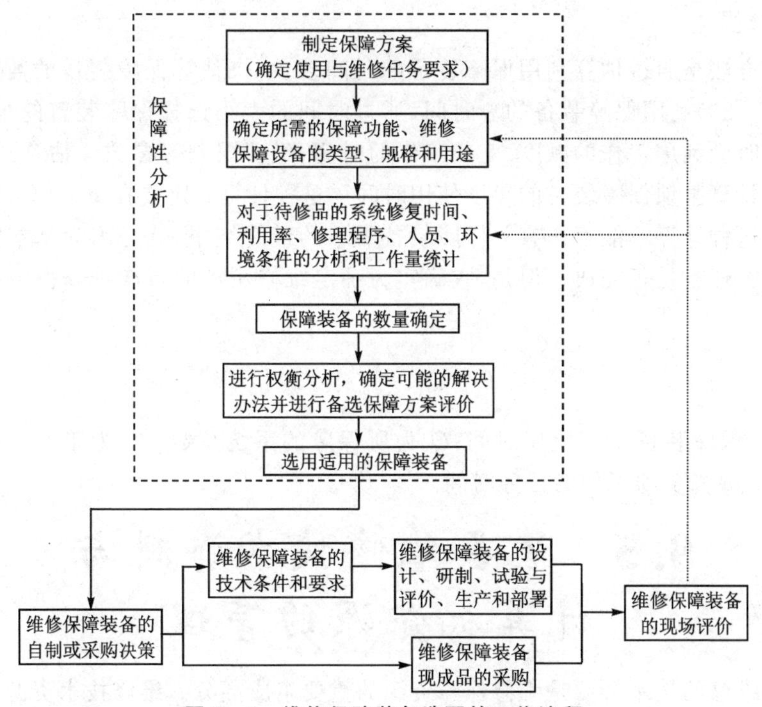

图9-3　维修保障装备选配的工作流程

9.4.3　保障装备选配的方法

目前,还没有公认的和成熟的确定保障装备数量的计算方法,工程上常用的方法是类比法和估算法。

1. 类比法

类比法也称经验法,其基本思路是分析人员首先选择新研装备的相似装备,其次是根据相似装备的保障装备配套情况确定新研装备所需的保障装备数量。这种方法简单,但精度不高,但目前使用比较普遍。

根据部队的编制、维修方案、维修专业划分来确定配套比例和配套原则,由于装备不同选择的配套比例也有所不同。如某种机型的配套比例为:1∶1;1∶4;1∶8;1∶24。这是可以变化的。所谓1∶1,就是每架飞机配备1台(件)保障装备。

规定了配套比例后,对某一机件选择比例就成了关键。选择配备时,事先规定原则。原则通常如下:

(1) 凡常用的，装备使用前后或任务出动时所需的保障装备一般按 1∶1 配备，不常用的视情况按 1∶4、1∶8 配备。

(2) 修理或专业分队常用的保障装备按 1∶4 配备，不常用的按 1∶8 或 1∶24 配备。

(3) 非正常情况使用的保障装备，一般按 1∶24 配备。

2. 估算法

估算方法是通过估算利用保障装备的时间多少，来估算保障装备的数量。根据估算式(9－23)利用保障装备的总时间，通过时间的大小选择保障装备的配备数量。估算时间时应利用工作的频度、完成工作的时间、经费限制等参数。估算式(9－23)表示如何计算某项保障装备的年度使用时间。这种计算一定要在每一修理级别上重复进行。这种计算不能算作有关保障装备需求的最终结果，这是因为基本数据并没有说明并行任务是否完成。但是，它确实为确定维修所需的每次维修保障时间提供了预测。

$$T = Q\left(\sum_{i=1}^{n} f_i \times T_i\right) \tag{9-23}$$

式中：T 为保障装备年度使用时间；Q 为所保障的系统总数；f_i 为第 i 项工作的频度；T_i 为完成第 i 项工作的任务时间。

9.5 装备维修技术资料与计算机资源的管理

装备维修的技术资源是维修保障资源的重要组成部分。维修技术资源主要包括技术资料和计算机资源。历史的经验教训告诉我们：在向用户提供装备的同时，必须及时提供使用维护这些装备的技术资料。否则，必然导致新装备配发到部队后的很长一段时间难以形成应有的战斗力。

9.5.1 装备维修技术资料的种类

维修技术资料是指装备维修工作中作为使用与维修技术依据的各类文件，用来记录或说明装备的工程图样、使用规则、规定各种技术数据和技术标准，以及维修工作内容、时机、程序和方法等。维修技术资料是根据装备设计制造资料、科学实验结果、装备使用和维修实践经验制定的，是装备维修工作所应遵循的一般规律，是维修人员正确使用和维修装备的科学依据。

1. 指令性技术资料

指令性技术资料属于法规性文件，包括规范装备使用、维修的各种细则、规程、规范、规则、标准、规定和技术通报。主要有：

(1) 装备维护规程。规定装备技术准备、定期检修、停放与保管等工作的具体内容、技术要求、操作程序和方法。

(2) 工作细则。规定各类维修工作的基本技术规则和要求。如航空部队修理工作细则、航空机务安全工作守则、空空导弹维护管理细则、装备维修管理细则等。

(3) 修理技术标准。规定装备修理的范围和深度以及修理后应达到的具体技术要求。

(4) 技术通报。装备部门颁发的针对装备技术状况所规定的技术规定,以及为制造、修理厂的质量问题所做的技术规定。

2. 指导性技术资料

指导性技术资料属于维修工作参考性文件,包括各种技术手册、维修经验、专题研究报告,以及部队装备(保障)部门编写的技术资料等。主要有:

(1) 技术说明书。阐述装备战术技术性能、工作原理、总体及部件构造、技术数据和图纸的技术说明书。

(2) 装备使用与驾驶技术守则。规定装备使用的技术规则。

(3) 故障资料。装备维护经验汇编、故障统计和可靠性分析资料等。

(4) 器材消耗标准和弹药配套资料等。

(5) 有关进驻阵地、机场等的保障设施和保障环境等资料。

9.5.2　装备维修技术资料的管理

1. 随机资料的管理

随机资料通常由设计部门、制造部门和使用部门编制,系统配套,形成体系,主要包括《维护规程》《技术使用指南》《技术说明书》等。《维护规程》使人们知道干什么及共同遵守的安全规则等,分册活页装订。《技术使用指南》使人们知道怎么干,包括通用部分:装备质量性能、装备概述、设备维护、装备各系统;专业部分:动力装置、无线电电子设备、军械设备等分册。《技术说明书》使人们知道检测仪器设备如何用。

通过建立更改登记表,对随机资料进行控制和管理。在装备的随机资料中,通常都有一个共同的编页——更改登记表,内容包括:“更改内容”“章、节、号”“文件号”“收文号日期”“签字和日期”等栏目。当某系统或设备进行了改装,先在“更改登记表”页上进行登记,而后将更改的插页加进活页装订本中;页码仍以下标序列区别,如不足一页的,将这一页上下文插入并理顺;多页的,则按200a、200b、200c、201…等插入再装订。

2. 履历本的管理

履历本是装备必备的重要技术资料,是使用、维护和修理装备的技术依据。加强履历本管理,及时、准确、完整地填写履历本,对提高装备维修质量、确保装备使用安全意义重大。履历本管理是装备维修质量控制管理工作的一个重点,应充分发挥质量控制部门在履历本管理上的主导作用,提高履历本管理的水平。搞好履历本管理的关键是有法可依。如《关于履历本管理的若干规定》，针对履历本管理中存在的突出问题，规定从“填写要求”“填写栏目分工”“质量控制室的管理”“人员培训及考评”四个方面对履历本管理进行全面的规范。

9.5.3 装备维修计算机资源的管理

随着装备信息化、智能化程度的不断提高，电子技术在装备维修领域广泛应用，计算机及其控制系统已经成为装备及机载设备的重要组成部分。在装备维修活动过程中，也伴随着大量数据信息、技术资料的产生，都需要使用计算机进行记录和处理。因此，计算机资源的管理问题已变得十分重要，成为装备维修保障工作的重要组成部分。管好、用好计算机资源，应重点加强以下几方面的工作：

1. 计算机资源的合理组织

目前，绝大多数的质量控制部门室都实行了电脑化管理，维修过程中产生的各种文件、数据、资料都进行了计算机录入，一些单位更是花费大量人力、物力把各种档案资料输入电脑。技术资料录入后，应加强管理，合理组织，分门别类地进行归档；否则，文件存放混乱，缺乏组织，既不便于浏览、查询，也不便于保存，操作上稍一疏忽，极易造成文件的丢失或残缺。

2. 计算机资源的安全保密

计算机资源易受病毒的感染和侵蚀，因此使用中必须强化安全意识，做好防范措施，加强对操作人员的使用管理，切断病毒感染的途径，保证信息完整。此外，还应增强保密意识，一些单位，电脑中的资料随意存放，甚至连带密级的重要资料也存入公用计算机中，单位里的任何人员都可以提取，极易造成安全隐患和泄密。

因此，对计算机资源的管理，必须加强使用登记和工作日志管理，设立专门的工作日志，记录每天输入输出的电脑资料，包括文件作者、录入者、文件存放的磁盘目录及文件名、录入日期、类别、保密级别等，并对重要资料进行软件加密，甚至专人专管。

复习思考题

1. 简述装备维修资源的含义。
2. 装备维修资源确定的主要依据有哪些？
3. 简述装备维修人力资源确定的基本内容和方法步骤。
4. 归纳总结装备维修器材确定的技术方法，并比较其优劣。
5. 简述器材保障的基本内容和基本过程。
6. 简要说明器材保障的主要指标及其含义。
7. 某型装备上使用某种同型元件 20 个串联工作，已知 $\alpha=2.0\times10^{4}/\mathrm{h}$，装备每年累计工作时间为 500 h，若要求备件保障度不小于 0.95，试确定初始 2 年内该元件随机配备数量 N。

第 10 章　装备战场抢修的组织与管理

装备战场抢修，是在战场条件下对损伤装备的一种应急修理，是损伤装备的再利用、再设计，是信息化条件下现代战争中装备“再生”、提高装备完好率的有效途径，是保持装备持续高强度作战能力最经济、最有效的手段。

10.1　装备战场抢修的概念内涵

在现代战争中，装备是遂行作战使用任务的重要支撑，是战斗力的核心构成，具有重要的地位作用。由于装备的高效能，对战争进程乃至结局具有重要的影响作用，所以往往是敌方打击的重点，战时将会遭到敌方软硬杀伤的综合打击，受损装备的数量比例将会显著提高。由于装备具备高速机动性和较强的结构强度，并且采取多余度设计、新型防御技术，极大地提高了装备的生存能力，装备损伤并不一定会致命，损伤装备仍具有较高的作战使用价值，但由于战时环境条件恶劣，甚至基本的维修设施设备都可能比较匮乏，加之抢修时间紧，维修人员心理紧张、压力大等，如果不熟悉装备战场抢修的特点规律、程序要求，战时就可能难以高效地开展抢修工作，将会对装备作战使用、战斗进程，甚至战争结局造成致命性的影响，因此，不仅要了解有关装备战场抢修的基础知识、抢修技术工艺，而且还要熟悉装备战场抢修的组织管理程序。

10.1.1　装备战场抢修的含义

1. 战场抢修

战场抢修，是指对战场遭受各种损伤的武器装备运用应急诊断和修复等技术，迅速恢复其作战使用的一系列活动。包括对装备战场损伤的评估和修理，外军称为“战场损伤评估与修复”，其根本目的就是使装备能在战场上继续执行作战任务，为部队作战胜利奠定基础。

2. 战场损伤

战场损伤，是指装备在战场上需要排除的妨碍完成预定任务的所有事件，包括战斗损伤、随机故障、耗损性故障、人为差错、偶然故障，以及维修供应保障不足和装备不适于作战环境等不能完成预定任务的事件。

战场损伤涉及众多因素。在各种损伤因素中，战斗损伤是人们最熟悉的因素，也可能是战时装备的所有损伤中最多的，它是指因敌方武器装备作用而造成的装备损伤。过去装备损伤主要是枪弹、炮弹、炸弹、导弹等造成的硬损伤。除常规武器外，还要考虑核、生物、化学武器的破坏。随着科技创新及其在军事领域的深化应用，新概念新机理武器得到了快速发展,战斗损伤的外延不断拓展,不仅包括装备的硬损伤,而且包括诸如电磁、激光、计算机病毒等造成的软损伤。战斗损伤是作战时所特有的一种损伤。据美军资料统计,战斗损伤约占全部战场损伤的25%~40%,然而,我军在抗美援朝中高达80%。从中可以看出,战场损伤的比率跟战斗强度和武器装备及兵力对比有关。

随机故障、耗损性故障和人为差错,不仅在平时可以造成装备不可用,在战时也同样可以发生,妨碍装备完成规定的任务。在信息化条件下,这些因素所造成的损坏在战时可能会加剧(如使用强度的增大,维修人员心理紧张造成的人为差错增多,指挥控制和协调不到位,以及使用环境的变化等),还可能产生一些平时难以见到的新的故障模式或损伤模式。因此,对这些故障或差错,不仅在平时应注意研究,而且应结合战场环境条件进行具体分析和研究。

由于信息化条件下的现代战争,前后方界限模糊,以及远程精确打击武器的快速发展,无论是军用还是民用,战略性目标都是打击的重点对象。如在科索沃战争中,桥梁、通信、电力等基础设施,都受到了致命的打击破坏。因此,战时,在战场上不能及时得到有效的供应保障(包括油、液、备件、材料等)将是时常发生的。这一问题在战场上要比平时突出得多,后果也严重得多。这是因为战场上提供的供应保障设施、线路等常常被破坏,指挥控制和信息渠道会被干扰破坏或出现中断,而作战需求急,战场抢修时效性非常强,如果不能及时得到供应保障,将会造成装备不能正常使用。

“装备不适于作战环境”是海湾战争后美军提出的,作为战场上需要排除、处理的一个问题,归入战场损伤的一个因素。众所周知,美军从其全球战略的需要出发,历来重视装备环境适用性,对装备的耐环境设计提出了非常苛刻的要求。尽管如此,在海湾战争中,装备不适于海湾地区的问题仍很严重。战时由于进攻、布防、换防等作战意图,装备所使用的环境会频繁转变,尤其是装备战时要执行全程大纵深作战,转场频繁,装备不适应环境的问题就会暴露出来。

另外需要说明的一点是,战场损伤对于单个装备而言经常被称为战伤或者战损。战伤与战损是相对而言的:战伤装备是指那些发生损伤,但是还有可能恢复作战使用的装备;战损装备是指那些彻底损坏、难以发挥作战使用价值的装备。如果损伤的装备无法恢复作战使用,无法被再利用,就应被视为战损。

3. 装备战场抢修

装备战场抢修,是指在战时条件下,通过有效地发挥和使用一切可以利用的力量及资源,在对装备战时各种损伤和故障情况做出快速判断和评估的基础上所进行的应急修理,甚至使用一些临时的办法,尽快使之恢复到继续执行战斗任务状态,或者使其恢复完成部分任务的能力。如美军关于战伤飞机抢修的要求是:“使用临时的、快速有效的修理使飞机能够安全飞行……使它能够至少飞一个架次或者更多的架次。”

10.1.2 装备战场抢修的特点

1. 装备战伤修理的必要性

军事装备不同于一般的设备，特别是航空、航天、导弹、舰艇等装备，是一种“单次系统”或“准单次系统”，对安全性、任务可靠性要求更高，发生损伤不经适当修理，其安全性就没有保障，难以有效遂行作战任务，即发生损伤的装备如不进行必要的修理也就等于失去了作战能力、退出了战斗。

2. 装备损伤后果的严重性

在信息化条件下的现代战争中，装备将会受到空中、地面等多种武器弹药的打击破坏，虽然装备本身的生存性得到了显著改善，预警、防卫等能力的提高，装备被直接摧毁的可能性在减少，而装备战伤的可能性在增强。以飞机为例，20世纪50—60年代，一次空中作战的战损飞机与战伤飞机的比例大概为1:3～5；1973年中东战争时为1:7；而在飞机生存力和保障条件良好，敌人威胁力中等，通过计算机模拟得出在现代及未来空战中战损与战伤之比会达到1:15～1:20。在1991年海湾战争中，A-10攻击机的损伤比与这一预测比例大致吻合。

此外，由于远程精确武器弹药的大量部署使用，装备在停放期间也会受到突然的致命打击。如珍珠港事件，美国海军的大量潜艇受到了日军的突袭，损失惨重。再如，在第三次中东战争中，以色列空军出其不意地轰炸了敌方的机场，不仅将对手作战飞机大部摧毁于地面，而且对手的跑道和地面设施也遭受严重破坏，一举夺得制空权。由于现代战争的突然性和致命性，战时，甚至是在战争刚开始没有防备的情况下，就可能会遭到突然袭击，有可能在短期内发生大量装备损伤，应极力避免这种情况的发生，切实做好防卫防护工作，真正做到预有准备，尽最大可能降低装备战伤概率。

3. 装备战场抢修时效性强

信息化条件下的现代战争瞬息万变，强调速战速决，装备战场抢修的最大特点是时效性强，机不可失，时不再来，装备抢修要快速判断和评估战时装备发生的一切损伤，要快速施工，要使装备在要求的时间内恢复装备的可用性。因此，装备战场抢修，不仅要求抢修人员在艰巨的修理任务面前，竭尽全力发挥一切可以发挥的力量，使用一切可使用的修理技术，所使用的方法也有可能是一些临时性的、创造性的、替代性的，这一切都是为了适应战时紧迫的需要、快速的节奏和多变复杂的环境。

4. 装备战场抢修要求相对高

装备高新技术密集，结构复杂，造价昂贵，所以其修理所需的技术含量相对要高一些，而且条件有限，抢修难度也要相对大一些，而且，由于装备地位作用的独特性，抢修所使用的方法、技术、工艺等，必须保证装备作战使用安全可靠。因此，战场抢修对抢修人员的要求相对较高。要求抢修人员要有很高的政治觉悟和强烈的责任心，能够坚决应对各种突发事件和急难险重的抢修任务,并能保证经过抢修的装备具有特定的任务可靠性和安全性;要求抢修人员不仅要懂装备系统的原理、结构,能够迅速找到问题所在,准确判断抢修需求,而且要能熟练运用各种抢修技术、工艺和手段、应急措施。由于装备战场抢修涉及人员、物资、技术、组织等各个层面的问题,所以装备战场抢修的组织管理是一个需要认真解决的复杂问题。

5. 装备战场抢修的特殊性

装备战场抢修与平时维修存在着很大的差异:一是其与平时维修的目的与工作重点不同,前者要求在最短的时间内把损伤装备恢复到可再次投入战斗的状态,其主要是对损伤的快速修复;后者是保持和恢复装备的固有可靠性与安全性,强调完全修理和确保作战使用安全,工作内容包括预防性维修和修复性维修,其主要是预防性维修工作。二是战场抢修对时间的要求比平时维修要高得多。三是战场抢修的维修标准与平时的维修标准相比放宽了许多。四是战场抢修所要处理的故障、修理方式与平时不一样,对维修人员技能的要求不完全一样,装备战伤维修需求是平时维修很少遇到的,如结构件、油箱等的修理需求等。五是备件器材和维修工具需求与平时维修不一样,由于战伤抢修采用换件修理,对备件需求数量将急剧增加。此外,战时的靠前修理和战场环境下的修理任务将会非常繁重,抢修人员面临的困难、所处的环境条件也是平时维修所不可能遇到的,如环境恶劣(缺水、停电、寒冷等)、抢修条件差等,很多战时才能发生的问题在平时不可能暴露出来。因此,从事平时维修的维修机构和维修人员,即使能够胜任平时的维修任务,如不进行抢修力量建设和专业培训,战时也难以高效完成抢修任务。

10.1.3 国内外战场抢修的发展现状

在战场对损伤装备进行战场抢修由来已久。但是,引起各国军队关注并导致战场抢修理论与应用研究走向深入的则是1973年的中东战争。在这次战争中,以色列和阿拉伯军队双方武器装备损失都很惨重。以军在前18小时内有75%的坦克丧失了战斗能力。但是,由于他们成功地实施了坦克等武器装备的靠前修理和战场抢修,在不到24小时的时间内,失去战斗能力的坦克中有80%又恢复了战斗能力,有些坦克损坏修复4~5次之多。在以军修复的坦克中还有被阿军遗弃的坦克。以色列出色的战场抢修,使其保持了持续的作战能力,作战装备对比是由少变多;而埃及、叙利亚军队可作战的装备则由多变少,最后以军实现了“以少胜多”。以军的经验和做法引起各国高度重视,从此,战场抢修成为各国军队的热门话题,开始一种全新的角度重新认识并系统地研究战场抢修问题。

20世纪70年代中后期,美国陆军对以军战场抢修经验进行了不断深入研究和总结,提出了“靠前维修”,并结合陆军师改编进行了大胆地尝试。随着实践的不断深入,美军认识到:实现“靠前维修”、快速修复战损装备的问题并不是一件简单的事情,它还涉及部队的编制体制、人员训练、保障资源、装备设计等多个方面,必须综合、系统地考虑并给予全面规划才能有效地予以解决。与此同时,北约国家(如英国等)也对战场抢修理论进行了认真研究。英国空军于1987年制定了战场修复大纲,但在马岛之战,英国海军则损伤惨重,参战舰船被击沉4艘、击伤12艘。这些引起美国海军和高度重视,并开始进行战场抢修系列研究。

进入20世纪80年代,战场抢修研究取得了新的进展。美军全面规划了BDAR工作,建立相应机构,组织实施培训,编写BDAR手册、标准,研制抢修工具、器材,开展学术研讨,并取得了显著成效。与此同时,西德军队采用作战模拟方式对BDAR进行了深入研究,再现了1973年中东战争的过程,并由此高度地肯定了BDAR在战场上的作用。1986年和1987年,西德军队还组织了大规模的实弹试验(并邀请美、英等国家派人参加)。通过研究他们得到如下结论:加强装备战场修复能力是北约集团战胜兵力兵器优势的华约集团的重要途径。除此之外,在研究中还得出两条重要结论:西方国家现役武器装备在设计上并不便于快速抢修,需要一个新的要求来约束承包商的装备设计,以便于装备战损后修复;为了让士兵熟悉BDAR过程,需要进行广泛的专门训练。上述结论也被其他西方国家所认识。在1986年美国R&M年会上,美国陆军代表提出了战斗恢复力CR(Combat Resilience)的概念,要求将其作为一个设计特性纳入新装备研制合同。

战斗恢复力是一个与BDAR紧密相关的概念,它是武器系统(人机系统)的一种新特性,在战场损伤修理中才能表现出来。利用这种特性,人们可以采用应急手段,就地取材使损伤装备迅速地重新投入战斗。作为一种系统特性,它既有主装备的设计问题,即“抢修性”,又有保障资源问题。1992年,美国国防部关于防务系统采办的指示DoDI-5000.2,将战斗损伤修理纳入维修性中,要求在维修性设计中必须予以考虑。10余年来,西方国家在BDAR(以及CR)研究方面投入了大量人力、物力、财力,并取得了很大的进展。这些努力在90年代初的海湾战争中得到了回报,保证了装备的高出勤率和持续战斗力。在海湾战争中,美军成功地解决了武器装备不适应海湾地区高温沙尘条件的问题;坦克机动车司令部和空军通信部门紧急组装1 050套地面维修工具和大量BDAR工具箱运往海湾地区;海军在战争中成功地对遭受水雷严重损伤的“特利波里”两栖登陆舰和“普林西顿”导弹巡洋舰进行抢修抢救,使之迅速恢复战斗力;空军对70余架某型飞机进行了战场抢修。导弹、坦克、火炮也都不同程度地开展了BDAR工作。BDAR工作赢得了人们高度赞誉。同时,在战场抢修中也发现了一些问题,如计划担负M1坦克抢救任务的某些装甲抢救车“力不从心”、可靠性差,难以保障M1坦克战场抢修的需要。

我军在抗美援朝等战争中进行过装备战场抢修,装备战场抢修得到一定的应用实践,取得了丰富的经验。随着军事斗争准备的深入发展,装备战场抢修问题得到了总部、战区和军兵种的高度重视,如海军对海湾战争中美军舰船BDAR的经验进行了系统化的研究,空军组织开展了飞机战场抢修实兵演练,研究制定了飞机战场修理研究规划,战斗恢复力、BDAR也已引起国防科技工业部门的重视,不仅针对各种实际问题开展了研究，而且加强了理论方面的研究与探索。随着军事战略转型，实战化训练深入发展，装备遂行战训任务的强度难度不断提高，装备战伤的概率将增大，面临的装备战伤问题很多是新问题，装备战伤抢修的难度显著增大，因此必须高度重视装备战伤抢修能力建设。

10.2 装备战场抢修的量度及设计

对于装备战场抢修的量度及设计也就是对其抢修性的量度和设计。提高装备的抢修性，尤其是在装备论证、设计和研制阶段重视抢修性的设计是提高装备战场抢修效果的根本途径。

10.2.1 抢修性的含义

抢修性也称为装备的“战斗恢复力”，其定义为：抢修性是指在作战条件下和规定的时间内，以应急手段和方法维修时，使损伤装备恢复到完成某种任务所需的功能或自救的能力。简单地讲，抢修性就是指装备本身利于抢修的各种特性。

抢修性包括固有的利于快速修理、恢复作战使用的设计特性，也包括与之配套抢修工具、器材、设备和必要的抢修技术。在装备论证、设计和制造阶段进行相应的抢修性设计和包括抢修性在内的综合保障设计是提高装备战场抢修能力的有效方法。抢修性类似于装备的可靠性、维修性，属于装备的固有属性。

10.2.2 抢修性的量度

由于抢修过程的随机性很大，且目前关于这方面的统计数据较少，所以这里使用的量化公式作了简化假设，可用于简单的估算。

1. 抢修性函数

抢修性与维修性的差别，主要反映在时间上，而抢修时间又是由很多因素影响的随机变量，因此抢修性的量化可以与维修性一样，根据抢修时间的概率分布来进行。

(1) 抢修度。抢修度是指战伤的装备在规定的战场抢修条件下和规定的时间内，按照抢修的标准和要求，由损伤故障状态恢复到可以继续执行原来能够执行作战任务的概率，记做$C(t)$。抢修以小时为单位，其数学表达式为

$$C(t)=P\{\tau\leqslant t\} \tag{10-1}$$

式中：t为规定的抢修时间，τ为抢修使用时间。

显然装备的损伤度越大其作战效能恢复得越慢。

$C(t)$也可以用以下估计公式计算：

$$\hat{C}(t)=\frac{n(t)}{N} \tag{10-2}$$

式中：N表示需要抢修损伤的装备数，$n(t)$表示在t时间内通过抢修恢复基本功能

的装备数。

假设抢修时间服从指数分布，则有以下简化形式：

$$C(t)=1-\mathrm{e}^{-Kt} \tag{10-3}$$

式中：K 为待定的系数，与损伤程度和抢修能力有关。

(2) 抢修率。抢修率是指装备在 $t=0$ 时发生战场损伤，经过$(0,t)$修理后，在 $t+\Delta t$ 单位时间内完成恢复作战能力的条件概率，记做 η，其估计公式为

$$\eta(t)=\frac{n(t+\Delta t)-n(t)}{[N-n(t)]\Delta t} \tag{10-4}$$

2. 抢修性参数

抢修性参数是度量抢修性的尺度，可用于对抢修性能力的评价。抢修性参数类似于维修性参数，多是一些时间参数，抢修时间参数是装备抢修性的重要参数，它将直接影响装备的作战效能。

(1) 平均抢修时间($\overline{M}_{\mathrm{ABDR}}$)。平均抢修时间就是损伤装备基本恢复任务功能所需时间的平均值。抢修的实际时间包括损伤评估时间和损伤修复时间，这里不包括由于指挥或后勤保障的原因引起的停机时间。平均抢修时间可用实际抢修时间进行估算

$$\overline{M}_{\mathrm{ABDR}}=\frac{\sum_{i=1}^{n}t_i}{n} \tag{10-5}$$

如果抢修时间服从式(10-3)所示指数分布，则有

$$\overline{M}_{\mathrm{ABDR}}=\frac{1}{K} \tag{10-6}$$

(2) 最大抢修时间($\overline{M}_{\mathrm{max}rt}$)。最大抢修时间是指装备损伤后被恢复到足以完成当前任务或基本功能的最大可能时间。类似于最大修复时间，通常给定抢修度 $C(t)$ 是 90%或 95%时的抢修时间。最大抢修时间通常是平均抢修时间的 2～3 倍，即

$$\overline{M}_{\mathrm{max}rt}=2.5\overline{M}_{\mathrm{ABDR}} \tag{10-7}$$

式(10-7)中，假设最大抢修时间是平均抢修时间的 2.5 倍。如果最大抢修时间大于执行作战任务容许的最长时间，抢修便失去意义。

(3) 战伤抢修能力标准。美军关于良好飞机战伤抢修能力标准可概括为：24 小时内修复飞机战伤总数的 50%，再过 24 小时再修复 30%，48 小时内修复飞机战伤总数的 80%。这也是目前公认的标准。

3. 时间累计法

参考维修性预计中常用的时间累计法，战场抢修的时间累计法主要是为了确定平均的抢修时间，其基本方法是：根据经验或现成的数据，对照损伤情况、装备战场抢修设计和抢修条件，逐个确定每个抢修任务、抢修活动乃至每项基本作业时间，然后综合累加或求均值，最后可以估算出装备的抢修性参数。目前，空军已经进行了不少

战场抢修方面的训练和演练，某些机型的抢修活动和基本的抢修作业时间方面的数据已经具备，其他数据可以通过对以往战争的对比估算得到。其基本程序为：

(1) 损伤程度。损伤程度分为重度、中度、一般和轻微 4 种。首先需要估计它们在战争中的百分率 KD_1、KD_2、KD_3、KD_4。损伤程度越重造成的故障越多，抢修工作和活动越多。

(2) 损伤评估。损伤评估所需时间(DA，Damage Assessment)跟损伤程度有关，因为损伤程度越重造成的故障越多，需要对结构损伤确定修理方式(FM，Frame Mend)和对故障逐一进行检测和隔离(FD&I，Fault Detection and Isolation)。结构损伤修理的时间(FM)一般与损伤程度有关。

(3) 每种 FD&I 的时间。不同的损伤和故障，FD&I 所需的时间不同，这就需要确定每种 FD&I 的故障率 λ_{nj} 及抢修时间 R_{nj}(n 代表第 n 个单元，j 代表第 j 种 FD&I)。

战时的故障率跟平时的故障率不同，频度会增加，故障规律也不一样。这里的故障率与敌方使用什么武器击中此飞机有关，如航炮多造成机翼的损伤，红外格斗导弹多造成发动机尾部的损伤等。在此要根据战争敌方可能使用的各种对空武器比率(比如各种防空导弹、高炮、各种空对空导弹等)及其杀伤率，以及对装备机体造成的损伤分布，才能统计出对应的故障率 λ_{nj}。

(4) 抢修时间的分解。一次抢修包含若干种抢修活动，其时间即是抢修时间元素 T_n(n 表示第 n 种 FD&I 对应的维修活动)，一般包括：

① 准备时间 T_P：进行故障隔离之前完成的各项准备工作；

② 故障隔离时间 T_{FI}：将故障隔离到进行修理的层次所需的时间；

③ 分解时间 T_D：拆卸设备以便达到故障隔离所确定的可更换单元 RI(或 RI 组)所需的时间；

④ 更换时间 T_I：卸下并更换失效或怀疑失效的 RI 所需的时间；

⑤ 重装时间 T_R：重新安装设备所需的时间；

⑥ 调准时间 T_A：对设备(系统)进行校准、测试和调整所需的时间；

⑦ 检验时间 T_C：检验故障是否排除，设备(系统)能否正常运行所需的时间等。

(5) 抢修活动的分解。一项抢修活动可能是由若干个基本抢修作业完成，这些作业容易得到其统计平均数值。

(6) 计算公式。

① 单一故障抢修时间 R_{nj}

$$R_{nj} = T_P + T_{FI} + T_D + T_I + T_R + T_A + T_C + \cdots \tag{10-8}$$

式(10-8)可计算出第 j 种故障抢修所需的时间，n 代表第 n 个单元，j 代表第 j 种故障。对于余度系统，抢修常采用剪除故障单元的方法，在这种情况下 T_D、T_I、T_R、T_A 可以省略。

② 单元平均抢修时间 R_n

$$R_n = \frac{\sum_{j=1}^{f} \lambda_{nj} R_{nj}}{\sum_{j=1}^{f} \lambda_{nj}} \tag{10-9}$$

式(10-9)用于计算第 n 个单元的平均抢修时间，f 表示第 n 个单元总共会有 f 种故障。λ_{nj} 表示第 n 个单元第 j 种故障的故障率。

③ 平均战场抢修修复时间 $\overline{M}_{\mathrm{ABDR}}$

$$\overline{M}_{\mathrm{ABDR}} = \sum_{n=1}^{N} K_n R_n + \sum_{i}^{4} KD_i (FM_i + DA_i) \tag{10-10}$$

式(10-10)用于计算平均战场抢修修复时间，这里 N 表示所有的战场损伤所引起的故障的单元数量，K_n 表示第 n 个单元故障发生的概率。

$$K_n = m/D \tag{10-11}$$

式中：D 表示能恢复作战的损伤飞机总数，m 表示在这些损伤次数中第 n 个单元发生故障的总数。

式(10-10)中的 FM_i 为第 i 种损伤程度的结构修理时间均值，为简化计算，其方法为

$$FM_i = i^2 \times T_d \tag{10-12}$$

式中：T_d 为待定系数。

式(10-10)中的 DA_i 是各种程度损伤评估所需时间均值即重度损伤评估时间均值、中度损伤评估时间均值、一般损伤评估时间均值和轻微损伤评估时间均值，参考数值如表 10-1 所列。

表 10-1 各种程度损伤评估所需的时间均值

重度/h	中度/h	一般/h	轻微/h
3.5	2	1	0.5

10.2.3 抢修性的设计

抢修性与维修性有密切联系，它们有许多共同的设计要求，如可达性、互换性、通用性、模块化、简化、防差错、标识、测试性等，因此维修性设计的提高有利于装备抢修性的提高。但是从设计上说，维修性一般要求把装备设计成能够便于进行常规维修，以节省人力物力资源和时间；而抢修性则要求把装备设计成能够便于在战场上采取应急修复。因此，抢修性与维修性相比，又有如下一些特殊的要求：

(1) 损伤隔离设计。损伤隔离设计就是指装备发生损伤时防止故障和损伤进一步造成连锁反应。比如各种燃油、导管和线路，应防止损坏时发生漏油、漏液、漏电而造成的对其他系统的破坏。这不仅减少了装备的易损性，同时也给抢修带来方便。

(2) 坚固性设计。飞机机体和结构上的坚固性不仅会抵御各种损伤，而且可以

带来抢修上的好处，比如处理结构损伤变得容易，加装、改装、换件变得容易等。

(3) 余度及其分布设计。余度设计本身提高了装备的任务可靠性，但是余度要求在机体上比较分散，否则飞机遭到攻击可能会使多个余度损坏。这种分布设计也减少了易损性，同时，在抢修中可以将损坏的余度部分分离开或者剪除，使用好的余度部分就可以了。

(4) 易于抢修的分布设计。将坚固、非致命、廉价、通用部件放在脆弱、致命和贵重部件的外部，这样不仅减少了易损性，提高了飞机的生存性能，而且利于实际抢修，减少了抢修费用。

(5) 容许取消或推迟预防性维修的设计。在紧急的作战情况下，装备往往要求取消或推迟平时进行的某些预防性维修。这就要从设计上采取措施容许这样做。首先，取消或推迟不致产生严重(安全)后果；其次，允许推迟到什么程度，应在设计时考虑并说明。

(6) 便于人工替代或者降级使用的设计。在装备中设计的各种自动装置，应考虑到自动功能失灵时，可用人工或者降级替代继续使用。例如，平时用机械动力，而设计上应当允许必要时使用人力操作、维修。再如，战斗机平显系统失灵时，也可由人来判断导弹的发射条件是否满足等。

(7) 便于脱离战斗环境。如飞机设置牵引钩、牵引环、轮轴，以便于在公路或平地上滑行。大型部件如主机翼、机身等，在必要时便于分解和组合，以便于装载和运输。

(8) 选用易修材料。选用容易焊接、胶粘、连接、固定的材料，不要使用那些易碎、难粘、难焊、难接的材料。尽量使用一些通用、容易替代和获取的材料，最好不要设计使用专用、稀有、难于替代和快速制造的材料。

(9) 自修复设计。如各种自补(轮胎)、自充(气、液)、自动监测故障和切换装置等，以保证系统在发生战伤时少修，甚至不修，也可以正常使用。

(10) 抢修性配套设计。抢修性配套设计就是指与飞机抢修性配套的用于抢修的工具、器材、设备和必要的抢修技术的设计，抢修性配套设计应力求简化抢修所需的各种条件，使抢修所使用的工具、器材和设备通用化。

(11) 抢修性的综合保障设计。应在装备寿命周期过程中的综合保障设计工作中纳入有关抢修性方面的设计内容，这样装备部署使用就容易形成较好的抢修能力。

10.3 装备战场损伤评估与修复分析

装备战场损伤评估与修复分析是战时对损伤装备采取抢修之前必须进行的工作，正确的分析和评估是抢修的前提和必要条件。如同医生正确判断病情和制定合理的治疗方案是治疗伤病的关键一样，评估和分析就是为发生战伤的装备判断损伤情况、制定抢修方案。

10.3.1 战场损伤的基本类型

装备战场损伤分析是装备战伤抢修的前提和必要条件,也是BDAR研究中的一项基础性工作。从不同的角度出发,可以划分出不同的装备战场损伤类型。下面以飞机为例进行分析。

1. 按照来源划分

(1) 空中损伤。主要有:导弹造成的损伤、射击弹药造成的损伤等。

导弹造成的损伤。现代战争中,装备的空中损伤主要是由空对空导弹、地对空导弹和舰对空导弹造成的。空对空导弹靠制导和动力装置接近目标,一般靠近炸引信使战斗部在飞机附近爆炸。战斗部主要有连续杆、破片和预制钢球三种,一般为了提高攻击效率战斗部是有攻击方向的,比如连续杆战斗部是向前方扩散,破片式战斗部向四周扩散并呈锥形,预制钢球式战斗部的钢球密度主要集中在某个方向,这些战斗部爆炸后都有相对较弱的攻击区,飞机在这个位置往往只是轻受伤,如果损伤不重,则可以返航或者迫降。战伤部位一般会是机体,或者机翼等位置,因为这些位置受损,飞行员可通过配平气动性上的影响,继续操纵飞机来迫降或者返航。此外,尾部红外辐射多是格斗导弹的跟踪源,尾部受伤也可能较多。

地对空、舰对空等防空导弹在历次局部战争中取得了较大的战果,已经成为作战飞机的主要克星,比如科索沃战争中的F-117就是被防空导弹击中的。第四次中东战争中,以色列被埃及苏制地空导弹击伤的F-4和幻影-3飞机,绝大多数都是尾喷口受伤,这都是红外制导的萨姆-6、萨姆-7所为。防空导弹可以杀伤高空、中空和低空各种飞行速度的飞行器,其质量大到近两吨,小到便携式,用于各种用途的、不同种类应有尽有。防空导弹制导方式更加多样灵活,杀伤范围更大。防空导弹基本上使用的是近炸引信,有的杀伤半径很大,多使用炸药通过向四周爆发的热气流、冲击波、破片对飞机造成表皮和结构上的损伤。

射击弹药造成的损伤。无制导的射击弹丸也有可能造成装备的空中损伤,比如航炮、高炮、火箭弹等,但是由于导弹的广泛使用,目前由射击弹药造成的装备的空中损伤只占少数。

现代机载火控系统可以自动生成射击所需的各种瞄准参数和标志,并且通过平显直观地投射在飞行员目视前方,所以在近距空战中战斗机也使用航炮或火箭弹进行攻击。航炮炮弹一般交替装弹,一种是装药较少、带钢芯,主要用于穿透机体的穿燃弹,这种弹药主要造成穿透或者小范围火药爆炸损伤,如果没有击中要害(发动机、燃油、控制系统等),飞机没有发生严重漏油、着火或者失控,飞机可以带伤迫降,损伤主要是破洞和结构件的破坏;另一种是装药多、头部带撞针、主要用于燃爆的爆炸弹,如果被击中,可能会造成机体表皮和一定深度的破坏。

现代高炮,为了提高命中率,一般和雷达交联,并装有用于快速精确瞄准射击的火控系统。高炮与防空导弹可以构成高低搭配的防空火力网,高炮主要用于对付低空飞行目标。高炮较航炮的火力猛，备弹量更大，可以大量布设，通过直接命中来毁伤目标的，一旦击中很可能直接摧毁目标。高炮多造成飞机机翼穿透和结构上的损坏。

火箭弹在空战中很少使用，如果用于空战，一般是对付空中大型目标，如运输机、轰炸机。火箭弹主要是靠弹头穿透机体，靠爆炸气体、破片和燃烧来摧毁目标。

(2) 地面损伤。现代战争中，突击对方机场几乎是必然的，地面损伤的飞机将会更加严重，除飞机受损外，还有对各种保障装备、修理设施和设备等造成破坏，这将给抢修工作带来更多的麻烦，这一点不容忽视，应极力避免。一方面要防止敌远程武器的打击，另一方面也要防止敌地面部队的破坏。

机场一般会布置在陆、海军一线部队的后面，直接遭到地面部队攻击的可能性不大，一般都是中远程地对地导弹、舰对地导弹、巡航导弹，或者从飞机上发射的火箭、炮弹以及投放的各种常规炸弹或制导炸弹用于杀伤地面飞机，这些杀伤不仅会造成飞机各种各样的损伤，而且跑道及保障装备会遭到损坏，给抢修带来巨大的困难。

(3) 其他损伤。战时，由于环境的恶劣、使用频繁、情况复杂，装备还有可能受到其他一些意外的损伤。比如擦伤(有可能是无意的，也有可能是敌方飞机有意识地用机体擦伤或碰撞)，束能武器(激光、微波、等离子等束能武器是目前军事大国正在发展的新式武器)的照射，核能等非常规武器的破坏；恶劣的气候环境、频繁的调防、飞机超负荷使用等也会造成较平时要多的故障。

2. 按照系统划分

按照系统划分，损伤可以分为结构损伤、飞行控制系统损伤、燃油系统损伤、发动机损伤、液压冷气系统损伤、起落装置损伤、电器损伤、电子设备损伤等。

3. 按照物理划分

按照损伤存在的物理形式来划分，可以分为下面几类：

(1) 机械损伤。机械损伤就是由于物理破坏造成的直接的、可见的损伤，主要表现为：装备机体及部件形体上的破裂、断开、烧灼，表现在外观、颜色和形态上，抢修人员通过感官，可以直观地发现存在的损伤。

(2) 材料损伤。材料损伤是由于弹药爆炸、燃烧、束能照射、核辐射、化学物质作用等造成的材料性质的改变，主要表现为材料内部的性质已经改变，或者性能下降，不能完成其特定的功能，比如金属内部出现裂纹、导管的韧性下降。一般抢修人员不能通过感官直接发现材料损伤，需要通过逻辑推断或者检测设备的帮助来发现。

(3) 电子设备故障。电子设备故障是由电子元器件及线路故障或损坏造成的。新型装备将大量使用电子设备，并且电子设备将发挥重要的作用。由于现代电子装置的复杂化，电子设备故障也不同于一般的物理损伤，表现得更加复杂，故障一般都是通过检测设备来发现，通过更换模块来排除。同时电子设备正扮演着越来越重要的角色，电子设备的故障被认为是一种重要的损伤形式。

(4) 软件损伤。由于计算机技术被应用于装备，所以软件损伤作为一种新的损伤形式出现，它主要是由于软件缺陷、代码或数据改变、软件载体破坏、病毒侵入等原因造成。机载计算机、嵌入式系统广泛应用于新型装备，系统中的软件代码有成千上万行，一旦出现问题会造成整架飞机失去控制，无法使用。针对软件损伤应设计可以快速维护的人工或自动装置，以尽量减少软件损伤造成的损失。

10.3.2 损伤模式及影响分析(DMEA)

损伤模式(Damage Mode)是指装备由于战斗损伤造成损坏的表现形式。这里的战斗损坏主要是指装备遭受到敌人的枪、炮、炸、导弹或激光、核辐射、电磁脉冲等直接或间接作用造成的损坏、破坏。常见的损伤模式如分离，震裂、裂缝，卡住，变形，燃烧、爆炸，击穿(电过载引起)，烧毁(敌方攻击起火导致)等。

广义的损伤模式或称战场损伤，它包含装备在战场上发生的需要排除的各种损伤。分析损伤模式及影响，即进行DMEA可以为装备生存性评估提供依据，同时也可为战场抢修的准备和抢修性的设计提供依据。损伤模式及影响分析的主要步骤如下：

1. 确定装备执行任务的基本功能

损伤模式及影响分析不同于FMEA，它不需对系统初始约定层次以下的所有产品进行，而是针对基本功能部件展开的。装备的基本功能是指任务阶段完成当前任务所必不可少的功能。例如，火炮、导弹武器系统在执行战斗任务中，其基本功能是发射炮弹或导弹，包含进行瞄准、将弹抛射出去以及导弹制导。车辆在其运行任务期间，其基本功能包含启动、运行、转向、停止等。而像装饰、防蚀以及某些冗余和自动化功能，可能是非基本的功能。对于不同的装备，基本功能显然不同。因此，在进行具体的DMEA时，首先要明确装备执行任务中的基本功能。

确定基本功能时，应根据装备的全部作战任务，具体地分析每项任务要求的基本功能。确定基本功能，不仅是对装备系统层次的，而且要沿着装备系统级基本功能向下，确定各组成单元的基本功能。

2. 确定装备完成基本功能的重要部件

在确定系统和各层次产品的基本功能后，还要确定完成基本功能的重要部件。重要部件是指那些对系统的基本功能和任务有重要影响的分系统或部件。为此，利用系统简图或功能框图，逐一分析各子系统、装置、组件、部件，确定其是否为基本功能单元，直至部件。在确定是否为基本功能单元时，以下准则是有用的：

① 凡上层次产品是非基本功能产品，所有下层次产品都是非基本功能产品；

② 凡下层次产品是基本功能产品，其上层次产品都是基本功能产品。

3. 分析损伤模式及其影响

对各重要部件进行DMEA，列出各自可能的损伤模式。应通过对每一分系统、组件或零件的分析，确定由于它们暴露于特定的威胁性作用过程而造成的所有可能的损伤模式。然后,分析其对自身、上一层次和最终影响。损坏影响是指每种可能的损伤模式对产品的使用、功能或状态所导致的后果。除被分析的产品约定层次外,所分析的损伤模式还可能影响到几个约定层次。因此,应评价每一损伤模式对局部的高一层次的和最终的影响。应当注意,这种影响只考虑对基本功能的影响,不需要考虑对非基本功能的影响。在确定最终影响时,应重视"多重损坏"的影响,即两个(或以上)损伤模式共同作用的影响。

4. 提出对策建议

根据 DMEA 的结果,分析研究预防、减轻、修复损伤的对策,提出从装备设计和维修保障(抢修)资源方面的建议。这里包含维修性设计的信息。

进行 DMEA 通常采用填写表格(见表 10-2)的方法。

表 10-2 损伤模式及影响分析表

初始约定层次______ 任务______ 审核______ 第____页共____页

约定层次__________ 分析人员____ 批准______ 填表日期________

代码	产品或功能标志	功能	故障模式	故障原因	任务阶段与工作方式	严酷度类别	损坏模式	损坏影响			备注
								局部影响	高一层影响	最终影响	
(1)	(2)	(3)	(4)	(5)	(6)	(7)	(8)	(9)	(10)	(11)	(12)

表格中的前 7 项与 FMEA 表格中的内容相同,可直接填入有关栏目中;第 8 栏填写损伤模式;第 9~11 栏填写损坏影响;第 12 栏为备注,这一栏主要记录有关的注释说明,如对改进设计与保障的建议、异常状态的说明及冗余设备的损坏影响等,并应在 FMEA 正式报告中进一步充实。

10.3.3 装备战伤评估与分析的基本步骤

装备战伤评估与分析,是指对战伤的程度、修理的时间和资源、要完成的修理工作、修理以后的作战能力做出的分析和评估,其主要目的是发现装备的损伤及造成的故障,确定切实可行、高效的抢修方案和计划。抢修前明确损伤和故障类型、制定合理的计划可以避免浪费有限的抢修时间和资源。装备战伤评估与分析的一般步骤如下:

(1) 判断战伤程度。使用可能的检测手段,必要时进行拆卸分解,全面检查装备,找出所有的损伤部位及损伤情况,并标出损伤的部位。

(2) 确定基本功能和基本功能项目。基本功能是指完成作战任务、保证安全所必需的功能,基本功能项目(含基本结构项目)是指那些受到损伤对作战任务、安全产生直接致命影响的项目,即战场抢修的对象。同一装备执行不同的任务时其基本功能及基本功能项目可能不同。战场抢修的目标并不一定要恢复装备的全部功能,一般只要求恢复基本功能。因此需要确定基本功能和基本功能项目,明确需要抢修的对象。

(3) 进行损伤模式及影响分析(DMEA,Damage Mode Effects Analysis)。战斗损伤所造成损坏的表现形式称为损伤模式,它一般描述损坏的状况,如前所述的机械损伤、材料损伤、电子设备故障损伤和软件损伤。损坏影响是指损伤模式对装备或部件的使用、功能或状态所导致的后果。应分析每一损伤模式对装备的工作能力、完成任务能力或状态所造成的局部的、高一层次的和最终的影响。

(4) 确定抢修方案。根据以上判断和分析得出的装备自身情况、损伤情况、当前任务情况,以及人力和物力资源情况,还有损伤装备的重要程度和抢修后对作战的意义,确定切实可行的修理方式及其组织程序和方案。战场抢修评估是一个决策过程,即要全面了解和掌握情况,运用知识和经验进行科学的分析,最后给出修理的方案。

10.3.4　装备战场抢修的方法

1. 修复方法

(1) 更换。有足够的备件时,这是一种快速有效的修理方法。

(2) 切换。是指通过电路开关断开损伤部分,接通备用部分或者将原来担任非基本功能的完好部分改换到基本功能电路。如电器设备的线路被毁,可接通冗余部分;若无冗余部分,可以将担任非基本功能的线路移植到基本功能电路中,从而实现基本功能。

(3) 拆换。是指拆卸本装备、同型装备或异型装备上的相同单元来替代损伤的单元,也称为拆拼修理。如担任重要功能部件的标准件损坏了,可以拆换非重要部位的标准件。

(4) 剪除。是指把损伤部分甩掉或剪断,使其不影响基本功能项目的运行。

(5) 重构。是将损伤装备的有关部分重新构成,以完成装备的基本功能,执行当前任务。

(6) 替代。是指使用性能相似或相近的单元或原材料暂时替换损伤或缺少的单元或资源,以恢复装备的基本功能或能自救。

(7) 原件修复。直接对原件进行修复,这要求维修人员较高的技术水平和创造能力。

装备的战伤抢修方法很多,战场抢修具备很大的灵活性,抢修人员应因地制宜,灵活运用各种修复的技术和方法。

2. 抢修工艺

装备的抢修工艺是根据维修保障的需要,遵循优质、快速、安全、可靠等基本原则,运用有关科学原理,结合科学试验,在实践过程中积累装备的战场修理工艺方法和技术经验。

(1) 胶接工艺。在装备结构部件中,金属与复合材料的胶接,与铆钉、螺栓或其他机械紧固件相比,有强度高、抗疲劳性好、重量轻和成本低等显著优点。在国内外较先进的装备上,已广泛采用胶接工艺。实践证明,在装备的某些部位,用胶接方法可以代替铆接或者焊接工艺方法,这种方法不仅结合力强,强度大、充填性好、固化快,而且操作简便,易于掌握,节省时间。

(2) 复合材料及修理工艺。为了减轻装备质量,提高装备战术技术性能,现代装备对于结构材料提出了新的要求。轻质、高强度、高模量的新型复合材料的应用已有相当的发展。为了提高抢修能力,部队修理厂必须熟悉复合材料的特性,以便采取相应的修理工艺。复合材料常见的缺陷有裂纹、内伤(分层、鼓包)和损伤,以及中弹损伤等。对于深的压伤,长的穿透性裂纹和外蒙皮弹孔的修理,通常应选用与装备结构相同的复合材料,制成盖板,用胶粘剂将盖板补上。

(3) 蜂窝结构的修理工艺。蜂窝结构是近代装备普遍采用的新型结构。装备(如飞机)金属蜂窝结构,一般是由蜂窝夹心与蒙皮、边肋垫板、隔板等零件用胶粘剂组合后,加温、加压和固化而成型的。蜂窝结构的修理方法根据不同的损伤情况,可分别采取填补法、灌补法、镶补法和挖补法。

3. 抢修工具

抢修工具是装备战场抢修的重要组成部分,是实施抢修的基本手段。组织实施战伤装备的抢修,特别强调就地性和快速性,所以部队修理机构除配备常用的维修工具以外,还必须配备装备战伤抢修工具。装备战伤抢修工具应在一般维修工具的基础上,经过专门研究和不断改进,努力达到高效、安全、易于操作、轻便、多用途、便于携行、综合配套、利于储备的要求。

4. 抢修人员

由于装备战场抢修的速度和难度,要求维修人员具备特殊的专业知识、技能、技巧和体力,只有经过专门的训练才能完成迅速评估和有效修理,尤其是从事结构修理的人员和采取临时性以及替代性抢修工艺的人员不是平时的一般维修人员所能做的,所以平时就应该有针对性地开展战场抢修训练,注意培养各类战场抢修专业人员。抢修专业人员应尽量做到一专多能,这样才能具备一定的灵活性,应付战时的复杂情况,确保抢修人力的高效使用。

另外,需要注意的是,从事装备战场抢修分析与评估的人员。装备战场抢修分析与评估应该由既懂抢修专业技术又懂抢修组织指挥的抢修骨干力量来完成。装备简单战伤的分析与评估可以由少量人员完成,较严重的战伤可以由各专业骨干组成评估小组完成。分析评估人员对损伤所下的结论,以及制定的抢修方案是实施抢修的主要依据。抢修任务完成后的质量检查工作也应由当时的分析评估人员参与,这样更有针对性,同时增强分析评估人员的责任心。对于较为复杂的装备战伤抢修的分析评估工作,可以由若干分析评估人员或者相关专业的专家组成评估小组,共同完成评估任务。

10.4　装备战场抢修的组织

航空装备战略地位重要，为了确保航空装备高的完好率和出动强度，需要实施高效的航空装备战场抢修工作。为确保装备战场抢修任务顺利完成，使大量损伤的航空装备快速重返战场继续作战，航空装备战场抢修的组织必须纳入战时统一组织和指挥之中。

10.4.1　战场抢修的组织实施

1. 抢修的组织原则

战时在飞机战伤抢修具体组织过程中采取一定的抢修原则和切合实际的方法可以更好地实施抢修，满足战时需要。

（1）先小后大。就是指优先安排小修，然后安排中修和大修。这是因为部队修理能力有限，加上抢修需求的紧迫性，可能为了中修和大修一架飞机导致好几架小修飞机没有得到及时抢修。

（2）先重点后一般。未来空军作战的主要形式是以预警指挥机为核心的多机种合同作战。参战机种多，特种飞机和先进飞机数量比较少，但对作战影响很大，必须组织重点抢修。

（3）先易后难。先修容易修理的飞机或者故障，解决问题从复杂的方面考虑，从容易的方面着手，防止简单问题复杂化、停工待料和影响修理进度。

（4）先修适航性好的。刚返航的战伤飞机显示了它具有一定的适航性和可靠性，应预先安排修理。地面损坏的飞机如果损坏太重，可以拆用备件。

（5）先换后修。对于损坏部件，应以换为主，这样可以节省部队的人力和宝贵时间。换下来的部件可推后修理或者送后方修理。

（6）就地维修。对于战伤飞机应尽量组织就地维修，最好不要把飞机分解送修。对于严重损伤飞机，就地维修只要能将其恢复到可以完成一次飞回后方修理厂的能力就达到了抢修的目的。如不能满足这一最低要求，可考虑拆散成备件、分解送修或者放弃，以便集中人力，减少人力资源的浪费。

2. 抢修的组织程序

装备战场抢修的组织除了需要按照一定的原则，还要遵循一定的程序。如图 10-1 所示是关于装备战场抢修的一般组织程序。

3. 抢修过程的交接

装备的抢修，由于任务急，时间紧，作业环境条件差，容易出现漏洞和差错，影响抢修进度，甚至危及安全。因此，在实施抢修时，应重视交接工作，应实行机组负责制，飞机机械师是地勤机组的负责人，交接、质量检验、试飞等工作应在场。

4. 战场抢修的应急措施

作战期间，当飞机或者飞行员在战斗中负伤，不能正常着陆，需要在机场内或机

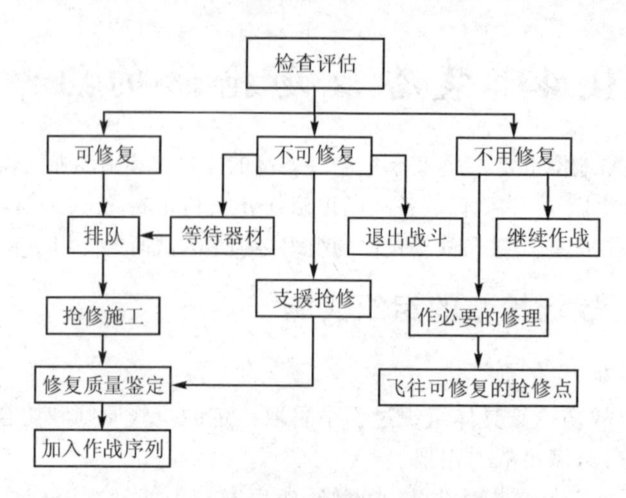

图 10－1 航空装备战场抢修的组织程序

场外迫降时；当飞机起飞、着陆时冲出跑道，或飞机互撞或挂在障碍物上时；当遭敌袭击或飞机着火时，均要采取应急措施，尽量减少损失。抢救飞机的基本原则如下：

(1) 尽快抢救出机上人员。当抢救人员到达现场后，要采取一切措施，迅速将机上人员从座舱(机舱)抢救出来，使其脱离危险区域。

(2) 迅速采取灭火和防爆措施。遇到飞机迫降或着火，应迅速关闭电源和氧气，切断油路，退出弹药，有组织地进行灭火，禁止用水对飞机灭火，以防油料扩散，火势蔓延。如果飞机有爆炸的危险(指燃料油箱、弹药等)，要果断、迅速地将易燃、易爆危险品运到安全地区，指挥现场人员及时隐蔽，防止伤亡。

(3) 尽快将出事飞机拖离跑道。如果出事飞机迫降在跑道上，会影响正常的起飞和着陆，应尽快拖离，以保证战斗飞行的正常起降。

(4) 抢救现场要统一指挥。抢救现场必须实施统一指挥，人员、设备、车辆必须服从统一调度，无关人员不得到现场。

10.4.2 战场抢修的组织指挥

1. 抢修指挥机构

装备的战场抢修指挥机构是空军各级装备指挥机构的重要组成部分，平时与现行部队修理管理机构相对应，战时参与作战指挥，实施飞机战伤抢修指挥，负责飞机战伤信息的收集、处理和决策，下达抢修任务，统一调配抢修力量、装备和器材。

各级战场抢修的指挥机构既要服从上一级指挥机构的组织指挥，又要根据自身所从事飞机战伤抢修任务的特点，发挥主观能动性，为从事实际飞机战伤抢修任务的抢修队伍做好战场抢修的组织、指挥和保障工作。

2. 抢修网

抢修网是指战场范围所有机场和可以从事装备抢修的机构，是战场抢修指挥的对象，由各修理基地、骨干机场、一般机场、待启用机场等各种网点构成。不同的网点将进行相应的建设和准备，并与相适应的飞机战伤抢修力量梯队部署相结合，形成以修理基地为中心，以骨干机场为依托，实现对周围机场飞机战伤抢修的辐射支援。各网点承担的一般任务如下：

（1）修理基地。飞机战区抢修基地设在军区空军航空中心修理厂，战前集结支援抢修队和专家组，储备抢修设备器材；战时可担负对中度损伤定点抢修和辐射支援抢修任务。修理基地具备机动抢修能力。

（2）骨干机场。作为骨干机场，预置有成套修理保障装备和抢修器材，部署跟随抢修队和能担负多机种中度损伤抢修任务的飞机战伤定点抢修队，并可保障飞机和维修保障装备支援抢修队随时进驻，对邻近机场、公路跑道实施机动辐射支援。

（3）一般机场。战前预置不便携行的抢修保障设备，由进驻部队团修理厂担负跟随抢修任务，可保障支援抢修队随时进驻。

（4）战时启用机场。由进驻部队担负跟随抢修任务，由进驻部队团修理厂担负跟随抢修任务，必要时迅速抽调支援抢修队实施保障，主动协同有关部门或军务部门征招预备役或者友军力量，做好飞机现场抢修或者后送修理。

3. 抢修队伍

飞机战伤抢修队伍由部队各级抢修力量组成。飞机抢修队分为跟随、定点、支援抢修队和抢修预备队等，具体行动和部署由指挥机构决定。

（1）伴随抢修分队。由部队基层维修保障力量组成。应具备本部队飞机抢修能力和抢修专业保障配合能力，以及维修保障设备修理能力，部署于本单位所在驻地。

（2）定点/支援抢修分队。为保证部队机动作战，应抽调力量成立飞机定点/支援抢修分队，担负跨区或者本战区战伤飞机定点、支援抢修任务，完成相对复杂以及技术性要求较高一些的抢修任务。

（3）抢修预备队。选定部分非参战部队修理专业人员，作为抢修专业预备队，后续补入战区，也可以是战时动员人员、预备役人员。

（4）保障装备抢修分队。担负保障装备支援抢修任务。

4. 抢修的有效指挥

抢修的战时指挥是整个战场指挥不可分割的一部分，所以指挥员应该考虑作战飞机的特点和进行飞机战伤抢修的需求。针对飞机战伤抢修的有效指挥还需要做到如下几点：

（1）注重调动积极性。作为战时航空维修保障的指挥者，针对战场抢修应调动一切可以调动的力量。因为战场抢修的方式和方法与平时的维修截然不同，所使用的方法可以是多种多样，甚至是“临时的”“替代性的”，有可能是抢修人员根据战时实际情况创造出来的，这些特点都要求抢修人员具备很大的主观能动性。

（2）注重防卫防护。摧毁敌机于地面，是夺取和保持制空权的有效办法。现代战争中飞机在地面遭到各种攻击的可能性会更多，所以要注意地面的防卫防护、伪装、警戒和疏散。地面的损伤往往更加严重，抢修更加困难。为了减少飞机战伤抢修的压力和难度，必须做好飞机防卫防护工作。

(3) 注重抢修原则。对于战伤飞机具体的实施抢修，指挥员应该注重抢修原则，只有按规律来组织指挥，才能大量有效地恢复战伤飞机的作战使用。

10.4.3 战场抢修大纲的制定

装备战场抢修大纲是一种法规性和纲领性文件，是战时实施装备战场抢修工作的重要依据，是制定抢修预案、计划、程序的依据。

目前关于这方面的文件还很欠缺，这不仅使新机部队抢修力量的建设缺乏系统性、统一性、持续性和依据，而且使关于抢修理论和技术的研究也容易缺乏针对性和实用性；而且在没有统一纲领的情况下，容易造成战时抢修的混乱和低效。装备战场抢修大纲的制定是目前需要进一步着手的工作。

纲领的制定，首先需要按照总部、各级机关关于装备战场抢修的各种要求和规范，深入理解当前军事建设战略和军事形势，根据抢修理论和技术来建立；其次需要搜集整理国内外现有的关于抢修理论和技术研究资料及成果，研究和参考国内外、军内外关于这方面的成功做法和经验，深入新机部队和一线部队做调查、论证、试验和研究，建立反馈途径，经过反复理论研究和实践检验来逐步建立和完善；最后还要从系统高度结合科技理论、部队实际情况、军事需求和经济性原则，制定合理可行的大纲。

装备战场抢修大纲的制定不仅是一种理论研究，也是一项实践性工作和长期的工程，科学、合理、实用的战场抢修纲领可以指导和帮助部队完成战时抢修任务，是连接抢修理论与部队实践的中间环节。

复习思考题

1. 装备战场抢修是指什么？
2. 抢修性的定义是什么？
3. 抢修性设计包括哪些内容？
4. 装备战场抢修组织的一般原则是什么？
5. 战场抢修对抢修专业人员及抢修评估人员有什么要求？
6. 简述战场抢修的含义。它与平时维修有何区别？具有什么特点？
7. 何谓战场损伤？研究战场损伤有何意义？
8. 试阐述抢修特性与一般维修性的异同。
9. 何谓 BDAR 分析？其分析的一般步骤是什么？
10. 常见的装备战场抢修工作类型有哪些？

第 11 章　装备维修管理技术

管理作为一种整合维修资源，从而达成装备维修的既定目标与责任，是一种动态创造性过程活动。装备维修既需要正确的理论作指导，又需要提出正确的管理目标和任务，同时还需要高效的技术手段作支持。随着装备的高速发展，装备维修越来越复杂，任务越来越重，资源消耗越来越大，装备维修管理的地位作用越来越突出，对装备维修管理技术的要求也越来越高。装备维修管理技术是指应用现代管理科学的理论方法对装备维修活动实施计划、组织、指挥和控制的技术。有效运用科学的管理技术，充分发挥装备维修管理技术的资源整合作用，有助于破开装备维修需求的迷雾，有助于维修工作任务的统筹，有助于提高维修工作的针对性，对保证装备维修管理目标的实现与任务的完成，保证装备维修系统的健康持续发展，具有重要作用。

11.1　目标管理

11.1.1　目标管理的含义

目标管理是由美国著名管理学家德鲁克首先提出并创立的。1954 年，他在《管理实践》一书中首先使用了“目标管理”的概念，接着又提出了“目标管理和自我控制”的主张，认为：一个组织的“目的和任务，必须转化为目标”，如果“一个领域没有特定的目标则这个领域必然会被忽视”；各级管理人员只有通过这些目标对下级进行领导，并以目标来衡量每个人的贡献大小，才能保证一个组织总目标的实现；如果没有一定的目标来指导每个人的工作，则组织的规模越大，人员越多，发生冲突及浪费的可能性就越大。有研究表明，明确的目标要比只要求人们尽力去做会有更高的业绩，而高水平的业绩是和高水平的意向相关联的；目标的总平均水平很有意思地向上运转。同样，许多人也注意到，如果在组织中目标设定方面发生改善，组织效率就会不断增加。

目标管理是适应社会生产力高度发展的要求而产生的。当时，美国企业界的竞争日趋激烈，各个企业迫切要求强化自身素质以提高竞争力，为此就必须充分调动组织成员的积极性，发挥主动精神和创造能力，而目标管理就是在科学管理的基础上，应用行为科学的激励原理，以目标为手段，不断激发组织成员的高层次需求。简单地说，目标管理是一种综合的以工作为中心和以人为中心的系统管理方式：通过目标把物的管理手段和人的管理手段有机地、巧妙地连为一体；利用目标让组织各成员参与制定工作目标，并在工作中实行自我控制，努力完成工作目标。因此，目标管理的目的，是通过目标的激励作用来调动广大人员的积极性，从而保证总目标的实现；目标管理的核心，是强调工作成果，重视成果评价，提倡个人能力的自我提高。目标管理以目标作为各项管理工作的指南，并以实现目标的成果来评价贡献的大小。

目标管理就是通过比较目标与实际绩效的差异，分析产生差异的原因，进一步完善整个目标体系，或调整自己的行为过程，以达到组织目标的实现。因此，目标管理是一个无休止的循环过程。在这个过程中要鼓励创新，充分发挥人的积极性与创造性，对创新结果不能实行惩罚。同时对组织成员在其职责范围内实现目标的一些手段要有一定程度的控制权，使组织内部的分权与集权实现有效结合、合理分配。目标管理一诞生，就受到了极大的关注，被普遍接受并在实践中不断完善和发展，现已成为一种有效的管理方式，广泛应用于企业、团体、政府、军队等各部门。

11.1.2 装备维修管理目标的特性

装备维修系统是综合计划、科研订货、器材保障、军械保障、工厂管理、外场维修、训练机构，以及院校、研究所等部门组成的复杂的军事经济大系统，装备维修系统的运作需要机械、军械、特设、电子、修理等诸多专业的密切配合，以及从上到下各级装备维修管理部门的指导和支持。因此，在装备维修系统的运作过程中，各个部门、系统和专业之间是相互联系、相互依赖、相互制约和相互作用的，因此，装备维修管理目标具有层次性和多样性的特点。同时，在装备维修组织实施中，装备维修还会受到战争条件、作战样式、装备状况、维修环境、人员技术水平等许多不确定性因素的影响，这与信息化条件下装备快速机动、高强度、高消耗、持续保障的作战使用需求形成了强烈的反差，因而装备维修需要实施科学管理，以整合维修保障资源，及时、经济、高效地满足装备作战使用需求，目标管理是实现装备维修管理这一目标的技术方法之一。

11.1.3 装备维修目标管理的过程分析

1. 目标的设置

目标管理，简而言之是以目标为基础的管理。首先由上级装备维修管理部门根据装备建设发展和使用保障的长远规划、客观条件、面临的任务预设系统总目标，再由各级维修管理部门提出选择的建议。在此基础上，各级维修管理部门在根据总目标设置部门目标和个人目标，从而形成一个目标链和目标体系。目标的设置应是一种和谐、相互促进的目标体系，下级目标支持上级目标、部门目标支持组织目标、个人目标与部门相一致，即目标的设置应以装备维修系统的长远发展为基础，有利于推动装备维修系统的可持续发展。

目标的设置对系统建设发展具有直接的影响和作用，在设置目标时应遵循一些基本原则。

(1) 定性目标向定量方面转化。有些目标是不可直接量化的，如管理效率、服务态度等，但这些又是非常重要的目标，这种定性目标应该设定，不能因为不能完全量化就放弃，如果不设定，组织的目标就会有缺陷。但是定性目标往往难以计量，故难以考核。此时，必须发展一种对定性目标间接度量的办法，如对定性目标具体表述的执行效果进行主观打分，同时考虑定性目标因素的权重等。

(2) 长期目标的短期化。所谓长期目标短期化是指由于目标管理中的短期目标通常比较明确，因此容易使组织各部门、各层次及组织成员陷入一种短视、短期行为的状态，另外也不利于组织的生存与发展。实际上，组织通常都有自己的长期目标，因此目标管理过程中目标的设置应是组织共同愿景(Shared Vision)约束下组织长期目标制定以后按各分阶段设定分阶段目标，这种分阶段目标就是一种相对短期的目标，即具体的目标。将分阶段的目标作为组织每一时期目标管理中要分解下达的目标，这样就可防范迷失组织长远目标的可能。长期目标的短期化从另一个方面来看，就是组织在下达目标时要让组织成员知道这仅是实现组织共同愿景、组织长远目标的"万里长征中的第一步"。

(3) 目标实施的资源配合。目标实施是需要资源配合的，没有资源的支持，任何目标均不可能实现。因此，目标设定本身就需要考虑这一目标需要多少资源，需要什么资源，资源从哪里来等一系列问题，否则目标虽然设定得很有吸引力，但因缺乏资源支撑而成为空头目标，无实际意义。故在目标设定中必须对自己的能力、自己的资源拥有、可借用资源的多寡作一个准确的判断，这样设计出来的目标才切实可行。

2. 目标的展开

目标管理的基本内容是，动员装备维修系统全体人员参加制定目标，并保证目标的实现。具体地，由单位领导根据上级要求和本单位具体情况，在充分听取广大组织成员意见的基础上，制定出组织目标，然后层层展开，层层落实，下属各部门以至每个组织成员根据组织目标，分别制定部门及个人的目标和保证措施，形成一个全过程、多层次的目标管理体系，如图 11-1 所示。

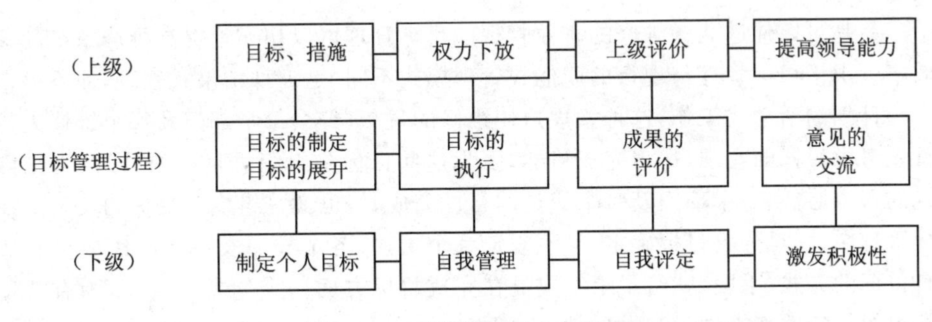

图 11-1 目标管理基本内容

3. 目标的监控

目标管理这一模式的核心思想是把目标分解下达后成为组织各层次、各部门和单位的工作业绩衡量标准。但由于竞争的激烈和环境的剧烈变化，必须重视目标管理实施过程的目标监控，经常检查目标进展，对比目标，进行评比，及时激励。如果在监控过程中发现问题或存在偏差，应及时发出预警或进行偏差纠正。因此，为保证目标管理的有效性，目标监控是必要的，但其前提是，必须有一套明确的、可考核的目标体系，这也是对目标管理最有效的监督控制。

4. 目标的评估

目标管理的最后一个环节是对目标的达成情况进行考核，以形成有效的激励。如果一个组织能对组织成员的业绩和工作努力程度做出一个客观准确的判断和评价，那么这个组织应该是无往而不胜的。目标的评估，并不是看你说的怎样，而是主要看你做的怎样，即看你做的和预定目标的差异程度。

公正客观地评价，首先建立在组织成员自我评价的基础上，应该反对组织成员们过于谦虚，缩小自己的成绩而夸大自己的不是，一切均应实事求是。其次，组织应有一个多方成员组成的评价检测小组，这个小组只对组织最高领导负责，独立开展评价检测不受他人干扰。在组织成员自评的基础上进行复评，从而比较公正地评价成员工作的业绩与不足，并使之成为激励的依据，能力的认定。

绩效评价是一种事后控制，目标管理作为一种成果型管理方式，这种事后的控制可能最为重要。

目标管理的成功实施取决于装备维修组织效能、目标设定分解、考核评价的公正以及装备维修管理领导层的正确理解和推行。

11.1.4 目标管理在装备维修中的应用

目标管理作为一种先进的管理模式，其有效性已得到了广泛的实践验证，同样也适用于装备维修管理，特别是目前装备维修处于快速发展和变化之中，如何利用目标管理来改善装备维修管理，加快我军装备维修的建设发展步伐，是一个值得探讨的问题。

一是可以促进装备维修的有效管理。目标管理可以切实地提高维修系统的管理效率。由于目标管理与现行的职能式管理模式不同，是一种结果式管理，而不仅仅是一种计划的活动式工作，这种管理迫使维修的每一层次、每个部门及每个维修人员都首先考虑目标的实现，尽力完成目标，因为这些目标是组织总目标的分解，当维修系统的每个层次、每个部门及每个成员的目标完成时，也就是组织总目标的实现。在目标管理中，一旦分解目标确定，且不规定各个层次、各个部门及各个组织成员完成各自目标的方式、手段，就给了组织成员在完成目标方面一个创新的空间，为有效地提高组织管理效率提供了基本条件。

二是可以形成有效的激励。当目标成为维修系统中的各层次、各部门和每个成员自己未来时期内欲达成的一种结果，且实现的可能性相当大时，目标就成为各级维修管理部门、维修人员的内在激励。

三是便于明确任务。目标管理的实施,一方面,可以使维修系统各级管理部门、维修人员都明确装备维修系统在一个时期内总的建设目标、组织结构体系、组织分工与合作及各自的任务、职责;另一方面,由于在实施目标管理时,装备维修各级管理部门和人员会发现维修系统或维修作业中存在的不足或缺陷,从而推动系统的自我完善和改进。

四是体现了以人为本的管理。目标管理实际上也是一种自我管理的方式,或者说是一种引导组织成员自我管理的方式。装备维修实施目标管理,维修人员或维修管理人员,不再只是做工作,执行指示,等待指导和决策等,他们此时已成为具有明确规定目标的单位或个人。一方面,各级维修管理部门或维修人员参与了目标的制定,并取得了组织的认可;另一方面,维修人员在努力工作实现自己的目标过程中,可以根据目标的要求,充分发挥主观能动性,为实现目标而努力工作,因此,可以说目标管理至少可以算是自我管理的方式,是人本管理的一种过渡性方式。

当然,装备维修管理有着自身的一些特点和特殊要求,同时目标管理自身也存在着一些不足,如强调短期目标、目标设置困难、难以权变等,因此,在装备维修管理领域实施科学维修还需要进行科学的论证。

11.2 故障数据的统计分析及其应用

装备在使用过程中,随着装备自身性能、技术状态、载荷条件、环境状况、作战使用以及维修保障等诸多不确定性因素的影响和作用,装备的技术状态将发生变化或发生故障,如何有效地利用这些故障信息和数据,监控装备质量性能的变化,保障装备良好的战备完好性,是装备维修管理面临的一个现实问题。

对故障数据进行统计分析,是装备故障宏观分析的一个重要方面。故障数据的统计分析是利用概率论和数理统计的方法,通过对装备大量的故障数据的统计分析,对装备的可靠性状况、发生或可能发生的故障原因进行量化分析,确定出装备故障模式和故障机理,明确故障的规律特征和发展趋势,以便及时采取措施确保装备可靠安全作战。

11.2.1 故障数据统计分析的基本过程

如图 11-2 所示描述了故障数据统计分析的基本流程。

11.2.2 故障数据的收集与分析

故障数据的收集与整理,是贯穿装备寿命周期过程的一项工作。在装备工程研制阶段,既要收集同类装备的故障数据,同时还要对该阶段研究和试验所产生的故障数据进行收集和分析,以便为装备的改进和定型提供科学的依据。在生产制造阶段,该阶段所产生的故障等数据,则反映了装备的设计和制造水平。在使用阶段,对装备使用过程所产生的故障数据进行收集和分析，可直接反映装备的技术状态变化和维修需求，为实施科学维修提供依据，同时也可为装备的改进提供最有价值的参考。由此可见，故障数据的收集和分析工作，是装备全系统全寿命管理过程中一项基础性的工作，对装备的作战使用和维修保障发挥着重要的作用。

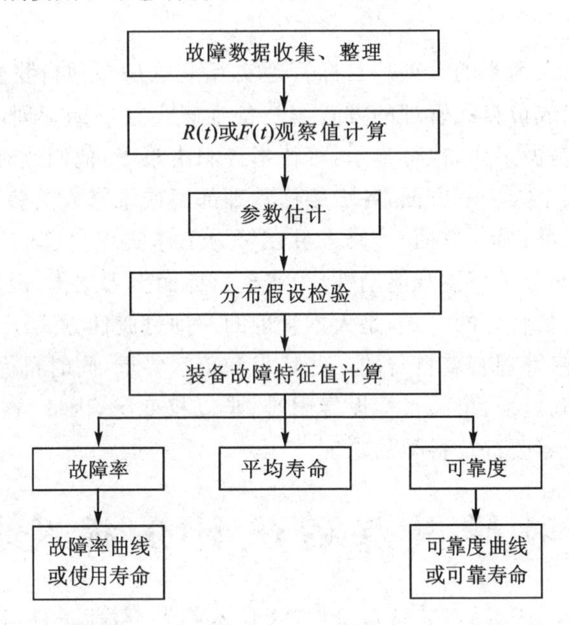

图 11－2 故障数据统计分析的基本过程

由于装备使用和维修保障涉及面广，环境恶劣，影响因素多，因而装备的使用和维修保障具有很强的不确定性。为避免数据收集的重复，保证故障数据的质和量，故障数据收集首先应进行数据需求分析，明确数据收集的内容、目的和标准，制定周密的数据收集计划；其次要采用正确、适合的数据收集方法和技术，确保维修数据的准确性、完整性、及时性和可用性，善于利用各种方法和工具，挖掘数据的内在联系，科学指导维修实践。

故障数据的收集与分析有许多有效的工具和方法，常用的有直方图、因果分析图、帕累托图、控制图，以及随着信息技术发展起来的数据挖掘、便携式维修助理(PMA，Portable Maintenance Aids)等。直方图等方法工具已有诸多的文献资料介绍，这里侧重对 PMA 做一概要介绍。

PMA 的含义：在维修中采用的现代化自动处理设备，通常包括便携式电子显示设备、便携式维修设备、技术数据读取机/浏览器等，有时候也包括其他一些硬件及其辅助软件，甚至包括计算机等。随着武器装备的更新换代，技术数据的数字化，特别是由于装备所固有的结构复杂化和使用的特殊性，如何方便快捷地对装备进行维修，将直接影响装备的作战能力。采用 PMA，可以使维修人员在维修现场根据维修作业和装备现状，实时地输入维修数据，为多个用户快速地提供可视化资料，使相关人员在维修作业期间接收详细的技术数据，为自动识别技术和电子化维修手段的普及应用提供远程支持，允许与武器装备进行直接通信，便于故障的定位，对不具备嵌入式自动故障诊断和预计功能的装备而言，PMA 发挥的作用更大。目前 PMA 已在民用设备领域取得了广泛应用，而在军用航空领域，由于军用航空维修的特殊性，PMA 还存在着可靠性、安全性、可操作性，以及标准化等方面的诸多问题，但已引起了高度重视，并得到了初步应用。

11.2.3　故障分布参数的估计

在故障数据的统计分析中，人们经常遇到的问题是如何选取子样以及根据子样来对总体的统计特征做出判断。实际工作中碰到的随机变量（总体）往往是分布类型大致知道，但确切的形式并不知道。要确定出总体的故障分布函数 $F(x)$ 或故障密度 $f(x)$，首先必须估计出总体的参数，这类问题就是参数估计问题。它一般有两种方法：一是点估计，就是以样本的某一函数值作为总体中未知参数的估计值；二是区间估计，就是把总体的数字特征确定在某一范围内。

1. 点估计

设总体 X 的分布函数形式为已知，但它的一个或多个参数为未知。如果得到了随机变量 X 的一组样本观察值 $x_1,x_2,\cdots,x_n$，利用样本观察值来估计总体参数的值，这类问题称为参数的点估计问题。获得参数估计量的方法有矩法、极大似然法，这里主要介绍极大似然法。

设总体 X 的概率密度函数 $f(x;\theta)$ 为已知，它只含一个未知参数 θ。于是，总体 X 的一组样本 $X_1,X_2,\cdots,X_n$ 的联合概率密度等于 $\prod_{i=1}^{n} f(x_i;\theta)$。显然，对于样本的一个观察值 $x_1,x_2,\cdots,x_n$，它是 θ 的函数，记为

$$L=L(x_1+x_2+\cdots+x_n;\theta)=\prod_{i=1}^{n} f(x_i;\theta) \tag{11-1}$$

并把它称为似然函数。

极大似然法的基本思想：如果在一次观察中一个事件出现了，则可认为该事件出现的可能性很大，利用这种思想，可以估计连续型总体的未知参数，如 λ、μ、σ^2 等，据此给出下述定义：

设总体 X 仅含一个未知参数 θ，并且总体分布的形式为已知，$x_1,x_2,\cdots,x_n$ 为随机变量 X 的一组观察值。若存在 θ 的一个值 $\hat{\theta}$，使得似然函数 $L(x_1,x_2,\cdots,x_n;\theta)$ 在 $\theta=\hat{\theta}$ 时

$$L(x_1,x_2,\cdots,x_n;\theta)=\max$$

则称 $\hat{\theta}$ 是 θ 的一个极大似然估计值。

由定义可知，求总体参数 θ 的极大似然估计值 $\hat{\theta}$ 的问题，就是求似然函数 L 的最大值问题。在 L 关于 θ 为可微时，要使 L 取得最大值，θ 必须满足

$$\frac{\mathrm{d}L}{\mathrm{d}\theta}=0 \tag{11-2}$$

由上式可解得 θ 的极大似然估计值 $\hat{\theta}$。

由于 L 与 $\ln L$ 在同一 θ 值处取得极值，所以可由

$$\frac{\mathrm{d}(\ln L)}{\mathrm{d}\theta}=0 \tag{11-3}$$

求得，这往往比直接使用式(11-2)更简便。

【例 11-1】 假设 $t_1,t_2,\cdots,t_n$ 为指数分布的一个样本，试求参数 λ。

解：由题意，$f(t,\lambda)=\lambda \mathrm{e}^{-\lambda t}$，得似然函数，$L=\prod_{i=1}^{n}f(t_i,\lambda)=\prod_{i=1}^{n}(\lambda \mathrm{e}^{-\lambda t_i})=\lambda^n \mathrm{e}^{-\lambda\sum_{i=1}^{n}t_i}$，$\ln L=n\ln\lambda-\lambda\sum_{i=1}^{n}t_i$。令 $\frac{\partial \ln L}{\partial \lambda}=\frac{n}{\lambda}-\sum_{i=1}^{n}t_i=0$，则故障率 λ 的极大似然估计值为 $\hat{\lambda}=\frac{1}{n}\sum_{i=1}^{n}t_i$。

极大似然估计法也适用于分布中含有多个未知参数 $\theta_1,\theta_2,\cdots,\theta_n$ 的情形，此时，似然函数是这些未知参数的函数。令 $\ln L$ 关于这些参数的偏导数等于 0。

$$\frac{\partial}{\partial\theta_1}\ln L=\frac{\partial}{\partial\theta_2}\ln L=\cdots=\frac{\partial}{\partial\theta_n}\ln L=0$$

解之，即可得各未知参数 θ_i 的极大似然估计值 $\hat{\theta}$。

2. 区间估计

人们在测量或计算时，常不以得到近似值为满足，还需估计误差，即要求更确切地知道近似值的精确程度。类似地，对于未知参数 θ，除了求出它的点估计 $\hat{\theta}$ 外，还希望能估计出一个范围，并希望知道这个范围包含参数 θ 真值的可靠程度。这样的范围通常用区间的形式给出，同时还要给出此区间包含参数 θ 真值的可靠程度，这种形式的估计称为区间估计。现在引入置信区间的定义。

设总体分布含有一个未知参数 θ，若由样本确定的两个统计量 $\underline{\theta}(x_1,x_2,\cdots,x_n)$ 及 $\bar{\theta}(x_1,x_2,\cdots,x_n)$，对于给定值 $\alpha(0<\alpha<1)$ 满足

$$P\{\underline{\theta}(x_1,\cdots,x_n)<\theta<\bar{\theta}(x_1,x_2,\cdots,x_n)\}=1-\alpha \tag{11-4}$$

则称随机区间 $(\underline{\theta},\bar{\theta})$ 为 θ 的 $100(1-\alpha)\%$ 置信区间。$\underline{\theta}$ 及 $\bar{\theta}$ 称为 θ 的 $100(1-\alpha)\%$ 置信限（$\underline{\theta}$ 及 $\bar{\theta}$ 分别称为置信下限和置信上限），百分数 $100(1-\alpha)\%$ 为置信度。

式(11-4)的含义如下：若反复抽样多次（每次得到的样本容量都相等），每组样本观察值确定一个区间 $(\underline{\theta},\bar{\theta})$，每个这样的区间要么包含 θ 的真值，要么不包含 θ 的

真值，按伯努利定理，在这样的区间中，包含 θ 真值的约占置信限 $100(1-\alpha)\%$，不包含 θ 真值的仅占 $100\alpha\%$左右。例如，反复抽样 1 000 次，则得到 1 000 个区间中不包含 θ 真值的仅有 10 个左右。

【例 11-2】设总体 $X\sim N(\mu,0.09)$，随机抽得 4 个独立观察值 x_1,x_2,x_3,x_4，求总体均值 μ 的 95%的置信区间。

解：由题意，$\alpha=1-0.95=0.05$，样本容量 $n=4$，$\sigma=\sqrt{0.09}=0.3$。

因为样本均值 $\bar{x}$ 为 μ 的一个点估计，且

$$\frac{\bar{x}-\mu}{\sigma/\sqrt{n}}=\frac{2}{0.3}(\bar{x}-\mu) \tag{11-5}$$

所服从的分布 $N(0,1)$是不依赖于 μ 的，因此，按双侧 $100\cdot\alpha$ 百分位点的定义，对于给定的置信度 95%（即 $\alpha=0.05$），有

$$P\left\{-z_{0.025}<\frac{2}{0.3}(\bar{x}-\mu)<z_{0.025}\right\}=0.95 \tag{11-6}$$

由不等式 $-z_{0.025}<\frac{2}{0.3}(\bar{x}-\mu)<z_{0.025}$，得 $\bar{x}-\frac{0.3}{2}z_{0.025}<\mu<\bar{x}+\frac{0.3}{2}z_{0.025}$。

因 $z_{0.025}=1.96$，故 μ 的置信区间为$(\bar{x}-0.294,\bar{x}+0.294)$。

例如，得到一组样本观察值为 12.6，13.4，12.8，13.2，得 $\bar{x}=13$，代入式(11-6)，得$(13-0.294,13+0.294)=(12.71,13.29)$。

式(11-6)是 μ 的 95%的置信区间，其意义是：若反复抽样多次，每组样本观察值($n=4$)按式(11-6)确定一个区间，在若干个这样的区间中，包含 μ 的约占 95%，不包含 μ 的仅占 5%左右。

利用上述方法可对装备故障数据进行点估计和区间估计。

11.2.4　故障分布检验

前文介绍了在掌握总体分布情况下根据样本值确定分布参数的估计值的方法，这是统计推断的一个重要问题，统计推断的另一个重要问题是如何根据样本信息来判断总体分布是否具有指定的特征。前文估计分布参数时，是在假设已知其分布的类型如指数分布、正态分布、威布尔分布等作为前提的，这种假设是否正确、合理，需要利用样本信息进行分析判断，这类问题称为假设检验。

所谓假设检验，是指在总体上做某种假设，并从总体随机地抽取一个子样，用它检验该假设是否成立。在总体上做假设可以分成两类：一是对总体的数字特征做某项假设，如已知样本来自正态总体，问是否有理由说它来自均值为 μ_0 的正态主体？这一类问题称为参数假设检验；二是对总体分布做某项假设，用总体中子样来检验该假设是否成立，这一类假设称为分布假设检验。如假设故障总体分布是指数分布，用总体中子样检验该假设是否成立，这是主要讨论故障分布的假设检验。

1. 故障分布假设检验的基本步骤

(1) 对总体 X 提出假设 H_0,有时还需要提出备择假设 H_1。

(2) 选取适当的显著性水平 α($\alpha=0.05$ 或 0.1)。

(3) 确定检验用的统计量 U,在原假设 H_0 成立的前提下确定其概率分布。

(4) 确定拒绝域。

(5) 依据样本观察值确定接受还是拒绝原假设 H_0。

假设检验与参数区间估计之间有着密切联系。首先,参数区间估计中假设参数是未知的,需要用子样对它进行估计,而假设检验对参数值做了假设,认为它是已知的,用子样对假设做检验。从某种意义上而言,假设检验是参数区间估计的反面。另外,假设检验的统计量的选取与区间估计相应问题中用到的函数形式有时是一致的,例如,对方差已知的正态总体而言,利用函数 $\dfrac{\bar{x}-\mu}{\sigma/\sqrt{n}}$ 做总体均值的区间估计,而用统计量 $\dfrac{\bar{x}-\mu_0}{\sigma/\sqrt{n}}$ 来检验总体均值的假设 $H_0:\mu=\mu_0$。

故障分布检验的方法很多,限于篇幅,这里仅介绍 χ^2 检验法。

2. χ^2 检验法

(1) 分布。设 $X_1, X_2, \cdots, X_n$,是独立同分布随机变量,而每一个随机变量服从标准正态分布 $N(0,1)$,则随机变量 $\chi^2 = X_1+X_2+\cdots+X_n$ 的分布密度是

$$f(t)=\begin{cases}\dfrac{1}{2^{\frac{2}{2}}\Gamma\left(\dfrac{n}{2}\right)}t^{-\frac{n}{2}-1}\mathrm{e}^{-\frac{1}{2}}, & t>0\\ 0, & t\leqslant 0\end{cases} \tag{11-7}$$

式中:$\Gamma\left(\dfrac{n}{2}\right)$ 是伽马函数在 $\dfrac{n}{2}$ 处的值,这种分布称为自由度为 n 的 χ^2 分布,记为 $\chi^2(n)$。

(2) χ^2 检验。χ^2 检验用来验证统计得到经验分布函数 $F_n(t)$ 与假设某总体分布 $F(t)$ 是否一致。将观察得到的样本数据分组,选用 χ^2 统计量作为 $F_n(t)$ 与 $F(t)$ 之间的差异度。χ^2 统计量为

$$\chi^2=\sum_{i=1}^{k}\frac{(f_i-Np_i)^2}{Np_i} \tag{11-8}$$

式中:k 为样本数据分组区间数;f_i 为落入第 i 区间的故障数,要求 $f_i\geqslant 5$;N 为子样容量,要求 $N\geqslant 50$;p_i 为理论上落入第 i 区间的概率,$p_i=P\{b_{i-1}<X\leqslant b_i\}=F(b_i)-F(b_{i-1})$;$Np_i$ 为第 i 区间故障频数。

可以证明,当 N 足够大时,$F_n(t)$ 与 $F(t)$ 差异统计量 χ^2 的渐近分布服从自由度 $n=k-1$ 的 χ^2 分布。当所假设理论分布 $F(t)$ 的参数是用统计样本数据计算出来的时,自由度 $n=k-l-1$,其中 l 为所估计总体分布参数的个数,即对于给出显著性水平 α 有

$$P\{\chi^2 \geqslant \chi_\alpha^k(n)\} = \alpha \tag{11-9}$$

当 $\chi^2 \geqslant \chi_\alpha^k(n)$ 时，拒绝原假设 H_0；当 $\chi^2 < \chi_\alpha^k(n)$ 时，接受原假设 H_0。

（3）χ^2 检验的基本步骤如下：

① 以每组频数 $f \geqslant 5$ 为基准，将样本数据分组，统计各组频数，并提出假设 H_0；

② 估计参数；

③ 给定显著性水平 α；

④ 计算样本统计量：$\chi^2 = \dfrac{(f_i - Np_i)^2}{Np_i}$；

⑤ 根据 (n,α) 查表，确定 $\chi_\alpha^2(k-l-1)$ 值；

⑥ 做出判断：当 $\chi^2 > \chi_\alpha^2(k-l-1)$ 时，拒绝原假设；当 $\chi^2 < \chi_\alpha^2(k-l-1)$ 时，接受原假设。

【例 11-3】 已知某机载雷达 81 个磁控管故障前工作时间数据如下（单位：小时）：125，284，201，27，106，195，177，225，152，131，198，95，30，87，296，1，267，67，336，310，400，379，23，190，103，191，162，176，152，11，229，41，74，49，29，92，148，13，302，91，68，180，489，175，331，127，266，4，56，583，620，261，32，188，243，84，66，289，105，636，39，49，161，50，126，198，126，119，7，167，112，261，389，251，230，16，259，591，653，631，547。显著性水平 $\alpha = 0.05$，试用 χ^2 检验判断其故障分布是否为指数分布。

解：（1）做出假设：H_0 为指数分布 $f(t) = \lambda e^{-\lambda t}$。

（2）估计参数 λ：$\lambda^* = \dfrac{r}{T} = \dfrac{81}{\sum\limits_{i=1}^{n} t_i} = \dfrac{81}{15\ 957} = 6.267 \times 10^{-5} \cdot h^{-1}$。

（3）显著性水平 $\alpha = 0.05$。

（4）列表计算样本统计量：$\chi^2 = \dfrac{(f_i - Np_i)^2}{Np_i}$，见表 11-1。

（5）由题意，自由度 $n = 8-1-1 = 6$，由 χ^2 分布表查得 $\chi_{0.05}^2(6) = 12.59$。

（6）做出判断。因为 $\chi^2 = 10.39 < \chi_{0.05}^2(6) = 12.59$，故接受原假设 H_0，即磁控管的故障分布服从指数分布。具体计算结果如表 11-1 所列。

表 11-1 χ^2 检验计算结果

序　号	区间界限	$F(t_i)$	p_i	Np_i	f_i	$\dfrac{(F_I - Np_i)^2}{Np_i}$
1	1～50	0.776	0.224	18.14	16	0.253
2	51～100	0.602	0.174	14.09	10	1.189
3	101～150	0.467	0.135	10.94	11	0.000 4
4	151～200	0.362	0.105	8.51	15	4.957
5	201～250	0.281	0.081	6.56	5	0.37

续表 11－1

序　号	区间界限	$F(t_i)$	p_i	Np_i	f_i	$\frac{(F_I-Np_i)^2}{Np_i}$
6	251～300	0.218	0.063	5.10	9	2.978
7	301～400	0.131	0.087	7.05	7	0.000 3
8	≥401	0	0.131	10.61	8	0.643
合　计				81	81	10.39

通过故障分布检验，便可确定该装备的故障分布，利用该故障分布函数，便可确定其故障率的变化趋势，掌握该装备的故障特性，使维修更有针对性。

故障分布检验的方法还有很多，如K－S检验、概率纸图估法等。

11.3 统筹法及其应用

装备维修的任何一项工作都有一个计划组织安排问题。严密有效的计划和组织，可以以最短的时间、最低的消耗完成预定的维修任务，提高装备的可用率。统筹法就是用于计划组织的一种有效的科学方法。

11.3.1 统筹法的内涵

统筹法是把工程作为一个系统来看待的。其基本原理是：在系统既定的总目标下对各项具体工作（工序）进行统筹兼顾，合理安排各个工序的逻辑程序，对整个系统进行计划协调，一起有效地利用时间、人力和物力等资源，完成系统的预定目标。统筹法是以网络形式的统筹图来直观形象的反映整个工程的全貌的，统筹法的全部实质性内容都反映在统筹图上。

11.3.2 统筹图的基本结构

统筹图有工序、节点（事项）、路线三个基本部分组成。

1. 工　序

任何工程都是由许多工序组成的。工序指的是一项有具体内容和需要一定时间完成的活动。它可以是一项简单的工作（如取下飞机蒙布），也可以是一项综合性的工作（如拆卸机身后段）。有些需要时间但不需要人力物力的工作，例如喷漆后待干、检查气密性等，也应看作是工序，因为该工序未完成就不能进行下一道工序。

工序用“→”表示。“→”上方通常标注工序的名称或代号，下方标注工序所需时间，即工序时间。如果工程比较简单，工序时间也用专用的时间标尺表示，此时，统筹图上表示各工序的箭头的长度应按规定，使箭头在时间标尺上的投影长度等于该工序的工序时间，箭杆投影的起点和终点分别是该工序的起止时间，如图 11－3 所示。

2. 节　点

工序的起点和终点，即箭杆的两个端点，称为节点，用“○”表示。除了整个工程的起点和终点外，所有的节点都应该是工序的连接点，它既是紧前工序的终点，也是后续工序的起点。

节点“○”内应有编号，整个工程由起点从左向右编号，各节点的编号不得重复，并要求每个工序箭尾的编号小于箭头的编号，但两个编号可以不连续。为了方便，工序常用箭杆两端节点的编号(i,j)作为工序代号，如图 11－3 中，①→⑥之间的工序表示为(1,6)。

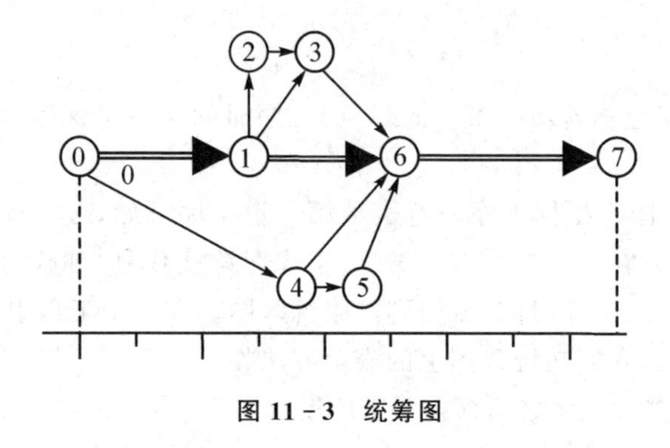

图 11－3　统筹图

3. 路　径

路径是指从工程起点，顺着箭头方向从左到右连续不断地到达工程终点的一条道路。在一个统筹图中往往存在多条路径。

关键路径是管理的重点。关键路径上的各工序称为关键工序。任意关键工序时间的提前和推迟，直接影响到整个工程工期的提前和推迟。因此，绘制统筹图时应尽力找出关键路径，在计划执行过程中应重点照顾各关键节点工序，从关键路径要时间，争取提前完成任务。为了区别，关键路径用红色箭杆、粗箭杆或“⇒”表示。

11.3.3　统筹法的应用过程分析

1. 绘制统筹图的基本步骤方法

(1)工程(任务)分解和分析。工程分解和分析的主要任务是：正确将工程分解为若干工序，分析各工序之间的逻辑关系，估计出各工序的工序时间，最后将分解和分析结果列出即工序一览表。

分解后的每道工序都应明确具体，各工序分工明确，关系清楚，特别要把有前后衔接关系的工序分开，由不同专业、单位执行的工序分开，用不同设备或不同方法的工序分开。在装备维修管理中，还要特别注意各专业都在同一架飞机上工作这一特点，有些部位例如座舱，各专业都要用，因此在划分工序时要把座舱使用按不同专业分为不同的工序，并运用逻辑分析合理安排各专业使用座舱的顺序和时间。

工程分解（划分工序）的程度应根据不同的对象而定。对领导机关，可以分解得粗一些；对基层单位，则应分解得细一些、具体一些，以便有效地计划组织维修作业。

关于工序时间的确定通常有两种方法。对经常做的常规性工作，如定期检修、机务准备等，其各工序的工时可参照标准定额或凭经验确定，也可取平时工时纪录的平均值；对不经常做的或受不确定影响因素较多，难以确定工时定额的工序，可采用三项时间估计法，即先估计出工作顺利情况下所需工时（乐观工时 t_a）、完成工序可能性最大的工时（t_b）和工作进行不顺利条件下所需工时（悲观工时 t_c），然后用下式计算出工序时间的期望值 $t(i,j)$

$$t(i,j)=\frac{t_a+4t_b+t_c}{6} \tag{11-10}$$

确定工序时间应本着质量第一的观点，工序时间应是确保维修质量前提下的合理时间。

（2）绘制统筹图。根据工序一览表从第一道工序开始，按工序之间的关系从左到右画出路线图，并在图上标出节点编号、工序名称或代号（如代号采用箭杆两端节点编号则不必标型）、工序时间，就得到一张统筹图。在一个工程中，各工序之间的关系主要有三种类型，它们在统筹图上的表示方法如下：

1）流水作业型。工序之间存在紧密的衔接关系，表示方法如图 11－3 中的 0→①→⑥→⑦。

2）平行作业型。几道工序可以同时开工，互不影响，则可采用平行作业，以缩短工期。平行作业的表示方法如图 11－3 中的①→⑥与①→③→⑥。

3）交叉作业型。某些工作之间存在衔接关系，但又不是非要等到上一道工序全部完成才允许开始下一道工序，而是在上一道工序完成一部分后即允许开始下一道工序，使两道工序的工作交叉进行。例如有三间房需要安装电线和喇叭，这两道工序可交叉进行，其统筹图如图 11－4 所示。图中的虚线箭杆称为虚工序。

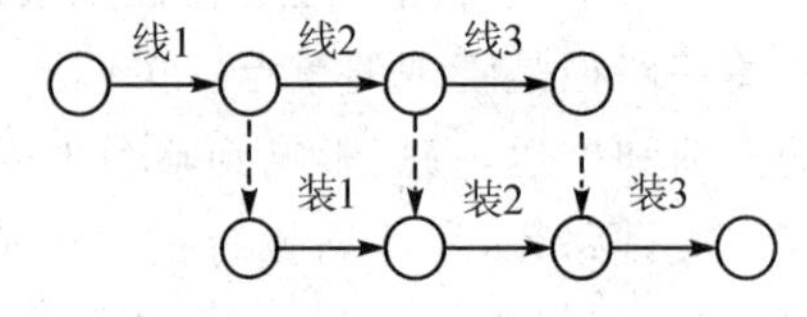

图 11－4　交叉作业示意图

（3）找出关键路径，计算出总工期。随后将统筹图与工序一览表对比检查整个工程的工序确无遗漏，各工序间的关系表达式确无错误，各工序的时间标注正确，关键路径确定无误，总工时计算准确。

（4）调整优化统筹图。找出关键路径和实现统筹图最优化，是绘制统筹图的两个重要环节。一般地说，最初做出的统筹图都不尽完善，必须加以调整修正，尽可能实现统筹图最优化，以期利用现有人力、物力在保证工程质量的前提下尽可能缩短工期。

2. 绘制统筹图应遵循的原则

(1) 统筹图应包括工程所必需的全部工序,不得遗漏。

(2) 两个节点之间只允许画一个工序箭杆。

(3) 节点的编号不得重复,箭杆箭头的编号必须大于箭尾编号。

(4) 统筹图上不能出现"死胡同",即除了整个工程的结尾工序以外,不允许出现任何一个没有后续工序的工序。

(5) 除工程起点外,不能再有其他的起点。

(6) 统筹图是有向的,不允许出现"闭合环路"。

(7) 尽量避免箭杆交叉,以便画面清晰,减少差错。

(8) 正确使用虚工序:虚工序是一种实际上并不存在的虚拟工序,它仅用来表示工序之间的衔接、制约关系。

3. 时间参数的计算

(1) 节点时间参数的计算。节点本身不占用时间,它只是用来表示某项工序应在此时此刻开始或结束,节点的时间参数有两个:一是最早开始时间,二是最迟开始时间。

节点最早开始时间 t_{ES}。节点最早开始时间即从该节点开始的各紧后工序最早可能开始的时间,在此时刻之前,各项紧后工序不具备开工条件。也就是说在此时此刻,该节点前的各工序才都完工。计算方法和步骤如下:

① 起始节点的最早时间为零。

② 从起始节点开始,顺箭线方向,自左至右用加法逐一推算,直至终点。

③ 如节点前有数条箭线汇入时,选取其中最早开始时间与其工序作业时间之和最大者。

节点最迟开始时间 t_{LS}。节点最迟开始时间,是指一项活动,为了保证紧后工序按时开工,最迟必须开始的时间,计算方法与步骤如下:

① 由于终点的最迟开始时间是由工期要求而定的,所以计算是从终点开始。终点最早开始时间与最晚开始时间相等,也是任务完成时间。

② 从终点开始,从右向左逆顺序用减法逐一推算,直至始点。

③ 如节点前有数条箭线汇入时,选取其中最迟开始时间与其工序作业时间之差最小者。

(2) 工序时间参数计算。工序时间参数计算在节点最早时间与最迟时间和工序时间基础上进行。

工序时间 t_E。工序时间就是指某两个相邻节点之间所描述的工序进行施工时,需要花费的时间。

工序最早开始时间 t_{ES}。工序最早开始时间,即工序最早可能开工时间。它是指紧前工序完成后,本工序具备开工条件的时间,可用箭尾节点的最早开始时间表示。

工序最早结束时间 t_{EF}。工序最早结束时间，即工序最早可能完工时间。它等于该工序的最早开始时间与作业时间之和。

工序最迟结束时间 t_{LS}。工序最迟结束时间，即工序最迟必须完工时间。一项工序在此时尚不能结束，就必然影响紧跟其后工序的按期开工。它是箭头节点的最迟开始时间。

工序最迟开始时间 t_{LS}。一项工序为了不影响紧后工序的如期开工，应有一个最迟开工的限制。可用该工序最迟结束时间减去该工序作业时间。当紧后工序有多个时，选取紧后工序最迟开始时间与本工序作业时间之差最小者。

(3) 时差与关键路径。时差包括工序分时差，工序总时差。

工序分时差 r。工序分时差为该工序在不影响紧后工序最早开工时间前提下，该工序有多少机动时间，即箭头节点的最早开始时间减去本工序的最早开始时间。

$$r(i,j)=t_{ES}(j,k)-t_{EF}(i,j) \tag{11-11}$$

工序总时差 R。工序总时差为该工序在不影响整个任务总工期的前提下，可推迟的机动时间，亦称为裕度。即工序在其箭头节点的最迟开始时间与该工序的最早开始时间之差。

$$R(i,j)=t_{LS}(j)-t_{ES}(i,j) \tag{11-12}$$

关键路径的确定，主要有：

① 时差法。总时差为0的工序为关键工序，因为时差为0，就是说没有任何机动时间，不允许有任何的拖延，否则就会影响总工期。由这些关键工序组成的路线为关键路径。

② 比较法。计算统筹图中各条线路中的工期，最长的为关键路径。

关键路径的重要作用。主要有：一项任务的按期完成，关键是关键路径上的关键工序的如期完成。关键路径、关键工序明确了，在工作中就可以做到目标明确，重点分明，把人力、物力用到关键工序上去，以保证任务按计划完成；要缩短任务的工期，关键是向关键路径上的关键工序要时间，而不要在非关键路径上的非关键工序上盲目下功夫，造成人力、物力浪费；在确保关键工序前提下，合理安排人力、物力、财力，以及降低成本，提高经济效益。

11.3.4 统筹法在装备维修中的应用

【例11-4】某型飞机单机再次出动准备工作情况如表11-2所列，试绘制统筹图并计算时间参数。

第一步：明确问题目标，再次出动准备主要要突出快，即时间最短，效率最高。

第二步：进行任务分解。根据表11-2，对再次出动准备工作活动进行细化分解，并明确逻辑关系，一般可以作业明细表的形式来表示，如表11-3所列。

表 11-2　某型飞机再次出动维修作业活动

项　目	工作内容	时间/分
1	前期准备工作	1.2
2	军械员插保险销	1
3	加油	10.15
4	查看进气道	7.25
5	飞参数据卸载	5.45
6	COK 数据卸载	4.45
7	调架次	1.3
8	装减速伞	1.5
9	检查、复查	1

表 11-3　某型飞机再次出动作业明细表

工序代号	工序名称	紧前工序	时间/分
a	前期准备工作		1.2
b	军械员插保险销	a	1
c	加油	b	10.15
d	查看进气道	b	7.25
e	飞参数据卸载	b	5.45
f	COK 数据卸载	e	4.45
g	调架次	f	1.3
h	装减速伞	c、d、g	1.5
i	检查、复查	h	1

第三步:按规则绘制草图。这里应注意几点:①统筹图是有向图,箭头一律向右;②统筹图中只允许有一个起始节点,一个最终节点,不允许出现缺口;③两个节点之间只能画一个作业相连接;④统筹图中不允许出现闭合回路。

第四步:检查调整布局。对统筹图草图进行调整优化,重点检查:①线路有无交叉;②逻辑关系有无错误;③是否存在闭合回路;④作业有无遗漏重复;⑤有无多余的节点。

某型飞机再次出动准备统筹图如图 11-5 所示。

第五步:确定关键线路。统筹图中,时间消耗最长的线路为关键线路,关键线路上的工序为关键工序,因而需要相关时间参数计算,主要包括工作持续时间、节点时间参数、工作时间参数。

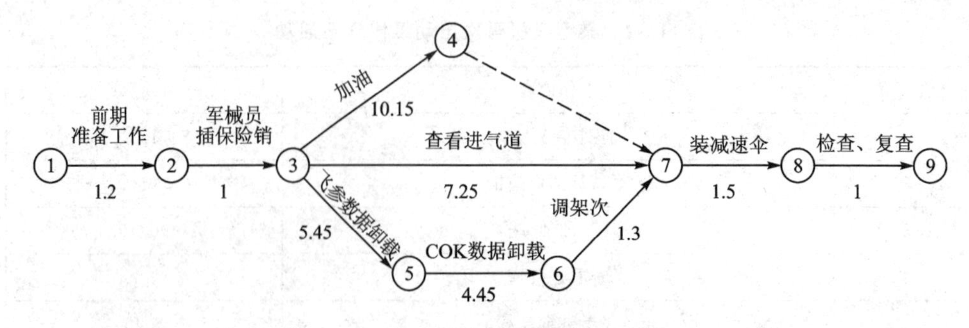

图 11-5　某型飞机再次出动准备统筹图

(1)节点最早开始时间 $t_{\mathrm{E}}(j)$的计算如图 11-6 所示。

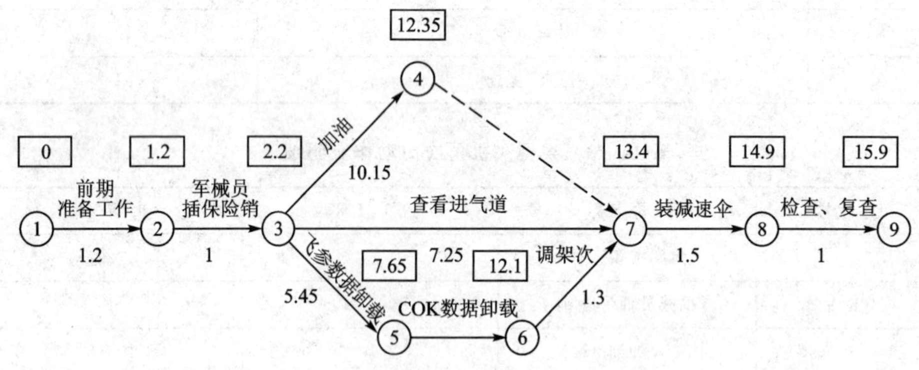

图 11-6　节点最早开始时间 $t_{\mathrm{E}}(j)$的计算

例如，

$$t_{\mathrm{E}}(2)=t_{\mathrm{E}}(1)+t(1,2)=0+1.2=1.2$$

$$t_{\mathrm{E}}(7)=\max[t_{\mathrm{E}}(4)+t_{\mathrm{E}}(4,7),\ t_{\mathrm{E}}(3)+t_{\mathrm{E}}(3,7),\ t_{\mathrm{E}}(6)+t_{\mathrm{E}}(6,7)]$$

$$=\max[12.35+0,\ 2.2+7.25,\ 12.1+1.3]=13.4$$

(2) 节点最迟开始时间 $t_{\mathrm{L}}(j)$的计算如图 11-7 所示。

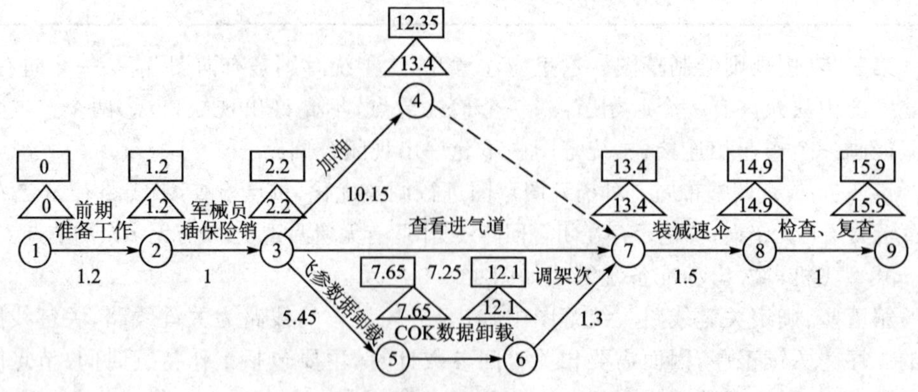

图 11-7　节点最迟开始时间 $t_{\mathrm{L}}(j)$的计算

例如，

$$t_L(8)=t_L(9)-t(8,9)=15.9-1=14.9$$

$$t_L(3)=\min[t_L(4)-t_L(3,4),\ t_L(7)-t_L(3,7),\ t_E(5)-t_E(3,5)]$$

$$=\min[13.4-10.15,\ 13.4-7.25,\ 7.65-5.45]=2.2$$

其他时间参数的计算结果参见表 11-4,并根据计算结果确定出关键线路、关键工序。

表 11-4　某型飞机再次出动统筹图时间参数计算结果

工　序		工序时间	工序最早开工与完工时间		工序最迟开工与完工时间		工序总时差	关键工序
i	j		t_{ES}	t_{EF}	t_{LS}	t_{LF}	$R(i,j)$	
1	2	1.2	0	1.2	0	1.2	0	
2	3	1	1.2	2.2	1.2	2.2	0	
3	4	10.15	2.2	12.35	3.25	13.4	1.05	
3	7	7.25	2.2	9.45	6.15	13.4	3.95	
3	5	5.45	2.2	7.65	2.2	7.65	0	
5	6	4.45	7.65	12.1	7.65	12.1	0	
6	7	1.3	12.1	13.4	12.1	13.4	0	
7	8	1.5	13.4	14.9	13.4	14.9	0	
8	9	1	14.9	15.9	14.9	15.9	0	

11.4　概率预测技术及其应用

通过收集和处理装备维修得到的数据及信息,对未来维修形势进行分析预测是装备维修管理经常要做的工作。预测不是凭空想象,也不是算命占卜,必须要有科学的方法,这些方法就是预测技术。现代预测中大量使用概率预测的技术和方法。概率预测技术的主要依据是概率论和数理统计中的方法和理论,是一种科学、可靠、有效的预测和分析方法。

11.4.1　概率预测技术的基本概念

1. 预　测

预测是对未来的研究,是对客观事物未来发展的估计和推测。对装备维修进行科学预测,要以维修活动的大量维修信息为基础,利用科学的预测技术处理信息,探测和认识维修活动的客观规律,预测未来发展的趋势,为决策提供有参考价值的多种行动方案和维修对策。其目的在于能让维修主管人员在多种方案中选优,为作决策创造条件,而不是代替决策。科学的预测对于分析和预见装备维修形势,发现问题,提高装备维修管理和决策水平具有重要意义。

2. 预测方法

预测方法就是应用于预测分析的手段和技术，按照得到结论的形式，可以分为定性和定量两种。定性预测主要表现在分析的过程是运用了大量的论证和推断，预测结果是论断性的结果和描述；定量预测主要表现为预测的过程使用数学方法，结果表现为比较精确的数据描述。实际预测不仅需要定性的结论，还需要定量的结果，更多的时候是这两种预测方法的综合。

预测方法很多，概率预测技术是一种比较常用而有效的预测技术。对未来事件实现概率的预测称为概率预测。现代预测往往用到概率论和数理统计的理论和方法，这些预测方法常被称为概率预测法或概率预测技术。概率预测方法及技术很多，例如马尔可夫分析、贝叶斯分析、概率分布分析、假设检验分析等。概率预测技术是建立在大量事实数据统计分析的基础之上的，必须合理地运用于预测，要妥善解决好定性和定量的分析过程和方法，才能做出科学合理的预测，对决策和研究起到指导作用。

除了本节着重介绍的概率预测技术以外，还有一些其他常用的方法，例如：

(1) 直观预测法。直观预测法是一种定性预测方法，主要是依靠经验、知识和分析能力，对过去和现在发生的事情进行分析总结，从中找出规律，对未来做出判断。

(2) 一元线性回归预测法。当两个变量具有线性相关关系时，可以用一根回归直线近似地表示这种相关关系。回归直线可以用图解法求出，图解法简便易行，但带有主观随意性，画出的直线很难是最佳的回归直线，即最接近实际的回归直线，也不能判定线性相关的程度。采用一元线性回归预测，可以较好地解决上述问题。

(3) 趋势外推预测法。趋势外推法是一种定量预测的方法，又称为时间序列分析法。趋势外推法的基本方法是：根据过去和现在记录的事物特性值，按时间序列在坐标值上标出，连接这些点可以得出特性值随时间的变化图形，从图的发展趋势可推断出未来的预测值。

3. 基本原则

概率预测技术在装备维修管理的预测和分析中经常使用，对于制定正确的管理方案和决策起到重要作用。但是在使用概率预测的方法进行实际的装备维修管理分析和预测时，应该遵循一定的要求，这样才能做到所作的预测科学准确，否则预测结果将因不可靠而失去价值。

(1) 数据和信息获取的要求。概率预测的基础是数据和信息，为了成功地进行概率预测，对管理决策提供可靠的依据，必须获取大量的数据和相关信息。数据和信息获取的要求做到以下几点：准确、完整、规范和及时。

(2) 预测方法选择的要求。具体预测方法的选定应根据预测对象的特点、预测准确度要求、占用的资料和预测费用等情况而定。任何一种预测方法的应用都有局限性，都有一定的约束条件和适用范围，切忌不顾约束条件，生搬硬套的滥用。此外，各种预测方法的预测准确度和复杂程度不同，一般来说，准确度高的预测方法，复杂程度也高，因此预测方法应根据预测准确度要求而定，不宜事事提出同样高的准确度要求。

(3) 定性分析应与定量分析相结合。科学的预测必须从数量和质量两方面分析估计发展的可能趋势，才能深刻揭示过程的特征和规律，达到较好的预测效果。任何一种预测方法都只能对未来发展做出近似的估计。实际预测时要尽可能全面地考虑问题，综合运用多种方法(定性的和定量的)，互相比较，全面衡量，综合确定最佳结果，提高预测的准确性。切忌强调某一种方法而忽略其他。

(4) 预测人员的要求。预测过程中，人的思维能力起着主导作用。不同水平的人，预测结果往往会有所不同。因此要重视人才培养。对人的要求主要是以下几点：①要有责任心，注意长期不断地收集和跟踪预测所需要的数据和信息；②要求预测人员对所预测的领域有多方面的知识和充分的了解；③对新鲜事物敏感，能自觉、经常地输入新知识；④直观判断力强，善于利用内部和外部的因素提出假设，善于分析相互影响和出现新情况。

11.4.2　马尔可夫分析

马尔可夫是俄国著名数学家，他在 20 世纪初经过多次试验观察发现：在一个系统中，某些因素概率的转换过程，第 n 次转换获得的结果经常决定于前次(即第 $n-1$ 次)试验的结果。马尔可夫在对这种现象进行深入研究之后指出：对于一个系统，由一种状态转移至另一种状态的转换过程中，存在着转移概率，而且这种转移可以根据紧接的前一种状态推算出来，而与该系统的原始状态和此次转移以前的有限次或无限次转移无关。系统的这种由一种状态转移到另一种状态的转移称为“马尔可夫过程”；系统状态的这种一系列转移过程即马尔可夫过程的整体，称为“马尔可夫链”。对于某一预测对象的马尔可夫过程或马尔可夫链的运动变化进行研究分析，进而推测出预测对象的未来状况和变化趋势的分析过程称为“马尔可夫分析”。简单地讲，马尔可夫分析是利用某一系统的现在状况及其发展动向去预测该系统未来状况的一种分析方法。马尔可夫分析又被称为概率预测法。

马尔可夫过程的基本概念是系统的“状态”和状态的“转移”，即马尔可夫过程实际上是一个将系统的状态和状态转移量化的系统状态转换数学模型。

若将设备从故障状态来考察，显然存在正常(N)和故障(F)两种状态。处于正常状态的设备，由于出现故障就会转移到故障状态；反之，处于故障状态的设备，经过维修又会恢复到正常状态。这种状态转换完全是随机的。

在系统的这种状态转移中，起作用的只是系统现在所处的状态和转移的概率，而与系统过去有限次以前的状态完全无关。也就是说，马尔可夫过程的状态间的转移概率，是过去 n 个状态的条件概率，即

$$P\{X(t_n)\}=P\{X(t_n)\mid X(t_{n-1}),X(t_{n-2}),\cdots,X(t_{n-r})\}\qquad(11-13)$$

马尔可夫过程根据与前面状态的关系,分为一阶段马尔可夫过程、二阶段马尔可夫过程、……、n 阶段马尔可夫过程。所谓一阶段马尔可夫过程,是指假定系统转移至次一状态的概率,仅取决于该系统前一状态的结果;同理,二阶马尔可夫过程,是指假定系统转移至次一状态的概率,取决于紧接该系统前两个状态的结果,依此类推。

11.4.3 贝叶斯分析

贝叶斯决策方法提供了一种利用原始信息或历史信息决策分析的方法。对一些没有足够使用、缺乏实验数据资料的新装备,可以根据类似装备的历史统计数据,利用贝叶斯公式预测新装备的性能和故障特性。

设 S 为样本信息,利用贝叶斯决策分析模型有

$$P(B \mid S)=\frac{P(S \mid B)P(B)}{\sum P(S \mid B)P(B)} \tag{11-14}$$

式中:$P(B|S)$为后验概率,即修正后的概率;$P(B)$为先验概率即原概率。

11.4.4 概率预测技术在装备维修管理中的应用

概率预测在装备维修中的应用非常广泛,现举例说明。

【例 11-5】某修理工修理的某零件使用寿命服从正态分布 $X \sim N(600,200^2)$,现随机抽取一个零件,试预测该零件寿命达到质量要求(500 小时以上)的概率,即$P(X>500)$。

解:根据正态分布特点,有

$$P\{X>500\}=P\left\{\frac{X-600}{200}>\frac{500-600}{200}\right\}=P(Z>-0.5)\approx 0.7$$

这是已知概率分布,预测未来事件概率。

【例 11-6】某机务大队有三个维护中队(A_1、A_2、A_3),它们保障的起落次数在全大队保障起落总次数中所占的概率分别为 0.25、0.35 和 0.4,每个中队的误飞千次率参见表 11-5。现为了降低全大队的误飞千次率,试找出最薄弱、影响最大的维护中队。

表 11-5 各机务中队任务概率与误飞千次率

维护中队	A_1	A_2	A_3
任务概率	0.25	0.35	0.4
误飞千次率	0.015	0.012	0.01

解:(1)计算出每个中队的误飞数(B_1)和不误飞数(B_2)在全大队起落总数中所占概率 $P(A_i)\cdot P(B_j|A_i)$。

$$P(A_1)\cdot P(B_1 \mid A_1)=0.25\times 0.015=0.003\ 75$$
$$P(A_1)\cdot P(B_2 \mid A_1)=0.25\times 0.985=0.246\ 25$$
$$P(A_2)\cdot P(B_1 \mid A_2)=0.35\times 0.012=0.004\ 2$$
$$P(A_2)\cdot P(B_2 \mid A_2)=0.35\times 0.988=0.345\ 8$$
$$P(A_3)\cdot P(B_1 \mid A_3)=0.4\times 0.01=0.004\ 0$$
$$P(A_3)\cdot P(B_2 \mid A_3)=0.4\times 0.99=0.396\ 0$$

(2) 根据全概率公式,求出全大队误飞数和不误飞数在总起落数中所占概率 $P(B_1)$和 $P(B_2)$。

$$P(B_1)=\sum_{i=1}^{3}P(A_j)\cdot P(B_1 \mid A_i)=0.00\ 375+0.004\ 2+0.004\ 0=0.011\ 95$$

$$P(B_2)=\sum_{i=1}^{3}P(A_1)\cdot P(B_2 \mid A_i)=0.246\ 25+0.345\ 8+0.396\ 0=0.988\ 05$$

(3) 按照贝叶斯公式求出误飞数(B_1)来自各中队的概率 $P(A_i|B_1)$。

$$P(A_1 \mid B_1)=\frac{P(A_1)P(B_1 \mid A_1)}{P(B_1)}=\frac{0.003\ 75}{0.011\ 95}=0.313\ 8$$

$$P(A_2 \mid B_1)=\frac{P(A_2)P(B_1 \mid A_2)}{P(B_1)}=\frac{0.004\ 2}{0.011\ 95}=0.351\ 5$$

$$P(A_3 \mid B_1)=\frac{P(A_3)P(B_1 \mid A_3)}{P(B_1)}=\frac{0.004}{0.011\ 95}=0.334\ 7$$

计算表明,误飞来自二中队的概率最大,三中队次之。

(4) 按照贝叶斯公式求出不误飞数(B_2)来自各中队的概率 $P(A_i|B_2)$。

$$P(A_1 \mid B_2)=\frac{0.246\ 25}{0.988\ 05}=0.249\ 2$$

$$P(A_2 \mid B_2)=\frac{0.345\ 8}{0.988\ 05}=0.350\ 0$$

$$P(A_3 \mid B_2)=\frac{0.396\ 0}{0.988\ 05}=0.400\ 7$$

(5) 综合(3)、(4)的计算结果,决策重点抓机务 A_2 中队,因为机务 A_2 中队的误飞千次率偏高,飞行起落次数占全大队起落次数的比例也较大。机务 A_2 中队误飞千次率降低 1‰,将使全大队误飞千次率降低 0.35‰。

11.5　约束理论及其应用

装备维修是一项复杂的系统工程活动,受制约因素多,如何有效识别影响维修保障效能的瓶颈因素,是提高装备维修管理科学性的前提,约束理论提供了一种有效的思维方法和分析工具。

11.5.1 约束理论的概念内涵

约束理论的前身是最优生产技术（OPT，Optimized Production Technology）。OPT是Goldratt和其他三位以色列合作者创立的。后来，Goldratt博士将OPT发展成为约束理论。约束理论英文全称是“Theory of Constraints”，英文缩写是TOC，其他译名还有制约理论、瓶颈理论、限制理论等。

约束理论是通过对“约束条件”的持续性改善来提升系统性能的一种理论。约束理论的基本理念是：限制系统实现目标的因素并不是系统的全部资源，而仅仅是其中某些被称之为“约束”的个别资源，而且总存在一个最关键的“约束”，系统的性能就是由这个最关键的“约束”所决定的。

约束理论认为，系统中的每一件事都不是孤立存在的，一个组织的行为由于自身或外界的作用而发生变化，尽管有许多相互关联的原因，但总存在一个最关键的因素。找出制约系统的关键因素加以解决，将起到事半功倍的作用。管理的艺术就在于发现并转化这些瓶颈，或使它们发挥最大效能。约束理论就是一种帮助找出和改进瓶颈，使系统效能最大化的科学管理理论，是事半功倍的管理哲学。约束理论的管理思想是首先抓“重中之重”，使最严重的制约因素凸现出来，从而从技术上消除了“避重就轻”“一刀切”等管理弊端发生的可能。约束理论的本质就是帮助管理者识别出在实现系统目标的过程中存在哪些制约因素，并进一步指出如何实施必要的改进，从而消除这些约束，更有效地实现系统目标。

11.5.2 约束理论的核心构成

约束理论的核心构成可以概括为“一个中心两个基本点”。图11－8展示了约束理论的核心构成部分。

“一个中心”是指消除约束的“五大核心步骤”：找出系统中的约束条件；挖掘约束条件的潜能；使非约束条件服从于约束条件；提高约束条件的能力；追求卓越，持续改进。这五个步骤形成了一个螺旋式上升的闭环系统，这是实现系统持续性改善的核心方法。

“两个基本点”是指DBR方法和TP思维流程工具。DBR方法是系统整体最优化的具体实现方法，通过构建DBR系统和制定缓冲控制机制，可以在挖掘约束条件潜能的同时，使非约束条件从属于约束条件；TP思维流程工具通过回答“改变什么”“改变成什么”“怎样改变”这三个问题可以识别出无形的约束（如政策约束等），并予以消除。

11.5.3 约束理论的程序步骤与技术方法

1. 程序步骤

约束理论的应用步骤主要包括五大核心步骤，这是约束理论的核心内容，指的是

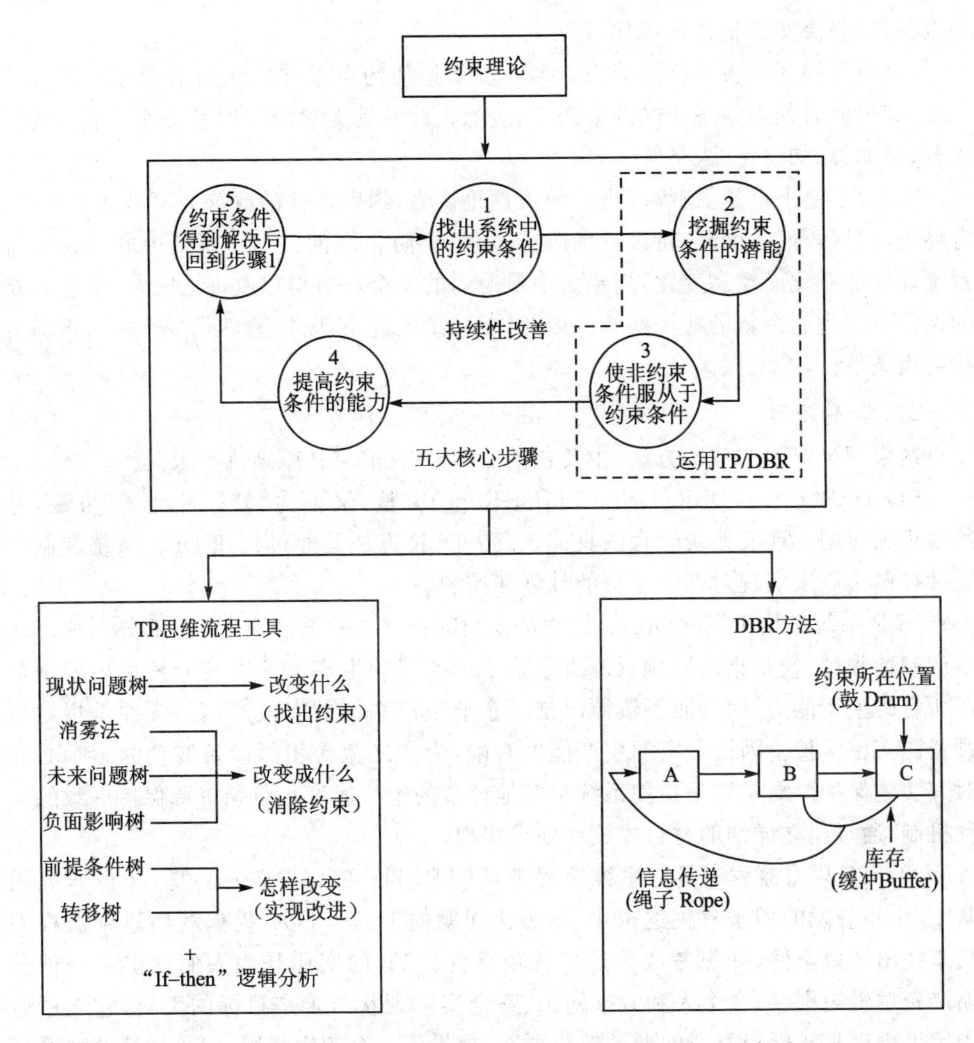

图 11－8　约束理论的核心构成示意图

关注并改善约束条件的过程，它不仅仅适用于生产管理，而且在各种社会经济活动中都能应用。其应用步骤如下。

第一步，找出约束条件。约束理论是以提升系统整体性能为目标，着眼于约束条件并对其进行改善。因此，找出潜藏在系统中的约束条件尤为重要。

第二步，挖掘约束条件的潜能。约束理论认为，约束条件决定了系统的整体性能。因此，找出约束条件后，就要挖掘约束条件的潜能。通过找出约束条件中不合适的方针和措施，并进行改善，最大限度地利用约束条件。

第三步，使非约束条件服从于约束条件。约束理论认为，无论怎样改善非约束条件，甚至使其远远超过约束条件，也无法提升系统的整体性能。因此，要使系统的全部要素都服从于第二步所决定的方针，即使此时局部的表现可能减弱，也要使其服从约束条件，坚决实行整体最优化。

第四步，提高约束条件的能力。第二步是指使约束条件的能力最大限度地发挥出来，如果此时其仍为系统的约束条件，应当在此基础上对现有约束条件的能力进行提升，例如，添加设备、人员等。

第五步，追求卓越，持续改进。约束理论认为，约束条件的改善并不是直线式的、有终点的过程，而是循环、持续性的改善过程，要防止惰性。因为系统中的约束随着系统环境的变化而动态变化，当系统中最薄弱的一个环节得以改进之时，一定会在新的条件下产生一个新的薄弱环节。因此，要持续改进，不断挖掘，回到步骤一，重新去找约束条件。

2. 技术方法

约束理论应用的技术方法，主要包括 DBR 方法和 TP 思维流程工具。

(1) DBR 方法。DBR(Drum-Buffer-Rope)方法，又称为“鼓缓冲绳子”方法，是约束理论应用于现实系统管理的具体工具。DBR 方法是通过构建 DBR 系统和制定缓冲控制机制来实现对系统过程的计划和控制。

DBR 系统结构由“鼓(Drum)”“缓冲器(Buffer)”“绳子(Rope)”三部分构成。在生产制造领域，鼓是指由瓶颈资源决定整个生产线的生产节奏以充分挖掘出瓶颈资源所有的生产能力，因为瓶颈资源限制了企业生产系统的有效产出。缓冲是指对瓶颈资源实施保护。因瓶颈资源生产能力有限，为使之免受相邻设备波动的影响必须对其实施保护。绳子则是指使系统中其他环节的生产速度与瓶颈资源保持一致的一种机制，通过建立详细的材料投放计划来实现。

(2) TP 思维流程工具。思维流程工具(TP，Thinking Process)是 TOC 研究团队 1991 年开发的用来解决逻辑化、系统化问题的工具。TOC 提倡利用思维流程工具来找出约束条件，并思考改善这些约束条件。TP 的实质是为人们提供了一种遵循严密逻辑规则、综合个人和专家知识、整合实际现状与未来目标的工具，它通过运用因果推理来拓展对复杂问题的解决方案，提供了一个逻辑规则，以更加清楚地看到问题始末，帮助找到解决复杂问题的方法。

TP 的技术表现形式为 6 个独特的因果逻辑关系图，即现状问题树(Current Reality Tree，CRT)，消雾图(Evaporating Cloud，EC)，未来问题树(Future Reality Tree，FRT)，负面影响树(Negative Effects Tree，NET)，前提条件树(Prerequisite Tree，PRT)和转移树(Transition Tree，TT)。TP 严格按照因果逻辑，通过综合运用上述 6 个因果逻辑关系图来回答以下三个问题：①改进什么？(What to change?)；②改成什么样子？(What to change to?)；③怎样使改进得以实现？(How to cause the change?)。TP 思维流程工具在约束理论中的目的和作用如表 11-6 所列。

表 11-6　TP 思维流程工具在约束理论中的目的和作用

需要回答的三个问题	目　的	TP 思维流程工具
改进什么?	识别根本问题	现状问题树
改成什么样子?	提出解决方案	消雾法 未来问题树 负面影响树
怎样使改进得以实现?	落实解决方案	前提条件树 转移树

第一个问题的实质是“找出系统存在的约束”,通过采用现状问题树,分析当前现实,正确把握现状,并从中找出根本问题。通过制作现状问题树,可以使根本问题越发明朗。

第二个问题的实质是“消除约束”,即找到克服当前约束的途径——突破点,进而保证解决方案可以有效消除约束。这一过程通过“消雾法”来找到突破口并解决问题,通过建立“未来问题树”和“负面影响树”来预测消雾法得到的解决方案实施后,是否会出现不良后果,进而清晰回答“改成什么样子”的问题。

第三个问题的实质是“实现改进”,即让那些能够实现上述改变的重要人员来制定实施改进的有效方案,保证实施行动的顺利进行。这其中包括主动征求反对者意见,了解他们为什么会阻止改进方案的实施,这对于实现改进方案都是有益的。这一过程借助于“前提条件树”和“转移树”来完成。

11.5.4　约束理论的应用

约束理论作为一种管理哲学,是一种用于解决系统约束、提升系统性能的有效方法,在制造业中已经得到了广泛的运用。自从约束理论创始人高德拉特 1980 年在第 23 届 APICS 国际会议上发表了第一篇关于约束理论的文章之后,人们发表了许多关于约束理论及其相关技术应用的论文。Rahman 对约束理论在制造业中的成功应用进行了很好的总结。Mabin 等人对约束理论在制造业的实施效果进行了大量分析后得出:运用约束理论可以使产品周期时间减少 65%,订货至交货的时间减少 70%,库存水平下降 49%,同时,公司的准时出货率提高了 44%,利润提升了 76%。

Schragenheim 将管理哲学定义为“指导现实世界的管理者更好地做出决策,即采取一系列措施,将组织作为一个整体,带领组织更好地完成目标”。这个定义中一点都没有否定约束理论在制造业中的运用,但同时它也说明了约束理论在服务业也同样可以得到运用。因此,服务业也可以像制造业那样提升自己的系统性能。目前,约束理论已在装备维修领域得到初步应用。Inman 和 Sureshchandar 等人分别将准时生产技术(JIT)和全面质量管理(TQM)运用到服务业。Manti 等人运用约束理论(TOC)对科考船的计划性维修任务进行优化,有效地提高了科考船的使用可用度,大大地缩短了科考船出海执行任务期间的定期维修时间,使出海执行任务的时间由原来的68.93天降至50.22天,确保了任务按时完成。Kirkwood等人将维修系统中维修任务当作制造系统中的产品,以缩短维修任务完成时间、提高维修任务完成量为目标,将约束理论运用到维修工作管理系统中,找出了系统中的瓶颈,对其予以消除,收到了明显的效果,维修任务完成量提高了60%。Srinivasan等人在2001年参与了美军海军位于奥尔巴尼的维修中心优化项目,将约束理论用于分析维修中心存在的约束,识别出真正制约其维修能力发挥的约束是不合理的维修规划,通过构建DBR模型,有效提高了中心的维修能力。这些研究与应用实践,大大推动了约束理论在维修保障领域的应用实践,对推广约束理论在未来建设新型高效能维修保障系统中的应用有一定的借鉴作用。

约束理论在我国还处于学习和初步的应用阶段。目前国内关于约束理论介绍的书籍有王玉荣的《瓶颈管理》、吴麒译的《图解高德拉特约束理论》等,对约束理论的应用研究还只局限于物流业和制造业,主要用于解决供应链协作、零件供应管理和复杂产品的生产管理等问题,将约束理论运用到装备维修领域还需要进一步开拓性的深化研究。

11.6 装备健康状态评估技术

装备健康状态评估就是对来自不同类型传感器获得的状态监测数据进行被监测对象的健康状态的分类和估计,并产生故障诊断记录和确定故障发生的可能性,其目的是确定潜在性故障发生时刻,查明隐患和初期异常,鉴定与定位故障根源,评定部件(设备)的健康状况。常用的健康状态评估方法有模糊综合评判法、人工神经网络法、贝叶斯网络法、D-S证据理论等。

11.6.1 装备健康状态评估的概述内涵

1. 装备健康状态

装备健康状态是指在规定的条件下和规定的时间内,装备能够保持一定可靠性和维修性水平,并稳定、持续完成预定功能的能力。从某种程度上说,装备的健康状态是指装备保持一定可靠性和维修性水平的能力,是装备在使用期内可靠度和维修度保持在一定的范围的置信水平。保持一定的可靠性水平是指在今后较长的时间内装备能够正常工作;保持一定维修性水平是指即使在接下来的时间内发生故障,装备也能在较短的时间内恢复。

2. 装备健康状态的影响因素

装备健康状态体现了装备能否满足作战任务的需要及其满足程度,良好的健康状态是装备保持和发挥战斗力的保证。装备健康状态的影响因素大致可划分为不可控因素和可控因素两大类,如图11-9所示。其中,不可控因素主要包括装备自身因素和地理环境与气候因素，装备自身因素主要有装备部件质量、装备性能缺陷、装备结构问题和装备服役时间等，地理环境与气候因素有严寒地区、沙漠地区、热带丛林地区、沿海岛屿地区等影响因素；可控因素，主要是人为因素，主要包括管理人员落后的管理方式、操作人员不正确的使用方式、维修人员不合适的维修方式等。

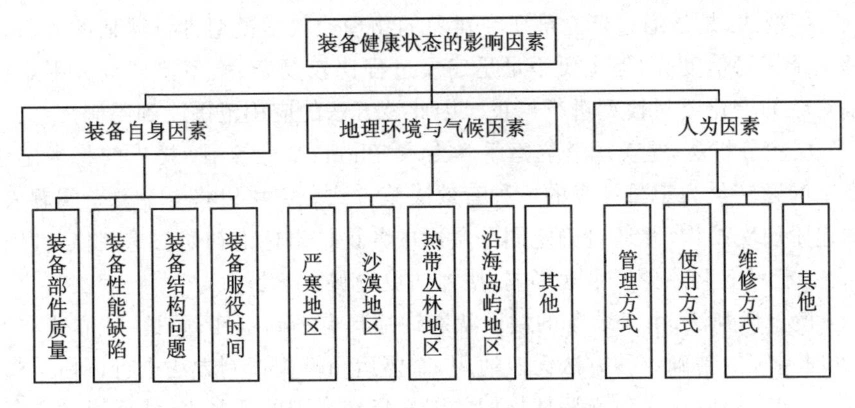

图 11－9　装备健康状态影响因素

3. 装备健康状态评估的特点

装备健康状态评估是装备 PHM 系统的一项重要功能，对装备的健康状态做出正确的评估，不仅能为装备的故障预测和维修决策提供依据，而且还能为装备的精确化维修提供技术支持。一般来讲，装备健康状态评估具有以下特点：

(1) 装备健康状态评估是一个多属性评估。装备的健康状态不仅是装备技术状态的反映，而且与装备使用环境、服役时间、使用频度、维修历史等密切相关。同时，其本身的技术状态也是多个特征参数的综合，如液压设备的油液污染度、压力、温度等。因此，在进行装备的健康状态评估时，需要综合考虑其状态特征参数和各种影响因素。

(2) 装备健康状态评估是一个动态性评估。装备健康状态评估是一个持续的过程，当装备使用性能降低时通过评估来确定其可否继续使用，在执行重大任务前通过评估来预测其完成任务的可能性，在对装备进行维护和修理后通过评估确定其状态恢复的程度等。因此，需要针对不同的情况适时进行装备的健康状态评估。

(3) 装备健康状态评估是一个约束性评估。装备物理结构的复杂性、状态劣化过程的随机性、故障影响的传递性，要求在进行装备健康状态评估时，要基于装备的物理结构关系和装备性能的劣化过程，以尽可能减少停机损失等为约束进行系统性评估。

(4) 装备健康状态评估是一个层次性评估。从装备的约定层次上，可将装备的层次结构分为系统层、设备层、模块层、组合件、零部件等，下一层的健康状态直接影响上一层的健康状态，上一层的健康状态是对下一层健康状态的综合。因此，在进行装备健康状态评估时，要从被监测对象出发，从下到上依次进行健康状态评估。

4. 装备健康状态评估常用方法

装备健康状态评估技术的核心是评估方法，要针对特定研究对象的特点，选取相适应的评估方法来展开评估。常用的健康状态评估方法有模型法、层次分析法、模糊评判法、人工神经网络法和贝叶斯网络法等。

(1) 模型法，是指通过建立被研究对象的物理或数学模型进行评估的方法，其优点是评估结果可信度高，但主要不足是建模过程比较复杂、模型验证较为困难，且随着评估对象的变化要对模型进行修正。因此该方法的应用范围受到限制。

(2) 层次分析法，是美国著名运筹学专家 Thomas. L. Satty 提出的将半定性、半定量复杂问题转化为定量计算的一种有效决策方法。它可以将一个复杂问题表示为有序的递阶层次结构，并通过确定同一层次中各评估指标的初始权重，将定性因素定量化，在一定程度上减少了主观影响，使评估更趋科学化。

(3) 模糊评判法，由于装备的健康状态往往具有不确定性，即具有“亦此亦彼”的特性，此时传统的精确评估方法无法适用，需要运用模糊评判方法进行评估。模糊评判法的一般步骤是：首先建立评估指标的因素集和合理的评判集，然后通过专家评定或其他方法获得模糊评估矩阵，再利用合适的模糊算子进行模糊变换运算，获得最终的综合评估结果。

(4) 人工神经网络法(ANN)，是在物理机制上模拟人脑信息处理机制的信息系统，它不但具有处理数值数据的一般计算能力，而且还具有处理知识的思维、学习和记忆能力。人工神经网络法的一般步骤是：首先构建人工神经网络模型；然后利用训练样本对人工神经网络进行训练；最后利用训练好的网络进行评估分析。

(5) 贝叶斯网络法，贝叶斯网络(BN)又称信度网络，是贝叶斯方法的拓展，是著名学者 Pearl 提出的一种新的不确定知识表达模型，具有良好的知识表达框架，是当今人工智能领域不确定知识表达和推理技术的主流方法，被认为是目前不确定知识表达和推理领域最有效的理论模型，其主要特点是易于学习因果关系，易于实现领域知识与数据信息的融合，便于处理不完整数据问题。

11.6.2 基于劣化度的装备健康状态评估

装备不仅功能多样而且结构复杂，其健康状态不仅与自身性能和使用方式有关，而且还会受到地理环境和气候因素的影响，因此需要从装备的拓扑结构和影响关系出发，综合运用模糊理论、层次分析法和定量化方法，基于装备性能劣化过程进行装备健康状态评估。

1. 劣化度及其计算方法

(1) 劣化度的概念。装备健康状态由一系列状态特征参数表征，状态特征参数是时间的函数，即随着装备使用时间的延长而产生劣变，可表示为 $X(t)=\{X_1, X_2, \cdots, X_n\}$。装备功能可认为是 n 个状态特征参数所确定的正常工作状态集合

$G(X_1, X_2, \cdots, X_n)$，相反，故障或失效则是状态特征参数超过正常工作状态集合的界限。而在正常工作中的装备状态是一定程度上偏离了良好状态，但未超过极限技术状态界限，是个中间状态。因此，劣化度可定义为装备状态偏离了良好状态向极限技术状态发展的程度，即

$$L = L(l_1, l_2, \cdots, l_n) \tag{11-15}$$

式中：l_i 为装备第 i 个状态特征参数的劣化度，表示装备偏离正常状态 X_i 的程度。

因此，在衡量劣化程度时，要同时考察参数实测值与良好值（状态良好时的量值）的偏离程度以及与极限值的接近程度。

(2) 劣化度的计算。由于装备状态特征参数的劣化与多个因素有关，可根据不同的情况选择相应的劣化度计算方法，常用的劣化度计算方法有以下3种：

方法一：根据状态监测数据计算劣化度。

对于第 i 个状态特征参数，其劣化度计算公式为

$$l_i = [(C_i - A_i)/(B_i - A_i)]^k \tag{11-16}$$

式中：A_i 为第 i 个状态特征参数的出厂允许值；B_i 为第 i 个状态特征参数的极限值；C_i 为第 i 个状态特征参数的实测值；k 为指数，它反映第 i 个状态特征参数的变化对装备功能的影响程度，一般情况下可取2；A_i、B_i 的值取自装备检测标准，它根据装备设计使用和维修说明书或根据实际经验来确定。

方法二：由技术人员、检修人员和操作人员打分估计。

对于第 i 个状态特征参数，其劣化度估算公式为

$$l_i = (X_i \cdot P_1 + Y_i \cdot P_2 + Z_i \cdot P_3)/(P_1 + P_2 + P_3) \tag{11-17}$$

式中：X_i，Y_i，Z_i 分别为技术人员、检修人员、操作人员对第 i 个状态特征参数的打分值，其值介于0～1之间，0代表健康，1代表完全劣化；P_1、P_2、P_3 分别为技术人员、检修人员、操作人员的权重，其值反映打分人员的水平和权威性。

方法三：根据装备实际使用时间计算劣化度。

对于难以监测和检测的装备，若状态特征参数的变化（如磨损量）与时间之间具有近似的线性关系，并已知其平均故障间隔期的统计值，则其劣化度计算公式为

$$l_i = (t/T)^k \tag{11-18}$$

式中：t 为该装备的使用时间；T 为该装备的平均故障间隔时间；k 为故障指数，通常可取1或2。

2. 装备健康状态评估模型

基于劣化度的装备健康状态评估，不仅可用于评估装备整机，还可对其组成设备或零部件的健康状态进行评估，当装备的劣化度接近零时，则认为该装备处于健康状态，若劣化度接近或达到了1，则认为该装备处于极限状态；当劣化值处于0～1之间时，则认为是中间过渡状态。由于装备的状态是一个模糊的概念，故采用以劣化度为依据的模糊综合方法进行装备健康状态评估，其模糊综合评估模型如图11-10所示。

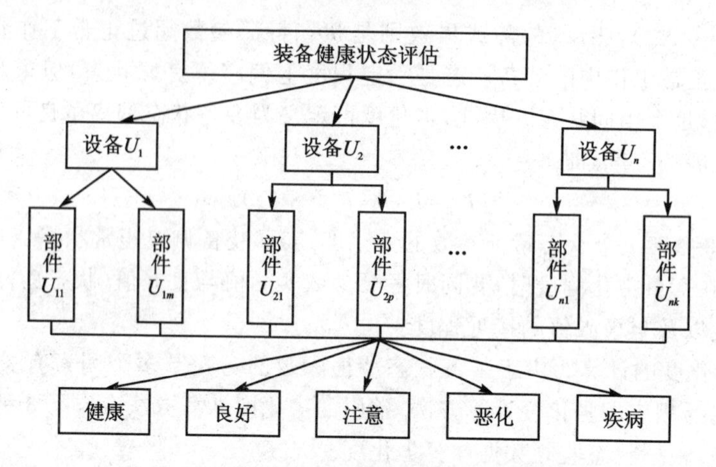

图 11-10 装备健康状态的模糊综合评估模型

由图 11-10 可知,装备的健康状态由各组成设备的健康状态决定,而各组成设备的健康状态又由相应的各组成部件的健康状态决定。因此,要进行装备健康状态评估,首先要进行部件健康状态评估,然后进行设备健康状态评估,最终综合得到装备的健康状态。

3. 健康状态评估过程

依据装备组成的层次结构特点和装备健康状态的模糊特性可采用层次分析法(AHP)与模糊综合评价相结合的评估方法,其评估过程如图 11-11 所示。

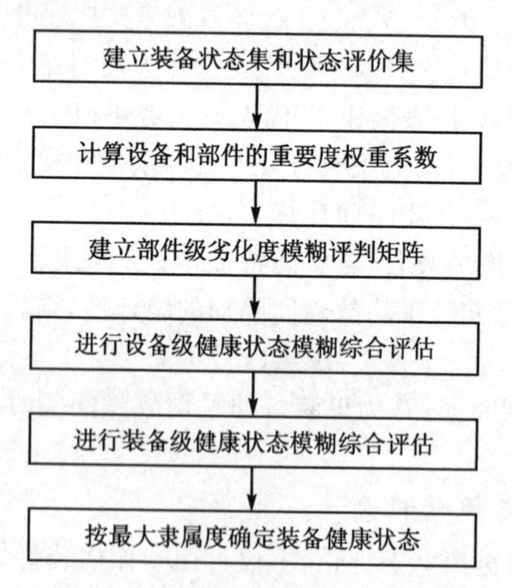

图 11-11 装备健康状态评估过程

第一步:建立装备状态集和状态评价集。假设装备由 n 个设备组成,则其状态集可表示为 $U=(U_1,U_2,\cdots,U_i,\cdots,U_n)$。相应的第 i 个组成设备的状态集为 $U_{ij}=(U_{i1},U_{i2},\cdots,U_{ij},\cdots,U_{im})$。其中,$U_i$ 表示装备第 i 个组成设备的状态,U_{ij} ($i=1,2,$

$n; j=1,2,\cdots,m$）表示第 i 个设备的第 j 个部件的技术状态。根据装备健康状态等级的划分。装备健康状态分为“健康”“良好”“注意”“恶化”“疾病”5 个等级，则状态评价集可表示为Ⅴ＝（Ⅰ，Ⅱ，Ⅲ，Ⅳ，Ⅴ）。

第二步：计算设备和部件的重要度。采用层次分析法确定设备的重要度权重向量 $\boldsymbol{W}=(W_1, W_2, \cdots, W_n)$ 和部件的重要度权重向量 $\boldsymbol{W}_i=(W_{i1}, W_{i2}, \cdots, W_{im})$，具体步骤是：建立装备的层次结构模型；按 9 标度法进行两两比较建立判断矩阵；计算权重向量并进行一致性检验。

第三步：建立部件级劣化度模糊判断矩阵。根据部件的劣化度求其健康状态等级的隶属度，由于岭形分布具有主值区间宽、过渡带平缓的特点，能较好地反映装备劣化度的状态空间的模糊关系，因此，采用岭形分布隶属度函数：

$$r_{\mathrm{I}}(l_i)=\begin{cases}1, & l_i=0\\ 0.5-0.5\sin[\pi(l_i-0.10)/0.2], & 0<l_i\leqslant 0.2\\ 0, & l_i>0.2\end{cases} \tag{11-19}$$

$$r_{\mathrm{II}}(l_i)=\begin{cases}0, & l_i=0\\ 0.5+0.5\sin[\pi(l_i-0.10)/0.2], & 0<l_i\leqslant 0.2\\ 0.5-0.5\sin[\pi(l_i-0.35)/0.3], & 0.2<l_i\leqslant 0.5\\ 0, & l_i>0.5\end{cases} \tag{11-20}$$

$$r_{\mathrm{III}}(l_i)=\begin{cases}0, & l_i\leqslant 0.2\\ 0.5+0.5\sin[\pi(l_i-0.35)/0.3], & 0.2<l_i\leqslant 0.5\\ 0.5-0.5\sin[\pi(l_i-0.65)/0.3], & 0.5<l_i\leqslant 0.8\\ 0, & l_i>0.8\end{cases} \tag{11-21}$$

$$r_{\mathrm{IV}}(l_i)=\begin{cases}0, & l_i\leqslant 0.5\\ 0.5+0.5\sin[\pi(l_i-0.65)/0.3], & 0.5<l_i\leqslant 0.8\\ 0.5-0.5\sin[\pi(l_i-0.90)/0.2], & 0.8<l_i<1\\ 0, & l_i=1\end{cases} \tag{11-22}$$

$$r_{\mathrm{V}}(l_i)=\begin{cases}0, & l_i\leqslant 0.8\\ 0.5+0.5\sin[\pi(l_i-0.90)/0.2], & 0.8<l_i<1\\ 1, & l_i=1\end{cases} \tag{11-23}$$

由此可得到以劣化度为评价标准的模糊评判矩阵为

$$\boldsymbol{R}_i=\begin{bmatrix} r_{\mathrm{I}}(l_{i1}) & r_{\mathrm{II}}(l_{i1}) & r_{\mathrm{III}}(l_{i1}) & r_{\mathrm{IV}}(l_{i1}) & r_{\mathrm{V}}(l_{i1})\\ r_{\mathrm{I}}(l_{i2}) & r_{\mathrm{II}}(l_{i2}) & r_{\mathrm{III}}(l_{i2}) & r_{\mathrm{IV}}(l_{i2}) & r_{\mathrm{V}}(l_{i2})\\ \vdots & \vdots & \vdots & \vdots & \vdots\\ r_{\mathrm{I}}(l_{im}) & r_{\mathrm{II}}(l_{im}) & r_{\mathrm{III}}(l_{im}) & r_{\mathrm{IV}}(l_{im}) & r_{\mathrm{V}}(l_{im})\end{bmatrix} \tag{11-24}$$

第四步:计算设备的健康状态评估矩阵。

设备级的健康状态模糊判断矩阵为

$$\boldsymbol{B}=\begin{bmatrix}B_1\\B_2\\\vdots\\B_n\end{bmatrix} \tag{11-25}$$

其中,第 i 个组成设备的健康状态评估向量为

$$\boldsymbol{B}_i=\boldsymbol{W}_i\cdot\boldsymbol{R}_i=[b_{i\mathrm{I}}\quad b_{i\mathrm{II}}\quad b_{i\mathrm{III}}\quad b_{i\mathrm{IV}}\quad b_{i\mathrm{V}}],\quad i=1,2,\cdots,n \tag{11-26}$$

第五步:计算装备的健康状态评估向量。

装备的健康状态评估向量为

$$\boldsymbol{E}=\boldsymbol{W}\cdot\boldsymbol{B}=[b_{\mathrm{I}}\quad b_{\mathrm{II}}\quad b_{\mathrm{III}}\quad b_{\mathrm{IV}}\quad b_{\mathrm{V}}] \tag{11-27}$$

第六步:按最大隶属度确定装备的健康状态。

按最大隶属度原则,可确定装备的健康状态等级。

4. 装备健康状态评估实例

假设某装备系统主要由 4 个子系统组成,子系统 1 和 4 分别由 4 个部件组成,子系统 2 和 3 分别由 5 个部件组成,假设各部件状态特征参数的出厂允许值 A_i、极限值 B_i 已知,且利用 BIT 或传感器得到各状态特征参数的测量值 C_i,试评估该装备系统的健康状态。

(1) 建立装备状态集和状态评价集。由装备系统的组成结构可知,其状态集为

$$U=(U_1,U_2,U_3,U_4)$$
$$U_1=(U_{11},U_{12},U_{13},U_{14})$$
$$U_2=(U_{21},U_{22},U_{23},U_{24},U_{25})$$
$$U_3=(U_{31},U_{32},U_{33},U_{34},U_{35})$$
$$U_4=(U_{41},U_{42},U_{43},U_{44})$$

假定装备的健康状态分为“健康”“良好”“注意”“恶化”“疾病”5 个等级,则状态评价集为

$$\mathrm{V}=(\mathrm{I},\mathrm{II},\mathrm{III},\mathrm{IV},\mathrm{V})$$

(2) 确定子系统和部件的重要度。通过对该型装备系统随机资料的分析,以及对技术人员、设计师关于 4 个子系统、18 个部件的重要程度分析结果,并采用层次分析法(AHP),最终可确定各子系统和部件的权重如表 11-7 所列。

表 11-7　装备子系统及部件的权重

对　象	子系统	权重(W_i)	部　件	权重(W_{ij})
某型装备系统	子系统 U_1	0.320	部件 U_{11}	0.477
			部件 U_{12}	0.196
			部件 U_{13}	0.163
			部件 U_{14}	0.164
	子系统 U_2	0.140	部件 U_{21}	0.210
			部件 U_{22}	0.180
			部件 U_{23}	0.290
			部件 U_{24}	0.150
			部件 U_{25}	0.170
	子系统 U_3	0.420	部件 U_{31}	0.320
			部件 U_{32}	0.140
			部件 U_{33}	0.130
			部件 U_{34}	0.260
			部件 U_{35}	0.150
	子系统 U_4	0.120	部件 U_{41}	0.320
			部件 U_{42}	0.310
			部件 U_{43}	0.210
			部件 U_{44}	0.160

(3) 建立部件级的模糊判断矩阵。根据各部件状态特征参数的出厂允许值 A_i、极限值 B_i 和测量值 C_i，取 $k=2$，由式(11-16)可计算得到各部件的劣化度如表 11-8 所列。

由各部件的劣化度值，再由式(11-19)～式(11-23)计算各个部件劣化度的隶属度，则可建立部件级的模糊判断矩阵为

$$\boldsymbol{R}_1=\begin{bmatrix}0.0545 & 0.9455 & 0 & 0 & 0\\ 0 & 0.9045 & 0.0955 & 0 & 0\\ 0.5782 & 0.4212 & 0 & 0 & 0\\ 0 & 0.2061 & 0.7939 & 0 & 0\end{bmatrix}$$

$$\boldsymbol{R}_2=\begin{bmatrix}0 & 0.7034 & 0.2966 & 0 & 0\\ 0.0245 & 0.9755 & 0.7505 & 0 & 0\\ 0 & 0.2500 & 0.7500 & 0 & 0\\ 0.5013 & 0.4987 & 0 & 0 & 0\\ 0 & 0.8346 & 0.1654 & 0 & 0\end{bmatrix}$$

$$R_3 = \begin{bmatrix} 0 & 0.6545 & 0.3455 & 0 & 0 \\ 0.2061 & 0.7939 & 0 & 0 & 0 \\ 0.0245 & 0.9755 & 0 & 0 & 0 \\ 0 & 0.9045 & 0.0955 & 0 & 0 \\ 0 & 0 & 0.6545 & 0.3455 & 0 \end{bmatrix}$$

$$R_4 = \begin{bmatrix} 0 & 0 & 0.9330 & 0.0670 & 0 \\ 0 & 0.0245 & 0.9755 & 0 & 0 \\ 0 & 0.2966 & 0.7034 & 0 & 0 \\ 0.0955 & 0.9045 & 0 & 0 & 0 \end{bmatrix}$$

表 11-8 装备系统各部件的劣化度

对象	子系统	部件	劣化度(l_{ij})
某型装备系统	子系统 U_1	部件 U_{11}	0.17
		部件 U_{12}	0.26
		部件 U_{13}	0.09
		部件 U_{14}	0.41
	子系统 U_2	部件 U_{21}	0.31
		部件 U_{22}	0.18
		部件 U_{23}	0.40
		部件 U_{24}	0.07
		部件 U_{25}	0.28
	子系统 U_3	部件 U_{31}	0.32
		部件 U_{32}	0.14
		部件 U_{33}	0.18
		部件 U_{34}	0.26
		部件 U_{35}	0.62
	子系统 U_4	部件 U_{41}	0.55
		部件 U_{42}	0.47
		部件 U_{43}	0.39
		部件 U_{44}	0.16

(4) 进行子系统的模糊综合评判。

$$B_1 = W_1 \cdot R_1$$

$$= [0.477 \quad 0.196 \quad 0.163 \quad 0.164] \cdot \begin{bmatrix} 0.0545 & 0.9455 & 0 & 0 & 0 \\ 0 & 0.9045 & 0.0955 & 0 & 0 \\ 0.5782 & 0.4212 & 0 & 0 & 0 \\ 0 & 0.2601 & 0.7939 & 0 & 0 \end{bmatrix}$$

$$= [0.120 \quad 0.731 \quad 0.149 \quad 0 \quad 0]$$

$$\boldsymbol{B}_2 = \boldsymbol{W}_2 \cdot \boldsymbol{R}_2$$

$$= [0.210 \quad 0.180 \quad 0.290 \quad 0.150 \quad 0.170] \cdot \begin{bmatrix} 0 & 0.7034 & 0.2966 & 0 & 0 \\ 0.0245 & 0.9755 & 0.7500 & 0 & 0 \\ 0 & 0.2500 & 0.7500 & 0 & 0 \\ 0.5013 & 0.4987 & 0 & 0 & 0 \\ 0 & 0.8346 & 0.1654 & 0 & 0 \end{bmatrix}$$

$$= [0.080 \quad 0.612 \quad 0.308 \quad 0 \quad 0]$$

$$\boldsymbol{B}_3 = \boldsymbol{W}_3 \cdot \boldsymbol{R}_3$$

$$= [0.320 \quad 0.140 \quad 0.130 \quad 0.260 \quad 0.150] \cdot \begin{bmatrix} 0 & 0.6545 & 0.3455 & 0 & 0 \\ 0.2061 & 0.7939 & 0 & 0 & 0 \\ 0.0245 & 0.9755 & 0 & 0 & 0 \\ 0 & 0.9045 & 0.0955 & 0 & 0 \\ 0 & 0 & 0.6545 & 0.3455 & 0 \end{bmatrix}$$

$$= [0.032 \quad 0.683 \quad 0.233 \quad 0.052 \quad 0]$$

$$\boldsymbol{B}_4 = \boldsymbol{W}_4 \cdot \boldsymbol{R}_4$$

$$= [0.320 \quad 0.310 \quad 0.210 \quad 0.160] \cdot \begin{bmatrix} 0 & 0 & 0.9330 & 0.0670 & 0 \\ 0 & 0.0245 & 0.9755 & 0 & 0 \\ 0 & 0.2966 & 0.7034 & 0 & 0 \\ 0.0955 & 0.9045 & 0 & 0 & 0 \end{bmatrix}$$

$$= [0.015 \quad 0.215 \quad 0.749 \quad 0.021 \quad 0]$$

于是可得到子系统的模糊综合判断矩阵为

$$\boldsymbol{B} = \begin{bmatrix} B_1 \\ B_2 \\ B_3 \\ B_4 \end{bmatrix} = \begin{bmatrix} 0.120 & 0.731 & 0.149 & 0 & 0 \\ 0.080 & 0.612 & 0.309 & 0 & 0 \\ 0.032 & 0.683 & 0.233 & 0.052 & 0 \\ 0.015 & 0.215 & 0.749 & 0.021 & 0 \end{bmatrix}$$

(5) 进行装备系统的模糊综合评判。

$$\boldsymbol{E} = \boldsymbol{W} \cdot \boldsymbol{B}$$

$$= [0.320 \quad 0.140 \quad 0.420 \quad 0.120] \cdot \begin{bmatrix} 0.120 & 0.731 & 0.149 & 0 & 0 \\ 0.080 & 0.612 & 0.308 & 0 & 0 \\ 0.032 & 0.683 & 0.233 & 0.052 & 0 \\ 0.015 & 0.215 & 0.749 & 0.021 & 0 \end{bmatrix}$$

$$= [0.065 \quad 0.632 \quad 0.279 \quad 0.240 \quad 0]$$

从模糊综合评判结果可以得到该装备系统属于状态健康、良好、注意、恶化和疾病的程度分别为 0.065、0.632、0.279、0.024 和 0，依据隶属度最大原则可以判断该装备系统处于“良好”状态。

11.7 装备维修6S管理

6S管理是我国在5S现场管理的基础上发展而来的，也有很多企业根据自身的情况发展为7S、8S等，这充分体现了许多企业已经开始重视现场管理，从现场管理环节提高企业经营利润，降低成本。6S与5S最重要的区别是添加了“安全”这一要素，体现了以人为本的企业管理理念关怀，更能培养组织成员的自觉性和安全意识，防患于未然。6S作为我国大多数企业进行现场管理的一种措施，对于航空维修管理具有很强的适用性。

11.7.1 6S管理的概念内涵

1. 6S管理的起源与发展

6S主要起源于日本的现场管理。有关现场管理研究理论文献最早可以追溯到科学管理之父泰勒在20世纪20年代初期出版的名为《科学管理原理》一书。泰勒在书中系统地阐述了如何有条理地在现场作业，对企业的产品生产现场员工的实际工作流程进行了分析，提出了标准工时、标准作业等一系列现场管理的概念，这是世界上最早对现场管理进行详细的阐述与定义。泰勒的现场管理思想率先在美国得以传播，继而传到日本、德国、法国并产生了一系列的影响。

在20世纪50年代，日本丰田公司在研读了已有文献的基础上，率先创造出了全新的现场管理方法即5S现场管理。5S管理是由最初的2S管理引进而来的，2S是“整理和整顿”，提出2S的目的是确保制造业生产现场的整洁度，保障生产效率，提高工人的生产积极性。后来企业对产品的质量提出了更高的要求，2S也在原来的基础上增加到5S。5S在2S的基础上发展为“整理、整顿、清扫、清洁、素养”五个部分。丰田最初的管理重心是管理加工现场的原材料、产成品、半成品和管理人员，保持工作现场的清洁度，给人以舒适的工作环境，在以后的发展中慢慢扩大其内涵。5S现场管理模式的提出使日本企业的生产效率得以迅速提高，尤其是在第二次世界大战之后，日本经济处于低迷发展的境界，各大企业通过5S现场管理使日本重新走上经济发展的前列，丰田公司也成为世界第二大汽车生产公司。

丰田公司推行的5S管理将日本的各大生产企业推向经济发展的高潮，5S不仅塑造企业的良好形象，更降低了企业的生产成本，加快资金流通，高度标准化的生产现场也为人们提供了安全的生产环境，改善了人们的工作条件。正是由于5S企业在日本的全面成功，引起了管理界的轰动，许多国家都开始实行5S管理。许多企业根据自身发展的现状，在5S的基础上增加了其他不同的要素。例如有的公司增加了安全、节约两个要素，形成7S；也有的企业在7S的基础上增加了服务、坚持以及习惯，形成了10S，但其核心都是5S现场管理理论。

20世纪60年代，美国意识到了6S发展的重要性，许多大型企业开始实行6S。

例如，美国著名的飞机制造公司波音公司率先实行了 6S，在公司开始实行 6S 的时候，并不为员工所接受，在推广过程中受到了许多挫折，但随着时间的推移，企业的效益明显上升，此时 6S 的优点才开始显现，逐步得到员工的认可，6S 依然适用于美国的资本主义经济发展。此后，韩国的三星公司、德国的西门子等许多著名企业都运用了 6S。到 21 世纪，6S 已发展为较为成熟的整套管理体系，在企业现场生产的过程中对工业工程、准时生产、精益生产作出了详细的要求，在现场改善方面有看板管理、目视管理、定制方法等，被许多企业所应用。

2. 6S 管理的主要内容

6S，即整理（SEIRI）、整顿（SEITON）、清扫（SEISO）、清洁（SEIKETEU）、素养（SHITSUKE）、安全（SECURITY），由于它们的英文首字母和日文首字母都是 S，故称为 6S。

(1) 整理。这是 6S 的首要环节，其存在的根本任务是区分生产现场的各种材料，将生产中用不到的材料运出生产现场，只保留在生产现场中用到的材料，还要对用到的材料进行更细层次的分工，按照使用频率逐项分类，可将不常用的材料移至仓库，经常用的材料离操作平台近一些，员工在提取时也会大大缩短寻找时间，能够一步到位。通过对生产现场材料的整理，可以增加生产现场的可利用空间，各种材料摆放井然有序，大大提高工作效率。

(2) 整顿。整顿的主要目的是将生产现场随时用到的材料进行更加细化的分类处理，按照使用频率的高低设定不同材料的堆放地点，还要保持员工工作平台的整洁和有序。通过更为细致的整顿工作，员工的操作平台不再狭窄，不仅可以减少工作时间，更降低员工工作的疲劳程度。此项工作有利于提高员工工作的积极性，让员工以更好的状态投入到工作当中。

(3) 清扫。顾名思义，清扫就是打扫的意思。清扫指的是对生产现场的各项工具、器材、墙壁地面、操作平台等进行清扫工作，保证生产现场的整洁度，此外还要定时、定期对机器进行维护和保养工作。企业要通过明文规定来规范清扫的时间间隔、人员组织、清扫范围等，及时清扫生产现场出现的各种垃圾，为员工生产提供整洁的环境。在清扫过程中，若出现机械异常等安全隐患必须及时报备，保证生产质量和人员安全。

(4) 清洁。清洁是前面三项工作不断循环往复的过程。企业应制定相对详细化的生产现场清洁标准，使公司由上到下全面重视生产现场的清洁工作，制定相应考核制度，奖罚分明，让员工充分重视生产现场清洁的重要性。生产现场的清洁工作贵在坚持，清洁不仅对地面、墙壁、机械等物体提出了具体的要求，更要严格要求员工，不仅保持自身整洁，还要保持操作平台规范整洁，以积极的心态完成任务目标。

(5) 安全。安全是生产的前提，在任何条件下，安全都应放在首要位置。安全生产是企业必须遵循的规章制度，企业要保障员工的人身安全，消除安全隐患，为员工提供安全的生产环境。作为企业，要为员工树立安全生产的意识，可通过发放传单、组织讲座等方式,使员工重视自身安全,必要时可组织员工参加安全演习。此外,企业要定期检查生产工具和机械设备,在最大程度上消除安全隐患,建立机械和员工定岗负责的制度,细化职责范围,防患于未然。企业还要对生产现场进行不定期的抽查工作,最大程度减少安全隐患,若发生安全事故,则企业必须以人身安全为首要目的,有条件时再挽救经济损失。最后企业还要做好预案工作,对有可能发生的风险提前做好补救措施。

(6) 素养。良好的员工素养是6S开展的关键和核心。企业通过提高员工的专业知识和综合业务素质能力,要使员工将整理、整顿、清扫、清洁工作内化为自觉做的事情,将规范熟记于心中,而不是靠外力压迫执行,实现员工由他律到自律的转变。员工是企业的灵魂,一个企业的发展离不开千万员工的努力。因此,企业要想树立自己的品牌,实现良好的现场管理,必须着重提高员工素养,深入组织员工培训学习,形成良好的工作习惯,从根本上改变员工涣散的工作状态。

6S的各部分内容是相辅相成、不可分离的,必须将其看成一个整体。整理是整顿的前提,整顿是整理的后续工作,而清扫则是整理和整顿这两项结合在一起的整体效果,6S中的前三项是以物为对象,例如原材料、机械、场地等,改善现场的基本情况,加强员工的清扫观念,保持生产现场整洁干净。清洁则是在对物进行管理的基础上,添加了对人的管理,通过一系列的规章制度规范员工的行为,使现场管理的观念深入人心。素养这一要素又更深入地说明了员工专业素质的重要性,只有加强员工的自身素养才能保证施工现场的整洁干净,提高工作自觉性。安全贯穿于整个管理始终,是员工正常工作的前提条件,后三项通过制度、行为习惯以及观念来对人进行管理,这是6S能够持续运行的不竭动力。6S的实行,必须以这六个要素为基准,以高质量的管理措施配以高素质员工,单单加强某一方面是毫无意义的。

3. 6S管理的作用

6S指的是在生产现场,对材料、设备、人员等生产要素开展相应的整理、整顿、清扫、清洁、素养、安全等活动,为其他管理活动奠定良好的基础,是日本产品品质得以迅猛提高畅销全球的成功之处。6S管理是现代行之有效的现场管理理念和方法,其作用是:提高效率,保证质量,使工作环境整洁有序,预防为主,保证安全。

6S的本质是一种执行力的企业文化,强调纪律性的文化,不怕困难,想到做到,做到做好,作为基础性的6S工作落实,通过规范现场、现物,营造一目了然的工作环境,培养员工良好的工作习惯,为其他管理活动提供优质的管理平台,其最终目的是提升人的品质:革除马虎之心,养成凡事认真的习惯;遵守规定的习惯;自觉维护工作环境整洁明了的良好习惯;文明礼貌的习惯。

11.7.2 6S管理的方法

6S在企业管理中的应用范围较广,根据企业不同的生产方式有不同的管理方法。在进行6S过程中必须有针对性、有目的地推行,寻找最适合的现场管理方式。

常用的几种 6S 方法如下：

1. 目视管理

目视管理是通过颜色、形状等较为直观的视觉来感知企业现场的组织生产活动的一种管理手段，它可以通过视觉直观来判断生产现场有无异常情况、员工工作是否正常进行等。目视管理直接借用了人力对现场人、事、物的情况进行最直观的感知，不用借助其他工具就能充分了解生产现场管理现状。

目视管理简单有效，以人们常见的视觉信号为主要检测手段，使大家都能直观地感受到异常信息，而且目视管理公开透明，能尽可能地将管理者需要员工遵守的规则全面地展示出来。此外，员工也可以以目视的方式向管理人员提出意见、推荐方法等，使管理层与员工能够相互交流，相互理解，共同促进生产效率的提高。目视管理是一种最简单的管理方式，以视觉信息为特征，让大家都看得见，沟通了管理层与员工之间的关系，实现员工的广泛参与。实行目视管理的要求如下：

(1) 以生产现场的实际情况为准，不可生搬硬套，要讲求实用性，真正地为企业服务。

(2) 企业要制定专门的规章制度，统一目视管理规范，例如机器标签应贴在何处、工作进度如何书面表达等，让员工有据可依。

(3) 内容要简单明了，直观清晰可见。

(4) 内容贴在醒目位置，容易引起员工或管理层的注意，使大家都能看得到，避免疏漏。

(5) 有效执行，避免铺张浪费，在执行过程中要最大程度地节约成本，不搞形式主义。

(6) 设置监察部门专门监管目视管理的过程，使上下全体员工严格遵守相关规范，对违反管理的人员要严肃处理，树立权威性。

目视管理的应用举例：

(1) 在有异常的操作机械上贴上醒目的红色标签。

(2) 在车间内不同的工作通道上贴上不同颜色的标签，防止员工走错通道。

(3) 在通道的拐弯处，设置反光镜、红绿灯等，保障车辆安全通过。

(4) 用图表、公示牌的方式准确标明操作步骤，使员工一目了然，准确认识工作进程。

(5) 在螺母、法兰盘上做记号，标明应安装的位置，使其对准卡槽，安装方便。

2. 红牌作战

红牌作战是以整理、整顿为目的，通过红色的标签或指示牌对生产现场所有的隐患和已出现问题的方式进行标注，警示员工并让员工积极的改正。

企业在使用红牌作战这一策略时，必须事先向员工说明情况，悬挂红牌是为了将现场工作做得更好，使员工以积极的心态看待而不是消极怠工，更不是企业对员工的惩罚。在悬挂红牌时，必须对出现的问题进行详细的说明，并按照严重程度区分等级，事实要确凿充分，使员工信服并起到警示作用。此外，企业运用红牌作战的频率不能过高，一般为至多一周一次，这样既能为员工起到警示作用，又不会因为企业出现过小的事情而小题大做打消员工工作的积极性。若出现的问题不足以为员工起到警示作用，则可悬挂黄牌。

3. 看板管理

看板管理指的是对生产现场的必需品的归置。例如一件材料应用于哪里、数量是多少、应放在什么位置、收发由谁负责等。看板管理是一种公开透明的方式，其阻断了暗箱操作，使一件材料的来龙去脉清楚地展示在人们面前。看板是一种类似于通知的纸单，上面写明产品名称、生产数量、生产时间、运输量、运送地点、储存方式、储存地点、特殊指令等信息。通常来说，在制品看板，看板用于相对固定的相邻生产线；在信号看板，看板用于固定的生产线内部；在订货看板，看板用于固定的协作厂之间。看板的类型有三角形看板、设备看板等。

看板管理及对生产现场用到的材料进行管理，使员工花费较少的精力和时间找到，节约工作时间，提高效率。在企业生产现场，由于机械的轰鸣声以及人员的流动操作，对信息传递较为不敏感，通过看板可以统一全体员工对某一信息的认识，从而做出决策。另外，看板管理对于管理者也是十分有利的，通过看板管理可以清晰地了解员工的工作进度以及工作质量，方便管理者根据企业的实际情况做出调整战略。最后，看板管理是在公开透明的状态下进行的，员工可以清晰地看到其他员工的工作进度和工作效率，这给员工提供了适当压力，从而化动力于无形之中。

红牌作战与看板管理是密不可分的，只有二者同时使用，才会起到事半功倍的效果。红牌作战用于区分必需品与非必需品，对于非必需品可以通过悬挂红牌的方式给员工以警示作用，从而撤出生产现场。对于必需品，可以通过区分其数量、使用频率、归置位置、管理人员等服从于看板管理。

4. 定置管理

定置管理就是对物体特定的管理，其通过管理人员对物体的各项整理如改善现场条件、有效利用空间、严格出入库制度等整理整顿生产现场，促使人与物能够有效结合，使物体存在于员工最容易得到和应用的地点，提高工作效率。

定置管理应用于现场管理的过程中，包含内容较为丰富，其主要内容涉及企业在生产车间中人、物、地点的三者关系的组合与优化。企业可以将这项内容提取出来，进行全面的管理和优化。

在生产现场，物料与使用者——员工之间的关系一般存在三种状态：

A：员工与物料有效结合，员工可以直接、方便、快捷、高效地利用某物料。

B：员工与物料不能有效结合，员工不能直接、有效地利用某物料。

C：员工与物料不需要有效结合，物料呈无需利用状态。

定置管理的作用就是消除C状态，不断完善B状态，保持A状态。在这种情况下，定置管理要对人、物、地点进行视觉上的区分。例如通过颜色对比强化员工对现场的认知，充分利用指示牌、电子屏等明确表示物料的存放地点、状态、完好程度、危险程度、数量等信息，方便员工识别，减少误差。例如，在工位器具定置过程中，首先要设置器具定制图，设计定置标准信息符号；其次设计员工摆放器具的标准信息符号，并保证工位器具不占用通道。通过定置管理可以增大员工的活动空间，物品摆放整齐有序，提高员工的工作效率和工作积极性。

定置管理是现场管理的一项基础性综合工作，其有以下特点：

(1) 目的性。定制管理就是有效地结合企业中人、物、地点三者的关系，通过人员的主导作用使物体能够详细地分类。定置管理的主要目的就是根据企业生产现场的实际情况，使员工能够节约时间和精力，达到物体利用与员工工作之间的最优化，从而提高产品质量。

(2) 综合性。定置管理这一管理方式在工业工程中被广泛应用，是一种综合性管理方式，而不是只能应用于某一部门的特定管理过程，它为各种形式的企业管理发挥作用，提升服务过程。定置管理为其他细化管理的应用提供平台。以定置管理为基础，可保证其他专业管理发挥高效作用。

(3) 针对性。工业企业种类较多，生产工艺各有不同，生产现场更是设置不一，即使在同一个公司，不同车间的布置形式也是不同的。由此，对于不同的工业工程，定置管理不可设置为统一的模式，必须根据企业的生产状况和现场条件做出详细规划。

(4) 系统性。定置管理是从材料的进入一直到材料的利用完成过程的系统管理过程，是一项相对完整的物体管理体系。从原材料、附件进厂起，就相当于对它们一一编码，在生产过程的各个环节、各个场地都对其认真归置，使操作平台的各项因素都能达到最佳工作状态。这就要求管理者在定制过程中要认真分析材料的数量、形状、特征、功能等，根据材料的特性合理定置。

(5) 艰巨性。定置管理需要长期运行，而且企业的管理是一个动态的过程，材料的种类生产也在处于变动之中，这就要求管理部门制定科学合理的定制管理过程，随着产品以及生产工艺的不断改进能随时调整定制状态。此外，企业应向管理者以及员工宣传定制管理的重要性，使定置管理的观念深入人心，员工能自觉遵守规范并对材料进行合理的管理，改善物体堆放的不良习惯。

11.7.3 6S管理与其他管理体系的联系

1. 6S与TQM

TQM是全面质量管理的简称，指的是一种以现代化质量管理为核心的经营管理模式。TQM是在TQC的基础上发展起来的，在1980年前后，日本市场竞争激烈，由于TQM理论的先进性和适用性，逐渐被各大企业所应用。TQM是在企业内部对企业的各个操作过程进行质量管理的过程，通过企业全体员工的协调工作，使企业的产品质量和服务质量有所提高，此处所指的质量指的是企业产品高于顾客的期望值，扩大产品的知名度。TQM体系涵盖于产品的设计、制造、组装销售使用等过程，对生产过程中的制造工艺和使用方法提出了具体的要求，受到许多工业企业的青睐。

6S要求企业合理布置生产现场，使人、物、生产场所密切结合，TQM要求在企业全员参与的情况下，对产品的设计直到使用过程进行全面的监测和优化处理。由此看来，TQM与6S结合可大大提高产品质量和客户满意度。

2. 6S与ISO 9000质量管理体系

ISO 9000质量管理体系被许多企业当作改善企业质量管理水平和运行成果的有效方式，ISO 9000的主要作用是对企业产品的开发、生产、安装等一系列过程设置标准的运行方式和检测制度，从而对产品的质量进行有效的控制。

ISO 9000质量管理体系适用于各种不同企业的管理，具有很强的普适性，因此受到了世界上许多国家的广泛应用，目前世界上已超过一百个国家加入ISO 9000国际化标准组织。ISO 9000质量管理的目标是提高企业的品牌形象，改善产品质量和员工的综合素质。其与6S结合，其会达到企业管理事半功倍的效果。6S不仅提高了生产现场的清洁性，更提高了员工素质，为员工遵守ISO 9000中的行为规范打下了坚实的基础。因此，实行6S是运行ISO 9000的前提。

(1) 6S关于现场细节的注重有利于ISO 9000的推行。ISO 9000质量管理体系需要全员参与，但较为抽象且管理内容复杂烦琐。率先实行6S，可以在企业中营造积极参与、认真负责、遵守企业规则的气氛，且六个要素都与员工的日常工作息息相关，容易得到大家的认可。6S倡导员工从身边的每一件小事做起，节约时间，提高生产质量，并为员工工作提供安全宽敞的环境。产品的高质量离不开企业生产活动的规范化，正是每一个细化的条例组成6S的核心，从而使ISO 9000的观念深入人心，保证ISO 9000有效实施。

(2) 6S可提高员工综合素质。6S对生产现场的各个方面都做了细致化的规范，通过员工的时时遵守在工作过程中提高了员工的专业素质。许多企业尚未实行6S就直接实行ISO 9000，导致对企业的质量管理过程无疾而终，其中很大一部分原因就是ISO 9000管理较为复杂，员工还尚未形成良好的工作习惯。

11.7.4 6S管理在装备维修管理中的应用

定检修理是航空维修的一项重要工作，直接影响到航空装备的维修质量安全。在定检修理工作中推行6S管理，是一项复杂的系统工程，需要按照前期准备、推广实施、检查巩固和审核验收等四个阶段来组织实施，需要开展普及6S管理知识、成立领导小组、制定方案、人员培训，编写手册等多项工作，这里结合某部开展的定检修理6S管理创新实践，对6S管理的主要内容与方法手段进行阐述。

1. 主要内容

(1) 整理(SEIRI)：对修理厂厂房、各类工作间、工具保管室、备件房、油料房等场所存放的物品按必要和不必要进行全面清理分类,将清理出的不必要物品进行处理,即搞好物品“组织化”。整理的目的是:腾出空间,空间活用;防止误用、误送;塑造清爽的工作场所。

基本做法是将物品分为三类:①不再使用的;②使用频率较低的;③经常使用的。将第一类物品处理掉,第二类物品放置在储藏室,第三类物品留置在工作间。

(2) 整顿(SEITON):对必要的物品按需要量,分门别类,依规定的位置放置,并摆放整齐。定检修理作业场所应划分工作区、物品摆放区和人行通道,规范标线、标识和图板,做到工作场所整洁有序,物品摆放整齐明了,标识与物品名副其实。整顿的目的是:工作场所一目了然,工作秩序井井有条;搞好“摆放的艺术”,避免和减少寻找工具、设备等物品的时间,达到“寻找时间为零,放回时间为零”的效果,提高效率;合理优化现场工作流程。

基本做法:①对可供放置的场所进行规划;②对摆放位置定位,对物品进行定量和标识;③将物品在相应位置摆放整齐。

(3) 清扫(SEISO):对定检修理现场环境进行综合治理,清除工作场所的垃圾、灰尘、油污及其他污染源,排除影响人员健康、作业安全及维修质量的不利因素,使工作现场美观整洁、安全卫生。清扫的目的是:使现场达到干净、明亮,美观、整洁和卫生;排除影响人员健康、安全及“定期检修”质量的不利因素;营造良好环境,调动厂员的情绪和热情。

基本做法:①清扫厂房、各工作间从地面到墙面,以及天花板,厂房外侧草坪的垃圾、灰尘、油污。②杜绝各项安全、健康隐患,排查保密安全隐患,定期检查设备安全,做好防电、防火、防水、防静电、防盗,加强有毒试剂、材料的管理,做好有害工种的安全防护等;③消除污染源,消除设备、机件、油桶、油管滴漏油,水管漏水,消除有毒试剂、材料的泄漏,消除下水道不通等现象;④对异常设备立即检修,使设备保养完好。

清扫不等同于大扫除,将地、物的表面擦得光亮无比却没有发现隐藏的问题,只能称之为大扫除。

(4) 清洁(SEIKETEU):持续推行整理、整顿、清扫工作,使之制度化、规范化、标准化,始终处于受控和持续改进状态。将整理、整顿、清扫转化为日常行为,固化成管理制度,长期贯彻实施,并不断检查和改进。清洁的目的:通过制度化来维持成果(以上3S成果);通过规范形成统一的工作秩序;按标准化维持整洁的工作环境。

基本做法:建立责任制,落实到人;建立有效检查制度;建立合理评比制度。

(5) 安全(SECURITY):对维修场所、设施设备、作业人员、工作过程等方面存在的不安全因素进行全面清理排查,重点查找在电、气、油、火等方面是否存在安全隐患;工具设备的标识、摆放、使用等是否存在影响安全的因素;人员的维修操作是否存在危及安全的行为,采取有效措施,进行综合治理,从根源上消除安全隐患。安全就是指消除人的不安全行为和物的不安全状态,清除一切不安全因素,是以上4S的保障,也是其目的和成果之一。安全的实质为“无不安全的设备、操作、现场”,突出人性化管理。安全的目的:通过对隐患发生源的改善和治理,保障员工的人身安全和生产的正常进行,防止各类事故发生;创造对单位、国家财产没有威胁、隐患的环境,避免地面事故,避免人身伤害,保障员工人身安全和生产的正常进行。

基本做法:制作DV安全视频教材;安全员制度落实到位,监管得力;制作安全标语;跟踪、督促、复查清扫要素中"排查影响人员健康、安全及定期检修的不利因素"的问题整改情况。

(6)素养(SHITSUKE):通过持续开展6S活动,使定检修理人员养成遵章守纪、按章操作、主动改进的良好习惯,不断提高人员综合素养。素养的实质是一项管理活动最终还是为了提升员工的品质,是通过外在的行为规范来引导。提高素养的目的:提升"人的素质",成为对任何岗位工作都认真的人;养成良好的按规章制度办事的习惯;培养自主自发、积极创新的精神;使人人充满活力,铸造团体精神;培养具备良好素质和习惯的人才。

基本做法:强化管理,规范制度,形成良好环境氛围;加大培训教育,从思想上带动;强化训练,提升军人素养;刻意锻炼,用压担子,布任务的方法,以一帮二促的理念,增强员工能力素质。

2. 方法手段

主要采用目视管理、看板管理、形迹管理、定点摄影、红牌作战等五种管理办法。

(1)目视管理。制作显著的厂房、工作间、工具保管室、质量控制与调度室等场所的定置图,将物品按图摆放,依据标识规范,在各工作场所进行有效标识,使现场状况一目了然。

(2)看板管理。在厂房、工作间、工具保管室、质量控制与调度室等场所的醒目位置,根据需要设置不同功能的看板,主要用于传递信息、掌握动态;规范操作、警示提醒;奖优罚劣,营造氛围。看板内容应简明扼要、布局清晰、分类合理、一看便知。

(3)形迹管理。就是根据物品或工具的"外形"来管理归位的一种方法。主要作用:根据物品的形状在台架、地面、墙壁等位置进行归位,对号入座,一目了然,方便取放,防止差错和丢失。常用方法:在存放物品的载体上,规划好物品摆放位置,按物品投影的形状绘图标示,将物品投影形状部分裁剪好或者制作凹槽粘贴在摆放物品的载体上,如图11-12所示。

(4)定点摄影,在同一地点、同一角度,用照相机将定检维修现场整治前后情况拍摄下来,在目视看板上展示对比照片,让官兵看到整治前后的效果对比,激起大家积极改进的意愿。

(5)红牌作战,整理、整顿后期,发动全体官兵全面寻找问题点,在相关场所或物品上悬挂红牌并指出问题所在,促使大家积极改进,从而达到整理、整顿的目的。

图 11－12　形迹管理示意图

复习思考题

1. 试举例说明组织目标的多样性。多样性的目标中有无核心目标？

2. 目标管理过程中目标可否用一系列指标来反映，如果可以，能否完整地反映目标实质？

3. 对目标管理成功实施的影响因素有哪些？

4. 阐述统筹法应用的程序步骤。

5. 描述马尔可夫分析过程。

6. 阐述节点最早开始时间 t_{ES}、最迟开始时间 t_{LS} 的计算过程。

7. 结合装备维修实际，论述装备维修管理技术的重要性。

8. 阐述 6S 管理的主要内容及实施方法。

第12章 装备维修人本管理

装备维修是以维修保障人员为主体的创造性实践活动,人是装备维修中最重要的资源,也是最具能动性的要素。装备维修保障人员的能力素质、精神状态、主观能动性等都会直接影响装备维修保障效率。因此,如何调动装备维修保障人员的积极性,激发他们的创造性,是新时期装备维修管理面临的一个重要挑战。有关这方面的管理理论很多,其中最重要的就是以人为本的管理。本章着重介绍人本管理的概念内涵、方式方法,使大家对人本管理的理论知识有所理解,并掌握运用人本管理的基本技能,提高装备维修管理的科学性、有效性。

12.1 人本管理的概念

何谓人本管理?人本管理是否就是通常所说的重视人的作用,关心人,激励人,或是其他?人本管理的基本原则又是什么?这些都是人本管理的真正出发点,必须界定清楚。

12.1.1 人本管理的起源

重视人的价值作用,并不是一个新话题,从古至今,很多眼光远大的领导人、专家、学者、企业家等都强调人的重要作用。但是,在不同的时代,对人的地位作用的认识还是有许多差异的。在传统的管理思想中,是把人看作是一个与土地、资本一样重要的生产要素,可以用来创造价值。在泰勒的科学管理理论中,是把人假设为“经济人”,片面强调金钱、物质的激励作用,运用严厉的控制手段实施对人的管理,以达到提高生产率的目的。在现代管理阶段,由于科技发展,文明进步,人们开始从多角度认识管理,对管理活动的认识少了一些“硬性”,多了几分“人性”,对管理中人的因素的研究越来越深入,人的假设由“经济人”转变为“社会人”“文化人”,人本管理思想也由此诞生。进入当代管理,由于环境的剧烈变化,科技的迅猛发展,因而当代管理的研究范围拓展到了管理哲学、企业文化、组织变革、企业战略以及知识管理等领域。同时将社会学、心理学和文化人类学引入管理学之中,从企业文化到学习型组织再到知识管理,这些理论的研究比以往任何一个时期都更重视人在管理中的作用,开始追求一种柔性管理,追求人性的“软管理”,并且重视的不再仅仅是人性假设、人的基本行为,而是升级为人的行为规范即组织文化,进一步突进了人本管理思想的发展和深化应用。

12.1.2 人本管理的内涵

人本管理是与以物为中心的管理相对应的概念，它要求理解人、尊重人、充分发挥人的主动性和积极性。有的学者将人本管理概括为“3P”管理，即 of the people（由人组成），by the people（依靠人），for the people（为了人）。人本管理的概念是建立在对人的基本假设之上的，管理人的假设把人看作是一个追求自我实现、能够自我管理的社会人。正是因为人可以成为一个追求自我实现、自我管理的人，对人的管理就不能像我们过去所理解的那样，仅仅是关心人，激励人的积极性，而是应开发人的潜在能力，以便为组织的生存与发展服务，即人本管理是指以人的全面的自在的发展为核心，创造相应的环境、条件，以个人自我管理为基础，以组织共同愿景为引导的一整套管理模式。

1. 人的全面发展

所谓人的全面的自在的发展，在马克思、恩格斯看来，“只有到了外部世界对个人才能的实际发展所起的推动作用为个人本身所驾驭的时候，才不再是理想、职责等等”。换句话说，人的全面发展包括两个内容：人的素质的全面增强和人的解放。无论是人的素质的全面增强还是人的解放，只有当人不再受制于自然、不再受制于技术与物质财富并能掌握自己的发展时才有可能。应该说这样一个状况，目前并未达到，但可以证明的是，社会进步、技术发展、经济增长均朝着这个方向前进，正在创造人的全面的自在的发展的条件。装备维修系统，作为社会中的一个组织，在追求系统自身目标的同时，应该为本系统的组织成员创造全面发展的条件与空间，这不仅是对维修保障人员的一种培养、一种提高，也是对社会的一种贡献。

2. 创造全面发展的环境条件

组织创造相应的环境条件，包括设定工作岗位及任务，为人的全面发展提供帮助，这是人本管理的重要方面。装备维修系统在运行过程中，要创造出完全理想化的符合人们全面发展的环境条件是不大可能的，因为航空维修系统在承担着重要的使命任务的同时，各级维修系统尚未完全脱离社会现实的功利要求，但在这方面做一些尽可能的工作来推动人员在个人素质及其他方面的发展又是可能的。例如，在保障任务完成方面，更多地让维修保障人员自我管理，创造条件使其创造性地工作，这本身既对提高维修保障效率有帮助，同时又符合了推动人全面发展的要求，而且这样一种设置本身就是一种创造全面发展的环境条件。

3. 个人的自我管理是人本管理的本质特征

事实上，过去所谓的人力资源管理、对人的管理，都将人当作一种经济资源来看待，在这些管理的过程中人是管理的接受者，受制于组织的制度、规章，受制于生产过程、技术条件，受制于给定的薪金酬劳。在这样的条件下，人是不自在的，类似于一个会说话的工具，供他人驱使。当人成为自在的人，能够决定自己的发展时，在工作中就应该是自我管理,即根据组织总目标的要求,自己管理好给定的工作岗位上的工作任务,在工作中获得其他的享受。所以,人本管理的关键是人员的自我管理。一般的组织可能一下子做不到这一点,因为人的自我管理与人本身的素质是相关的,人的素质不高时让其自我管理必会乱了方寸,特别是航空维修系统承担着重要的使命任务,面对的是高技术、高可靠性及安全性要求的航空装备,自我管理是不现实的,但这并不排除某些方面可实行自我管理,如提高中队、机组的自我管理等。

4. 以共同愿景为引导

自我管理必须有个引导,否则对于航空维修系统这样的纪律性组织来说,个人的自我管理可能会导致系统内目标的冲突,从而使系统的最终目标难以实现。个人的自我管理只有建立在共同愿景的基础之上,才能使成员在自我管理时有方向,有一定的约束,有内在的激励力量。因为共同愿景是组织成员都认同的,是个人愿景与之统一的结果。人本管理需要组织建有良好的组织共同愿景,而这一共同愿景中必然会有人的全面发展的内涵。事实上,自我管理本身就是人的自我全面发展的一个重要方面。

人本管理是一种引导性的自我管理。在自我管理中使人得到全面的发展,它区别于过去组织中所有的人的管理方面的概念。组织重视或提倡这种概念下的人本管理,从功利的角度来看是为了组织成员可以在更大程度上创造性地发挥自己的潜力,为组织做出贡献,而从客观上来看,则是使组织成员能够尽可能地全面发展,成为对整个社会有用的人才。

12.1.3 人本管理的原则

人本管理的原则是指以人为本的管理过程中应遵循的基本准则,它涉及人本管理的基本方式选择以及人本管理的核心与重点。

1. 个性化发展准则

人本管理,从根本上说应该是以组织成员的全面的自在的发展为出发点的。尽管人的个性化发展仅仅是人的全面自在的发展的起步,但比起过去组织仅将组织成员看作是某一岗位的“螺丝钉”或“操作工”,只培养完成这一岗位要求的技能,只按照完成岗位任务的优劣给予激励,要进了一大步。个性化发展至少已承认了组织应允许它的成员在发展组织合理要求的技能时,可在组织中选择他自己愿意发展的方面进行发展。

一般的组织均有自己功利性的目标,否则要另外考虑组织的组成。在功利性目标的引导和约束下,组织在成员们为组织目标努力所需发展而进行的投入是可以有直接回报的,而在此之外,组织为成员个性化发展的投入很难说有直接的回报,这样就使得一般的组织尤其是经济组织在这方面投入时举棋不定。这样的组织是很多的,我们很难来责难它们,但如果能跳出组织本身狭隘的眼界,那么这样的投入是值得的,这是对社会的一大贡献,对人类本身的一大贡献。

个性化发展的准则要求组织在成员的岗位安排、教育培训，在组织的工作环境、文化氛围、资源配置过程等诸多方面，均以是否有利于当事人按他的本意，按他的特性潜质的发挥，以及按他长远的发展来考虑，绝不是简单地处置，也不是仅仅从组织功利性目标出发。

2. 引导性管理的原则

人本管理，本质上可以说是组织中成员的自我管理，因此人本管理可以说是不需要权威和命令的管理。组织中人与人之间的协作配合、资源的安排、投入与产出的全过程等方面，原来是由领导者的权威和命令来组织、协调与监控的管理方式，在人本管理的思路下，就应该改变为引导性管理，即以引导来代替权威和命令，由引导来协调自我管理的组织成员的行为，最终有效地完成组织既定的目标。引导性管理与过去的权威命令式管理的最大区别在于，前者所要求的组织管理者是一个顾问式的人物，而不是一个铁腕式的人物，他仅提供参考的意见，提醒当局者不要执迷，能够自我管理和协作。

引导性管理准则实际上要求原来的管理主体至少要改变他在决策方面的角色，因为在人本管理的条件下，决策是组织成员共同的责任，否则就不能算自我管理。管理主体不仅仅将管理作用于他人他物，更要将管理作用于自己，特别在作用于他人时，不是像过去那样命令指挥，而是建议引导。这样，管理主体的十个方面的角色将要变化，这个变化对于组织中的高层管理者来说尤为重要。

引导性管理准则在组织运作中要求组织中的所有成员放弃由岗位带来的特权，平等地友好地互相建议互相协调，使组织成员凝聚在一起，共同努力完成组织最终的目标，在此过程中谋求各自的个性化发展。事实上，自我管理是个性化发展的一个条件，同时也是它的一个结果。

3. 环境创设准则

人本管理，本质上是自我管理，它引导组织成员走上自我管理之路，使组织成为个性化发展的平台，所以，作为整体的组织就只能创设与上述要求相符的环境，使组织成员在此环境中能够个性化地发展，能够自我管理。因而，从某种意义上说，人本管理就是创设一个能让人全面发展的场所，间接地引导他们自由地发展自己的潜能。这样的环境对组织内部而言主要有两个方面：一是物质环境，包括工作条件、设施、设备、文化娱乐条件、生活空间安排等；二是文化环境，即组织拥有特别的文化氛围。因此，创设环境的准则就是组织要努力创设良好的物质环境和文化环境，以利于组织成员的个性化发展和学会自我管理。

物质环境的创设与组织拥有的资源有关，凡组织资源充裕的，物质环境的创设就可能优越一些。虽然不能说物质环境愈好，人就愈能个性化地全面发展。但良好的物质条件却是发展人的潜质、潜能，训练技能的重要支撑。组织文化环境的创设不像物质环境的创设那样，只要方向明确、有资源支持便可很快做到，组织文化的创设是一个漫长的过程，需要不懈的努力才行。一旦组织文化环境创设成功，它的效用是非常大的。

4. 人与组织共同成长准则

在希望组织成员在组织中可以个性化发展和能够自我管理的同时，也希望组织能够与组织成员一起发展成长。所谓组织要与个性化全面发展的个人一起成长，是说组织本身的发展应与人本管理方式相适应，即组织体系、架构以及运作功能都要逐步凸显人本主义理念，改变金字塔科层制结构，建立学习机制，从而极大地激发人的潜能，并使之成为组织发展的内在动力。

组织与成员共同成长的准则要求组织的发展不能脱离个人的发展，不能单方面地要求组织成员修正自己的行为模式、价值理念等来适应组织，而是要求组织的发展来适应成员个性发展而产生的价值理念、行为模式，在全体成员的一致性上面再作发展的考虑。组织与个人共同成长的最终目标，实质上是在个人的个性化全面发展的基础上，建立一个真正的以人为本管理的组织。

人本管理的上述四个原则，不仅仅是开展人本管理的准则，而且还是检验人本管理的标准。许多组织尤其是经济组织，在标榜自己在进行以人为本的管理时，实际上只是表明它们对人非常重视，而目的则是为了调动人的积极性，以便更好地帮助组织实现目标，这不是真正的以人为本的管理。

12.2 装备维修人本管理的核心内容

人本管理的核心是通过自我管理来使组织成员驾驭自己、发展自己，进而达到全面自在的发展。装备维修高新技术密集，维修保障要求高，标准严，需要创造一个良好的环境，自我管理，创造性地工作，以富有效率的方式高效地达成维修保障既定目标。

12.2.1 人本管理对人的假设

人本管理的核心是人能够自我有效地管理，因此人本管理实际上是假设人是追求“自我实现”的社会人。正因为人们追求自我实现，才可能自己对自己进行约束和激励。“自我实现的人”的假设是最新的对人的价值的一种看法，与“管理人”假设关系不大。这一假设在很大程度上依赖于心理学家马斯洛的“需要层次论”。

“需要层次论”认为，人的行为动机首先来自基本的需要，如果基本需要得到满足，又会激发更高一层即第二层次的需要，依此类推。人的需要可分为几个层次：基本需要包括食物、睡眠等生理需要，以及对住宅、穿衣、储蓄等稳定性或安全性的需要。这些基本需要为第一层次的需要，它们通过工资、福利设施等经济和物质的诱因得到满足。第二层次的需要包括友谊、协作劳动、人与人的关系、爱情等社会需要。这些需要若得到满足，就会产生第三层次的需要，如希望被人尊敬、晋级提拔等需要，最后才产生自我实现的需要，即在工作上能最大限度地发挥自己所具有的潜在能力的需要。因此，自我实现的人是其他所有需要都基本得到满足后，而只追求自我实现需要的人。从西方历史发展的进程来看，在当代经济条件下，在人们生活质量普遍提高的情况下，的确有一大批人开始追求自我价值的实现。

既然可以假定现代组织中的成员是追求自我实现需要的人，那么现代组织在对成员的管理方面就必须设计全新的组织体系，创设全新的机制，给予良好的环境，允许这些成员在组织工作中获得成就，发挥自己的潜力，实现自己的价值。心理学、行为学早已证明，当人们在做他们自己十分感兴趣的事时，那种投入和效率才是真正一流的。然而，组织毕竟是一个投入产出的有机整体，在组织既定目标下，组织成员的自我实现并不是海阔天空漫无边际的，而是有一定约束的。

12.2.2　自我管理的前提

在现代组织中，组织成员的自我管理一定是在组织任务分工的条件下进行的，通过成员在各自的工作岗位上自主地做好工作，进行相互间的协调，最终使组织的目标更有效地达成。然而分工本身并不一定导致接受分工的成员可以开展自主管理，因为假定组织并未授权给你，任何自主的运作、自主的管理都可能被视为违规，并要承担相应的责任。因此，自主管理的一个重要前提就是授权，即组织在给你工作任务时给予你完成任务的相应权力，你可以在权力范围内自主管理、自我管理，以便恰当地完成组织所交给的任务。

表面上，授权是一件简单的事，把部下叫来，告诉他什么事他有权决定，什么事必须请示，什么事无权决定，然后请他去努力工作。事实上，授权并非如此简单，按照日本学者小林裕的看法，执行授权本身有四项基本前提。

1. 价值观共识化

这实际上就是一个共同愿景的问题，即在执行授权时，组织与成员均要有一个共同的价值观与共同愿景。因为共同的价值观与共同愿景给了每个成员一个自主判断的依据，一个自主管理、自我管理的方向，使得大家在各自岗位上自我管理之后，不至于导致组织内协调的混乱。

价值观的共识化或者说建立一个共同愿景只是一个大的方向，为大家的工作朝同一个方向前进创造了条件。如果这样仍不能明确指定自主管理、自我管理的方向，就有必要进一步将组织的共同愿景、目标更加明确地分解为部门、小组、团体的目标，同时确认彼此工作之间的相互关系，以便注意互相的配合与协调。

2. 信息共享

即使你有了目标，有了相应的权力，也并不一定知道组织的状况，并不知道完整的信息，并不知道别人怎么做，做到什么程度等，这种情况一方面可能导致自我管理的人失去做出正确判断的依据，另一方面也无法有效地决定如何使自己的工作更有效地与他人的工作相配合。所以，现代组织需要建有完备的信息库，应向所有成员即时公开，唯此自我管理才可能成功。

3. 教育训练

教育训练是改变人们心智模式的重要手段,当组织成员并非都具备良好的自我管理素质和技能时,及时的教育训练就显得非常必要。自我管理的人,有坚强的自信心,有相应的能力和素质,有百折不挠的精神,这些并不是所有的成员都具备的。组织即使给了成员自我管理的空间,他自己不能驾驭也是枉然。所以在授权之前,进行教育训练,让成员认识自我管理,培养自信心,是现代组织实施人本管理的重要前提之一。

4. 授权的示范

授权的示范是指在全面授权之前,先进行个别部门、团队或个人的授权试点,使之在授权之后做出足以作为样板的成绩,并以此向其他人展示,表明在授权之后自我管理就应该如此运作或应防范哪些问题。授权的示范实际上就是试点的总结与推广,这对于以前并未分权、并未进行过自我管理的组织来说,值得先做一做。尤其是在示范过程中,让其他人明确现代组织在现在条件下自我管理并不是"各人自扫门前雪,莫管他人瓦上霜"的自私性管理,而是一种创造性的、注意与他人配合、以组织整体利益为重的管理。

12.2.3 自我管理的形式与组织

在现行科层制组织架构之下,组织工作可分为两大类:一是每个人都有一定的工作岗位及工作目标;二是必须由许多人共同努力才能完成的工作,而且此类工作更重要。因为每个人自己的工作只不过是组织工作的一部分,组织工作需要群体的共同努力才可完成。与此相适应,自我管理也就可以表现为个人的自我管理与团队的自我管理。

1. 个人的自我管理

个人的自我管理是指个人在组织共同愿景或共同的价值观指引下,在所授权的范围内自我决定工作内容、工作方式,实施自我激励,并不断地用共同愿景来修正自己的行为,以使个人能够更出色地完成既定目标。在这个过程中,自己使自己得到了充分的发展,在工作中获得了最大的享受。

个人自我管理是个人"自我愿望"实现的一种方式,它在一定的个人素养以及相应的物质环境下才可能有效地展开。理论上说,只有当人们把劳动或工作当作生活的第一需要时,才可能真正实现有效的自我管理,才能把工作或劳动当作一种事业来尽心地完成。反过来说,在现实条件下,当工作或劳动仍作为一种谋生的手段时,个人自我管理的基点是人们把他们应做的工作当作自己追求的一个事业来努力。

2. 团体的自我管理

团队的自我管理是指组织中的小工作团队的成员在没有指定的团队领导人条件下,自己管理团队的工作,进行自我协调,共同决定团队的工作方向、路径,大家均尽自己所能为完成团队的任务而努力。团队自我管理在某种条件下比个人自我管理更为困难,因为团队中有许多人,如果其中有一两个希望搭便车的人,就会在团队中造成很大的矛盾与冲突。所以,成功的团队自我管理不仅需要每个团队成员均有良好的素质和责任,还需要有一个团队精神,以此凝聚众人。

实施团队自我管理,需要对组织现有的科层制组织机构加以改造,不然的话,自我管理只是一句空话。在现有的科层制组织,即所谓职能制取向组织机构条件下,只会有传统的工作小组,此时完全是一种工作小组成员被动式的管理,毫无自我管理、自主管理而言。在这种状态下,要向自我管理的团队迈进,可能需要经历如下的过渡形式与阶段,如图 12-1 所示。

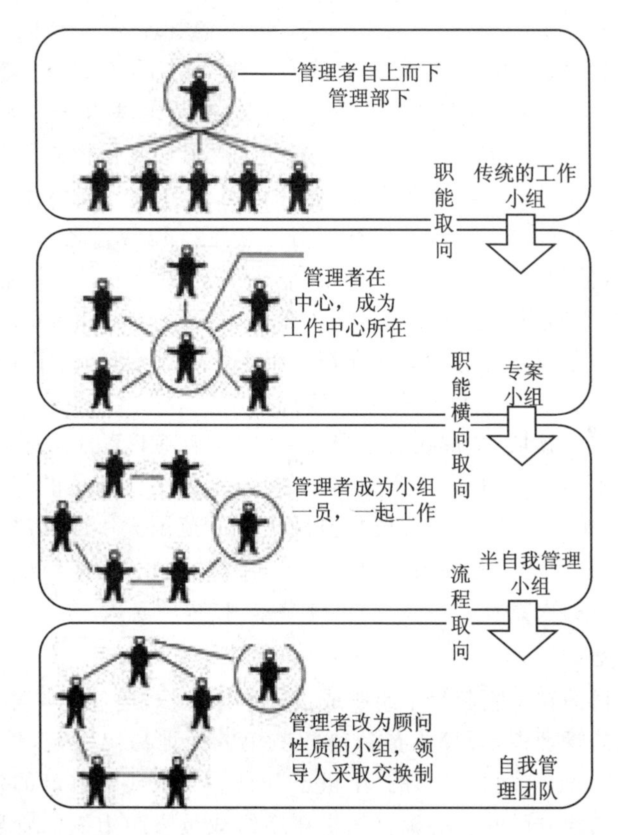

图 12-1　从传统小组到自我管理团队

如图 12-1 所示,从传统的工作小组到自我管理的团队,需要组织形态上有两个阶段的重大变化:一是从职能取向或职能纵向分工为主的组织机构形态向职能横向分工为主的组织机构变化,使原来高高在上的领导者变为团队或工作小组的中心;二是从职能横向分工为主的组织机构形态向流程取向的组织机构转变,这样才有自我管理的可能,此时管理者成为工作小组的工作成员,与其他成员是平等的。问题是何为流程取向的组织机构？对此尚未有明确的说法，仍属一种探索性组织。当这种组织机构形态有效运作时，自主或自我管理的团队才可能产生，才可能在组织中发挥最大的效用。

12.2.4 自我管理在现实组织应用中的进展

在现实组织中要做到完全让组织成员自我管理，在目前条件下是不现实的，但许多优秀的组织在这方面做了许多工作，有了很大进展，这将对装备维修管理有所启示。

1. 给人员一个领域

“给虎一座山，给猴一棵树”。对自我实现的人的管理，如果依然采取严格的硬约束，不给他任何自由驰骋的空间，那么人就会不满，情绪就会低落，难以创造性地工作。因此在这方面，有效的管理者通过适当分权，给予这些人一个想象的空间和领域，其基本约束仅仅为目标，采用什么方式达到这个目标则任你去创造、去选择。

在加利福尼亚山地的一场暴风雪后，联邦捷运公司的一位年轻的电信管理员面临着几天内他所负责的线路上没有电话服务的情况。他会怎么办呢？无须指导，也无须上司的批准，他租用一架直升机（使用自己的联邦捷运信用卡），在冰雪覆盖的山顶上降落，在齐胸深的积雪里艰难地走了1公里，修复了电线，从而使联邦捷运公司的这条线路恢复正常营业。这种事例在现代组织中屡见不鲜，而在非分权条件下，通常的做法只是将情况汇报给上级，等候上级的指示。

给组织成员一个领域，关键在于适当授权，同时明确其责任。适当地授权通常取决于以下三个基本因素：一是人员所处岗位的特性，如工作岗位的层次、工作的复杂程度、工作的程序化程度等；二是人员需要做决策的范围大小即其决策的涉及面，决策的涉及面越大，在他能力范围内的授权程度也应越大；三是决策的频度，即人员在其工作中需做决策的次数是否很多，决策越频繁，授权就越大。

2. 参与领导

参与领导的目的在于唤起每个组织成员的集体意识，通过集体努力，有效达到组织目标。在传统的管理中，管理人员依靠权威单方面地做出决定，然后命令部下执行，组织成员只是一个被随意摆布的“小棋子”，自然无法实现自己的价值，也不懂得在工作中如何与其他方面配合协调。如果让组织成员参与组织的管理工作，参与决策，采取集体讨论、集体决定的监督方法，使组织成员感到自己在组织中的价值，那么组织成员不仅会情绪高涨，在自己的领导下创造性地工作，而且也会了解如何有效协调配合，从而使组织成员之间关系密切，气氛和谐。

在现代组织中，第一线的参与领导甚至被自我管理小组所取代。例如，美国俄亥俄州的萨洛维尔公司，为了重新设置工厂的等级制，让其成员广泛参与领导和管理计划。1981年工厂经理在分部的支持下做出了一项决定：总主管阶层被完全取消；相反，公司向每个分部负责人分配一名助手，称为“制造计划专家”。顾名思义，这位专家帮助每一位负责人进行计划及协调方面的工作，他不属于现场管理者，他的职责内容含有另一种责任，即对未来雇员参与问题处理小组进行协调。1987 年，福特和通用两大汽车公司中最深入的几项变革之一就是在所有不超出 1 000 人的业务部门中取消任命正式的主管，而让组织成员小组自行主管一切。参与领导的成功需要遵循三个基本原则。

(1) 相互支持的原则。管理人员要设身处地考虑下属人员的处境、想法和希望，让下属自觉认识到自己的人才地位，采取支持下属实现目标的任何行动，下属在此时会更合作，更感到被尊重，因而干劲也就更大。

(2) 团体决定的原则。既然让组织成员参与领导，那么就一定要在集体讨论的前提下由集体一起做出决定，在对决定的执行进行监督时，应采取团体成员相互作用的方式，只有这样才算得上真正地参与。

(3) 高标准要求的原则。必须制定高的目标要求，这也应由各团体自发进行，因为高的目标要求，既可激发组织成员的想象力，同时也是组织资源有效整合的根本要求。

3. 工作内容丰富化

现代组织由于采用大规模产销活动，故专业化分工很细，流水线比比皆是，因此只要求人员具有范围有限的知识能力。但随着经济的发展和人们收入的增长、教育水平的提高，人们的人格意识、自主性、自我决定和自我实现的需要大大提高，他们对专业分工、流水线等带来的工作单一、操作简单、没有想象力的状况十分不满，于是，积极性逐渐降低，缺勤率和离职率提高。为解决这一问题，就有了工作内容丰富化这一变革。

1971 年，美国沃尔公司实行了“工作内容丰富化”，在该公司的卡尔马工厂实施。这家工厂采用集体装配方式，即由自主承担责任的小团体进行作业。装配作业不用传送带，废除流水线系统，而用“卡尔马”传送机。传送机沿工厂地板的诱导带传动，如有必要，也可更改传送的行驶路线，不必沿诱导带传动。小团体中的成员也没有一个固定的岗位，可以自由选择组合。使用这种传送机及非定岗方式，不仅有灵活性，而且也不用像传送带那样强制工人按照外界控制的作业步骤进行作业。这一变革，消除了组织成员工作太单调的感觉，使之感受到自己的能力及活动范围。

实际上，工作内容丰富划分为工作内容的水平式扩大和垂直式扩大两个方面。前者指重新设计工作内容，或把分工细致的作业归并成自主完成的作业单位，明确责任，使工作变得更有意义，或在单纯化的作业中加入有变化的因素。水平式扩大的方法之一是降低传送带的速度，扩大作业人员的工作范围。垂直式扩大指垂直地扩大成员的工作内容，让成员也承担计划、调节和控制等过去一直被认为是管理人员和监督人员固有的职能，也当一回管理者或领导。工作内容丰富化的操作，往往是把组织成员分成作业小组或小团体，让组织成员团体自己决定生产指标、生产方式、生产计划、作业程序、作业标准，让他们自己评价工作成绩和控制成本。这一方法同样适用于从事职能管理的管理人员团体。显然，此时上级管理人员的领导方式、管理观念以及管理方法也需要随之变化。

12.3 装备维修人本管理的方式

装备维修是一种以人为主体的创造性实践活动，如果维修保障系统中的成员都能够自我管理，充分发挥维修保障人员的主观能动性，那么这本身就是一种有效的管理。因此，装备维修的人本管理，关键是如何帮助或引导维修保障系统中的人员成为能够自我管理的人，从而实施真正的人本管理。

12.3.1 人的思想、心理与行为的转换模式

每一个人的思想、心理、行为是三位一体、互相联系、互相影响的，不能把它们绝对分开。任何一个人在行动时，既有思想活动、心理活动，也有思想、心理的交互作用等。所谓有意识的行为不是说不带有心理特征，不是说没有心理因素在起作用，而是说此种行为过程中的心理需求在理性的控制之下。我们可以用一个简图来反映这三者的关系，如图 12-2 所示。从图 12-2 可以看到：

(1) 人的思想意识可以划分为两个部分：一部分为感情，一部分为理智。其中，感情部分与人的心理有交叉，即感情与心理因素密切相关，或者说通过感情把思想与心理有机地结合了起来。心理也大致分为两个部分：一是心理需要，一是个性心理特征。个性心理特征影响了心理需要，心理需要反过来强化了个性心理特征。从图 12-2 中可知，这两部分与思想意识有机地结合在一起，相互作用、相互影响。特别在两者相交的地方，有时难以分清是感情、理智的作用，还是心理需要的作用。

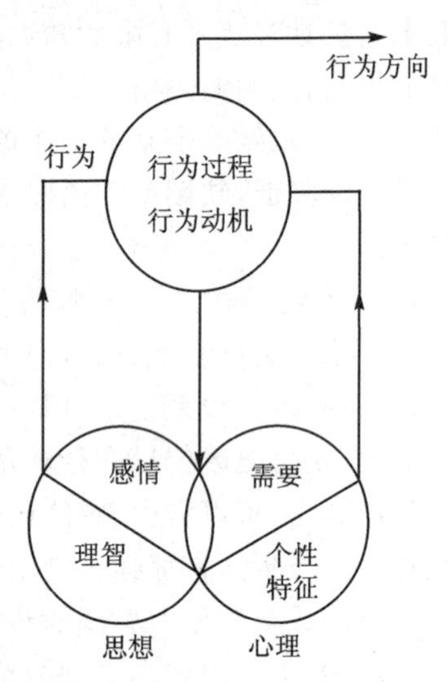

图 12-2 思想、心理、行为关联

(2) 人的行为可以分为两大部分：一是行为动机；一是行为过程。行为动机是行为产生的直接动力，行为动机与心理需求、思想价值观的判断有关；行为过程是人的行动过程，在此过程中呈现人的个性特征和情绪特征等。所以图 12-2 中从思想和心理两边各有一条带箭头的线指向行为总体，思想和心理既作用了行为动机，也作用了行为过程，决定行为方式、手段的选择和行为方向。这两条箭线指向行为，并不是说两者的作用力相等，只是说都有作用，有时这边作用力强一些，有时那边作用力强一些，有时平分秋色。

(3) 在行为处有一条带箭头的线向下指向思想和心理的交叉处，这条箭线是反

馈线路，它把行为动机与行为过程的各种信息传递和作用于人的思想、心理，使人们能及时修改思想和心理的作用力、作用方向，从而使行为比较适应客观现实条件。这条线不能简单地理解为反作用于思想与心理的交叉处，与感情需要相近，而要理解为作用于两者所有部分，因为行为动机与心理需要直接有关。

（4）在思想、心理、行为三者的关系中构成了两个回路，第一个是左边的思想、行为回路，第二个是右边的心理、行为回路，这两条回路又构成了三者之间的总体回路，形成一个封闭的回路。系统的封闭原理告诉我们，一个系统内部只有构成一个连续封闭的回路，才能形成有效的自组织能力，才能自如地吸收、加工、扬弃和做功。正如只有行为的抉择、行为的表现，而没有行为的控制监督，行为就会出轨那样，从某种意义上说，思想、心理、行为三者的相互作用、相互影响过程，就是决策、执行、反馈、修正、再决策、再行动这样一个循环过程。那么行为越轨者之所以越轨是因为这个循环过程发生了毛病，还是因为别的什么？应该说，对于一个正常的人，此循环过程并不会发生毛病。行为越轨的原因，主要是价值观、道德认识水平、心理需求等，或偏离社会道德标准，或偏离组织行为守则，或认识有问题，或心理需求有一定的变异。他们也有反馈，由于判断认识上的问题，这种反馈回来的信息很可能加大了行为的失误。因此，行为出轨主要应在人的思想与心理两个方面来找原因。

同样，一个能够自我管理的人，其价值观、思想认识一定与组织的共同愿景、价值观有一致之处，他对自己的发展有相当的认识，他的心理需求一定是追求"自我实现"。反过来，要使一个人能够自我管理，也要从这个人的思想、心理、行为等方面下手，使之产生一种内在激励与约束机制，导致他能够自我进行管理。

12.3.2 塑造人的价值观

由于人的思想认识水平、人的价值观对人的心理状态、行为均有引导、强化和约束等效用，因此，塑造一个能够自我管理的人，首先要塑造拥有此种价值观的人，提高其思想认识和思辨能力。塑造人的价值观的最基本的方法是教育。当人们处于思想空白的时候，强制性的教育对形成相应的价值观有很大的好处。我们常看到日本一些优秀企业每天都会让员工在上班前做一件事，即大声地背诵公司的信条、观念、行为准则。有些人不太相信这样做会有什么效果，但亲自询问这些企业的领导以及观察员工的行为后，才了解到这样做确有效果。因为久而久之，这些东西就成为员工自然而然的语言，最后又成了他们自然而然的思维用语和判断事物的依据。

塑造自我管理的人的价值观，首先要回答人的价值观是什么的问题。人的价值观很难用统一的语言来描述，但他们必定有这么一个共同点，即能够自我思考，能够较准确地依赖社会道德标准、组织标准，判断分析所遇到的事物，把工作当作一种事业、一种神圣的理想来追求，摆脱了经济利益的束缚。有这种价值观的人在航空维修保障系统中是存在的，不过在现实条件下，许多人虽然可把自己的工作当作事业来追求，但有时很难摆脱现实条件的约束。

塑造人的价值观，除了教育之外，还要求系统形成相应的文化氛围，用文化的功效把系统所提倡的价值观、道德标准浸润到每个人的工作生活中，使之不知不觉地接受这种文化，接受这种价值观。我们常常可以看到某些优秀大公司出来的员工，其思维方式、言谈举止的确不比寻常，带有那些公司特有的文化特点，显示出一种优秀的判断力和品质；而那些从缺乏文化氛围的组织里出来的人大部分缺乏良好的修养和判断力。组织文化是指组织在一定的社会历史条件下，在生产经营和管理活动中所创造的具有本企业组织特色的精神财富及其物质形态，它包括文化观念、价值观念、企业精神、道德规范、行为准则、历史传统、制度规章、文化环境、企业产品等。其中，价值观是组织文化的核心。装备维修系统，必须塑造自己的维修文化。机务系统提出的“极端负责，精心维修”，这就是一种组织文化，对维修保障人员的思想和行为起到导向作用和约束作用，是以一种渐进的、潜移默化的方式塑造维修保障人员的价值观，提高人们的素养，虽然效果较慢，但易使人们在不知不觉中形成自己的价值观，进而提高维修保障的质量效益。

12.3.3 健康的心理状态

装备维修是一种高新技术密集、标准要求高、环境条件艰苦的工作，要做好装备维修工作，实现自我管理，必须拥有健康的心理状态。心理健康主要包括如下特征。

1. 智力正常

智力是人的认识与行动所达到的水平，它主要由观察力、记忆力、思维能力、想象力与实践活动能力所组成。智力是与周围环境取得动态平衡最重要的心理保障，智力超常与智力一般是心理健康的表现，而智力落后则是心理不健康的表现，属于心理或生理疾病，但智力超常与智力一般的人若平时不注意心理卫生，也会导致心理不健康。

2. 健康的情绪

健康的情绪是心理健康很重要的标志。国外有的学者认为，情绪健康的人具有下列特点：①情绪安定，没有不必要的紧张感与不安感；②能够把气馁心转到具有创造性与建设性的方面；③对别人的情绪容易产生同感；④具有喜欢别人与受别人喜欢的能力；⑤能表现出与发育阶段相适应的情绪；⑥能建设性地处理问题，能适应变化；⑦具有自信，善于与别人交往；⑧既能自己满足，也能接受帮助，两者能保持平衡；⑨为了将来，能忍受现在的需要得不到满足的现状；⑩善于生活。一般认为，情绪稳定与心情愉快是人的情绪健康的主要标志。情绪稳定表示人的中枢神经系统活动的协调，说明人的心理活动协调；心情愉快表示人的身心活动的和谐与满意，表示人的身心处于积极的健康状态。

3. 行为协调反应适度

心理健康的人，思想、心理、行为以及反应是一致的、适度的，其行为举止可以为社会上大多数人所接受。人的反应存在着个体的差异，毫无疑问，有的人反应敏捷绝不是过敏，反应迟钝也不是不反应，重要的是其反应能力为大家所接受。从心理健康的标志来看，能够自我管理的人一定拥有健康的心理、正常的智力、稳定的情绪、良好的行为反应程度，经受得起大起大落的心理考验，始终有着对信念的执着追求。然而怎么造就拥有健康心理的组织成员呢？这方面创造的空间也非常的大，其中最主要的有以下几个方面：

(1) 塑造自信。一个能够自我管理的人一定具有坚定的自信心，相信自己的学识与能力可以胜任自己范围的工作和任务。否则，如果没有自信心，做事要依赖别人，也就谈不上自我管理了。自信心不是凭空产生的，自信心根源于人们的学识、过去工作的经验、工作能力和良好的心理素质。因此，塑造组织成员的自信心，除了教导、鼓励他们要有自信心之外，还要从提高他们的学识水平、能力和技能水平等方面着手，从工作中逐步培养其自信心。这样培养的自信心，才是持久的真正的自信心。

(2) 自我心理调节。自我心理调节是指人们在内外条件的刺激下，自己的心理因素所处的平衡、情绪安定愉快的位置。一个自我管理的人必须学会自我心理调节的方法，因为在进行自我管理的过程中任何困难都可能产生。例如，失败挫折导致心情变坏、情绪恶劣，若不能自我调节，在那种心理状态下再继续工作的话，只能把事情做坏，而不能把事情做好，这样自我管理也就成了一句空话。因此，组织必须教会或培养组织成员能够自我调节心理状态，使之能保持一个积极向上、愉快的情绪和心态。

(3) 行为引导。人的行为可分为有目的的行为和无目的的行为两类，其中大部分行为都是有目的的行为。无论是工作、生活、学习、运动等都有一定目的，有的看上去很简单的行为，本人也未必很注意其目的性，但这些行为仍有其目的。无目的的行为对一个身心健康的人来说是不行的。常说某人没有理想，没有奋斗目标，其实他并不是没有行为目标，只是没有符合组织要求的比较远大的目标而已。图12-3是一张典型的人的行为一般构成图。

从图12-3中可见，人的行为是在内外诱因的刺激下，结合个人需要发生的。如果是有刺激而无内在需要，那么行为不会发生；相反，如果光有需要，而外界条件不具备，那么需要也将会消失。例如，组织成员希望能够“自我实现”而组织没有可供他实现的条件，自我管理的行为也就不可能产生。图12-3中的价值体系是指人的思想情操、道德水准，它一方面对内外诱因做出判断；另一方面对目标实现的可能性、目标的价值、行为方式等做出判断和选择。价值体系还是人的行为的驱动力之一，因为一旦人们意识到他所进行的活动的意义和价值，他就会奋不顾身地去工作。当需要与价值判断一致时，行动的方向、程度、方式等就会进一步确定并强化，从而达到预定目标。不论是达到目标还是没达到目标都会给人一种新的刺激。已达到目的会刺激员工进一步建立新的目标，而没达到目的则会刺激他进一步努力或修正目标，这样构成一个周而复始的循环，就是人们目的行为的一般过程。

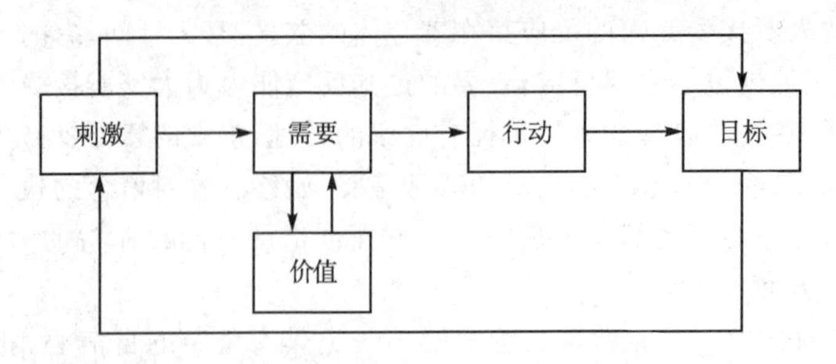

图 12-3 人的行为一般构成图

既然人的行为有这么一个构成状态，那么对组织成员进行自我管理行为的引导就应该从以下三个方面进行：

（1）价值体系变换。由于人的价值体系主要起着对个人需要、内外资源、目标价值、行为方式等做出一定判断和选择的作用，因此，人的价值体系的完整与否、正确与否，对人的行为有重要的影响。变换人的价值观念，使之树立自我管理的价值观念，从广义上说应是人们行为引导的重要方式之一。

（2）合适的内外刺激。合适的内外刺激是指给人适当的能够激发其自我管理的条件、变化、任务、工作等。例如，给他一个工作领域，同时授权给他，这便是一种外部环境变化给他自主管理的一个激励。又如用精神、思想等改变员工的内在需要，或用某一个强刺激使之觉醒，使之开始采取自我管理的行为。诱导性的刺激是一种良好的行为引导方式，能够使人们在不知不觉中使自己的行为规范化、有序化、有效化。

（3）目标激励。目标就是未来时期预定达到的结果，对于一个人来说，他并不只有一个目标，而是有一个目标体系，有学习上的目标，也有工作上的目标，有爱情上的目标，也有娱乐方面的目标等。人总是在这个目标体系中根据目标的价值以及现实可能，做出比较判断，最后做出选择。目标也是一种行为引导的重要方式，合适的目标能够诱发人的动机，引导人们的行为方向。现代组织中可以运用目标管理的方式来逐步引导员工学会自我管理。当然，设定什么样的目标，目标的可实现程度如何，对员工的行为引导效果来说是很不同的，这方面具有极大的创新空间。

12.3.4 实施人本管理应注意的问题

（1）人是主体。不论人本管理的理论如何强调人在组织中的作用，但在现行的管理实践中，人本管理还只是从管理者的角度去考虑如何激励人员的工作热情，引导他们的行为，以其符合组织的要求，其基本的出发点仍是将人作为管理的客体。因此，在装备维修领域实施人本管理，应按照人本管理的本质要求，充分体现人的主体地位，坚持以人为主体的管理理论，通过建立健全有效的民主管理制度，使维修保障人员成为真正的管理主体。

（2）有效管理的关键是人的参与。维修保障人员的主体地位、维修保障人员的主人翁地位需要通过一定的方式机制加以体现，这就是组织成员的参与管理。在装备维修管理实践中，这种参与管理模式，应排除管理者和被管理者的对立，而且这种参与应是自发性的，通过这种参与，使维修保障人员的主人翁地位得以体现，激发维修保障人员的成就感，满足维修保障人员自我实现的需要，同时也创造了维修保障人员的归属感和集体主义精神。

（3）推动人性的完善发展。任何管理者都会在管理过程中影响组织成员的人性发展，同时，管理行为就是管理者人性的反映。因此，在装备维修管理实践中，必须高度重视维修管理者的人性问题，只有管理者的人性发展到一个比较完美的境界，维修保障人员的人性发展才有可能达到较高的水平。人员的素质是装备维修保障质量效益的关键，装备维修人本管理正是对维修保障人员人性塑造的过程。任何管理措施、制度、方法，只有有利于维修保障人员长远的健康的人性塑造，才能对维修保障工作有利，激发维修保障人员自我实现的需要，同时也为装备维修系统科学发展提供了人性的保证。

（4）坚持服务人的宗旨。装备维修的人本管理，同样强调为人服务，但这个人不是狭隘的人的概念，应该拓展到整个系统、整个社会，即不仅为本系统、本单位人员的发展服务，同时通过本系统、本单位提供的产品为整个装备建设、军队建设发展服务，乃至为全中国的人民服务。

复习思考题

1. 人本管理的核心是什么？
2. 人本管理与过去的管理模式有何不同？
3. 人本管理在企业中怎么展开？
4. 组织创设文化环境的方式、方法是什么？
5. 工作内容丰富化与组织的秩序是否有矛盾？
6. 行为引导与自我管理的关系是什么？

第 13 章　空军航空维修管理创新

新军事变革深入发展，空军战略转型加速推进，装备更新换代加快，使空军航空维修面临着转型和发展的双重压力。空军航空维修系统主动适应新形势、新变化、新要求，深入开展航空维修保障模式改革创新，迫切需要加强推动航空维修管理创新，充分发挥管理的资源整合作用，提高航空维修保障的综合效益，以更富有效率的方式保障装备的作战使用，为实现空军航空维修科学发展提供可靠高效的管理保障。

13.1　空军航空维修管理创新的迫切性

当前，空军处在战略转型的关键时期，航空装备快速发展，军事训练深刻变革，航空维修的需求、对象、环境、技术等发生了重大变化，航空维修思想理念和理论技术得到了快速发展，特别是 20 世纪 90 年代以来，在信息化的推动和新军事变革的拉动下，航空维修领域的变革异常迅速：标准要求高，需求多样化，技术创新快。

(1) 标准要求更高。图 13－1 所示为航空维修标准要求的演变过程。一方面，在信息化战争形态下，作战随机性强，机动性要求高，航空装备地位作用进一步凸显；另一方面，随着航空装备信息化程度的显著提高，装备体系结构复杂，系统交联，影响航空装备作战使用效能的因素更多更复杂，维持满意的航空维修质量安全标准的要求更高、难度更大。

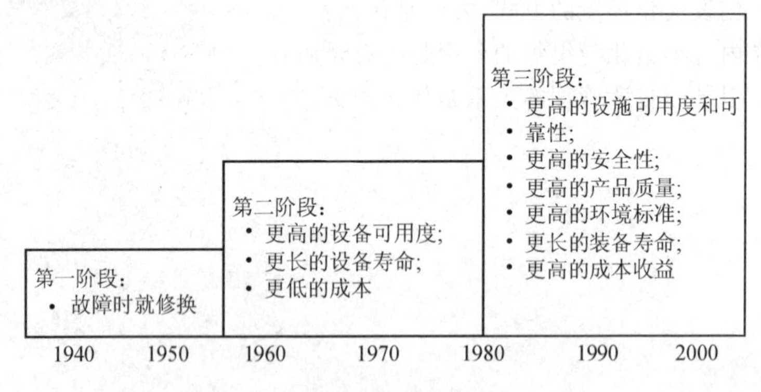

图 13－1　航空维修目标要求的变化

(2) 保障需求多样化。随着航空维修要求标准的不断提高和航空维修需求、对象、环境、手段的不断改善，航空维修研究也在不断深入，改变了我们对航空维修的许多基本看法。图 13－2 所示为对航空装备故障规律认识的变化。在早期，故障观点比较简单，认为故障是时间的函数，使用时间越长越可能发生故障，“浴盆曲线”得到了普遍认同，但随着航空装备的发展和维修保障实践的深入，新的研究揭示，航空装备的复杂化，也使航空装备故障规律趋于复杂化，影响航空装备正常工作的不确定性因素更多，作用机理更复杂，故障模式不是一种，而是至少有 6 种，改变了传统的维修认识，要求航空维修向基于状态的维修转变，这对航空维修管理产生了深刻影响，提出了新的要求。

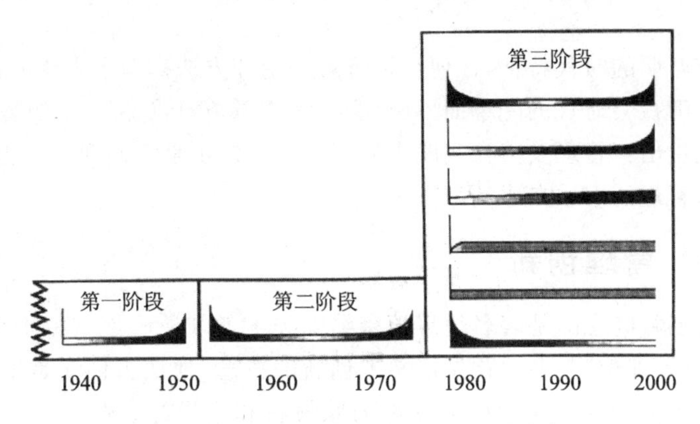

图 13-2　航空装备故障规律认识的变化

(3) 技术创新快。新的维修观念和科学技术的迅速发展，使航空维修技术手段发生了重大变化。图 13-3 所示为维修技术的发展变化。面对这些新技术、新工具，航空维修系统面临的主要挑战不仅是要学习这些新技术、新工具，而且要能决定在本系统、本单位哪些值得做。只有根据需求做出正确的选择，对这些维修技术和保障工具手段加以整合运用，先进维修技术的效用才能得以充分发挥，航空维修目标才能高效达成。

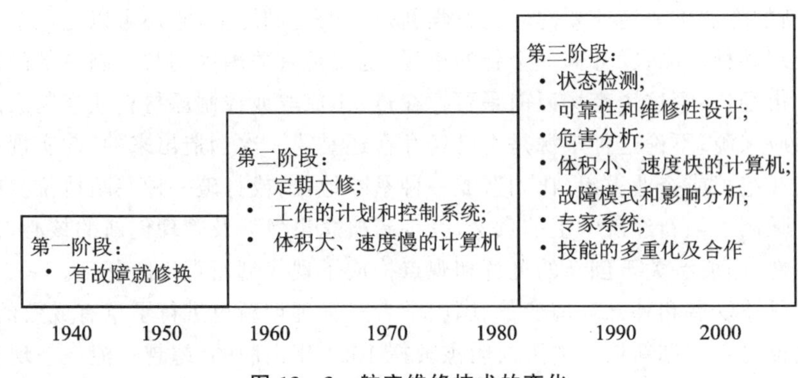

图 13-3　航空维修技术的变化

纵观空军航空维修的建设发展历程，空军航空维修由小到大、由弱到强，正迅猛发展，同时也使人们的实践和认识发生了和正在发生着前所未有的变化，既给我们带来了新希望、新机遇，同时严峻的航空维修安全形势、更高的标准要求，也使空军航空维修面临着严峻的挑战。应对挑战，进一步提高空军航空维修的质量效益，推动空军航空维修科学发展，关键之一是加强管理，大力推动空军航空维修管理创新，向管理要保障力、向管理要效益。

13.2 空军航空维修管理创新的内涵

管理具有鲜明的时代特征，任何一种管理理论和方法都源于人类的社会实践，管理的理论模式随社会时代的变革而不断演化，其本质在于创新。正如著名管理学家彼得·德鲁克指出："管理及其在实践中的一个重要进步是它们现在都包含着企业家精神和创新"，管理的本质在于创新。

13.2.1 管理创新

最早提出创新概念的是著名经济学家约瑟夫·熊彼特。熊彼特于1912年在其出版的《经济发展理论》一书中首先定义了创新的概念，他认为创新是生产手段的新组合，"……生产意味着把我们所能支配的原材料和力量组合起来。生产其他的东西，或者用不同的方法生产相同的东西，意味着以不同的方式把这些原材料和力量重新组合。只要是当新组合最终可能通过小步骤的不断调整从旧组合中产生的时候，那么就肯定有变化，可能也有增长，但是却不产生新现象，也不产生我们所意味的发展。当情况不是如此，而新组合是间断地出现的时候，那么具有发展特点的现象就出现了。……当我们谈到生产手段的新组合时，我们指的只是后一种情况。因此，我们所说的发展，可以定义为执行新的组合"。其所说的创新内涵包含下列五种情况：①采用一种新的产品，也就是消费者还不熟悉的产品，或者已有产品的一种新的特性；②采用一种新的生产方法，也就是在有关的制造部门中尚未通过经验验定的方法，这种新的方法不一定非要建立在科学新发现的基础之上，它还可以是以新的商业方式来处理某种产品；③开辟一个新的市场，也就是有关国家的某一制造部门以前不曾进入的市场，不管这个市场以前是否存在过；④掠取或控制原材料或半制成品的一种新的供应来源，不论这种来源是否已经存在还是第一次创造出来的；⑤实现任何一种新的产业组织或企业重组，比如造成一种垄断地位，或打破一种垄断地位。熊彼特所言过于强调了创新经济学上的意义，其创新概念虽然涉及管理创新的核心，但仍有许多局限性，熊彼特关于创新的见解和观点构成了现代创新理论的基础。

适应科技发展和外部环境变革，国内学者对管理创新也进行了卓有成效的研究。国内最早提出管理创新概念的为芮明杰教授1994年出版的《超越一流——现代企业管理的创新》，以及常修泽教授1994年出版的《现代企业创新论》。常修泽教授认为："管理创新是指一种更有效而尚未被企业采用的新的管理方式或方法的引入。管理创新是组织创新在企业经营层次上的辐射"，常修泽教授这种认为管理创新只是组织创新的一个侧面，管理创新仅仅是引入新的更有效的管理方式方法的见解和观点，有一定的可取之处，但有失偏颇。

芮明杰教授认为，管理创新是指创造一种新的更有效的资源整合范式，这种范式既可以是新的有效整合资源以达到企业目标和责任的全过程管理，也可以是新的具体资源整合及目标制定等方面的细节管理。因此，管理创新这个概念包括下列五种情况：①提出一种经营思路并加以有效实施；②创设一个新的组织机构并使之有效运转；③提出一个新的管理方式方法；④设计一种新的管理模式；⑤进行一项新的制度创新。

国内还有一些专家学者对管理创新进行了探索和研究，提出一些独到的见解，如有的学者认为，管理创新是指组织用新思想、新技术、新方法对组织管理系统（如战略、组织、技术、文化、质量）的方略组合进行重新设计、选择、实施与评价，以促进组织管理系统效能不断提高的过程。

13.2.2　维修管理创新

根据创新和管理创新的概念内涵，所谓航空维修管理创新，是指管理者借助系统观点，利用新思维、新技术、新方法，创造一种新的更有效的组织资源整合范式，以促进航空维修组织管理效能的显著改善的一种动态创造性过程。

简而言之，空军航空维修管理创新，就是要与时俱进，具体问题具体分析，探索适应时代发展趋势，符合航空装备使用和保障特性的维修管理体系模式，显著提高航空维修管理的效率和效益，为空军航空维修科学发展提供可靠高效的管理保障。

13.2.3　维修管理创新的原则

空军航空维修管理创新是一种复杂的系统工程活动，关系到空军航空维修系统的长远发展，直接影响到航空装备的战备完好，因此，空军航空维修管理创新必须遵循基本的指导原则，以确保空军航空维修管理创新的有效性。

(1) 有利于做好军事斗争准备。空军航空维修是为空军航空装备遂行作战任务提供保障的，我军新时期的军事战略方针，决定把我军军事斗争准备的基点放在建设信息化军队、打赢信息化战争上，这就要求空军航空维修管理创新，必须瞄准建设信息化军队、打赢信息化战争的时代需要，主动适应新军事变革，适应空军转型建设，适应空军航空装备快速发展的要求，坚持战斗力标准，以作战需求为牵引，塑造优良的航空维修保障环境，建立高效的组织管理体系，提高空军航空维修管理的能力水平，为空军转型建设和军事斗争准备提供高效的管理保障。

(2) 有利于航空维修的集中统一领导。空军航空装备是综合运用各种现代科学技术，由社会化大生产来完成的，空军航空维修管理需要实行社会化的分工和广泛的协作，必须按照统一的目标，统一思想，统一步调，才能共同完成空军航空维修保障任务。因此，必须坚决贯彻武器装备全系统全寿命管理的要求，建立科学高效的组织管理机构，对空军航空维修实行高度集中统一的管理。

(3) 有利于航空维修的系统管理。实行航空维修系统管理，既是我军装备全系统全寿命管理的要求，也是现代装备管理理论和实践的高度概括和总结，代表了现代维修管理的基本规律，是一种已被国内外装备维修管理实践证明了的先进的管理方式。因此，空军航空维修管理创新，必须贯彻全系统全寿命管理思想，按照全系统全寿命管理的基本要求，从系统的角度出发，综合考虑上游与下游、可能与需要、技术与管理、现实与未来等多种需求，建立健全航空维修系统管理体系模式。

(4) 有利于提高航空维修管理效能。按照精简、统一、效能的原则和决策、执行、监督相协调的要求，从空军航空保障流程出发，将分散在原来各个职能部门的活动整合为一个连续的完整的业务流程，摒弃多头分散管理和职能分工交叉，划清工作界面，明确职责分工，加强信息交流，实施业务流程的综合性管理，以消除组织壁垒和沟通障碍，进一步提高空军航空维修管理效能。

(5) 有利于形成高效的运行机制。要提高航空维修管理效能，必须要消除航空维修管理的随意性，实现维修管理决策的科学化，保证航空维修管理按照统一的规划计划有序进行，因此，必须建立科学高效的运行机制，在航空维修的各个环节、各个层次上实施有效的激励调控，形成相互促进的运行机制，以保证决策的科学性和管理的有效性。

13.3 空军航空维修管理创新的逻辑

13.3.1 哲学思维是空军航空维修管理创新的不竭动力

管理是对组织资源进行有效整合以达到组织既定目标与责任的动态创造性活动，创新是管理的本质要求。空军航空维修管理创新根植于复杂性、不确定性和动态性之中。随着军事形态的演变和空军航空装备的快速发展，航空维修管理对象、管理环境的复杂性、维修管理活动的综合性显著增强，空军航空维修管理创新的重要性更加突显。由此可见，空军航空维修管理创新是适应时代发展的客观需要而发生的，是随着保障需求的发展而发展的。当然仅有维修管理创新的动因还不够，还需要采用科学的、有效的创新模式方法，才可能有效地实现空军航空维修管理创新。

哲学思维是一种具有普遍意义的方法论。科学史上很多杰出的科学家都善于从哲学层次来思考问题，凭借哲学思维的独特眼光和力量，找到指示科学探索正确路径的启示性路标。量子力学的创始人海森堡曾师从经典物理大师索末菲，海森堡独辟蹊径，从哲学角度审视导师的电子轨道理论，敏锐地发现电子轨道无法用宏观实验观察来证实，必须从可直接观察的光谱强度和频率入手。正是在这种可观察性哲学思想的指引下，海森堡找到了通向量子力学的指示性路标，成为创立量子力学的科学大师。由此可见，对于一些复杂问题，当实验探索和数学推演这两种常规程序无法有效解决时，哲学思维常常能起到打开突破口的巨大作用。

同样，这种哲学思维对于创新空军航空维修管理也是非常重要的，无论是提出一种新的发展思路，创新一个新的组织结构，还是提出一个新的管理方式方法，设计一种新的管理模式，进行一项体制机制创新，都需要这种哲学思维。从创新思维角度看，对于空军航空维修管理而言，至少应有四种创新思维：突破类同性，达到独特性；突破单一性，达到多样性；突破分离性，达到联结性；突破孤立性，达到整体性。

13.3.2　空军航空维修管理创新的新逻辑

在新的起点上，空军航空维修面临着新情况新问题，需要对新环境条件下空军航空维修管理的特点规律进行系统分析，发掘保证航空维修管理创新有效的最基本的理论依据——普遍适用的新逻辑。

1. 系统性逻辑

自然辩证法认为，由于系统整体与部分以及部分之间存在的相互作用、相互制约关系，构成了系统整体呈现不同于部分的整体特性即涌现。随着以信息技术为核心的高新技术在航空装备领域的广泛应用，航空维修的系统性、整体性显著增强。从系统的角度看，航空维修的价值形成于维修及其相关活动过程中，最终体现在航空装备作战使用任务的完成上。航空维修最终目标的唯一性，要求我们在考察航空维修的组织形态或运作方式时，抛弃过去那种从孤立的、局部的角度来认识航空维修的思想观念，坚持从系统的整体出发，注意区分系统整体和局部的质的差别，注重从系统整体对各要素进行综合分析，树立有机联系、系统整体的观点来认识航空维修的思想观念，通过系统要素的辩证综合，再现系统整体过程，统筹好前端与末端、作战与保障、技术与管理、效率与效益、内场与外场等多种关系，立足整体，统筹全局，使局部的变革服从系统整体的协调发展。

2. 技术性逻辑

随着科技创新的加快，航空装备智能化、信息化、体系化程度显著提高，技术对航空装备作战使用的地位作用更加突出。自从航空装备诞生以来，航空维修已走过了一个多世纪的发展历程，纵观这一发展过程，不难发现，航空维修特别是空军航空维修的发展，无不打上了科学技术的深刻烙印。科技进步，不仅改变了航空维修对象——航空装备的战术技术性能，使航空装备更可靠、更安全，系统性、综合性更强，而且也改变着航空维修本身。新的维修技术如 PHM、PMA、ATE 等，新的决策支持手段如集成维修信息系统、维修管理系统、维修辅助决策支持系统等，得到了快速发展和广泛应用，航空装备的技术状态得到了有效监控。“技术决定战术”，技术的进步为我们更新维修观念，优化维修策略，创新保障模式，提供了技术支撑。技术进步不仅为我们创新航空维修提供了一种选择，而且还对信息化条件下航空维修管理创新提供了一种方法论，即发挥信息化的主导作用，实现信息化主导下的结构性整合和功能性提升相结合。

3. 动态性逻辑

航空维修是保障航空装备作战使用的重要支撑,它不是一个孤立系统,而是存在于军事系统和空军装备等大系统之中,受到航空装备、作战使用样式和后勤保障等多个系统的影响和制约,与外部环境存在着物质的、能量的和信息的交换,外部环境的变化必然会引起系统内部各要素之间的变化,因而是一种耗散结构、动态结构。按照耗散结构理论,系统只有与外界存在物质、能量和信息的交流,与外界环境相适应,系统才具有生命力,才具有可持续发展的动力。因此,随着高新技术装备的部署使用,应根据航空装备使用和保障特性,对体制编制、组织结构、人员配置等及时进行调整优化,为空军航空维修保障塑造一种卓越的氛围环境,始终保持航空维修系统的活力。

13.4 空军航空维修管理创新的途径

空军航空维修管理创新,是根据空军航空装备建设发展的客观规律和现代科学技术的发展态势,对传统的管理模式及相应的管理方式和方法等进行改进、改革和改造,创建新的管理模式、方式和方法的动态过程,涉及空军航空维修管理的流程、组织、管理方法、管理模式、制度、组织文化等多个方面,有的专家学者将管理创新的途径归纳为流程再造、组织创新、制度创新、文化创新四个方面,也有的将其归纳为组织创新、管理模式创新、危机管理、日常管理、信息化管理等几个方面。根据空军航空维修管理现状及其特点,空军航空维修管理创新的途径,应主要从以下四个主要方面展开。

13.4.1 流程再造——维修管理创新的基础

空军航空维修管理创新的目的是提高维修管理效率和效能,而对现有业务流程再造是提高航空维修管理效能的关键。业务流程再造涉及对原有流程的再认识和对新流程的设计两个方面。对原有流程的再认识,其目的是弄清原有流程在新环境下所存在的弊端,找出阻碍组织效率提高的瓶颈。对新流程的设计则是针对革除原有流程的弊端展开的。流程再造可以是改良式再造,也可以是革命性再造。改良式流程再造注重在一段时间内不断积累的变化而达到长期相对明显的效果。其重点在于完善原有的流程,清除和改造不合理和低效率的环节,以提高原有流程的效率。

13.4.2 组织创新——维修管理创新的形式

空军航空维修管理创新是空军航空维修管理在组织架构、岗位职责、职责权限和资源配置等方面的创新。以信息技术为核心的高新技术的迅猛发展及其广泛应用,引发了空军航空维修管理组织环境的剧烈变化,现代组织结构出现了一些新的发展趋势,如组织扁平化、组织网络化和组织虚拟化等,并已在商业实践和一些军用型号项目中得到了广泛应用。

组织创新的一种模式就是基于业务流程再造。基于流程再造的组织创新的方向是变革空军航空维修管理组织体系，促进组织结构扁平化。扁平化的组织架构需要信息平台支撑和实施团队管理，如实行多功能项目小组(IPT)。扁平化适应了业务流程再造的客观要求，将使空军航空维修管理组织在适应外界环境变化方面表现出较强的应变能力。

13.4.3　制度创新——维修管理创新的保障

制度指组织内部的管理制度，是组织内指导组织成员的行动的规则、规定工作流程的规章或约定，具体包括组织机构设计、职能部门划分、岗位工作说明、业务流程中各环节的管理表单等制度类文件。用规范的制度代替单纯依靠领导的口头指示、事必躬亲来构筑管理系统的管理方式，是现代管理发展的必然结果。组织内部管理制度的创新是保证组织结构创新和业务流程创新得以实现的必要条件，也是空军航空维修管理的现实要求。没有适应新流程和新的组织结构的新的管理制度，组织创新也很难落到实处。当然，仅仅进行内部管理制度的改革而忽略流程与组织创新的组织是很难能取得成功的。因此，空军航空维修管理创新，必须高度重视制度创新，以制度创新来规范组织行为，固化管理创新成果，持续改进空军航空维修管理系统的运转效能。

13.4.4　文化创新——维修管理创新的动力

空军航空维修系统内部管理制度的强制性使制度创新对空军航空维修管理创新的成功起到了保障作用，但制度的强制性也有它的局限性，如果组织成员只是被动地去遵守制度，而不能从心理上进行认同，那么这种制度便失去了生命力。并且，无论管理制度多么严密和科学，总有不完善之处，这种不足随着组织内部条件和外部环境的变化所带来的副作用将日益明显。而弥补这种不足的根本力量是建立一种有利于空军航空维修管理创新的组织文化。

文化创新是一个组织改变旧有的、已不适合组织发展的价值观念和行为规范，建立新的价值观念和行为规范的过程。文化创新为空军航空维修管理创新提供了源动力，空军航空维修管理创新能否成功，关键在于文化创新是否有效。从组织文化与组织结构和业务流程的关系看，组织文化决定组织结构现状和业务流程的运作。一方面，组织文化对组织结构具有调适作用，组织文化渗透到组织的各部门，对组织的政策制定、机构确定和调整具有先导性的决定作用；同时，“组织结构跟着文化变”，组织结构随着组织文化的变化而进行相应的调整和发展。另一方面，组织结构也会影响组织文化。组织结构在传导文化的过程中，根据实际和发展需求及时对文化进行调整，使组织能更好地发展。因此，开展空军航空维修管理创新，必须高度关注组织文化的变革和重塑，并以文化变革为先导来统一思想，凝聚力量。

13.5 空军航空维修管理创新的方法

空军航空维修管理创新是一种复杂的动态的创造性过程与活动，是解决空军航空维修科学发展问题的利器，为保证维修管理创新的有效性，应加强空军航空维修管理创新的方法研究。

13.5.1 基于流程

空军航空维修目标的达成是一系列维修保障活动协同作用的结果，而现行的空军航空维修组织，是按照亚当・斯密的劳动分工理论，建立在职能和专业化分工基础之上的，组织或组织成员关注和解决问题的焦点是职能、工作或任务，结果导致了局部最佳、整体一般的弊端。因此，空军航空维修管理创新必须树立"以作战使用为中心的保障"新理念，从用户需求出发，刻画预先、直接、再次出动、飞行后、战斗转场等保障流程，应用业务流程再造理论，通过对维修保障活动的整合、分散与消除、改变活动间的逻辑关系、优化活动组织方式、创新活动实现方式等的系统分析，瞄准关键流程，找准流程突破的途径，整合和优化保障流程，将被割裂的保障流程和分离的管理要素进行优化组合和合理编成，使其构成一个连续完整的保障流程和协同作用的有机整体，使流程、活动、要素之间协同共进，最终实现空军航空维修保障绩效的根本性改善。

13.5.2 基于信息

随着航空装备的更新换代和信息化保障技术的快速发展，空军航空维修业已进入了信息主导的维修阶段。从信息和信息作用的角度看，空军航空维修管理创新的途径一般有三条：一是着眼于信息处理技术的技术途径。通过采用先进的信息处理技术手段，建立快速可靠的信息传输网络，形成良好的信息处理技术环境，以手段的改进和平台的建设来提升航空维修保障效能。二是着眼于信息处理过程的组织途径。通过组织创新、流程再造和建立健全有效的管理体系和运行机制，使维修管理工作过程与信息处理过程有机融合，以信息主导来加强维修决策计划、组织指挥、控制反馈等职能建设，优化决策保障、过程监控、综合评估、控制反馈等管理机制，显著提高维修保障效益。三是着眼于信息内涵的综合途径，着重解决好信息与管理的适应性问题。通过组织体系的调整，建立适合信息管理要求的体系机制，保证维修管理信息处理的完备与合理；通过对管理机制、运作管理、法规制度和人才队伍建设等信息要求的规范，保证管理信息处理的准确性和有效性；通过规定信息格式、信息网络平台建设、信息资源开发，增强信息处理能力，保证航空维修管理拥有先进可靠的技术手段。

13.5.3 基于结构

按照系统论的思想，结构决定功能。一定的物质技术基础，不同的结构方式将产生不同的系统功能。专家曾有云“军事革命最明显的表现是军事力量结构的变化”。空军航空维修保障能力并不完全取决于物质技术基础，而是取决于人力、物力和结构力三种因素的耦合作用，重要的是把结构问题研究透彻，把结构力纳入保障能力要素之中，以功能需求调整结构，以优化结构来增强功能，提高效能。因此，开展空军航空维修管理创新，应在空军总的任务与能力要求框架下，对维修保障的技术、管理、指挥、训练等多种活动、各个环节进行系统分析，瞄准体系完善、专业整合、分工调整、职能优化、组织创新等结构调整的着力点，以信息和信息技术的创新运用来调适维修保障系统诸要素，以追求最佳结构力来合理编成保障要素、配置保障资源，建立高度柔性的“积木式”航空维修组织管理结构，实现人与装备的最佳结合，以高效能的维修管理激发维修保障活力。

13.6 空军航空维修管理创新的对策

13.6.1 更新维修管理理念

管理理念是管理者在管理活动过程中所持有的思想观念和价值判断。作为观念形态的管理理念，是由社会经济关系决定的。社会转型导致了生产力和生产关系的重大变革；军事转型，导致了维修需求、维修环境、维修对象等的深刻变化，必然引起维修管理理念的变革，必须适时调整，改善自身的心智模式。

一是树立以人为本的管理理念。在信息化时代，管理理念不再是表现为个人对成就、财富的追求（基础型），也不完全是以自然科学为基础，强调理性、硬性和数量化（理性型），而是在管理中加入非理性因素，强调人与人、人与组织、人与社会和自然的共同发展。首先强调的是人的作用和人的发展。在未来的管理中，人不是与其他管理要素或对象一样可以通过各种方法和制度来加以管理和控制的资源客体，而是具有精神文化属性的主体；管理不仅是一个物质技术过程或一种制度安排，而是与社会文化、人的愿望、激情、意志等精神特质密切相关的。管理的境界在于创新一种促进人不断学习的组织氛围，进行内存的知识积累，然后在这个基础上实现潜力的外化即创新，从而使人得到自我更新和自我实现。其次强调个人、组织和社会之间的和谐协调。因此，在维修管理中应树立开放的观念、整体的观念、信息的观念、创新的观念、竞争与和谐统一的观念。

二是牢固树立以RCM为核心的科学维修思想，着眼“维修过度”和“维修不足”并存问题，深化航空维修理论应用，在“做好”的基础上，着力解决好“应该做什么”的问题。

三是确立综合效益的观念，综合权衡效率与效益，在保证军事效益的前提下，依靠科学管理，整合资源，优化配置，精确调度资源，持续提高航空维修的经济效益。

13.6.2 变革维修管理模式

现行的维修管理模式是建立在预测基础上的、基于供应推动的数量规模型维修管理模式。数量规模型维修管理模式认为维修保障需求相对稳定，由供应推动，强调大库存、大规模；同时注重三种机制的应用：条块分割的职能管理组织；大库存；特殊的管理行为。但根据RAND公司的研究结果，这三种情况都不成立。如大库存的基础是需求在平时是稳定的，在战时是可预测的，但在信息化条件下，由于维修对象、维修环境等复杂动态变化特性，这两种情况都不准确，存在着高不确定性。为提高航空维修保障效能，美军于20世纪90年代开展了精益维修创新实践。

精益维修的核心理念是消除浪费，创造价值。“消除浪费、创造价值”是精益维修的核心，也是推行精益维修的关键。Muda（浪费）专指消耗了资源而不创造价值的一切人类活动：需要纠正的错误；生产了没有人要的产品，造成库存和积压；不必要的工序；员工的盲目调动和货物的从一地到另一地的盲目运输；由于上道工序发送不及时，使做下道工序的人们等待；以及商品和服务不能满足用户的要求等。在航空维修中，浪费现象俯拾即是。

（1）人员浪费：过程的浪费，是所有以不理想的工作方式做的工作，如维修范围或维修时机把握不当造成的多余的维修活动；行动的浪费，是那些不增值的活动、不必要的工作，如多余的维修工作；等待的浪费，是指维修人员的行动延误，寻找维修技术文件、工具和零部件，维修人员等待零部件供应；等等。

（2）过程浪费：控制的浪费，精力花费在无效或不促进保障力的管理和监控上。如过多的有寿件控制；变化的浪费，资源花费在补救或更正与期望和/或常规的结果的差异上；随意的浪费，是指未理解事物的顺序就将努力花费在任意的改变上，即修正或纠正顺序上。如维修计划编制不科学，针对性不强；可靠性的浪费，维修活动与航空装备使用特性不相适应，维修内容多，故障排除时间过长；规范性的浪费，维修管理的规范性、针对性不强，维修活动随意性大；计划的浪费，维修需求预测不科学，计划制定针对性不强，资源消耗在无效的维修活动上；延误的浪费，部门之间沟通不足，时间、资源消耗在工作交接或转移途中，如外场与内场工作的交接或转移，维修部门与场站之间的信息流不畅通；核查的浪费，质量安全控制不严，工作需重新检验或返工；错误的浪费，资源消耗在一些重复性错误或弥补不当维修活动上，等等。

（3）信息浪费：使用的浪费，努力消耗在过程步骤之间或信息源之间，用来改变数据、格式及报告；流丢失的浪费，关键信息丢失或采集不完整，如外场使用和保障数据丢失现象严重，数据不完整，采集不及时等；传输的浪费，大量的精力消耗在信息源之间递送信息的过程中，如信息数据不完整需重新输入等；无关信息的浪费，资源、消耗在不必要的信息分析上；不正确信息的浪费，处理无效信息占用资源多；等等。

精益维修管理模式，通过制定流程，明确各环节的责权界限，发现核心价值流，优化价值增值活动，消除或控制价值非增值活动，使每个维修人员更加关注自己的本职工作，发现存在的问题，从而持续提高航空维修的综合效益。

13.6.3 创新维修组织形态

组织是管理的载体，组织结构合理与否直接影响到管理成效。20世纪70年代以来，国内外学者对组织创新进行了卓有成效的研究，提出了许多组织创新的理论方法和途径策略。综合来看，组织创新的途径主要有三种：

一是从改变组织结构要素入手的结构创新。基于结构要素的组织创新主要有三种途径：组织结构扁平化、组织结构柔性化和组织结构网络化。

二是从流程再造入手的过程创新。从流程再造入手的过程创新，是对传统的基于职能的组织理论与实践的一种突破，它使组织的构成单位从专业化的职能部门转变为以流程为导向、充分发挥个人能动性和多方面才能的过程小组，这样对组织的设计和再设计就主要不是结构组织问题，而是确确实实地按“过程”来建构组织，即以流程为中心的“过程组织”。

三是从提高组织学习能力入手的能力创新。组织学习能力是反映组织学习效率和学习效果的指标，被定义为组织具有精于知识吸收、转化和创造，且能根据新知识和长期目标调整行为的一种品质，即组织学习能力是组织根据内外部环境变化不断进行动态调整和创新，以对各种变化做出正确而快速反应的能力。目前已成为组织核心能力的关键要素。

目前，空军航空维修管理是一种专业技术管理与职能管理相结合的体系模式，对开展维修保障工作发挥了较好的管理保障作用，但在组织结构方面存在着机构不健全、管理力量薄弱、管理不闭环等突出问题，影响了维修保障效益的进一步提高。根据组织创新的方法途径，空军航空维修组织创新可从以下几个方面开展：

一是按照相对封闭的原则，建立健全决策计划、组织实施、监督控制、反馈评估等部门或机构，形成相对完善的维修管理体系。根据维修管理现状和发展需求，重点加强决策计划、质量控制、安全监察等部门机构建设，充实维修管理力量。

二是整合维修保障信息管理职能。信息已成为维修管理的主导要素，加强信息管理是提高维修管理效能的重要途径。为保证维修管理工作的高效有序，维修管理机构需要准确掌握装备技术状态、人员技术状态和保障装备技术状态等保障需求信息，应改变目前维修信息管理力量分散、力度不够的问题，按照信息主导的思想理念，加强组织机构建设，切实把维修保障各个领域、各个方面的信息管理起来、利用起来，提高维修保障信息的利用效率。

三是优化维修保障的组织实施流程。系统分析维修保障管理各项工作、业务流程的纵横关系及其相互影响，重点理顺机务保障各项流程活动之间的关系，为优化组织结构奠定基础。

四是开展组织文化建设。深入开展组织文化建设,充分发挥组织文化的凝聚功能、导向功能、激励功能、熏陶功能、塑造功能,努力创造优良的航空维修环境氛围,使"质量大于一切,责任重于一切,使命高于一切"的航空机务核心理念深入人心,有效激发维修保障人员的活力和激情,创造性开展航空维修工作。

13.6.4 完善维修管理体系

航空维修是维修保障系统各要素综合作用与优化配置的结果,航空维修的有效运行需要高效的管理体系作支撑。根据空军航空维修管理现状和发展需求,在加强维修组织指挥管理体系建设的基础上,应重点加强以下几个方面的体系建设。

1. 质量保证体系

质量保证体系,是现代企业特别是国际民航业实施维修生产所必备的一个首要的组织要素,有效的质量保证体系是航空装备维修保障模式有效性的重要保障。由于诸多历史原因,我军的航空维修一线保障,在质量保证体系的建设上一直存在着"短板"和"缺项",维修质量检验体系与维修作业体系没有剥离,缺少专职的、相对独立的质量监管队伍,质量监管工作不能得到有效落实,质量保证工作缺乏有效的体制保障。因此,应全面贯彻全面质量管理思想和理论,建立健全质量保证体系。

在组织形式上,构建起质量立法、质量审核、质量控制和质量检验相配套的相对独立的职能机构,设立"质量工程师"岗位,成立相对独立的专职质量检验队伍。

在职责分工上,职能部门实施质量立法,动态管理,适时更新;质量工程师实施"质量审核",确保人员资质符合规定,规章制度得到正确执行,质量检验得到有效监督;专职质量检验人员(队伍)实施维修作业的质量检验,确保维修保障质量可靠,实施全员、全程和全面的质量管理,确保维修质量管理的动态、闭环、精确。

在运行机制上,在优化完善质量管理体系的基础上,针对"关键工序"和"重要工作项目"实施重点控制;在做好结果检验的同时,重点加强过程检验,由事后向事中、事前转移,实现维修工作全程质量检验和管理监控。

在体系建设上,按照全面质量管理的核心本质要求,在不断完善质量管理要素功能、方法手段和机制模式的基础上,进一步延伸拓展,逐步构建起要素齐全、功能完备、运行顺畅、工作高效的质量保证体系,建立健全质量追溯、综合评估等良性机制,实现全系统质量水平的持续提高。

2. 安全监察体系

事故猛于虎,安全重如山,深刻地揭示了安全工作的重要性,"安全第一"业已成为航空维修的核心理念。对于航空装备这种高新技术密集、体系结构复杂、使用环境特殊、人机高度融合的复杂系统的维修保障工作而言,影响维修安全的因素涉及人、机、环境、制度等诸多因素,必须按照安全系统工程理论,树立预先防范、防微杜渐的思想观念,建立健全安全监察体系,从事后预防转向事前预见、事中监控,推动安全管理向深层次的延伸,系统分析导致危险情况因素滋生的环境条件,及时将其消灭于萌芽状态，实现航空维修安全发展。

一是实施安全监控。安全监控是指对安全规则执行情况和对危及安全因素的控制。安全监控的基本方式有：①信息传递式，即通过收集安全信息，掌握安全动态，通报安全情况，提醒人们对重点问题的关注和警惕，以增强工作者的自制能力；②跟随监督式，即通过对重点人员、重要操作的跟班检查，及时发现和纠正违犯安全规则的问题；③专项普查式，即通过组织对航空装备某个机件、设备、系统，或对某项维修设施、保障装备的专项检查，及时消除危及安全的隐患；④卡片监护式，即对易发生的重大维修差错和危险性作业，制定操作程序卡片，对照卡片一项一项按程序操作，并指派专人现场监护，操作一项、检查一项，确保万无一失；⑤警告警示式，即在作业场所、作业部位张贴、悬挂或喷涂警示标牌、标志、标语、标志物（如小红旗）等，提醒人们注意；⑥连锁纠错式，即在作业对象上，采取防差错技术措施，确保即使在某一操作工序中发生了错、忘，操作就不能继续进行，或者能自动避免发生错、忘的后果。

二是开展安全评估。安全评估是对影响维修安全的基本因素即“人-机-环境”系统可靠运行的基本要素和安全工作情况进行分析判断，通过维修安全评估，明确危及维修安全的重点对象、重点问题，为制定维修安全管理对策和措施提供依据。维修安全评估的方法，一般有：①比较法，与安全标准、与以往同期、与同类单位比较；②排队法，对危及安全的因素，按其严重性或重要度进行分类、排队；③因果法，根据安全计划、安全规则、安全措施的执行结果，判明其有效性和可行性；④综合评价法，通过对影响安全因素的系统分析，定性与定量相结合，建立层次结构模型，量化分析安全状况，准确把握一个组织或单位的安全管理能力和安全瓶颈因素。

三是进行安全预测。安全预测是对未来一个时期安全趋势所进行的预想和推测。预想是根据以往实践的结果，预想未来一个时期在“人-机-环境”系统与以往大致相同的条件下可能产生的危险性故障和维修差错；推测是根据以往的统计资料，按照一定的模型分析计算出危险性故障和维修差错产生的概率及其可能导致事故的概率。通过进行维修安全预测，科学确定未来一个时期维修安全工作的方向和重点，以便采取针对性的预防危险性故障和维修差错的措施。

四是组织安全检查。安全检查，是发动群众查找和消除危险因素和事故隐患的积极措施。通过对各类人员进行安全教育、传达安全通报、学习安全法规制度和业务能力测试摸底，对飞机某一机件、设备和系统进行普查，查找故障、隐患和重要技术通报、技术措施在飞机上的落实情况，以及对维修保障系统危险源的系统辨识，找出危及安全的隐患，可实现维修安全的预防、针对性的管理。正常情况下未发生问题时的“飞飞整整”和发生问题后的“停飞整顿”，都是一种有效的办法。但在进行安全检查时，必须突出重点、讲究实效，每次检查都要有明确的目的，着重解决一两个主要问题，防止面面俱到、不深不透。

五是加强技术创新。技术创新是安全发展保障。根据墨菲定律，如果存在发生问题的可能性，问题是迟早要发生的。要想杜绝安全问题的发生，其根本途径在于从技术上采取措施、在设计制造中采用先进的安全技术，杜绝隐患，提高航空装备的安全性，保证航空装备在使用中不发生危及安全的故障，在维修保障工作中不会发生维修差错。目前，先进的安全设计技术有：损伤容限设计技术、多余度技术、故障隔离技术、容错技术、自修复技术、防错技术、人素工程设计技术等。虽然这些技术，已在航空装备设计制造过程中得到了很好的应用，解决了一些重大问题，但由于航空装备的特殊性，在工作实际中，还要高度重视故障信息和维修差错信息的收集、积累，积极开展故障机理研究和宏观分析，提出航空装备的加改装意见和建议，有针对性地、局部地采取安全技术措施，持续改善航空装备的维修安全性。

3. 法规制度体系

法规制度是航空维修管理的基本依据，是调整维修保障各层次、各部门有关维修保障行为关系的基本准则，为保证航空维修管理的有效运行，应结合航空维修保障工作实际，对维修保障工作的具体事项做出明确规定，在一定范围内颁布执行，从而使航空装备维修保障法规体系形成一个层次分明、结构合理、上下衔接的有机整体，使维修管理有法可依、有章可循。特别是应根据航空维修保障模式改革的客观需要，在保持法规制度严肃性、相对稳定性的基础上，加大维修保障法规制度的修订力度，大力组织各级业务部门做好确定新增机构职能、职责，设计运行流程，明确工作界面，确定新增人员职责等基础性工作，逐步建立健全维修保障评估制度和评估体系，确保维修管理有法可依，执法必严。

4. 人员培训体系

人是航空维修的核心要素，航空维修必须坚持以人为本，以落实人员岗位专业能力标准为重点，科学确定各类人员、各训练阶段的任务和内容，改进训练方法和手段，建立健全制度和机制，着力建立健全高效的维修保障人员培训体系，把维修保障训练的计划、组织、实施、监督、考评等形成一个有机整体，实现维修保障人员培训的系统化、规范化、制度化，持续提升维修保障人员的能力素质，为航空维修保障模式改革的深入发展提供人才支撑。

一是突出前瞻性。瞄准军事训练转变和空军转型建设的前沿，用创新的思维谋划训练，用科学的理论指导实践，用先进的技术支撑发展，优化维修保障训练内容，创新维修保障训练方法手段，改善维修保障训练设施条件。

二是注重系统性。针对维修保障模式改革出现的人员知识能力的结构性变化，按照指挥管理、专业技术、综合技能增长规律，构建起类型齐全、阶段完整、分工合理的训练体系，处理好现实需要与长远发展、补差训练与能力形成、专业培训和综合培训等多种关系，确保各类人员能力素质的持续提升，满足维修保障模式深入发展的需要。

三是增强针对性。围绕着履行岗位职责需要，确定岗位专业能力培养目标，调整人才培养方案和训练大纲，强化基础训练，拓展深化训练，塑造基本技能，突出放飞保障、技术保障、维修计划和维修管理人员的补差训练，提高履行岗位职责的能力素质。

四是提高科学性。按照机制保障、协调发展的基本思路目标，建立科学合理的人员培训监管机制，行之有效的人员培训激励机制，切合实际的人员培训保障机制，通过建章立制，建立规范、高效、有序的人员培训管理机制，实现人员培训的长效发展。

13.6.5　优化维修管理机制

航空维修管理机制，是指组成航空维修系统的各个部门，以及各部门之间用一定的程序和制度所形成的相互联系和联系方式的总和，并通过它促进航空维修活动按预定的目标有效地运转。维修管理机制是由潜藏于维修管理过程更深层的内在的管理规律支配的，对航空维修的发展具有长远的价值作用。航空维修管理机制是通过维修管理实践不断完善的，并需要适应航空维修的新发展而不断优化发展。

一是维修生产计划与调度机制。“计划好你的工作并完成好你的计划”。装备维修管理部门应根据现有的飞机使用保障特性、任务需求等，分析预测维修系统长期和短期的维修工作负荷，对各类维修的所有相关的人力、物力、时间等进行筹划安排，并有效监控维修工作进展，确保维修工作有序高效完成。

二是工程技术保障机制。维修内容、时机是航空维修工作的基础，也是维修管理工作的重点关键。航空维修系统，应有专门的机构和力量，系统分析和研究维修运作的各个方面，评估维修需求，制定科学合理的维修工作指令，为完善优化维修大纲、维护规程提供咨询意见和建议，为维修一线保障单位提供技术分析支持，为维修一线保障单位进行技术支援。

三是信息共用共享机制。根据维修运行需要，建立并保持一个完整的、随时更新的资料管理系统及相应的管理运行机制，重点对相关机型的故障信息和机务保障的共性问题加以收集、整理，在综合分析的基础上，运用网络、技术通报、简报等形式，实现使用和保障信息的共用共享。

四是质量安全监控机制。质量安全是航空维修的永恒主题，建立健全维修质量安全管理体系和保证体系，制定完善的质量安全控制政策制度，实行专职专人管理，建立健全质量安全定期报告制度，实现维修质量安全的预警防范。

五是综合评估机制。“你只能改进你所能衡量的东西”。提高维修管理效能，必须摒弃陈旧的模式来衡量维修系统业绩，对航空维修系统描绘一个完整的影像，使维修工作能够得到有意义的评价。欧洲维修技术委员会于2005年制定了一个关于维修关键性能指标（MKP，Maintenance Key Performance Indicators）的欧洲标准。该标准由一系列指标组成，涵盖了有关维修各方面的问题，可应用于任何设备。这些指标是一种工具，用来衡量维修系统的性质，并可得出实际结果。这些结果可用于与所期望的结果进行比较，从技术、经济、组织等各方面的观点来验证它们是否按照最适当的路线图来达到、保持和改善一个高效的航空维修。

13.6.6 转变维修管理方式

从系统的角度来看，影响空军航空维修的因素是多方面多层次的，要提高维修管理效能，必须依靠空军装备系统各部门、各分系统的有效协作，既需要优化管理要素结构，调整优化职能管理力量，但这并不能解决所有问题，还必须转变维修管理方式，提高维修管理的针对性、有效性。

一是集中管理与分散管理相结合。航空维修管理对象多元，维修保障需求多样，维修管理活动复杂，有的管理活动如维修计划、质量安全、法规制度、维修训练等涉及多部门多机构，这就需要梳理维修管理主管机构、业务管理部门与技术管理部门职能及其相互关系。职能管理应加强集中管理，集中力量加强职能机构建设，为维修管理科学决策提供政策、法规、制度和智力支持，同时监督和指导各部门机构认真履行岗位职责，但这并不是取代各业务管理部门、技术管理部门的职责，而要充分发挥各业务管理部门、技术管理部门的支持作用。

二是行政管理与技术管理相结合。维修管理是一个由多种要素、多个环节构成的复杂过程，涉及多个部门、机构。从组织管理理论的角度来看，没有一种标准的管理方式，关键是要构建与维修管理需求相适应的运行机制，核心是打破部门壁垒界限，主要途径有两个：一是依靠行政手段；二是依靠技术手段。大量的管理实践证明，仅仅依靠行政手段，是难以达到这一目的的。因此，必须在进一步完善法规制度，理顺工作关系，强化行政手段的基础上，加强技术管理研究与建设，加大技术管理专业人员队伍建设，充分发挥技术管理部门和专业技术人员在维修管理中的支持保障作用。

复习思考题

1. 分析空军航空维修现状与发展趋势。
2. 阐述开展空军航空维修管理创新的迫切性、重要性。
3. 剖析管理创新的内涵。
4. 阐述空军航空维修管理创新的原则。
5. 组织创新就是管理创新，这种说法对吗？
6. 结合航空维修实际和发展需求，阐述空军航空维修管理创新的对策。
7. 分析空军航空维修管理理念及其发展趋势。
8. 阐述文化创新与管理创新的关系。
9. 为什么说制度创新是管理创新的保障？
10. 结合实际，分析空军航空维修管理流程再造的可行性。

参考文献

[1]《中国空军百科全书》编审委员会. 中国空军百科全书[M]. 北京:航空工业出版社,2005.

[2] 张凤鸣. 航空装备科学维修导论[M]. 北京:国防工业出版社,2006.

[3] 芮明杰. 管理学[M]. 3版. 北京:高等教育出版社,2009.

[4] 甘茂治,等. 军用装备维修工程学[M]. 北京:国防工业出版社,1999.

[5] 杨为民. 可靠性维修性保障性总论[M]. 北京:国防工业出版社,1995.

[6] 张宝珍. 国外新一代战斗机综合保障工程实践[M]. 北京:航空工业出版社,2014.

[7] 单志伟. 装备综合保障工程[M]. 北京:国防工业出版社,2006.

[8] 宋太亮. 装备保障性系统工程[M]. 北京:国防工业出版社,2008.

[9] 陈学楚. 装备系统工程[M]. 北京:国防工业出版社,2005.

[10] 张凤鸣. 空军装备学[M]. 北京:解放军出版社,2009.

[11] 陈学楚. 现代维修理论[M]. 北京:国防工业出版社,2003.

[12] 郑东良. 装备保障概论[M]. 北京:北京航空航天大学出版社,2017.

[13] 郑东良. 航空维修保障模式及其创新实践[M]. 北京:北京航空航天大学出版社,2017.

[14] 李智舜,等. 军事装备保障学[M]. 北京:军事科学出版社,2009.

[15] 罗祎,等. 军用装备维修保障资源预测与配置技术[M]. 北京:兵器工业出版社,2015.

[16] 李瑞迁. 空军航空机务学[M]. 北京:国防大学出版社,2005.

[17] 朱小冬,等. 信息化作战装备保障[M]. 北京:国防工业出版社,2007.

[18] 沃麦克,琼斯. 精益思想[M]. 修订版. 沈希瑾,等译. 北京:商务印书馆,2006.

[19] 武维新,季晓光. 飞机维修保障模式改革研究[M]. 北京:国防工业出版社,2011.

[20] 芮明杰. 管理创新[M]. 上海:上海译文出版社,1997.

[21] 海峰. 管理集成论[M]. 北京:经济管理出版社,2003.

[22] 王再兴. 民用航空器外场维修[M]. 北京:中国民航出版社,2000.

[23] 孙春林. 民用航空器质量管理[M]. 北京:中国民航出版社,2001.

[24] 王淑君. 常规控制图与累积控制图[M]. 北京:国防工业出版社,1990.

[25] 张公绪. 新编质量管理学[M]. 北京:高等教育出版社,1997.

[26] 张春润,等. 基于组织学习理论的装备保障能力生成研究[J]. 装备指挥技术学院学报,2010(2):1-5.

[27] 吴建忠,等.维修思想发展综述[J].装备指挥技术学院学报,2009(3):20-23.
[28] 张海军,等.维修思想发展综述[J].装备指挥技术学院学报,2009(11):17-20.
[29] 马飒飒,等.军队装备维修工程 CBM 综述[J].装备指挥技术学院学报,2009(2):111-116.
[30] 潘泉,景小宁.美军新机的综合诊断技术及启示[J].空军工程大学学报(自然科学版),2005(2):1-3,35.
[31] 王维,王绪智.俄罗斯军队的装备维修保障[J].现代军事,2008(8):67-70.
[32] 王继锁,等.美军维修级别与资源配置改革及启示[J].管理与维修,2011(3):56-57.
[33] 赵建忠,丁广兵,郭宏超.以可靠性为中心的维修分析在导弹武器装备维修工作中的应用研究[J].质量与可靠性,2012(13):10-13,49.
[34] 朱胜,姚巨坤,王晓明.面向装备全寿命周期的维修发展新特点及技术体系[J].装甲兵工程学院学报,2012,(26)6:1-5.
[35] 王利明,马乃苍,贾向军,等.航空装备技术保障体制改革探索与研究[J].兵工自动化,2014(5):25-27.
[36] 谢斌,蔡忠春,李晓明.中外装备维修保障体制比较研究[J].装备制造技术,2012(3):103-105.
[37] 王海燕,陈朋,石鑫.装备维修保障计划评估信息系统的设计与实现[J].装备学院学报,2013,24(3):100-104.
[38] 徐志锋,王勇,那衡.浅析民用飞机先进维修计划的制订[J].航空工程进展,2011,2(3):361-366.
[39] 王越,刘杰,郭鹏.传统质量控制工具在基层航空维修机构中的应用[J].设备管理与维修,2010(11):14-16.
[40] 欧渊,曹孟谊,郜海军.精益六西格玛在装备维修保障中的应用研究[J].价值工程,2010(4):67-68.
[41] 段林杰,扈延光.装备维修过程质量评估研究[J].价值工程,2012(22):38-40.
[42] 刘述芳."全效修"维修资源的配置与优化[J].中国设备工程,2010(8):31-32.
[43] 曹继平,宋建社,杨棣.装备维修保障资源优化配置模型研究[J].控制工程,2007,14:151-153.
[44] 陈海松,陈俊,钟冠.工程装备战场损伤模式及抢修新技术[J].四川兵工学报,2009,30(12):27-30.
[45] 赵春宇,马伦,孔祥群,等.信息化条件下装备维修保障技术发展现状及趋势[J].信息技术,2012(1):185-187,190.
[46] 乞建勋,赵岫华,苏志雄."统筹法"网络中经典概念的拓广及应用[J].中国管理科学,2010,18(1):184-192.
[47] 张小博,高秋虎,李志华.浅谈目标管理在装备管理中的应用[J].科技创新导

报,2010(18):253.

[48] 李晓燕,冯俊文,王华亭.组织标杆管理研究综述与评析[J].技术经济,2007(11):97-102.

[49] John Moubray. Reliability-Centred Maintenance[M]. Oxford: Butterworth Heienann Ltd, 1997.

[50] Nowlan F S, Heap H P. Reliability-centered Maintenance[M]. AD-A066579, 1978.

[51] Blanchard B S. Logistics Engineering and Management[M]. 5th ed. New York: Prentice Hall,1998.

[52] 周林,赵杰,冯广飞.装备故障预测与健康管理技术[M].北京:国防工业出版社,2015.